U0211450

面向新工科的电工电子信息基础课程系列教材

教育部高等学校电工电子基础课程教学指导分委员会推荐教材

国家精品课程、国家精品资源共享课、国家级一流本科课程配套教材

重庆市重点教材

通信与计算机网络

张 毅 段 洁 武 俊 编著

清華大學出版社
北 京

内容简介

本书作为通信类和电子信息类专业"现代交换与网络""现代通信网络"课程教材，综合了通信网络与计算机网络的基础知识和专业技术内容，侧重计算机网络在通信中的应用。本书全面、系统地阐述了通信网络的产生与发展历程、现代通信中的核心交换方式与思想、计算机网络模型、网络各层的功能与作用、网络各层的典型协议与工作原理、当前通信网络的系统结构和相关技术。

全书分3篇，共10章。第1篇为**通信网络基础**(第1～3章)，包括网络的产生与发展、网络与通信的基本概念、交换方式、通信协议概念和网络分层模型；第2篇为**计算机网络**(第4～8章)，包括物理层、数据链路层、网络层、传输层和应用层，重点讲解数据链路层、网络层和传输层的内容；第3篇为**现代通信网**(第9、10章)，讲解当前通信网络的结构，各部分的相关技术和新技术演进。

本书尽量采用分析式讲解，还原知识与技术的生长过程，让学生从中学会技术分析方法；挖掘了较多的思政结合点，用技术启发思维，从技术上升到思想。

本书适合作为高校电子信息类与计算机等相关专业的教材，也可作为相关工程技术人员的参考书。

图书在版编目(CIP)数据

通信与计算机网络/张毅，段洁，武俊编著.
北京：清华大学出版社，2024.8. --(面向新工科的
电工电子信息基础课程系列教材). -- ISBN 978-7-302
-66965-4

Ⅰ. TN91;TP393

中国国家版本馆CIP数据核字第20240YM782号

责任编辑：文　怡　李　晔
封面设计：王昭红
责任校对：刘惠林
责任印制：丛怀宇

出版发行：清华大学出版社
　　网　　址：https://www.tup.com.cn，https://www.wqxuetang.com
　　地　　址：北京清华大学学研大厦A座　　**邮　　编**：100084
　　社 总 机：010-83470000　　**邮　　购**：010-62786544
　　投稿与读者服务：010-62776969，c-service@tup.tsinghua.edu.cn
　　质量反馈：010-62772015，zhiliang@tup.tsinghua.edu.cn
　　课件下载：https://www.tup.com.cn,010-83470236
印 装 者：三河市龙大印装有限公司
经　　销：全国新华书店
开　　本：185mm×260mm　　**印　张**：24.75　　**字　　数**：560千字
版　　次：2024年8月第1版　　**印　　次**：2024年8月第1次印刷
印　　数：1～2000
定　　价：89.00元

产品编号：090655-01

前言

随着计算机技术在各个领域的深度应用，通信领域也离不开计算机技术的高度融入，IP网络深度融入通信网络，基于TDM的传统通信网络几乎被IP网络全面替代，现代通信网络发生了极大的变化。人们都意识到以IP网络为核心的计算机网络是现代通信网络的重要基础，在通信网络课程中必须讲授IP网络的相关知识，但IP网络只是当前通信网络的实现手段，不是通信网络的全部。目前将计算机网络与通信网络融合在一起的教材很少。作者通过调研发现，少数院校还停留在介绍程控交换和七号信令等基于TDM的传统内容；部分院校完全用IP网络替换通信网络，导致学生发问：怎么现代通信网络课程的教材是计算机网络，它们是等同的吗？虽然明知编写教材的难度，但出于责任，几位老师还是迎难而上，通过几年努力终于完成了本书，算是对学生有个交代。

本书编写过程中的最大难点是：内容如何取舍？通信网络变化快，陈旧的内容多，新的内容更多；计算机网络变化也很快，既有相对不变的基础，又有适合新要求的新技术，作为教材还需考虑课时限制等客观条件。将计算机与通信网络融合在一起，二者如何取舍？如何融合？

本书的思路是：计算机网络是当前通信网络的重要基础，但不能全盘照搬照用，只能借鉴应用、结合通信网络的实际情况创新应用，如4G、5G的网络分层，既不是OSI的7层，也不是TCP的5层，是结合通信应用实际，借鉴计算机网络分层的思想来设计适合通信的层次模型。因此，本书的融合方法是弱化技术细节和具体技术，突出双方的基础和技术思想，尽量抓住能举一反三的有代表性的内容。同时做好知识归类，把同类的知识点放在一起，把因为历史原因而分开的相关技术放在一起，以便读者建立清晰的框架。

本书融入作者对本课程30年的教学经验，编写本书的总体思路是：

1. 融合通信网络与计算机网络。

随着IT技术的快速发展，以往"由电子技术构建的通信网络"已经转变到"由IT技术构建的通信网络"，本书融计算机网络与通信网络于一体，增强教学适应性。

2. 内容上突出5W1F(Who、When、Where、Why、What、Framework)。

以5W1F方法挖掘知识之间的关系，梳理技术背后的设计思想，帮助读者形成本课程完整的知识体系结构。

3. 分析式讲解。

尽量还原技术要解决的问题、回溯技术设计的思考过程和分析过程，从前人那里学习设计思路，达到举一反三、触类旁通、灵活应用的效果。在分析过程中，有很多设问的环节，希望读者抓住这个知识复盘的机会，锻炼自己，在设问处先想一想，然后再看书，这

前言

样的收获会更大。

4. 知识归类，把握全局。

把分散在多个地方的同类知识点归到一起，尽量把知识之间的关系梳理清楚，对比讲解，便于整体把握。如帧定界的方法，把分散到多种协议中的定界方法合并在一起讲解其原理；如共享介质的访问方法，差错检测的方法，IPv4 和 IPv6 地址等。

5. 强化知识链接。

在讲解过程中，对前后相关联的知识给予适度的说明或提示，厘清它们之间的关系(前因后果关系、同类关系等)，同时设立知识对接模块，提示读者去思考。

6. 融合基础实验。

为解决“课程实验学时不够”以及“如何及时帮助学生消化课程内容”这两个问题，各章设计有对应的实验，帮助学生消化相应内容，同时为课程的正式实验打下基础。

7. 融入思政内容。

经过多年的探索，本课程梳理了较多的课程思政结合点，挖掘技术中包含的思想，依托技术讲解思想，让学生不仅学到技术，而且有思想启发。

全书分三篇，共 10 章。第 1 篇为通信网络基础，包含第 1～3 章。第 1 章是最基本的通信基础和概念，是专为没学过通信原理课程的学生准备的，若已学过通信原理，则直接跳过此章。第 2 章为通信网络的产生与发展，把视角拉回到通信网络的起点，回顾电话终端与交换机的发明过程、通信网络的形成过程以及交换机的发展过程和计算机网络的发展过程，从起点去寻找通信网络的本质，以免被现在纷繁复杂的技术掩盖了网络的根本和初心。第 3 章为网络基础，侧重讲解网络的共性问题，包括网络的结构、网络编址技术，分析了 3 种交换方式的思想和技术异同点，归纳了通信协议共性特征，以期从宏观上把握通信协议，最后分析了网络的分层模型和分层思想。第 2 篇为计算机网络，包含第 4～8 章，按照 TCP 五层模型的结构去讲解，但侧重从通信角度去分析其相关内容，并照顾通信领域对应层的功能。如把差错控制放在链路层去介绍，虽然现在有线网络的物理层传输质量很好，以太网的数据链路层不再做差错控制，但在 4G、5G、车联网、Wi-Fi 等无线网络场景中，差错控制还是数据链路层的重要内容；如传输层中增加了专为通信网络设计的流控制传输协议，以期读者能跳出纯计算机网络的传输层范畴。第 3 篇为现代通信网，包括第 9、10 章，重点讲解基于计算机和 IP 网络技术的现代通信网构建方式和相关技术，包括接入网、传输网、核心网，以及 NFV、SDN、物联网、5G 和 6G 移动通信网络的基本内容。

各章正文前后设计了指导学习的辅助模块。

前言

【带着问题学习】在学习每章之前，提出本章的几个宏观问题，让学生带着这些问题学习本章，贯穿全章内容，促进思考，也避免进入细节后“一叶障目，不见泰山”。

【学习目标】让学生明确本章学习的内容和要求，增强学习的目标感。

【本章关键术语】学生反映本课程概念术语多，专设本模块，梳理各章的关键术语，帮助学生抓住重点。

【本章实验】设计了学生能在课后自行完成的基础实验，目的是增加学习兴趣，启发学生思考，以及为正式实验打下基础。详细实验内容和实验指导请参阅本书配套实验教材。

【本章小结】对本章内容做归纳总结。

【知识对接】启发学生思考各章节知识之间的关系，帮助学生建立知识框架，把知识学活。

【扩展阅读】提供课外阅读资料，扩展学习的广度。

【思考题】促进学生思考，扩展学习深度。

【习题】课后作业题，巩固本章知识。

为便于教学，作者精心制作了电子课件和教学视频，可以通过扫码方式从清华大学出版社网站获取。

编写教材实属不易，比原定时间推迟了两年，如果没有众人的帮助，本书现在也难以成形，特别感谢参与本书编写工作的各位老师和研究生。本书第 1 章由武俊、张毅老师撰写，第 2、3、7、9 章由张毅老师撰写，第 4、5、8 章由武俊老师撰写，第 6、10 章由段洁老师撰写，张毅老师负责全书的统稿和修改。感谢余翔老师、唐宏老师对全书的审阅，并提出宝贵的修改建议，感谢多位研究生为本书绘图，感谢清华大学出版社的大力支持。编写过程中，重点参考了谢希仁老师的《计算机网络》和王达老师的《深入理解计算机网络》，在此特别表示感谢。对本书所列参考文献作者，也在此一并致谢。

限于作者水平，教材中难免还存在一些不当或错误之处，殷切希望读者批评指正。反馈邮箱：tupwenyi@163.com。

张毅

2024 年 7 月

于重庆邮电大学，重庆

目录

第1篇　通信网络基础

目录

目录

目录

目录

目录

目录

目录

第1篇

通信网络基础

第1章 通信基础

【带着问题学习】

1. 通信的根本目标是什么?
2. 通信的难点是什么?
3. 通信中要解决哪些问题?
4. 通信涉及哪些技术?

【学习目标】

在正式学习现代通信网络之前,需要具备一些基础的通信知识。本章专为没有通信基础知识的读者准备。如果已具备相关通信基础,可跳过本章。

(1) 理解通信中最基础的术语和概念。

(2) 理解通信系统的基本模型及其内涵。

(3) 掌握模拟信号数字化的过程和时分复用原理。

【本章关键术语】

信息、信号,模拟信号、数字信号,基本通信模型,基带传输、频带传输,并行传输、串行传输,异步传输、同步传输,单工通信、半双工通信、全双工通信,采样、量化、编码,调制,时分复用,信噪比,传播时延,传输时延,传输速率,网络带宽

视频

1.1 通信中的基本概念

大家天天在讲通信、用通信,但通信到底是指什么?

为了深入理解通信的含义,先梳理一下与通信相关的几个基本概念:信息(Information)、消息(Message)、数据(Data)、信号(Signal)、通信(Communication)与电信(Telecommunication)。

1. 信息

"信息"是一个极具抽象性的专业术语。1948 年,数学家香农在题为《通信的数学理论》的论文中指出:**"信息是用来消除随机不定性的东西"**,它的具体体现形式是包含在一串串的数字、文字或者多媒体的图形、图像和语音等之中。所以,信息是针对特定对象,在传输的各种形式的符号(如数字、文字、图形、图像、语音、视频等)中包含的有"意义"的内容。那如何衡量特定对象间通信包含的有"意义"的内容?这涉及信息理论,可通过"信息论"的理论和方法进行定性与定量分析。

2. 消息

"消息"是传递的内容或语义,是"信息"的具体表现形式,它通过文字、符号、数据、语言、音符、图片、图像等被人们感觉器官所感知的形式,把客观物质运动和主观思维活动的状态表达出来。人们接收到消息后,得到的是关于描述某事物状态的具体内容。

3. 数据

数据可以看作承载(运送)消息的实体,通常为有意义的符号序列,是未经处理的表示消息含义的原始符号。

数据有模拟数据和数字数据之分。模拟数据在时间和幅值上都是连续的,如说话的语音、老式的胶片电影、模拟电视等所用的数据,它可以存放在磁带、胶片中。数字数据

在时间和幅值上是离散的，如存放在计算机中的文件、图片、图像、视频和软件等，以及现在的数字语音、音乐、数字电影、电视等用到的数据。

模拟数据是时间的函数，并占有一定的频率范围。“模拟数据”的大小一般以时长为依据；“数字数据”是以各种容量为单位的，如：位(bit，比特，是指一个二进制的0或者1)、字节(Byte，1B=8bit)。

4. 信号

消息和数据都不能直接在信道中传输，要将其转换成具体的物理信号，如电信号、光信号等，才能在物理信道中传输。因此，信号是数据在传输过程中的物理表示形式(以电波或光波的形式)。信号也有模拟信号(Analog Signal)和数字信号(Digital Signal)两种。

“模拟信号”是“模拟数据”的电压信号表示形式，其电压信号是一个随时间连续变化的函数曲线，即消息的参数取值是连续的，即“连续信号”，如图1-1(a)和(c)所示为模拟信号及其周期信号波形。

“数字信号”是“数字数据”的电平信号表示形式，其电平信号是一组随时间不连续变化的有效电平值的集合，参数的取值会瞬间从一个有效电平跃迁到另一个有效电平，即“离散信号”。如采用两种不同的电平表示二进制的1和0所对应的电压脉冲，是非连续变化的(离散的)，如图1-1(b)和(d)所示为数字信号及其周期信号波形。

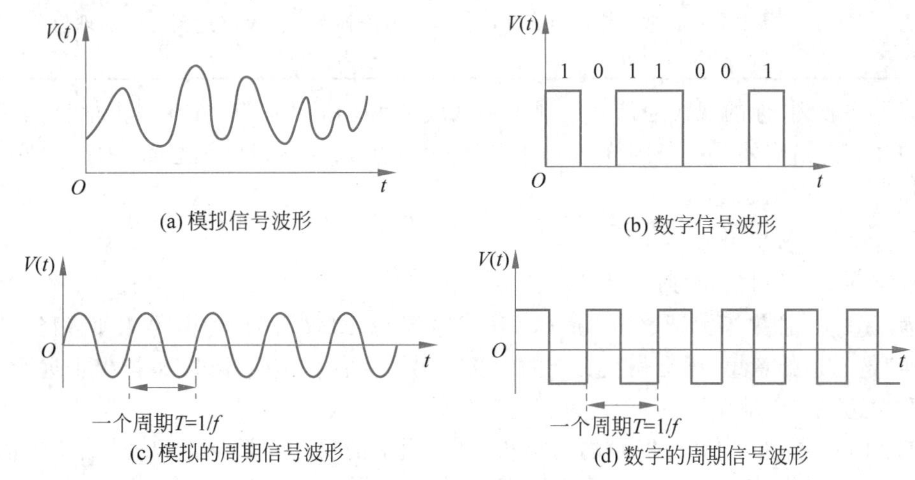

图1-1 模拟和数字信号波形

关于数据的类型、表现形式和信号表示，如表1-1所示。

表1-1 数据的类型、表现形式及信号表示

数据类型	具体形式	数据的信号表示
模拟数据	语音、早期的模拟电影和模拟电视、存放在磁带或胶片中的数据……	采用模拟信号表示
		采用数字信号表示
数字数据	计算机中的所有文件、图片、图像、视频和软件，数字语音、数字音乐、数字电影、数字电视……	采用模拟信号表示
		采用数字信号表示

在大多数的数据通信中，对信号的分析都是采用正弦波（正弦函数）。事实上，大多数信号都是复合信号，数学家傅里叶发现，复合信号都可能被分解为一组频率、振幅和相位不同的正弦函数；如果复合信号是周期的，则其组成部分也是周期的。所以在大多数的数据通信系统中都会利用复合信号来承载信息。关于这个方面，大家可以在"信号与系统"课程中深入学习。

总之，信息是从消息中提取出来的有意义的内容，消息是信息的具体形式，数据是消息的载体，信号是数据的物理呈现形式。

假设期末考试后，你收到一条关于考试成绩的 QQ 消息，其中包含的四个概念情况如表 1-2 所示。

表 1-2　信号、数据、消息和信息的说明

名称	含　义	例　子
信号	信号是数据的物理表示形式，如电信号、光信号等	网络系统中传输的物理电信号
数据	数据是消息的载体，是未经处理的原始符号	电信号对应表示的 01101110…数字数据
消息	消息是信息的具体形式	QQ 消息"你的现代通信网络课程考试成绩为 81 分"
信息	信息是从消息中提取出来的有意义的内容	你对消息的理解：考试成绩高于 60 分，不用补考。但没有达到自己的理想分数，希望高于 90 分

第一次收到"你的现代通信网络课程考试成绩为 81 分"消息，你获得了信息，若隔了几分钟又有人给你发了一条同样的 QQ 消息，其中的信号、数据、消息都一样，但它对你而言却没有任何信息了。

5. 通信与电信

从字面上看，通信＝"通"＋"信"。

通：达也；往来不穷谓之通；道远难通。这是《高级汉语词典》中的几种解释。一方面，"通"是送达的意思，还有相互交流的含义。另一方面，"道远难通"也指出了远距离的交流和送达是一件非常难的事，这也正是通信技术的难点。

信：信息之意。"信"是"通"的内容和对象，通信的目的是要送达、传递抽象的信息，而不是像物流系统那样传递物理实体。但在实际通信中，传递的是表示信息的物理信号，通过物理信号承载数据，通过数据形成消息，人们再从消息中分析出自己需要的信息。

因此，通信是指人与人或人与自然之间通过某种行为或介质进行的信息交流与传递。从广义上是指需要信息的双方或多方在不违背各自意愿的情况下采用任意方法、任意介质，将信息从某方准确安全地传送到另一方。通信的实质是以信号的方式传递数据，数据中包含消息，但对受信者有用的是消息所包含的信息。

在出现电波传递信息后，通信被单一地解释为电信号的传递，是指由一地向另一地进行电信号的传输与交换，其目的是传输消息。在各种各样的通信方式中，利用"电"来传递消息的通信方法称为**电信**，这种通信方式具有迅速、准确、可靠等特点，且几乎不受时间、空间、地点、距离的限制。

1.2 通信系统的基本模型

理解了前面几个基础概念后，再来看看通信系统的基本模型，它涉及源系统(包含源点和发送器)、目的系统(包含接收器和终点)和传输系统以及噪声模块，如图 1-2 所示。通信系统的主要目的是将传输信息的通信技术和数据处理、加工及存储的计算机技术结合起来，给通信用户提供及时、可靠的信息。

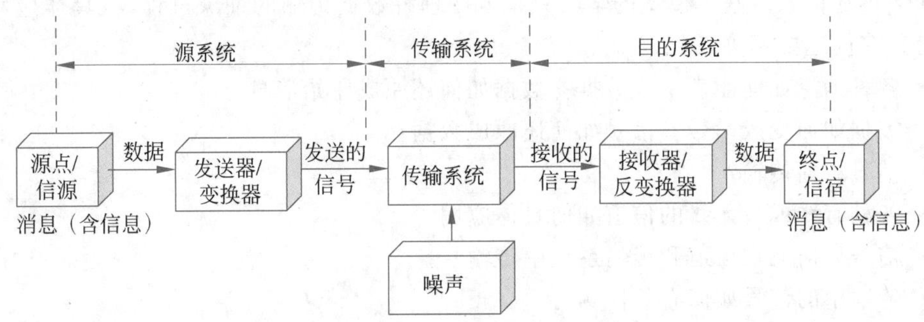

图 1-2 通信系统的基本模型

1. 源系统

源系统是信号的发送方，它包含要产生数据的源点(如服务器、计算机等)，以及发送器/变换器，即对要传送的数据进行编码或者调制的设备，使要传输的信号适应于传输信道特性，如设备中的网卡、调制解调器等。

2. 目的系统

目的系统是信号的接收方，它包含接收信号的接收器和终点，是能将信号转换成能被目的终端识别和处理的数据的功能体。主要也是各种调制解调器和网卡。

3. 传输系统

传输系统是网络中的数据传输通道，包括通过底层传输介质和相关协议建立的通信链路以及网络节点设备，如交换机、路由器等。这个部分可以是简单的传输线，也可以是通信网络中最复杂的一部分。因为信息的传输、交换、路由以及网络结构千差万别，通信协议和网络功能也可以各不一样。

4. 噪声

在整个通信系统中，各部分始终会受到噪声的干扰。随机的电磁辐射弥漫于环境之中，干扰通信信号，并且通信系统本身也会产生一定电气噪声。噪声会干扰信号的传输，因此通信系统中要想各种办法来减少噪声，或者提高信号功率以增大信号与噪声的比值。

注意：图 1-2 只是一个单向的数据通信基本模型，在实际通信中，大部分信息传输都是双向的。

不同的数据可采用不同的信号在相应的传输系统上进行传输，其典型应用如表 1-3 所示。

表 1-3　各种数据进行传输的典型应用

信源类型	数据的传输	典型应用
模拟数据	采用模拟信号进入模拟传输系统	19 世纪 70 年代末期到 20 世纪末的电话业务
	采用数字信号进入数字传输系统	20 世纪 90 年代末期开始的数字电话通信
数字数据	采用模拟信号进入模拟传输系统	20 世纪 80 年代到 21 世纪初期的拨号上网业务
	采用数字信号进入数字传输系统	当前的通信网络、计算机以太网

对数据通信系统基本模型的学习只是方便理解数据传输的抽象过程，在具体应用中还会有很多问题要解决，例如：

- 各种消息如何能表示成数据？数据如何还原成原始消息？
- 数据如何变成信号？信号如何还原成数据？
- 信号如何传输？
- 各种有线或者无线的信道如何具体应用？
- 信号如何能在信道和传输系统中传输？
- 传输中的信号如何有效检测、读取？
- 信号传输中会存在差错吗？如何检测？如何处理？

……

这一大串问题，都是实际通信系统中需要面对的。

视频

1.3　模拟信号数字化

数字通信系统中传输的是数字信号，而物理世界的信号大部分是模拟信号，如说话的语音、听到的声音都是模拟信号，因此在进入数字通信系统前，必须在发送方进行模数转换（Analog to Digital，A/D 转换），在接收方进行反向的数模转换（D/A 转换）。

模拟信号的数字化过程分为三个步骤：采样、量化、编码，如图 1-3 所示。

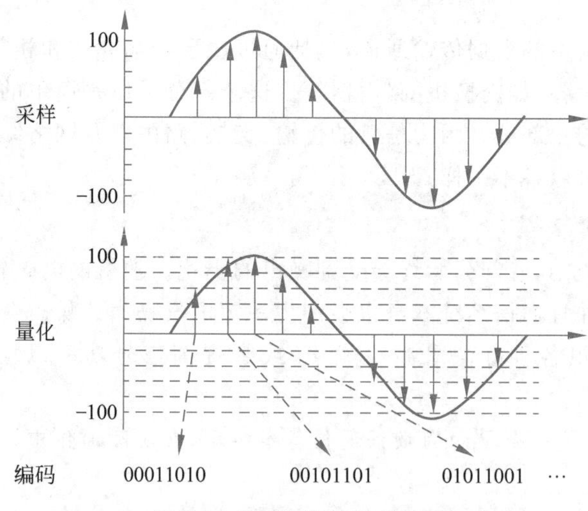

图 1-3　模拟和数字信号波形

采样：采样的目的是使模拟信号在时间上离散化，就是按照一定的时间间隔抽取模拟信号的值，采样后就使时间连续的信号变成在时间上取值数量有限的离散信号，称为脉冲幅度调制(Pulse Amplitude Modulation，PAM)。注意：采样后的信号只是时间上离散了，还不是数字信号，PAM 还是模拟信号。

这里的采样时间间隔是关键指标。若采样的频率高，则信号保真度更高，但采样产生的数据量也大，不利于传输；若采样的频率太低，则信号会失真。因此找到合适的采样的频率是关键，数学家奈奎斯特(Nyquist)对该问题进行了回答，即奈奎斯特采样定理。信号不失真的条件是：采样频率至少为信号频率的 2 倍。对语音信号而言，主能量集中在 300～3400Hz，因此设计的语音信号采样频率为 8kHz，也就是每 125μs 采样一个点。在数字通信系统中，每 125μs 也要传输一个点的数字编码。正是由于这个原因，对语音通信的传输在时间上提出了更高的要求(相对非语音数据而言)，这也是后续 IP 网络传输语音信号的最大难点。

量化：采样后得到的信号在幅度上还是连续取值的(也就是有无数个数值)，若要对其编码，也需要无数个二进制位，因此还无法编码。量化的目的是便于编码，并尽量减少编码位数，因此量化就是将信号幅度离散化。事先设计好 N 个幅度取值，量化过程就是从 N 个幅度值中取一个就近的值来代替 PAM 信号的取值，类似于生活中的四舍五入。

前面的采样可能会带来信号失真。想一想，量化会带来什么问题？(先思考，再往后看)

量化过程中的四舍五入会带来幅度值的误差，称为量化误差。若信号中的量化取值是均匀的，也就是对大信号和小信号的量化误差绝对值是一样的，但小信号的相对误差就更大。如 9.8 量化到 10，与 0.8 量化到 1，两者的绝对误差都是 0.2，但前者的相对误差 2%，后者的相对误差为 25%。因此，实际量化采用的是非均匀量化，让大小信号的量化误差相对值保持一致。具体的细节参考“通信原理”的相关介绍。

编码：经过前面两步的处理后，就可以对时间和幅值都离散化的信号进行编码，以得到二进制数字。对语音信号，采用 8-bit 编码方式，也就是信号幅度上有 256 个量化等级。对音乐信号，音质要求更高，量化误差要更小，因此一般采用 16-bit 编码，也就有 65 536 个量化等级。具体的编码方法又有很多种，这里不再展开细讲。

经过采样、量化、编码，就完成了模拟信号到数字信号的转化，这个过程称为脉冲编码调制(Pulse Code Modulation，PCM)，是模拟信号与数字信号的桥梁，是数字通信系统的基础，在后续的交换技术、传输技术中，还会涉及更深入的应用。

1.4 编码

在数字通信系统中，编码涉及“信源编码”和“信道编码”。

信源编码是一种以提高通信有效性为目的而对信源符号进行的变换，或者说是为了减少或消除信源冗余度而进行的信源符号变换。它的作用是：

(1) 将信源的模拟信号转化成数字信号，以实现模拟信号的数字化传输；

(2) 设法减少码元数目和降低码元速率，即数据压缩。

最原始的信源编码有莫尔斯电码，另外，ASCII 码和电报码也属于信源编码，它们都属于字符数据编码。ASCII 码是一种单字节字符编码方案，用于基于文本的数据。ASCII 码既可以用于计算机内部编码，也可用于数据通信中的编码。

在数字通信系统中，最常见的数字基带信号(关于“基带信号”概念，可参看 1.5.1 节)是矩形脉冲数字信号，主要有四种波形：单极性不归零波形、单极性归零波形、双极性不归零波形、双极性归零波形，如图 1-4 所示。“归零”是指信号电平在一个码元宽度内(通常是在 1/2 个码元时)都需恢复到零电平，不归零码就是在一个码元宽度内，信号电平无须回到零，原来是什么样子就是什么样子。

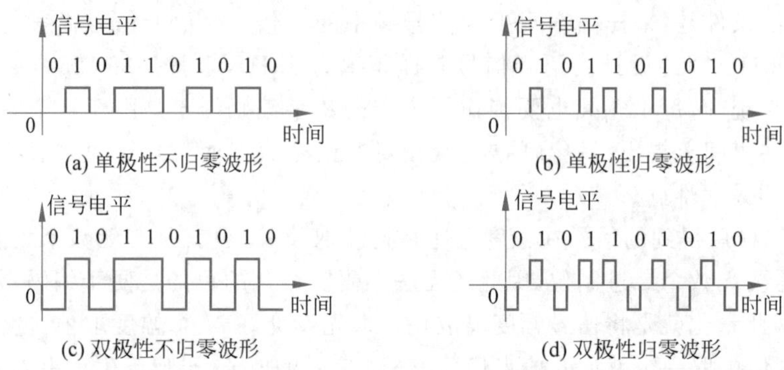

图 1-4 矩形脉冲数字信号

在数据通信中，单极性不归零码主要适用于极短距离的传输；双极性不归零码在 RS-232 接口等传输距离稍远的标准中使用。大部分情况是不采用单极性或者双极性不归零波形进行传输，因为这样的波形存在码元难以识别的问题，而且当连续发送“1”或者“0”码时，因为持续电流，使码元间没有间隙，容易使接收方误认为对应的信号电平是稳定的直流电平，除非给双方增加一条时钟信号线，解决收发双方的同步问题。而归零码则是将时钟信号编码在数据之内，不需要传输单独的时钟信号，所以，归零码信号也称为自同步信号。但归零码的缺点是：大部分的数据带宽因要传输“归零”而被浪费。

同时要注意的是，在实际的基带传输系统中，不是所有编码类型的电信号波形都适合在各种物理信道中传输。在信息传输之前，必须经过码型变换，即变换成适合于物理信道传输的码型(传输码)，即信道编码或线路编码。常见的传输码型有传号翻转交替码(AMI 码)、三阶高密度双极性码(HDB3 码)、传号反转码(CMI 码)、曼彻斯特码(数字双相码)和差分曼彻斯特码(条件反相编码)、单极性归零码、双极性归零码等，它们在处理同步以及其他特性(如所用带宽)方面有所不同。总体特点及其应用如表 1-4 所示。

表 1-4 各传输码型特点及其应用

传输码型	特点	应用
AMI 码	编译码电路简单；便于利用传号极性交替规律观察误码情况；当二进制信号代码出现连续的“0”时，信号电平长时间不变，造成提取定时信号/同步困难	CCITT 建议应用的传输码型之一
HDB3(改进 AMI)码	保持了AMI 码的优点，并克服 AMI 码的缺点，将连续“0”码限制在 3 个以内，便于定时信号的提取	CCITT 建议应用的传输码型之一，且应用最为广泛

续表

传输码型	特 点	应 用
CMI 码	编码规则简单,且具有一定的检错能力,但不能纠错。没有直流分量,且有频繁的波形跳变,利于恢复定时信号/同步	—
曼彻斯特码	类似于 CMI 码,并且在每个码元的 1/2 位置必须进行极性跳变。无直流分量、容易实现同步,编译码电路简单,但当极性反转时可能会引起译码错误	10Mb/s 传统以太网
差分曼彻斯特码	解决曼彻斯特码的极性反转时可能会引起译码错误问题	令牌环网

现代通信应用中常见的信源编码方式还包括:无损编码,如 Huffman 编码、算术编码、L-Z 编码等;以及有损的编码方式。在数字电视领域,信源编码还包括通用的 MPEG-2 编码和 H.264 编码等。

对于数字电话通信系统,数字化的编码环节涉及两种非线性编码标准,并已广泛使用。分别是 **A 律编码**(欧洲和中国使用的标准)和 **μ 律编码**(北美和日本使用的标准)。两者的不同在于取值范围和对噪声灵敏度间的取舍,μ 律编码的优点是覆盖更宽的动态范围,有重现更高声音的能力,但是对弱信号引入了更多的失真;而 A 律编码则对弱信号提供了更小的失真,但动态覆盖范围较小。在国际电话中,如果一方使用 A 律编码和另一方使用 μ 律编码,则必须转换为 A 律编码。

在信源编码的同时,还可以结合数据压缩编码。数据压缩(data compression)与具体通信系统的具体应用密切相关,常见于多媒体应用中。

除了信源编码外,还需要进行信道编码。信道编码的本质是增加通信的可靠性,降低误码率是信道编码的任务,它是为了对抗信道中的噪声和衰减。它的基本方法是通过增加冗余,如校验码等,来提高抗干扰能力以及纠错能力。

总而言之,这部分的知识非常多,鉴于本书目标和重点不在于此,不再展开细讲,读者可以在"通信原理"等课程中进行深入学习和理解。

1.5 通信的传输

1.5.1 基带传输与频带传输

信号传输分为基带传输和频带传输。在理解这两个概念之前,先说明一下基带(Base band)和频带(Frequency band)、基带信号和频带信号。

1. 基带和频带

基带是指信源发出的,没有经过调制(即没有进行频谱搬移和变换)的原始电信号所固有的频率带宽(频带),或称基本频带。

频带是指基带信号调制后所占用的频率带宽,即一个信号所占有的从最高的频率到最低的频率之差。

2. 基带信号和频带信号

当信源发出的未经调制的原始信号,即为基带信号,其特点是频率较低,频谱是从零频率的直流成分开始的。

经过调制后的基带信号则称为频带信号,其频率是被限制在一个特定的频带之中,也称"带通"。当一个信号只包含了一种频率的交流成分,或者有限的几种频率的交流成分,则这种信号称为频带信号。根据原始电信号的特性,基带信号和频带信号还可以进一步划分,如表 1-5 所示。

表 1-5 基带/频带信号类型

信源类型	信号类型
数字信源	数字基带信号
	数字频带信号
模拟信源	模拟基带信号
	模拟频带信号

其中,数字基带信号包含丰富的低频分量,甚至直流分量。在一些具有低通特性的有线信道中,当传输距离不太远的情形下,数字基带信号也是可以直接传输的。

3. 基带传输和基带传输系统

在信道中直接传输基带信号的方式即为基带传输。基带传输方式下,传输介质的整个信道被一个基带信号占用,导致通信信道的利用率低。由于基带信号具有频率很低的频谱分量,出于对抗干扰和提高传输率的考虑,一般不宜直接传输。但在近距离范围内,基带信号的衰减不大,所以在近距离传输的计算机网络(局域网)中可以采用基带传输,如以太网、令牌环网等。要进行基带传输,必须有一套基带传输系统,如图 1-5 所示。

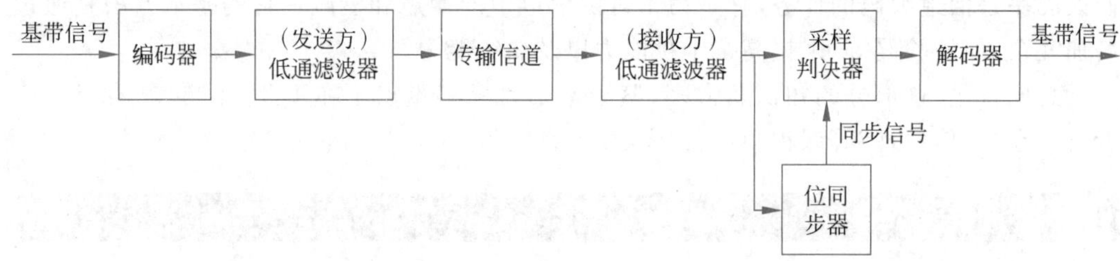

图 1-5 数字基带传输系统基本结构

(1) 编码器:将信源或信源编码输入的基带编码类型(通常为单极性不归零码)变为适合于信道传输的码型。

(2) (发送方)低通滤波器:将编码后的基带信号通过波形变换成适合于信道传输的基带信号,即使该信号波形与信道匹配,便于传输,减少码间干扰,利用同步提取和采样判决。

(3) 传输信道:即允许基带信号通过的传输介质,如双绞线。但信道的传输特性通常不满足无失真的传输条件,甚至是随机变化的,甚至引入噪声。

(4) (接收方)低通滤波器:滤除基本频带信号外的噪声,并对信道特性均衡,使输出的基带波形无码间串扰,以有利于采样判决。

(5) 采样判决器：在传输特性不理想或存在噪声的情形下，对从接收方低通滤波器输出的波形，在规定的时刻进行采样，以恢复或再生基带信号。

(6) 解码器：对采样判决器输出的信号进行解码，还原成输入的信号，并使输出码型符合接收终端的要求。

(7) 位同步器：提取位同步信号，通过同步信号控制采样判决器，再生数字基带信号。

4. 频带传输和频带传输系统

在信道中传输频带信号的方式即为频带传输，也称“带通传输”，广泛应用于广域网中。通过将低频率信号调制成不同的高频率信号，由此可见，频带传输时传输频率一般较高。要进行频带传输，也需要有一套频带传输系统，如图 1-6 所示。

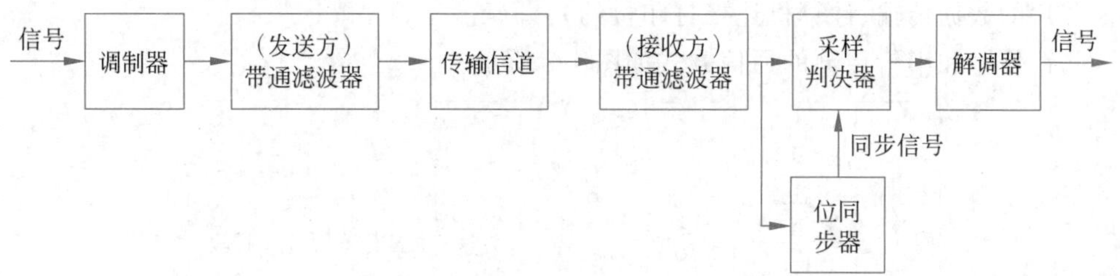

图 1-6　数字频带传输系统基本结构

区别于数字基带传输系统，数字频带传输系统中的发送方是“调制器”和“带通滤波器”，而接收方是“带通滤波器”和“解调器”。因为大部分实际信道是具有带通特性(即只允许某个频率范围内的信号通过)，由于低频率的基带信号不能在这种带通传输特性的信道中传输，所以就必须在发送方进行调制，即将调制信号放在另一个更高的载波信号上，再通过调制信号的某些特性(如振幅、相位等)影响载波信号相应特性，使在信道中传输的信号具有两种信号波的特性。

数字频带系统的发送方通过调制，实现低频段的数字基带信号变为高频段的数字频带信号，而在接收方进行解调还原。

由此可见，由于基带传输的信号频率通常较低，在复杂的网络环境和远距离传输中，通常不采用基带信号，而是把发送方输出的原始基带信号进行调制，使其附加在一些高频的载波上进行传输，以实现在长途远距离通信中能间接传输基带信号，并实现多路复用的目的，以提高通信线路利用率。

1.5.2　串行传输与并行传输

在数字通信中，按照数字信号代码排列顺序的方式不同，可将传输方式分为串行传输(串序传输)和并行传输(并序传输)。

串行传输(Serial Transmission)，是指将代表信息的数字信号序列按时间顺序一个接一个地在信道中传输的方式。一般的数字通信方式大都采用串行传输，这种方式只需占用一条通路，可以节省大量的投资，缺点是相对于并行传输其传输时间较长。

采用串行传输方式的典型代表有计算机串行接口(简称串口，对应 RS-232 标准)、USB 接口、SATA(串行 ATA)磁盘接口等，以及远距离的数据传输。

在串行传输时，假设发送方发送了 1000 比特的二进制数据，通过物理信号传输到接收方，接收方如何从信号中正确还原全部数据，不会漏一个比特或多一个比特，即如何实现比特同步，将在 1.5.3 节中介绍。

并行传输（Parallel Transmisson），是指将代表信息的数字信号序列分割成两路或两路以上的数字信号序列同时在信道上传输的通信方式。相比于串行传输，其优点是相同时间内传输的内容成倍地增加。但由于并行传输需要占用多条并行通道，这给设备和实施条件上带来限制，所以，一般并行传输方式多在设备内使用。在设备内使用时，收发两端遵从同一个时钟系统，因此不需要解决比特同步的问题，这也是并行传输的一个优点。

采用并行传输方式的典型代表有磁盘 ATA（或者 IDE）接口、计算机主板上 CPU 与其他芯片的数据传输、计算机连接打印机的并口等。

并行传输和串行传输的通信方式如图 1-7 所示。

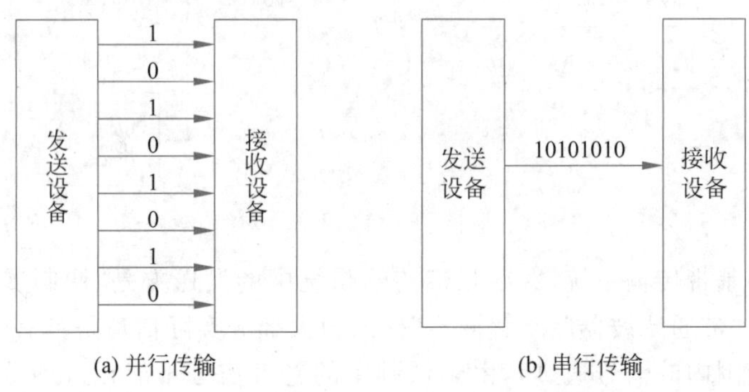

图 1-7　并行传输和串行传输示意图

1.5.3　异步传输与同步传输

前面说到在串行传输时需要接收方能从接收到的串行信号中正确地区分出一个一个比特的问题，即比特同步问题，这在串行数据通信中十分重要。根据实现同步的方式不同，分为异步传输（Asynchronous Transmission）和同步传输（Synchronous Transmission）两种模式。

1. 异步传输

异步传输中的“异步”是指通信双方没有共同的时钟信号，以字符作为一个独立的信息单元进行传输，字符出现在数据流中的时间是任意的，两个字符之间的时间间隔也可以是任意的，但每个字符中的各位以双方约定的频率（RS-232 中称为波特率）进行传送。接收方只在每个字符的起始处对字符内的比特实现同步，即每个字符内的比特是同步的，每个字符之间是异步的。

异步传输中字符间的时间间隔是不固定的。所以，发送方要对每一个字符代码的前面增加一个“起始位”，以标记一个字符的开始；以及字符代码的最后加上一个“停止位”，以标记一个字符的结束。根据数据采用的字符集，一个字符占 5～8 位，如一个电报码字符为 5 位，一个 ASCII 字符为 7 位，如图 1-8 和图 1-9 所示。

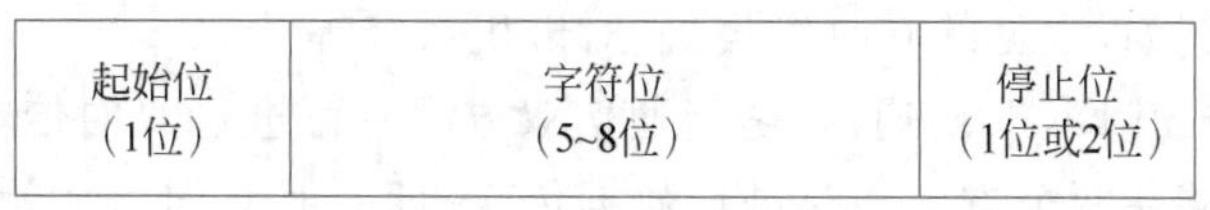

图 1-8 异步传输中的数据格式

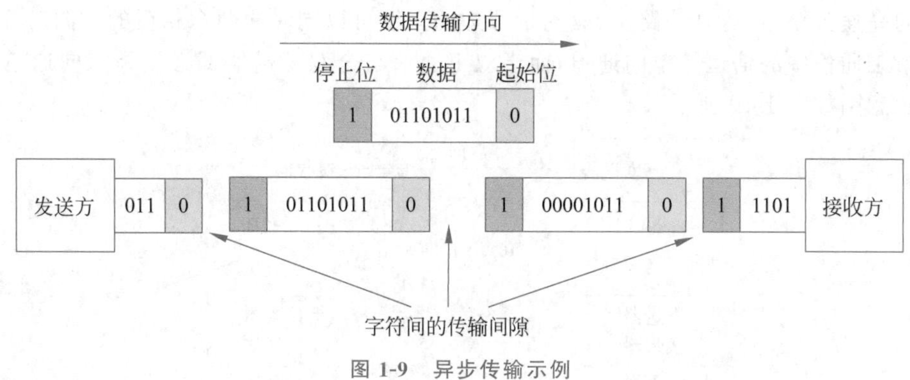

图 1-9 异步传输示例

异步传输的优点是，字符同步实现简单，收发双方的时钟信号不需要严格同步。缺点是每一个字符都需要加入“起始位”和“停止位”，使传输效率降低。

2. 同步传输

同步传输中的“同步”是指发送方和接收方的时钟要保持同步，数据可以连续不断地传输，数据之间没有间隔，收发双方始终保持同步。同步的方法分为外同步法和内同步法两类。

(1) 外同步：在收发双方增加一条时钟线，发送方在发送数据信号的同时，还要发送一路时钟信号。接收方在时钟信号的控制下对数据信息进行采样。实现了收发双方的同步。

(2) 内同步：发送方将时钟信号编码到发送的数据中，一起发送。如：曼彻斯特编码和差分曼彻斯特编码都含有时钟信号，具有自同步能力。

1.5.4 通信方式

通信工作方式可以从不同角度来划分，一般有以下两种分类方法。

1. 按消息传送的方向与时间分类

可以分为单工通信、半双工通信和全双工通信。

所谓单工(Simplex)通信，是指消息在任意时刻只能单方向进行传输的一种通信方式，其特点是仅能进行一个方向的数据传送，即单向。例如，日常生活中常见的广播和遥控等就属于单工通信。在这些系统中，信号只能从广播发射台、遥控器分别向收音机和遥控对象进行单向传递。

所谓半双工(Half Duplex)通信，是指通信双方都能进行收或发通信，但不能同时进行收和发的一种通信方式。换句话说，半双工通信方式的双方，某时刻一方在发送时，另一方只能接收，其特点是数据可以在两个方向上进行传送，但是不能同时进行，即可以双向，但不能同时。例如，常见的有收发报机、对讲机系统等。

所谓全双工(Full Duplex)通信，是指通信双方同时可进行双向传输消息的一种通信方式，其特点是能够在两个方向同时进行数据传送，即同时双向。也就是说，通信的双方可同时收发信息。例如，普通的电话、手机就是全双工方式。全双工方式类似没有交叉的双向高速公路，在这种公路上，隔离带两边的车辆可以同时向两个相反的方向对开。

单工通信中的信道是单向通道，而半双工通信与全双工通信都必须是双向通道。它们的示意图如图 1-10 所示。

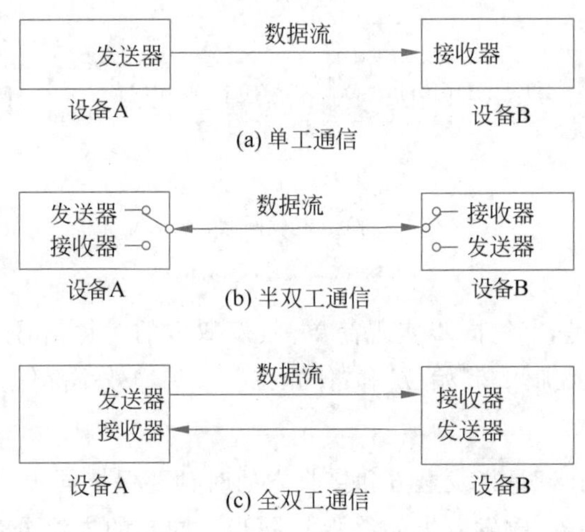

图 1-10　单工、半双工、全双工通信示意图

2. 按通信网络形式分类

通信的网络形式通常可分为 3 种：点到点方式、广播方式和交换方式。

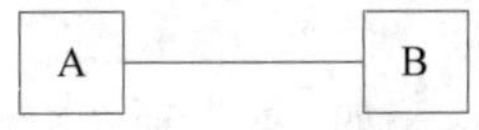

图 1-11　点到点方式

点到点直通方式是通信网络中最简单的一种形式，如图 1-11 所示的终端 A 与终端 B 之间的线路是专用的情况。

在广播方式中，一个发送站发送信号，多个接收终端(A，B，C，…，N)接收信号，终端之间不能互通信息，如图 1-12 所示。

交换方式是终端之间通过交换设备灵活地进行信息交换的一种方式，通过交换机把通信双方的链路连接起来实现双方的信息互通，或者通过存储转发方式实现双方的信息互通，即交换设备先把来自发送方的消息存储起来，然后再转发至接收方。这种消息转发可以是实时的，也可以是延时的，如图 1-13 所示。

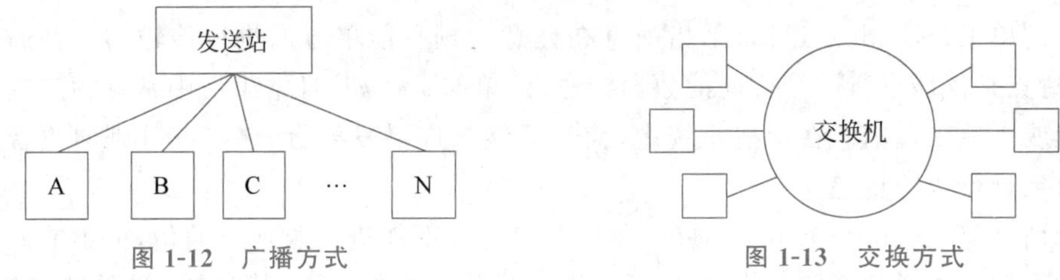

图 1-12　广播方式

图 1-13　交换方式

1.6 调制

前面已经讲过，将基带信号变成频带信号是通过调制来实现的，这里简单介绍一下与调制相关的几个术语——调制、调制信号、已调信号、解调。

“调制”是让基带信号去控制载波的某个(某些)参数，使该参数按照信息的规律进行变化；而**“解调”**是“调制”的逆过程，即从调制后的信号中恢复原来的调制信号的过程。

对“调制”最通俗的解释就是用一种“能量大”的信号“背上”(承载)另一种“能量小”的信号进行传播、传输。“能量大”的信号称为载波信号(简称载波)，“能量小”的信号称为调制信号，调制信号才是要真正传播或者传输的信号。

那载波信号如何承载调制信号的信息呢？基本思路是用调制信号对载波信号中某个参数进行特性控制，使这个参数按照自己的特性不断变化，接收方再根据这个被控制的特性还原出原始的调制信号。

已调信号是载波信号在被调制信号调制后所产生的信号，同时具备原来调制信号和载波信号的双重特性。

解调是调制的逆过程，是从已调信号中通过某种技术(如低通滤波器等)恢复出原来调制信号的过程，因为最终要用的还是原来的调制信号。

可见“调制”的目的是便于低频信号在信道中的远距离和高效传输。

综上所述，调制信号通常是低频信号，可以是模拟信号或者数字信号，分别对应模拟信号调制(模拟调制)和数字信号调制(数字调制)。载波是用来运送低频调制信号的信号波，通常是一种高频信号。通过调制技术可以把调制信号和载波信号进行叠加，使载波信号的某些参数特性(如幅度、频率或相位等)按调制信号变化。到达接收方后，通过解调技术从已调信号中分离出有用的数据即可。

对于模拟信号进行载波调制时，采用的调制方式有振幅调制(Amplitude Modulation，简称调幅)、频率调制(Frequency Modulation，简称调频)、相位调制(Phase Modulation，称调相)。

对数字信号进行载波调制时，调制方式有 ASK(Amplitude Shift Key，幅度键控)、FSK(Frequency Shift Keying，频率键控)和 PSK(Phase Shift Keying，相位键控)。它们对应利用载波的幅度、频率和相位来承载数字基带信号。“键控”一词借用了电报传输中的术语，是指在这些调制技术中都是用电键进行控制的。

ASK(幅度键控)又称通断键控或者开关键控，若数字基带信号为二进制码时，称为二进制振幅键控(2ASK)。

FSK(频率键控，或称频移键控)是用数字基带信号去控制载波的频率特性来传送信息的一种调制方式。在二进制数字调制中，载波频率随二进制基带信号在两个频率点间变化，则产生的是二进制频移键控信号(即 2FSK 信号)。

PSK(相位键控，或称相移键控)是利用数字基带信号对载波相位进行控制来传送信息的一种调制方式。如果调制信号是二进制数字基带信号，则这种 PSK 称为 2PSK。PSK 可分为绝对相位键控(Absolute Phase Shift Keying，APSK)和相对相位键控(Differential Phase Shift Keying，DPSK，或称差分相位键控)。相移键控有多个变种技术,理论上可以通过增加相移的范围而增加数据传输速率,如 4PSK、16PSK 等。但在实际应用中,噪声和失真会限制硬件对相移间细微差别的辨别能力。

为能进一步提高数据传输速率,还可以结合调幅和相移键控的改变来表示数据,即同时改变载波的两个特征(幅度和相位),进行混合调制,即正交调幅(Quadrature Amplitude Modulation,QAM)。

视频

1.7 信道的复用

通信信道是网络的核心资源,是通过电缆、光缆、无线频段等通信介质提供的。一般情况下,通信信道带宽远远大于用户所需的带宽,若一个信道只为一个用户服务,则资源利用率太低,浪费太大。因此,设计了信道复用技术,将若干彼此独立的信号合并为一个可在同一信道上同时传输的复合信号,以共享信道资源,提高信道利用率,降低网络成本。

信道复用根据分割信道的参数不同,分为空分复用、频分复用、时分复用、波分复用和码分复用。

1. 空分复用

空分复用(Space Division Multiplexing,SDM)利用信道空间上的分割来达到复用的目的。空分复用在光缆和天线中有广泛的应用,如在一根光缆中放置多根光纤,不同的光纤信道是通过空间位置来区分的。在天线中,将发射波的波束设计成 120°,则一个天线可以从空间上分为 3 个信道。

2. 频分复用

频分复用(Frequency Division Multiplexing,FDM)是利用频率分割来实现信道复用的。它把一条宽频带的信道按照一定的频带宽度划分成若干窄带宽的子频带(或称“子信道”),以便实现同一时刻通过不同频率的载波调制,达到在信道中传输信号的目的,如图 1-14 所示。

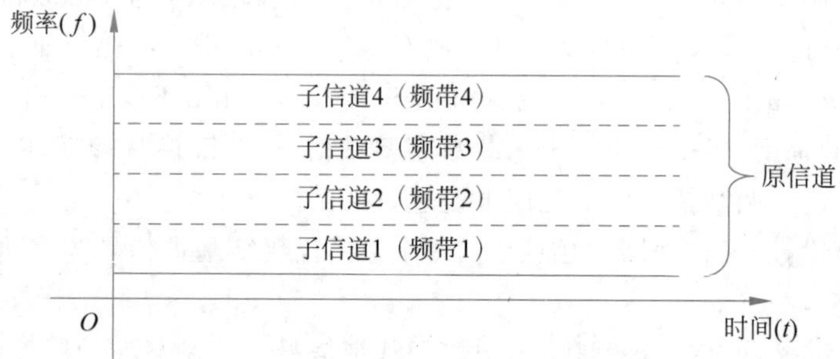

图 1-14 FDM 信道复用

3. 时分复用

时分复用(Time Division Multiplexing,TDM)是分割信道的使用时间来实现复用的。它把整个信道的使用时间划分成若干时间片(称为“帧”),再将每个时间片划分成多个更小的时间间隙(简称“时隙”),将这些时隙分配给不同的子信道使用,各子信道在时间上互不重叠，达到复用的目的，如图 1-15 所示。

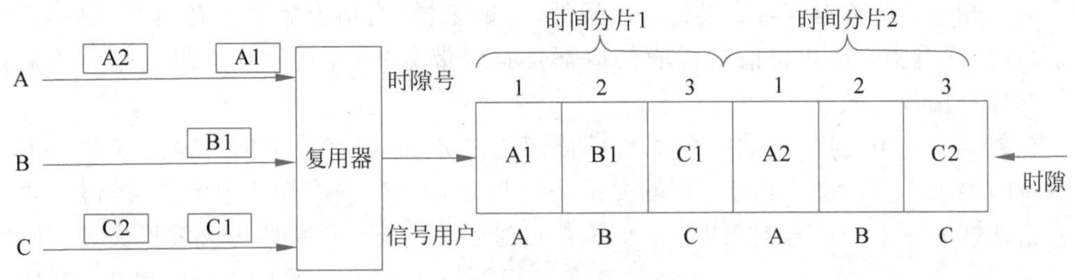

图 1-15 TDM 信道复用示意图

在语音通信中，时分复用与采样定理相得益彰，采样定理使连续的模拟信号变成在时间上离散的采样脉冲，在采样脉冲之间空出了时间间隙，利用这个时间间隙便可以传输其他信号的采样值。

根据对时隙的不同占用方式，时分复用又分为同步时分复用和异步时分复用。同步时分复用是每个子信道总是使用每帧的固定时隙。它非常适合电话通信网中的数字语音传输，因为其采样时间间隔也是固定的，因此语音通信中的电路交换就是采用同步时分复用方式。但是这种方式的时隙利用不充分，特别是对数据突发率高的数据业务。异步时分复用（又称统计时分复用）刚好可以解决这个问题，它不占用固定的时隙，而是根据各子信道的业务量大小来占用时隙。数据通信中的分组交换就是采用异步时分复用方式。

4. 波分复用

波分复用（Wave Division Multiplexing，WDM）本质上是光信号中的频分复用技术，又称光波分复用，是在单条光纤上同时发送多束不同波长激光的技术。虽然波分复用的实现技术非常复杂，但其基本物理原理比较简单。就如采用棱镜可根据入射角和波长将几束光合成一道光，也可以将合成光分离成不同波长的光。

波分复用的技术具有灵活增加光纤传输容量，同时传输多路信号，成本低，维护方便，可靠性高和应用广泛等特点和优势。

5. 码分复用

码分复用（Code Division Multiplexing，CDM）不同于 FDM 和 TDM，CDM 并不依赖于诸如频率或者时间之类的物理特性，它依赖于有趣的数学方法，即正交向量在空间中的值可以互不干扰地复合和分离。

码分复用是在扩频通信技术的基础上发展起来的一种无线通信技术，应用于部分移动电话系统和一些卫星通信系统中。码分复用采用编码的数学组合，允许多个发送方同时发送而不会相互干扰，其主要优点在于较低时延的可伸缩能力，因为它在高利用率网络中能提供较低的时延。

1.8 信道容量与传输极限

信道容量是指信道上所能达到的无差错的最大数据传输速率（单位时间内传输的信息量）。数据传输速率可用比特率或波特率来表示。

根据前面内容可知，任何一个物理信道，它所能承受的信号频率(信道带宽)是有限的。需要知道的一点是：通信设施是昂贵的，一般来讲，通信设施的带宽越宽，成本就越高，而且任何有实际应用价值的传输信道都是有限带宽的，并且带宽的限制是由传输介质的物理特性带来的。

在数据通信中，虽然有数字信道与模拟信道之分，但数字信号的传输要求和模拟信号的传输要求不同：数字信号的传输要求是接收方即便存在接收波形的失真，但只要能无差错地恢复原来的信号编码即可；而模拟信号的传输要求是接收方无波形失真。所以在数字信号传输中，需要对信号的传输速率进行限制，以防止信号间的码间串扰；若要对模拟信号进行数字化传输，需要将模拟信号转换成数字信号，且转换过程中有采样频率的要求，以确保信号不失真。

那对于模拟信号的不失真还原，应该使用什么样的频率进行采样呢？数学家奈奎斯特(Nyquist)对该问题进行了回答，即奈奎斯特定理：

$$\text{采样频率} \geqslant 2 \times f_{\max} \tag{1-1}$$

其中，$f_{\max}$ 是复合信号中的最高频率，即对信号的采样频率不低于信号中需保留的最高频率的 2 倍。

为了保证数字信号的不失真，当假设信道是无噪声时，奈奎斯特在理想低通信道下，证实数据传输速率 C(每秒比特数)的限制仅来自信道的带宽。

$$C = 2B\log_2 M \tag{1-2}$$

其中，M 为传输系统的离散信号的个数或电平数量，B 为信道的频带带宽，单位为 Hz。若假定传输信号是两个电平的二进制，传输速率是 $2B$，那么频率是不大于 B 的信号就能完全按此数据传输率传送；反之亦然，即假定带宽为 B，那么可承受的最大数据传输速率就是 $2B$。若码元传输速率低于奈奎斯特计算出的上限，则可以避免码间串扰问题。

由此可知，在给定的带宽，可以通过增加不同信号电平的数量来提高数据传输速率。

当信道有噪声时，对于数字数据来说，是在给定的带宽条件下尽可能地提高数据传输速率，同时又把误码率限制在某个范围内。当然，影响提高数据传输速率的最大问题是噪声。香农定理给出了计算在频带带宽受限且有高斯白噪声干扰的信道中，极限的数据传输速率公式为：

$$C = B\log_2(1 + S/N) \tag{1-3}$$

$$\mathrm{SNR(dB)} = 10\lg(S/N)\mathrm{(dB)} \tag{1-4}$$

其中，B 为信道的频带带宽，S/N 表示信噪比，S 是信道内传输信号的平均功率，N 是信道内的噪声功率。这时的信道容量是无误码的容量，或者称为信道的极限数据传输速率，单位为 b/s。虽然从理论上讲，若使用适当的信号编码，信道就有可能达到无误码容量，但经过香农证明，信道上的实际数据传输速率比无误码容量低很多，实际会涉及数据率、带宽、噪声、误码率、信号传输距离以及传输介质等多方面。

由式(1-3)可知，信道的频率带宽或者信噪比越大，信道的数据传输速率极限就越高。但实际信道不可能无限制地提高频率带宽或信道中的信噪比。在信道频带带宽一定的情况下，为了提高信道的信息传输速率，就必须使每个码元携带更多个比特(根据奈奎斯特定理)，并努力提高信道中的信噪比(根据香农公式)。

由此可以看出，奈奎斯特定理和香农定理都很重要。奈奎斯特定理激励人们去探索比特信号编码的方法，因为巧妙的编码方法能实现单位时间内传输更多的数据比特。但同时香农定理又告诫人们：在实际的通信系统中，不存在任何编码方法能突破物理定律的每秒最大比特数的根本限制。

【本章实验】

下载并安装 Wireshark 抓包软件，熟悉其使用方法以及网络抓包方法。

【本章小结】

本章主要是为了掌握“通信原理”“数据通信原理”等相关课程基本知识，具体包括数据通信系统的基本模型、数据通信的含义、模拟信号的数字化、信源编码和信道编码等概念；数据的串行传输和并行传输、同步传输和异步传输以及单工、半双工、全双工通信的含义，数据传输的基带/频带信号、基带/频带传输、数字基带传输系统和数字频带传输系统、数字基带信号编码及传输码型、信号的调制与解调等，并从数据传输速率（波特率、比特率）与信道带宽角度，掌握奈奎斯特定理（给出了在无噪声情况下传输介质的信道容量理论上限）和香农定理（给出了存在噪声情况下的信道容量）以及模拟信号不失真还原的最小采用频率限制等。其中 AD 转换、调制、编码、信道复用、同步是通信的五大基石。

【知识对接】

1. 信源编码的核心要求是有效性。在语音信号数字化过程中，为了达成该目的，在各环节中应考虑采用哪些措施？
2. 结合语音通信的场景和指标要求，分析语音通信中是否要做纠错处理。
3. 对于语音通信系统，AD 转换与时分复用有无关系？AD 转换后的数字信号如何在时分复用信道上传输？

【扩展阅读】

1. 采样定理：https://baike.baidu.com/item/采样定理
2. 模拟信号数字化：https://www.elecfans.com/d/2067387.html
3. https://zhuanlan.zhihu.com/p/512952484
4. https://baike.baidu.com/item/模拟信号数字化
5. 时分复用：https://baijiahao.baidu.com/s?id=1609225208508085971
6. 电信网：http://www.kepu.net/vmuseum/technology/telecom/didyouknow/dyk01.html

【思考题】

1. 信号在传输过程中有哪些难点？
2. 可以用哪些指标去刻画信号传输的质量？

3. 进行语音数字化时，对采样有什么要求？同时在传输时有何要求？

4. 从宏观的角度想一想，时分复用时有哪些复用方式？各种方式要解决什么问题？

5. 频分复用中的信号串扰问题引起的原因是什么？

【习题】

1. 什么是信息、消息、数据、信号？说明它们的关联和区别，试用生活中的例子来说明信息、消息、数据、信号。

2. 什么是模拟信号和数字信号？它们的区别是什么？尝试说明它们分别用在什么场景中。

3. 数据通信系统基本模型包括哪些部分？各组成部分的功能和作用分别是什么？

4. 通信数字化包括哪 3 个重要过程？尝试解释为什么需要这 3 个过程。

5. 常用的传输码型有哪些？各传输码型的特点及其应用又是什么？

6. 结合数据通信系统基本模型，理解数字基带传输系统、频带传输系统的结构，并思考这两者的区别和联系。

7. 试分析并行通信和串行通信在实际工程中的应用。

8. 什么是同步传输模式和异步传输模式？两者的特点和区别是什么？试用生活中的例子来说明这两种传输模式。

9. 按消息传送的方向进行分类，通信包含哪几种工作方式？各种工作方式在生活中最常见的例子有哪些？

10. 通信中常用的信道复用方式有哪些？分别是怎样工作的？

11. 什么是香农定理？什么是奈奎斯特定理？它们的意义是什么？

第2章 通信网络的产生与发展

【带着问题学习】

1. 通信网络是如何产生的？
2. 通信网络的核心和难点是什么？
3. 交换技术经历了哪些发展过程？
4. 计算机网络与通信网络有何异同？

【学习目标】

通信已经发展到5G时代了，为什么还要去回看最早的通信的模样？因为当前的通信技术已经变得纷繁复杂，太多的外在形式遮蔽了通信的本质。作为通信专业初学者，回溯到通信初始的样子，直观地了解通信的本来面目，才能从底层真正理解通信，把握通信的本质。

1. 熟悉通信网络的产生和发展过程。
2. 透彻理解通信为何需要网络，网络为什么需要交换。
3. 思考人工交换的工作原理，领悟信息交换的本质。
4. 了解交换发展过程中的几大阶段。
5. 了解计算机网络的发展过程。

【本章关键术语】

人工交换，中央馈电，通信网络，终端，接入，传输，电路交换、分组交换，Internet 网络、SDN 网络

2.1 通信发展大事记

有人类就有通信，动物之间、植物之间也有通信，但走到今天这样方便快捷的通信状态实在不容易。这里梳理了通信发展历史中最重要的标志性事件，回顾这段历史，看看千千万万通信人的不懈努力与卓越创新，从中体悟通信发展的不易、感悟创新的魅力。(最好能记住一些关键事件的年份，有助于理解和分析一些问题。)

- 2700 多年前的周朝：烽火传讯。
- 1837 年，莫尔斯发明有线电报，开始了电通信阶段。
- 1864 年，麦克斯韦创立了电磁辐射理论，并被赫兹通过实验证明，促使了后来无线通信的出现。
- 1876 年，贝尔利用电磁感应原理发明了电话。
- 1892 年，发明世界上第一部自动交换机。
- 1896 年，马可尼发明无线电报。
- 1928 年，提出奈奎斯特采样定理。
- 1935 年，发明频分复用技术。
- 1937 年，发明脉冲编码调制，奠定了数字通信的基础。
- 1946 年，第一台数字电子计算机问世。
- 1948 年，香农提出了信息论，建立了通信统计理论。
- 1950 年，时分多路通信应用于电话系统。

- 1959 年，发明了集成电路，从此微电子技术诞生了。
- 1969 年，ARPA 分组交换网络问世，是实现 TCP/IP 的第一个网络。
- 1972 年，高锟发明光纤。
- 1973 年，发明第一台便携式蜂窝电话(大哥大)。
- 1978 年年底，全球第一个移动蜂窝电话系统——先进移动电话系统(Advanced Mobile Phone System，AMPS)研制成功。
- 1982 年，国际电信联盟正式公布第二代蜂窝移动通信标准。
- 1983 年，TCP/IP 协议成为 ARPAnet 的唯一正式协议。
- 2000 年，国际电信联盟正式公布第三代多媒体蜂窝移动通信标准，其中包括中国的 TD-SCDMA、欧洲的 WCDMA 和美国的 CDMA2000。
- 2008 年，中国 3G 开始试商用，2009 年正式商用。
- 2013 年，中国 4G 开始商用。
- 2019 年，中国 5G 开始商用。

人类通信的历史源远流长，从古代的烽火传讯到现代的多媒体通信，已有数千年的历史。人类通信的革命性变化是从把电作为信息载体后发生的，其显著性标志是 1837 年莫尔斯发明电报和 1876 年贝尔发明电话。电报、电话从其发明的时候起，就开始改变人类的经济和社会生活。

2.2 通信网络的产生与发展

1876 年，贝尔发明了电话，为了实现多个电话之间的相互通信，发明了交换机，为了扩大通信范围，才形成了通信网络。本节简单回顾这段通信历史，首先让读者明白在通信网络中为什么需要交换技术，然后从交换的发展和历史背景中理解交换的根本作用，以及交换在通信系统中的地位。

2.2.1 电话的产生

众所周知，人声可以在空气中传播，它主要是靠声波来传播，能量衰减很大，所以声音的传播距离有限，这是人类(包含其他动物)不需要人造物的自然通信。从古代的烽火台、鸡毛信等通信手段，到近代利用电信号发明的电报，人们可以利用其他条件进行远距离的通信，但这些通信手段都有不少先天缺陷，制约因素很多，难以得到进一步发展。真正面向大众且能实时交互的通信是从发明电话机时开始的。1876 年，贝尔利用电磁感应原理发明了电话，把声音信号转换成电信号，利用金属导线作为介质，才有了远距离通话，其原理示意图如图 2-1 所示。

图 2-1 中的话机结构非常简单，其工作原理是：在送话器电磁铁上装上振动膜片，说话时声波引起振动膜片的振动，从而引起铁芯与衔铁之间的磁通产生变化，使线圈中产生相应变化的感应电流(完成声/电的转换)，这个变化的电流通过传输线送到受话器，流过受话器电磁铁的线圈，使得电磁铁底部的振动膜片按照电流的变化规律产生振动(完成电/声的转换)，膜片振动产生声音送到人耳。

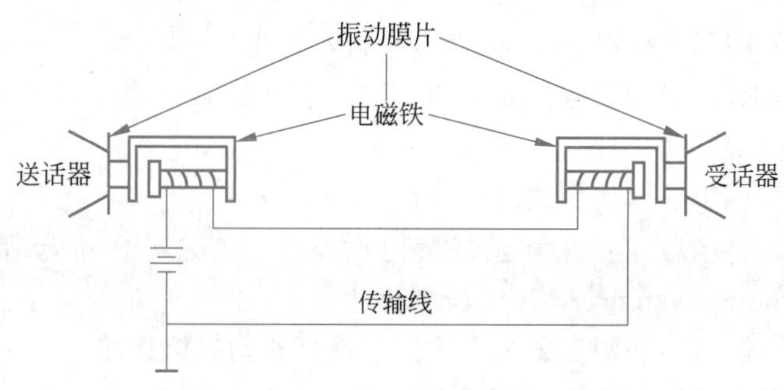

图 2-1　贝尔第一部话机原理示意图

在该装置中,语音信号是以电的形式在线路上传送。那时称连接两个话机的这一对线为一条线路,这种概念至今仍在使用,现在的一对用户线、一对中继线仍称为一条线路。

因此可以给电话下一个定义:电话是用电信号来传送人类语言信息的一种通信方式,这种通信方式称为电话通信。

♥**【技术思想启发】**　从生活中简单的物理现象得到启发,从而发明了划时代的电话机,开启了现代通信的大门。所以养成善于观察、善于思考的习惯非常重要,特别是在当今信息爆炸的时代,更要注重培养独立思考、敢于创新、勇于挑战的能力。

视频

2.2.2　交换机的产生

图 2-1 中两部话机直接相连,只能实现两个人之间的通话,还远远不能满足人们的通信要求。人们需要的是任何人之间都能进行通信,那应该如何实现?假如 5 个人有电话机,这 5 部电话机应该如何连接起来才能实现他们之间的任意通话呢?自然的想法是将 5 部电话机全部两两相连,即可实现互相之间的任意通话,如图 2-2 所示。

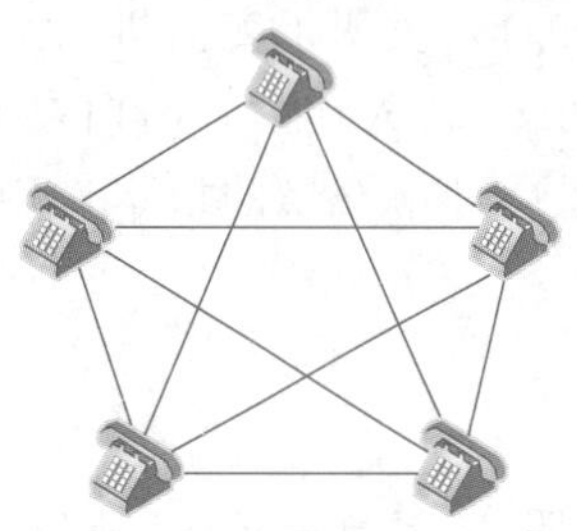

图 2-2　两两相连示意图

从图 2-2 中可以看出,5 部电话机之间要实现任意两两互通,就需要任意两两之间都有连线,即连接 5 部电话机需要 $C_5^2=10$ 条线路,N 部电话需要 $C_N^2=N(N-1)/2$ 条线路。若有 10 000 部电话,则需要 $C_{10\,000}^2\approx 5\times 10^7$ 条线路,这就是常说的 N 平方问题。目前全球有几十亿用户,大家可以计算一下这样需要多少线路。可以看出,这种方法存在以下几个问题。

(1) 随着用户数的增加,用户线路条数急剧增大,呈幂函数增长,不满足经济性要求,也难以施工。

(2) 在实际连接中,每个话机不可能同时都与其他话机相连,否则打电话就成广播了。那么每次通话前,被叫用户如何知道哪个用户需要与他通话,从而将他对应的线路连通?

(3) 每新增加一个电话机,都需要与前面的所有电话进行连线。这不仅麻烦,更重要的是承担不起高昂的费用。

因此这种连线方法没有任何实用价值。

此路不通,那么思考一下,怎么做才能解决这个问题?

解决的办法是采用中央交换的方法,在用户区域中心安装一套公共设备,称为交换机,其连接方式如图 2-3 所示。

这种连接方式,每个话机只与交换机连接,连接的线路称为用户线。这样,线路数从原来的 $N(N-1)/2$ 变成 N,新增用户也只需增加自己所属的那一条用户线路即可。各个话机通过中心交换机实现相互连接,当任意两个用户要通话时,由交换机利用其内部的公用线路将它们连通,通话完毕后将公用线路拆除(也称为释放链路),以便再提供给其他用户通话使用。

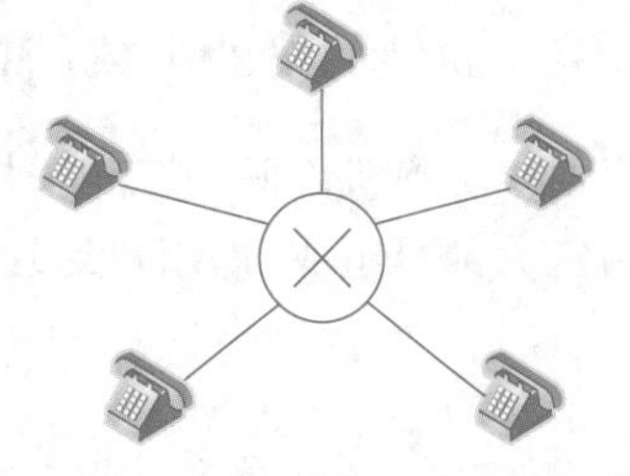

图 2-3　采用交换机连接的示意图

通过以上分析可以看出,交换机是网络中必需的一类设备,其基本思想是利用自己内部的公用线路为任意用户提供通话连接。由此可知,从网络结构和组网方式上看,必须有交换设备。

2.2.3　通信网络的形成

前面提到通过交换机可以将很多用户集中连接在一起,通过它可完成任意用户之间的连接。但是一个交换机能连接的用户数和覆盖的范围是有限的,因此需要用多个交换机来覆盖更大的范围,那多个交换机之间又怎么连通呢?(先停下来想一想)

方法就在眼前,就是刚刚学过的交换思想,再用一种交换机来连接任意交换机之间的信息即可(这类交换机称为汇接交换机,前面的交换机称为端局交换机),如图 2-4 所示。由此出现两种传输线:一种是电话机与交换机之间的连线,称为用户线;另一种是交换机与交换机之间的连线,称为中继线。用户线是属于每个用户私有的,由该用户独占;中继线是大家共享的,属于公共资源,当某个用户使用完毕,再供其他用户使用。因此希望它的利用率更高,能服务更多的通话,后面会看到多种提高中继线利用率的技术。

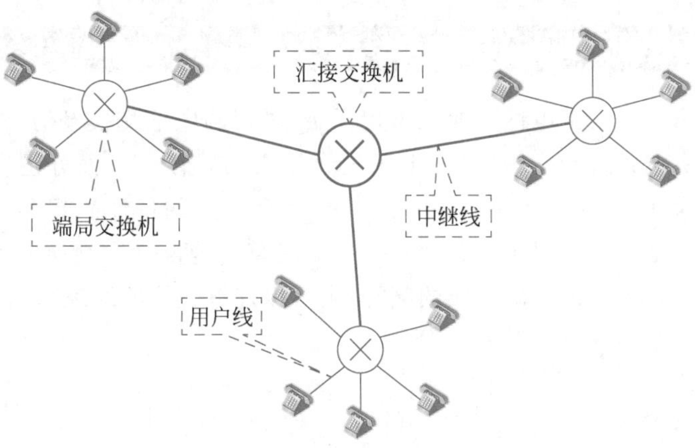

图 2-4　交换机之间的连接示意图

交换机与交换机的连接方式有网状网、环状网、星状网和树状网，以及用这些基本网络形式构成的复合网，具体的网络结构将在第 3 章讲解。

2.2.4 通信网络的组成结构

通过交换机之间的互相连接，最终可扩展成一个覆盖全球的通信网。整个通信网主要由三大部分组成，即用户终端设备、传输设备和交换设备，如图 2-5 所示。

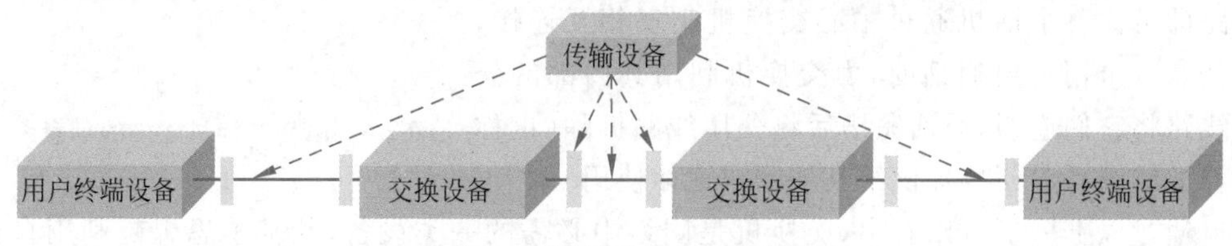

图 2-5 通信网的三大组成部分

用户终端设备是与用户打交道的设备，是人们利用通信网络的基本入口，主要实现信号的发送和接收、信号变换、匹配等功能。

传输设备是用来将用户终端设备和交换设备以及多个交换设备相互连接在一起的设备和传输介质，主要实现信号的远距离传输、信号转换、匹配等功能。

交换设备是完成前面所讲述的连接功能的设备，主要实现信号的交换、节点链路的汇集、转接、分配等功能。

从网络图论的角度看，交换设备是点，传输是边。点是网络的核心，所以交换设备是通信网的核心，其基本作用就是为网络中的任意用户之间构建通话连接，类似于交通网中的枢纽站和立交桥，起着关键作用。

随着通信技术的不断发展和通信业务的不断增多，网络结构也不断变化与发展，其主体思路是：功能越来越多、越来越复杂，分工越来越细，网元设备越来越多，设备名称越来越多。但抽象来看，都还是遵从终端、传输、交换这几大部分的结构。现代通信网络的具体结构将在第 9 章详细讲解。

2.3 网络交换技术的发展

从 1878 年第一台人工电话交换机出现开始，早期的电话交换经历了 3 个发展阶段：人工交换阶段、机电式自动交换阶段、电子式自动交换阶段。下面分别讲解这几个阶段的主要特点，从这几个交换阶段的发展过程中，体会交换的本质思想和实现原理。特别是人工交换阶段，虽然它很原始，功能很简单，但最直观地反映了交换的本质思想。通过对人工交换的回顾，既可以了解交换的起源，也可以理解交换的原理和思想。

视频

2.3.1 电路交换时代

1. 人工交换阶段

1878 年世界上第一台人工交换机问世，它是磁石式人工交换机，其结构如图 2-6 所示，每个用户话机通过用户线连接到交换机的用户塞孔上，每个塞孔对应一个用户号牌，用来指示该用户的呼叫情况，当用户通过话机发来呼叫信号时，用户号牌掉下来提示话务员有用户请求呼叫。交换机的操作平台上有若干公用的线路，在这里称为绳路，绳路两端各有一个塞子：一端称为应答塞子，另一端称为呼叫塞子。将绳路两端插入两个用户塞孔，就可为这两个用户之间构建一条连接通路。同时每条绳路对应一个应答、振铃键，通过该键的转换，可以将话务员的话机和手摇发电机连接到对应的绳路，用于话务员与用户之间的交流和向用户发送振铃音。

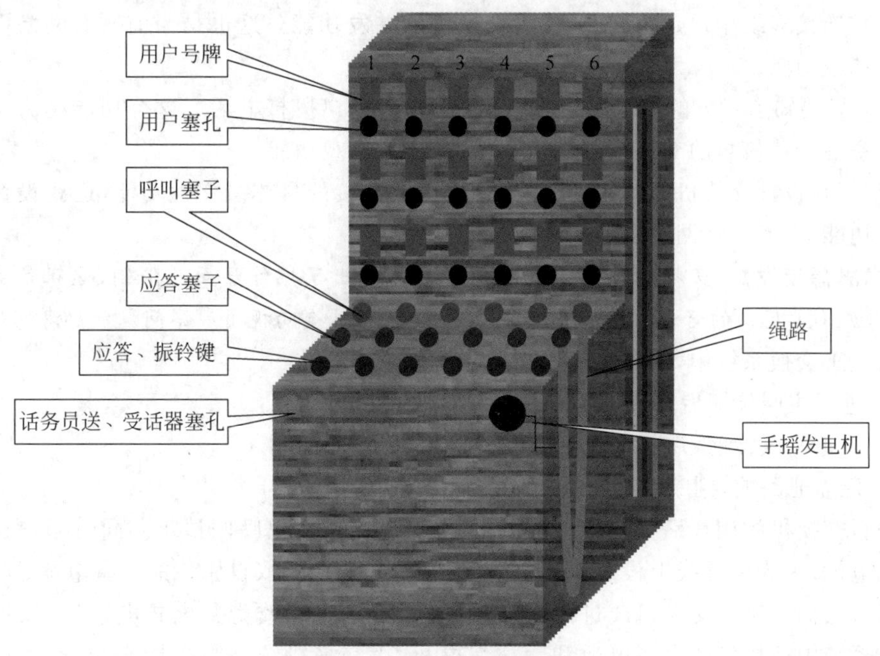

图 2-6 人工交换机示意图

下面以 1 号用户呼叫 3 号用户为例，简要说明人工交换机的工作原理和过程。

(1) 1 号用户为主叫，他通过话机上的手摇发电机送出呼叫信号，使交换机上 1 号用户塞孔上对应的用户号牌掉下来。

(2) 话务员看到该呼叫信号后，选择一条空闲的绳路，将其应答塞子插入主叫 1 号的用户塞孔，并扳动应答键，用话机应答主叫，询问 1 号用户所需的被叫号码(3 号用户)。

(3) 话务员将刚才所选绳路的另一端(呼叫塞子)插入 3 号用户塞孔，扳动振铃键，用手摇发电机向 3 号用户发送呼叫信号。

(4) 3 号用户接收到呼叫信号(振铃音)，摘机应答，1 号用户和 3 号用户通过话务员选择并连接的绳路进行通话。

(5) 话务员间断地监听用户之间的通话是否还在进行，若通话已经结束，则及时拆下绳路，将该绳路复原，再次用于其他用户之间的连接。

从上述人工交换机的接续过程来分析，可以归纳其基本功能如下：

- 检测主叫用户的呼叫请求；
- 建立电话交换机到主叫用户的临时通路，通过此通路获得被叫用户信息；

- 通过振铃呼出被叫用户;
- 为主、被叫建立通话通路;
- 检测通话结束,释放通路。

前面是交换机在接续过程中的分步功能,若跳出具体的操作步骤,从宏观上看,交换机还应该具备哪些功能?(先想一想,再往下看)

(1) 交换机是为众多用户服务的,不能每次只连接一组用户(主叫和被叫两个用户),需要同时连接多组用户,这个功能称为交换机的**并发功能**。这也是当前所有网络设备要具备的基本功能。

(2) 只要知道对方的电话号码,就可以给任何用户拨打电话。这个功能称为交换连接的**任意性**。从最早的交换机开始,都具备这样的宏观功能。

因此,在设计交换机时,不仅要完成每次通话连接的具体操作性功能,还要设计这类整体性功能,才能满足网络交换的需要。

♥**【技术思想启发】** 交换机的两个整体功能指标跳出了操作层面的限制,这正是旁观者清、跳出庐山看庐山的好处。在工作和学习中,要注意从全局视角观察问题和思考问题。

在人工交换系统中,话务员的工作还包含以下内容:

- 进行主叫检测后,判断该主叫是否有呼出权限;
- 向被叫振铃前,判断该被叫是否正与其他用户通话;
- 建立通路前,判断是否存在空闲的绳路等。

磁石交换机的用户话机自带一个手摇发电机,用于发出呼叫请求。同时用户自备一个直流电池,因为电话线上没有直流信号,语音信号的能源取自用户的自备电池。

后来人们将磁石交换机改进成共电式交换机,话机也改为共电式电话机,取消了磁石交换系统中话机端的自备电池和手摇发电机,由交换机统一馈送铃流和直流电,利用用户摘机或挂机所形成的直流信号来表示呼叫或通话完毕。这种方式一直沿用至今。这种由交换机统一供电的方式称为中央馈电,现在也还是使用这个术语。

中央馈电的作用是:当用户话机处于挂机状态时,共电式交换机向用户馈送的馈电由于没有形成直流回路,也就没有电流的产生;当用户话机摘机后,相对交换机来说,等于接入了一路负载,从而引起了馈电回路电流的变化。只要交换机采集到电流的变化,就知道用户话机处于何种状态。所以,在共电式交换系统中,中央馈电的作用有二:一是检测用户是否为摘机状态,向话务员发出呼叫信号;二是为用户通话提供所需的工作能源。现代固定电话交换系统仍然是采用这种方式。

在人工交换系统内,无论是磁石式还是共电式,其核心工作都是由人工完成的。它的优点是设备简单、安装方便、成本低廉;缺点是容量小、需要占用大量人力、话务员工作繁重、接线速度慢、易出错、劳动效率低。

虽然人工交换机的接续过程很简单,但它直观地反映了交换机的整个思想,后来发展的交换机仅是在具体实现和性能上的改进,其交换的原理和思想还是未变,一些术语和用户线上的接口标准,如中央馈电、摘/挂机、振铃、主/被叫等,至今还在电话系统中使用。

2. 机电式自动交换阶段

为了克服人工交换机的缺点，交换机逐步向自动交换发展。(先想一想，如果让你来设计自动交换机，要解决哪些问题？如何解决这些问题?)

从前面人工交换的过程可以分析，要实现自动交换，必须解决两个关键问题。

一是要为每个用户话机编号，同时话机要能发出号码。因为人工交换机中，是靠话务员来询问被叫的号码，而自动交换没有了话务员，必须由主叫话机向交换机发出它能识别的号码。

二是解决交换机如何识别电话机发来的号码。

机电式自动交换机的典型代表是步进制交换机和纵横制交换机。

1）步进制交换机

第一部自动电话交换机出现在1892年，发明人是史端乔。他原是一个殡仪馆老板，每当有死者家属向话务员(人工台交换)说明要接通他的殡仪馆时，那个话务员总是把电话接到另一家殡仪馆，他因此失掉了很多生意。史端乔很气愤，为此，他发誓要发明一种不用人转接的自动交换机，并于1892年11月3日取得了成功，他发明的步进制自动电话交换机正式投入使用，因此称为史端乔交换机。

1892年，人们对电信号的控制还处于很低的水平，只能控制简单的直流和交流信号，远远达不到现在数字时代的水平，因此，要表示号码的最直接方式就是借用古人在绳子上打结计数的思想，在一条光滑的绳子上打一个结就表示1，打两个结就表示2。对电信号也一样，在平直的直流电平波形上断开一次即可表示1，断开两次即可表示2。这就是当时用来表达号码的脉冲串方式。因此在话机上增加了一个称为拨号盘的部件，用户通过拨号盘控制电话机直流馈电环路的通断，从而产生断续的脉冲电信号来表示号码，即号码1、2、3、4、5、6、7、8、9、0分别用1～10个等宽的断续脉冲来表示，用这个方法就解决了前面说的关键问题之一。

关键问题之二是号码识别，采用一种称为选择器的部件来实现接收号码的功能，选择器由电磁控制的机械触点组成，它的动作由拨号盘产生的拨号脉冲直接控制，它接收电话机发来的断续脉冲，并根据脉冲个数进行相应步数的运动，从而将主被叫用户连通。

步进制交换机主要由预选器、选组器、终接器组成，其结构示意图如图2-7所示。每

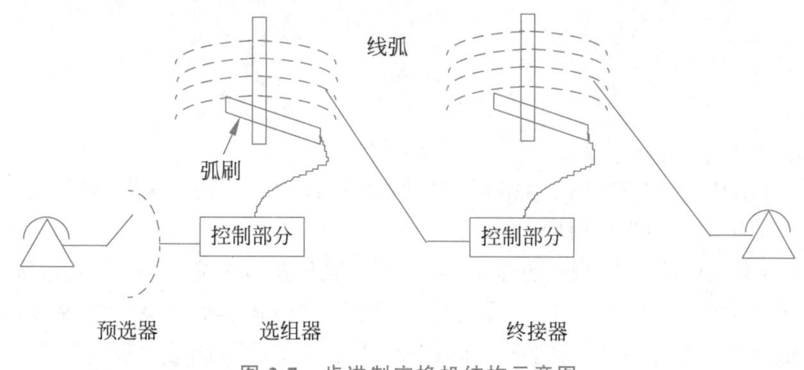

图2-7 步进制交换机结构示意图

个用户配一个预选器，它是一种旋转型的选择器；选组器和终接器公用，它是一种先上升后旋转的选择器。

下面以用户拨打 236 这个号码为例，简单看一下步进制交换机的接续过程。

(1) 主叫摘机，与主叫用户相连的预选器随即自动旋转，在它所连接的选组器中寻找一个空闲的选组器，找到空闲的机键时，即停止旋转，占用这一选组器，由选组器向用户送拨号音，通知用户可以拨号。

(2) 主叫用户听到拨号音，首先拨被叫用户的第一位号码“2”，即送出两个脉冲，选组器的弧刷收到两个脉冲，上升到第二层，同时停送拨号音，然后在第二层上自动旋转寻找空闲出线，找到后停止旋转，占用第二号组的终接器。

(3) 主叫用户拨第二位号码“3”时，终接器的弧刷随之上升到第三层；拨第三位号码“6”时，终接器的弧刷再在第三层旋转 6 步，接到被叫用户 236 的电话机上，由终接器向被叫用户振铃，同时向主叫用户送回铃音，表示已经接通被叫。

(4) 被叫用户听到铃声后摘机应答，终接器停止振铃，把供电桥路接通到被叫用户，双方即可通话。

(5) 通话结束双方挂机后，各级电路全部自动复位。

步进制交换机中的选择器主要采用继电器和接线器构成，这也是被称为机电式自动交换的原因。同一时期，也出现了基本原理相同但基本部件有些差异的其他类型。步进制交换机的主要特点是由用户拨号脉冲直接控制接线器的动作，以及脉冲的发送、接收、选线同时进行，其选择器既是控制部件同时又作为话路链路，因此称为直接控制方式。

♥**【技术思想启发】** 发明如此复杂的自动交换机的人并不是学电子和通信的专家，在科技更发达的今天，我们还有理由畏惧创新、拒绝创新吗？

2) 纵横制交换机

由于步进制交换机存在机械动作幅度大、背景噪声大、维护工作量大、接线速度慢、故障率高、通话杂音大、控制电路利用率低等缺点，后来人们又研究出了纵横制交换机。

1926 年，第一台纵横制交换机在瑞典开通。它将话路部分与控制部分分开，这点同人工交换机一样，但不同的是控制部分的人变成了机电设备，如图 2-8 所示。

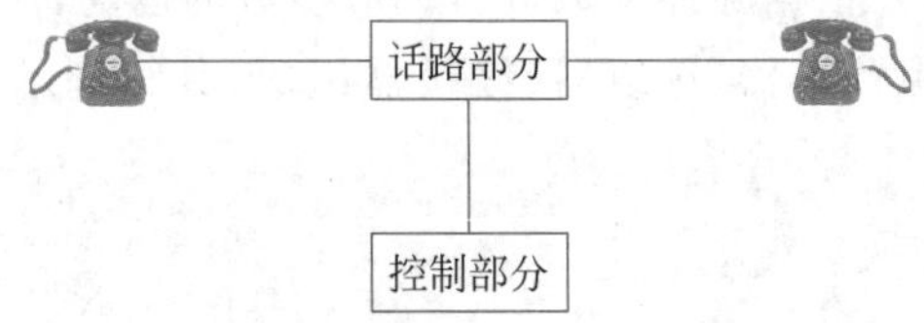

图 2-8　纵横制交换机的组成

话路部分由用户电路、交换网络(纵横接线器)、出/入中继、绳路组成。控制部分由标志器、记发器组成，如图 2-9 所示。

纵横制交换机话路部分的核心是纵横式接线器组成的交换网络，它通过纵棒与横棒的结合，构成接续链路，比步进制交换机中的选择器行进的物理距离短很多，因而噪声小、故障率低。它的特点是采用间接控制方式，话路设备和控制设备是分离的，话路设备只负责接通话路，在通话的整个过程中一直被占用着，它的数量较多，以满足用户可能出现的最大通话数量的需要，控制设备公用，只在选路阶段占用，数量较少，有很高的利用率。

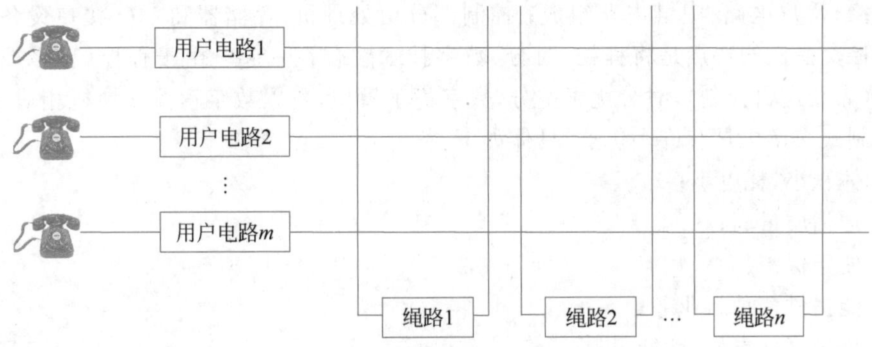

图 2-9　纵横制交换机结构示意图

3. 电子式自动交换机阶段

纵横制交换机中最复杂的就是控制部分，它是一种逻辑布线控制方式，由事先设计并连接好的线路来控制，一旦做好后就难以修改，很不灵活。后来，随着计算机技术的发展，便产生了使用计算机进行交换控制的可能性。到 20 世纪 60 年代中期，AT&T 公司开通了世界上第一部存储程序控制的空分制电话交换系统，即 1ESS 电子交换机。与纵横制交换机相比，它的话路部分变化不大，但其控制部分则使用了计算机。这也开启了计算机在通信领域的应用。

随着数字技术和光纤技术的发展，在电话中继线路上，信息的传送逐渐由模拟向数字方式过渡，这导致交换机中直接进行交换动作的部件也发生了革命性的变化。1970 年，世界上第一台时分电子交换机在法国投入运营。在这部交换机中，不仅控制部分使用了计算机，话路部分也使用了数字电子器件和新的交换结构。模拟的语音信号经过模/数转换，变为数字信号送入话路部分，并采用时分复用的方式来占用公用话路。自此，交换技术进入了电子化、数字化和计算机化的新时代。

电子式自动交换机的典型代表是时分数字程控交换机，话路部分是时分的，交换的信号是 PCM 数字信号，控制部分用计算机来实现，通过计算机中的专用程序来控制交换的进行，因此称为数字程控交换机。它是计算机技术与 PCM 技术发展相结合的产物。数字程控交换机的组成示意图如图 2-10 所示。

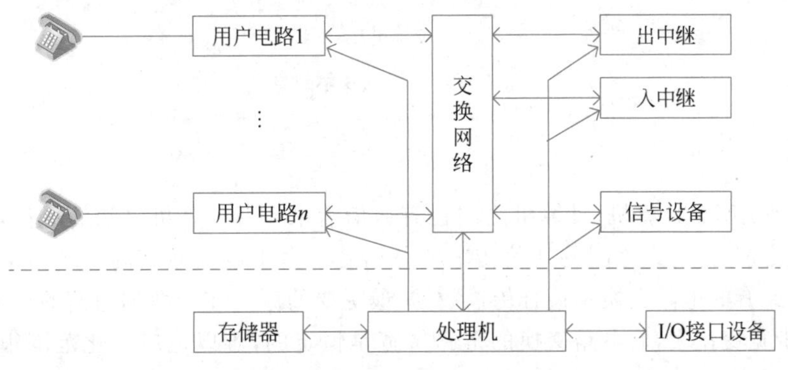

图 2-10　数字程控交换机的组成示意图

数字程控交换机同纵横制交换机一样，话路部分和控制部分是分开的。话路系统由交换网络、用户电路、中继电路组成；控制部分由处理机、存储器和I/O接口设备组成。数字程控交换机的特点是将程控、时分、数字技术融合在一起。由于程控(程序控制)优于布控(布线逻辑控制)，时分优于空分，数字优于模拟，所以数字程控交换机相对于以前的其他制式交换机具有许多优点，具体如下：

- 体积小，耗电小；
- 通话质量高；
- 便于保密；
- 能提供多种新业务；
- 维护管理方便，性能可靠；
- 灵活性大，适应性强；
- 便于采用公共信道信令方式。

从整个电路交换的发展过程来看，控制部分从最早的人工控制到电子自动阶段的计算机控制，话路部分从人工交换阶段的物理导线作为内部电路，一条电路传一路电话，到电子自动阶段的电子元件作为内部电路，以及采用时分方式使得一条电路可以传输多路电话，交换技术的发展和变化的内容很多，但所有这些变化都只是具体实现技术的变化，其交换的本质和作用从未改变。

从人工交换到电子式自动交换3个阶段，它们的共同点在于，在通话之前，需先在主、被叫之间建立一条独占的固定的电路，然后利用这条电路传输双方的语音信息。电路交换的核心思想：先建电路，再通话，如图2-11所示。

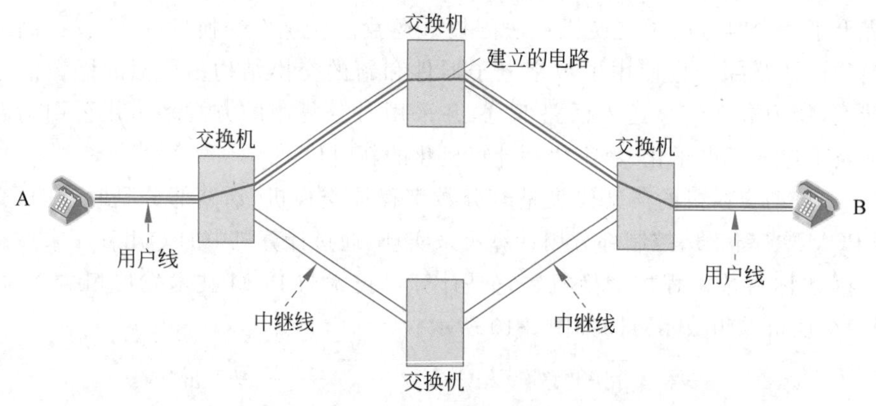

图2-11　电路交换示意图

2.3.2　分组化时代

1946年发明了计算机，计算机之间也有通信需求。但计算机之间的通信，传输的是数据，在此之前，人与人之间的通信传输的是语音。由于数据通信的要求与语音通信的要求不同，原有的电路交换不适合传输数据，最主要的原因在于数据通信的突发率高，需要的链路带宽变化大，而电路交换的链路带宽是恒定的，难以适应变化范围很大的数据通信要求。因此需要设计一种新的交换方式。

为了较好地适应突发性要求，加上数据通信的实时性要求不高，人们借鉴报文交换（又称存储转发交换，整个报文一起发送，一次一跳，是由莱昂纳多·克莱洛克于1961年提出的）的思想，采用存储转发的方式来传输数据。同时借鉴流水线的思想，将报文交换中的一次性整体发送改为分组多次发送，以此减少端到端的时延，简化交换机的存储管理。（分组交换的具体工作原理详见3.3.3节。）

针对不同的应用场景，不同的组织机构在分组交换方式的基础上，派生出各种具体的交换技术，如X.25、FR（Frame Relay 帧中继）、ATM（Asynchronous Transfer Mode，异步转移模式）、IP（Internet Protocol）交换、MPLS（Multi-Protocol Label Switching，多协议标签交换）等。其中的ATM、MPLS等为了满足语音通信的实时性要求，又借鉴了电路交换的思想，应用了电路交换面向连接的思路，先建立链路再通信，但这种链路已不同于电路交换的电路，其链路与物理资源无关，因此称为虚电路。这种链路在分组交换的大前提下进行了优化和改进，因此其本质上还是属于分组交换大类。

分组交换不仅很容易适配不同的数据速率，而且具有很好的灵活性，同时提高了电路的利用率，降低了通信成本（灵活性高、成本低，是各种技术在市场上的竞争利器）。因此，发明分组交换以来，分组交换得到了快速发展，不仅在计算机通信之间得到广泛应用，后来也逐步影响到语音通信领域，人们希望在一种交换方式下统一进行语音和数据的交换。由于数据业务的快速增长以及分组交换的优势，通信网络的交换方式已进入分组交换时代。

2.4 计算机网络的产生与发展

早期的通信与计算机在两个不同的跑道上分别发展，在通信技术与通信网络发展的同时，计算机技术与计算机网络也在快速发展。

在出现计算机网络之前，各个计算机独立工作，互不联系，每个计算机是一个信息孤岛。由于军事、科研、社会生活等领域都对数据共享、信息交换存在巨大需求，需要多个计算机相互联网共享信息，消除信息孤岛的问题。计算机网络的发展经历了4个阶段。

1. 第一个阶段（主机之间的连接）

20世纪60年代，美国和苏联处于冷战时期，能否保持科学技术上的领先地位，将决定战争的胜负。而科学技术的进步依赖于计算机技术和共享数据的发展。1969年12月，美国国防部高级研究计划局[Advanced Research Projects Agency，ARPA（1975年，ARPA更名为DARPA：Defense ARPA）]建立一个命名为ARPAnet的网络，考虑到联网主机的兼容性，只有4个节点，分布在洛杉矶的加州大学洛杉矶分校、加州大学圣巴巴拉分校、斯坦福大学、犹他大学4所大学的4台大型计算机，如图2-12（a）所示。ARPAnet采用电话线路为主干网络，其网络结构如图2-12（b）所示。ARPAnet后来扩展到连接数百台计算机，从欧洲到夏威夷。目前有关计算机网络的许多知识都与ARPAnet的研究结果有关，ARPAnet中提出的一些概念和术语至今仍被引用，也由此被公认为是第一个真正的计算机网络。（说明：早期的计算机是大型计算机，一个主机带多个终端，有的认为这是第一代计算机网络。但严格地说，它只是显示器和键盘的位置延伸，不是主机之间的通信，算不上真正的计算机网络。）

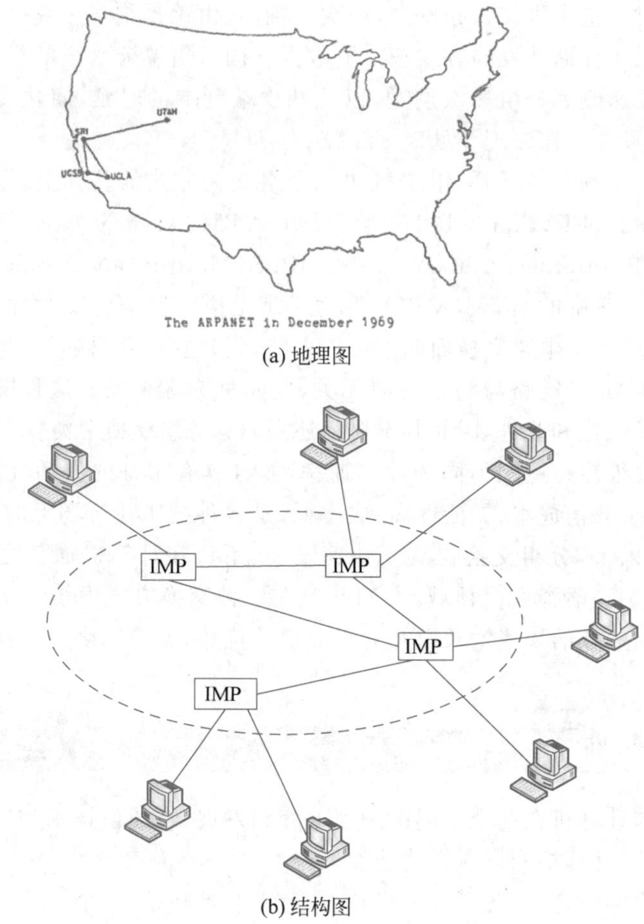

(a) 地理图

(b) 结构图

图 2-12　ARPAnet 网络图

各计算机之间不是直接用通信线路相连，而是通过接口报文处理机（Interface Message Processor，IMP）进行转接。IMP 负责通信处理，通信线路将各 IMP 相互连接起来，然后各主机再与 IMP 相连，各主机之间的通信需要通过 IMP 连接起来的网络来实现。IMP 就是现在的交换机或路由器。

ARPAnet 采用了“存储-转发”方式的分组交换技术，各个节点共享通信线路，相对于独占方式的电路交换，它极大地提高了线路利用率，降低了通信成本，同时能容易地适配数据终端的数据突发率，这两点成为分组交换畅行天下的重要原因。

2. 第二个阶段（OSI 标准化）

第二阶段的计算机网络大体上从 20 世纪 80 年代初至 90 年代初，是开放式标准化的计算机网络。

第一个阶段的计算机网络大都由相同技术形态的主机联网而成，由研究单位、大学、应用部门或计算机公司各自研制,没有统一的网络体系结构和协议标准,要把不同的计算机网络互联起来十分困难,把多种不同的计算机和网络互联在一起就更难。各个网络之间不能互联互通,每个网络又各自形成一个大的“信息孤岛”。为实现更大范围内的信息交换与共享,计算机网络必然要向更新的阶段演变,实现不同层次的不同技术形态网络的互连,形成更大规模的互联网络。

1977年国际标准化组织(International Organization for Standardization,ISO)开始着手制定开放系统互连参考模型(Open system Interconnection/Reference Model,OSI/RM),并于1984年发布。OSI/RM是一个开放体系结构,定义了网络互连的七层结构,并详细规定了每一层的功能,以实现开放系统环境中的互连性、互操作性和应用的可移植性。它具有统一的网络体系结构,遵循国际标准化的协议。标准化将使得不同的网络能方便地互联在一起。标准化还将带来大规模生产、成本降低等一系列的好处。

随着OSI/RM的诞生,整个计算机网络体系架构也以标准形式确定了下来,这大大推动了计算机网络的发展,激发了无数公司参与开发计算机网络相关硬件和软件的热情,计算机网络发展迎来了历史上第一个真正意义上的“春天”——因为大家已“有规可循”了,不再担心兼容问题了。OSI/RM的诞生也标志着第二代计算机网络的诞生。此时的计算机网络在共同遵循OSI标准的基础上,形成了一个具有统一计算机网络体系结构,并遵循国际标准的开放式和标准化的网络。

虽然OSI/RM的诞生大大促进了计算机网络的发展,但OSI/RM的网络体系结构分层过多,由DARPA研究并发布的TCP/IP协议规范后来居上。1983年,DARPA将ARPAnet上的所有计算机结构都转向了TCP/IP协议,并以ARPAnet为主干建立和发展了Internet,形成了TCP/IP体系结构。TCP/IP协议体系结构虽然不是国际标准,但它的发展和应用都远远超过了OSI/RM,成为Internet体系结构上的实际标准。

3. 第三个阶段(Internet网)

随着OSI/RM体系架构的诞生,大大促进了以Internet为代表的国际互联网的发展。1985年美国国家科学基金会(National Science Foundation)利用ARPAnet协议建立了用于科学研究和教育的骨干网络NSFnet;1990年NSFnet取代ARPAnet成为国家骨干网,并且走出了大学和研究机构,进入社会,从此网上的电子邮件、文件下载和信息传输受到人们的欢迎和广泛使用;1993年,伊利诺斯大学国家超级计算中心成功开发出网上浏览工具Mosaic,同年,克林顿宣布正式实施国家信息基础设施计划,从此在世界范围内开始了争夺信息化社会领导权和制高点的竞争;与此同时,NSF不再向Internet注入资金,使其完全进入商业化运作;20世纪90年代后期,Internet以惊人的速度发展,一直到今天。这就是现在的第三个阶段的计算机网络,Internet网络从最初的简单服务演进成能够提供涵盖文本、语音、视频等多媒体业务的融合网络。

其应用领域也逐步向社会生活的各方面渗透,并影响和改变人们的生产和生活方式。Internet是基于TCP/IP技术实现的全世界范围内最大规模的互联网络,是在ARPAnet的基础上逐渐发展演变而形成的。

4. 第四个阶段(SDN 网络)

随着互联网业务的发展,以 IP 为核心的 Internet 网络也面临一系列问题:如 IP 技术使用"打补丁"式的演进策略,使得设备的功能和业务越来越多,设备日趋复杂;随着网络规模的扩大和新业务的引入,管理运维愈加复杂;IP 网络控制平面和数据平面深度耦合,分布式网络控制机制使得任何一个新技术的引入都严重依赖网络设备,并需要多个设备同步更新,导致新技术的部署周期较长,严重制约网络的演进发展,网络可扩展性差,网络创新困难;传统网络技术及架构无法提供新业务所需的动态配置、按需调用、自动负载均衡等需求,成为新业务发展的瓶颈。

为摆脱这些困难,业界一直在探索技术方案来提升网络的灵活性,其主要思路是打破网络的封闭架构,增强网络的可编程能力。经过多年的技术发展,软件定义网络(Software Defined Networking,SDN)技术应运而生。其设计理念是将网络的控制平面与数据转发平面进行分离,并实现可编程化的集中控制,从而实现网络的灵活控制。将传统网络设备紧耦合的网络架构分拆成应用、控制、转发三层分离的架构。

SDN 网络在当前的云计算中心、核心网、5G 网络等得到广泛应用。

通信技术(Communication Technology,CT)主要解决远距离传输的问题,经过了 100 多年的发展。计算机技术主要解决信息计算、分析问题,也称为信息技术(Information Technology,IT)。通信中涉及很多信息计算、分析、控制问题,也非常需要 IT 技术;同时,IT 领域需要大范围的资源共享,需要 CT 技术的支撑。"没有通信的计算机是无用的计算机,没有计算机的通信是落后的通信。"计算机与通信在整个发展过程中,不断融合,你中有我,我中有你,现在 CT 与 IT 技术的融合非常紧密,合称为 ICT(Information Communication Technology)。

【本章实验】

1. 两个同学一组,一位同学拨打一个电话,一位同学用手机的秒表计时,测量从发出号码到听到回铃音的时间,同一个号码连续测 3 次,测 3 个不同地方的号码。观察并分析拨号后时延的情况。

2. 用 Wireshark 抓取计算机的网络数据,观察数据包的时延情况,理解网络时延指标。

【本章小结】

人类的自然通信有上万年的历史,利用电信号的通信只有 100 多年的历史。发明电话机后,为了实现众多电话终端之间的信息互通,必须通过一个中央设备来完成连接,这个中央设备称为交换机。为了实现全球范围内各个地方的电话互通,必须把多个交换机连接起来,由此形成了通信网络。因此通信网络由电话终端、交换机和连接它们的传输系统三大部分组成。

网络的核心是交换。在发明计算机之前,只有语音通信的需求,交换机采用电路交换方式,通话前先建立电路,然后通话,通话完毕拆除电路。但计算机出现后,有了数据通信的需求,为了适应数据通信的特点,发明了分组交换,其核心是满足数据突发率高的要求,代价是时延增大了。随着计算机应用的普及,数据通信的业务量超过语音通信的业务量,分组交换的占比也就越来越大,在分组交换基础上发展出来的交换技术越来越多,IP 交换是当前典型的代表。

【知识对接】

1. 从人工交换机到模拟程控交换机的 100 多年中,交换机控制的是物理实链路的连接。在数字程控时代,交换机控制的是物理时隙的连接;在分组时代,交换机控制的是什么?交换机是如何转发信息的?

2. 在模拟交换时代,语音是直接在物理实链路上全时传输的,数字化后,语音信息是如何在时隙中传输的?

【扩展阅读】

1. 贝尔发明电话
http://www.kepu.net/vmuseum/technology/telecom/switch/swt301.html
2. 自动交换机的发明
http://www.kepu.net/vmuseum/technology/telecom/switch/swt302.html
3. 计算机网络
http://www.kepu.net/vmuseum/technology/telecom/network/net100.html

【思考题】

1. 通信网络为什么需要交换?交换是否是必需的?为什么?
2. 交换的本质是什么?
3. 通信网络通过什么方式扩大网络的覆盖范围的?
4. 为什么要做分组交换?它与电路交换的根本区别是什么?

【习题】

1. 阐述通信网络的产生过程和原因。
2. 通信网络由哪几部分构成?每部分的作用或功能是什么?
3. 网络交换技术经历了几个阶段?每个阶段的特点是什么?
4. 理解计算机网络的产生过程、原因,以及发展的几个阶段。

第3章 网络基础

【带着问题学习】

1. 网络有哪些基本要素？
2. 信息交换有哪几类基本方式？其关键区别是什么？
3. 各类通信协议是如何实现的？
4. 网络为什么要分层？各层的目标是什么？
5. 衡量网络质量的指标有哪些？

【学习目标】

1. 熟悉多种分类方式下的网络名称。
2. 熟悉常用的网络拓扑结构。
3. 理解网络编址的意义、要求、常见网络的编址方法。
4. 掌握电路交换、分组交换(数据报与虚电路)的思想、措施、多角度的对比分析。
5. 掌握协议的基本概念,协议四要件。
6. 掌握网络分层模型、分层思想,OSI 与 TCP/IP 模型的异同、各层的数据单元与核心目标、数据流程。

【本章关键术语】

点对点通信,广播通信,全双工通信,半双工通信,信息交换,电路交换,分组交换,同步时分复用,异步时分复用,静态资源分配,动态资源分配,网络拓扑,网状网,星状网,树状网,总线型网,网络编址,协议,协议要件,分层模型,OSI 模型,TCP/IP 模型

3.1 网络概述

3.1.1 网络分类

1. 为什么要分类

网络的种类很多,从不同的角度看网络,产生不同的名称,因此,区分不同的网络名称,准确把握不同名称的含义,才能在沟通交流中知道所谈的对象是什么,才能知道对方是从哪个角度在谈网络。熟悉网络的分类方法和网络名称是学习网络技术的重要基础之一。

2. 如何分类

网络可以从不同角度分类,主要有如下类别。

1) 按通信方式分类

(1) 点对点传输网络:数据以点到点的方式在计算机或通信设备之间传输,实现一对一的通信。

(2) 广播式传输网络:数据在共用介质中传输,实现一对多的通信。

2) 按服务区域范围分类

(1) 语音电话网络按照服务区域范围分为:

① 本地电话网:本地电话网简称本地网,是指在同一个长途编号区内、由若干端局(或端局与汇接局)、局间中继线、长市中继线及端局用户线所组成的自动电话网。本地网负责该区域内全部用户的网内连接,同时通过长途网完成该区域内用户与其他网络的转接。

本地网的范围一般与行政区域一致。本地网内的电话连接时，不需要字冠号码(它是拨打国际长途电话的组成号码之一，每个国家的国际字冠号码不一定相同)和长途编号(指世界各大城市所属行政区域常用电话区划号码，这些号码主要用于国内、国际长途电话接入)。

② 国内长途电话网。国内长途电话网简称国内长途网，是连接各个本地网的网络，长途网一般不直接连接用户，其作用是负责交换机之间的话务汇聚和转接。

③ 国际长途电话网。国际长途电话网简称国际长途网，是连接不同国家电话用户的网络，由此形成全球互联互通的通信网络。

(2) 计算机网络按照服务区域范围分为：

① 局域网(LAN)。一般限定在较小的区域内，小于 10km 的范围，可采用有线或无线方式连接起来。

② 城域网(MAN)。规模局限在一座城市的范围内，一般为 10～100km 的区域。

③ 广域网(WAN)。网络跨越国界、洲界，甚至全球范围。

局域网是组成其他两种类型网络的基础，广域网的典型代表是 Internet 网。

3) 按传输介质分类

有线通信：传输介质是有线介质，如双绞线、架空明线、同轴电缆、光纤等，对应的通信称为有线通信。

无线通信：传输介质是以空气作介质，用电磁波作为载体来传输数据，对应的通信称为无线通信，主要有 Wi-Fi、蓝牙、移动通信网的无线侧、微波通信、卫星通信网等。

4) 按通信的业务分类

按通信的业务类型，分为电话网、数据网、电视网等。随着综合业务的发展，这种分类越来越弱化。

5) 按网络服务的对象分类

按网络服务的对象，分为公用网、专用网。公用网是通信公司建立和经营的，向社会提供有偿的通信和信息服务的网络。专用网指某个行业、机构等独立设置的网络，仅限于特定人群使用。

6) 按终端是否能漫游分类

固定通信网：固定通信是指通信终端设备与网络设备之间主要通过电缆或光缆等线路固定连接起来，进而实现的通信，其主要特征是终端的不可移动性或有限移动性，如固定电话机、传真机、无绳电话机、计算机等电话网和数据网终端设备。固定通信网是指实现固定通信的网络；与固定通信网相对的是移动通信网。

移动通信网：移动通信网的用户终端通过无线方式接入移动基站和核心网，同时终端可以在不同基站之间、不同交换区之间移动，网络能够实时管理用户位置，并确保用户在通话或数据传输过程中无缝切换。移动通信网支持终端在范围广泛的地理区域内移动，为用户带来极大的方便性和灵活性，它一上市就得到高度认可和快速发展。

7) 按信道中传输的信号形式分类

如果信道中传输的是模拟信号，对应的通信为模拟通信；如果信道中传输的是数字信号,那么对应的通信就为数字通信。

8) 按通信工作频段分类

按通信工作频段,分为长波通信、中波通信、短波通信、超短波通信、微波通信等。

9) 按信号处理方式分类

信号经过网络时只向指定端口进行转接,这种网络称为交换网络;信号经过网络时向所有端口进行转接,这种网络称为广播网络。

10) 按交换方式分类

交换方式采用电路交换方式的称为电路交换网络,交换方式采用分组交换方式的称为分组交换网络。PSTN网络、2G移动通信网络都是电路交换网络;4G、5G移动通信网络和计算机网络都是分组交换网络。3G核心网既有电路交换也有分组交换。

常见的网络分类如表3-1所示。

表3-1 常见的网络分类

分类方式	类型名称
通信方式	点对点通信网络、广播通信网络
通信范围	本地网、长途网;局域网、城域网、广域网;国家网、全球网等
传输介质	有线网、无线网
业务内容	固定电话网、移动电话网、数据网、电视网等
服务对象	公用网、专用网
终端性质	固定通信网络、移动通信网络
信号类型	模拟网、数字网
工作频段	长波通信、中波通信、短波通信、超短波通信、微波通信
处理方式	交换网、广播网
交换方式	电路交换网络、分组交换网络

3.1.2 网络拓扑结构

从逻辑上看,任何网络都是由"点""线"组成的,不同的逻辑连接关系,形成不同性质的网络。网络拓扑是指网络形状,表达逻辑上的连通性。

由点、线构成的网络虽有不同形状和结构,但都有其内部规律性,为便于理解,从逻辑结构上可归纳为几种基本结构,其他结构则由基本结构组合而成。

网络的拓扑结构主要有5种基本结构:网状型、星状、环状、总线型和树状,如图3-1所示。这5种结构为网络的基本结构形式,但在实际的大型网络中,网络的各个部分可以采用不同的拓扑结构,然后复合组成若干实用型的网络,以求得网络的合理性。拓扑结构的选择往往与传输介质的选择及介质访问控制方法紧密相关。

在选择网络拓扑结构时,应考虑的因素有下列几点:可靠性、成本、灵活性、响应时间和吞吐量。

1. 网状型网络

网状型网络的主要特点是任意两个节点之间都有连接线相连。其明显的优点是可靠性高,不会因为某个连接失效而导致网络不通,因为每个节点都有多条路径达到其他

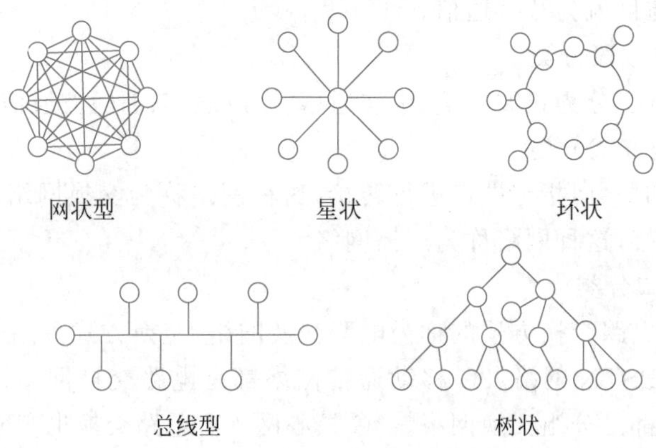

图 3-1 常见网络拓扑结构类型

节点。网状型网络的缺点是连线多，结构较复杂，建设成本高。它主要用在数量少的核心节点之间。

2. 星状网络

星状网络的主要特点是存在一个中央节点。它由中央节点和通过点到点链路连接到中央节点的各个节点组成。星状拓扑结构被广泛应用于网络中，由于所有节点的信息传输都必须经过中央节点来处理，因此，对中央节点的要求比较高。

星状拓扑结构有如下优点：

(1) 可靠性高。在星状拓扑结构中，每个连接只与一个设备相连，因此，单个连接的故障只影响一个设备，不会影响全网。

(2) 方便服务。中央节点和中间接线都有一批集中点，可方便地提供服务和进行网络重新配置。

(3) 故障诊断容易。如果网络中的节点或者通信介质出现问题，只会影响到与该节点或者通信介质相连的节点，不会涉及整个网络，从而比较容易判断故障的位置。

星状拓扑结构虽有许多优点，但也有缺点：增加网络新节点时，无论有多远，都需要与中央节点直接连接，布线困难且费用高；星状拓扑结构网络中的外围节点对中央节点的依赖性强，如果中央节点出现故障，则整个网络不能正常工作。

3. 环状网络

环状拓扑结构是一个环状闭合链路，它是由各个节点和节点之间点到点链路串连而成的一个闭合环。在环状网中，所有的通信共享一条物理通道。环状网络的主要特点是每个节点既是终端节点又是转接节点，是“人人为我、我为人人”的思路，体现的是团队精神和协作精神。

环状网络的优点是结构简单，建设成本低，既不需要像网状网络那样需要很多链路，也不需要像星状网络那样需要一个中央节点来负责整个网络的运行，但由此也带来了较多的缺点：

(1) 可靠性较差：任意一个节点出现故障，都会导致整个网络中断、瘫痪。

（2）维护困难：任何一个节点出了故障都会造成整个网络故障，导致查找故障困难，维护起来非常不便。

（3）扩展性能差：因为是环状结构，决定了它的扩展性能远不如星状结构好，如果要新添加或移动节点，就必须中断整个网络。

4．总线型网络

总线型网络的主要特点是网络中所有的站点共享相同的数据通道。总线的概念是指所有的节点都通过一条或者一组链路进行通信。在总线型网络结构中，当其中一个节点发送信息时，该信息将通过总线传到与该总线相连的每一个节点，每个节点接到信息后，先要分析该信息的目标地址与自己的地址是否相同，若相同，则接收该信息；若不相同，则拒绝接收。总线型网络在计算机内部、计算机网络、通信网络中应用都很广泛。

总线型网络的主要优点有：

（1）布线容易、电缆用量小。总线型网络中的节点都连接在一个公共的通信介质上，所以需要的电缆长度短，减少了安装费用，易于布线和维护。

（2）可靠性高。总线结构简单，其中任一节点发生故障都不会造成整个网络的瘫痪，可靠性高。

（3）易于扩充。在总线型网络中，如果需要增加新节点，只需要在总线的任何点将其接入。

总线型拓扑结构虽然有许多优点，但也有自己的局限性。

（1）故障诊断困难。虽然总线型拓扑结构简单，可靠性高，但故障检测却不容易。因为具有总线型拓扑结构的网络不是集中控制，故障检测需要在网上各个节点进行。

（2）通信介质及总线本身的故障会导致网络瘫痪。

5．树状网络

树状网络是从星状网络和总线型网络演变而来，像一棵倒置的树，顶端是树根，树根以下带分支，每个分支还可带子分支。树根接收各站点发送的数据，然后再发送到全网。其主要的优点是易于扩展，故障隔离较容易；主要缺点在于节点对根依赖性太大，若根部发生故障，则全网不能正常工作。

3.1.3　网络编址

视频

有网络就必然要对网络中的全部设备进行编号，用于识别各个设备。这个编号就是每个设备的网络地址，因此网络编号也称网络编址。不同的网络有不同的编址方法和编址格式，但同一个网络的编址方式和格式必须统一，并形成最终的编址标准。电话网、计算机网、信令网、物联网等都有自己的编址规则。

电话网络对所有的终端（包含固定终端和移动终端）进行统一编址，称为编号计划，其标准是国际电信联盟 ITU-T 规定的 E.164 标准，其编址号码就是常见的电话号码。计算机网络对所有终端进行编址，其编址就是 IP 地址，编址规则是 IP 地址的编码规则。

1．编址原则

网络地址是区分网络实体的重要标志，在对网络设备进行地址编号时，首先必须有

一个统一的编号原则,网络编号的基本原则是:

(1) 唯一性——公众网络中每个终端号码都必须是唯一的,不能重复。

(2) 合理性——合理安排编号计划,使号码资源运用充分。

(3) 规律性——编号要尽量有规律,便于快速寻址。

(4) 技术标准——编号必须依附于一定的编号计划和网络技术标准,离开编号计划和网络技术标准,单纯的号码仅仅是无意义的数字或字母。

(5) 稳定性——编号计划应具有相对的稳定性。

(6) 容量规划——编号计划应给各种业务的发展提供足够的号码资源。

2. 电话网编址实例

1) 电话网编码计划

PSTN 中使用的编号技术标准 E.164 由国际电信联盟 ITU-T 规定,E.164 编号计划规定了号码的格式和结构。

根据号码结构和用途的不同,E.164 号码可分为用于地理区域的国际公众电信号码,用于全球业务的国际公众电信号码,用于网络的国际公众电信号码和用于试验的国际公众电信号码。其中用于地理区域的国际公众电信号码就是传统电信网中常用的电话号码,它的结构如图 3-2 所示。

图 3-2 用于地理区域的国际公众电信号码结构图

用于地理区域的国际公众电信号码由两大部分组成,即地理区域码(后面简称区域码)和国内有效号码。世界各国或地区都分配一个区域码,长度为 1～3 位,例如,中国的区域码为“86”,芬兰的区域码为“358”。区域码由 ITU-T 依据相关的原则、标准和程序进行预留、分配和回收等。其相关的原则、标准和程序都在 ITU-T 的建议中规定,这些建议是需要获得 ITU-T 的所有成员国一致通过的。国内有效号码部分由拥有相应区域码的国家或地区的电信主管部门分配和管理,并确定它的结构。

根据 E.164 的规定,国内有效号码由两部分组成,即国内目的地码(NDC)和用户号码(SN)。国内目的地码有网号、长途区号、网号＋长途区号、长途区号＋网号 4 种方式。我国采用了第一种和第二种方式,即

(1) 网号＋用户号码。

我国 GSM 和 CDMA 移动用户的号码均采用这种结构。

(2) 长途区号＋用户号码。

我国所有固定电话网用户的号码均采用这种结构，并且是不等位编号。

根据ITU-T的规定，用于地理区域的国际公众电信号码的总长度最大为15位(1996年12月31日前最长是12位)。

电话号码是用于地理区域的国际公众电信号码，编号与地理位置相关，网络选路时非常简单，根据号码就可以确定地理方位，且每一级号码需要查找的数量不大，查找很迅速。IP地址的编址与地理位置不相关，为IP选路带来很大的麻烦。

下面具体介绍我国电话网的编码方案。

2) 电话号码编码方案

(1) 电话号码呼叫字冠。

呼叫字冠是被叫号码的前缀，在被叫号码的最前面，各个国家或地区的字冠定义不一样。字冠的作用是用来确定此次呼叫的业务类别、业务属性、路由选择等。

我国的电话号码字冠规定是：

- "00"为国际长途全自动冠号；
- "0"为国内长途全自动冠号；
- "1"为特种业务及网间互通的首位号码；
- "2～9"为本地电话首位号码，"2～9"既是业务标识码又是用户码。其中，"200""300""400""500""600""700""800"为新业务号码。
- "95""96"为其他服务接入的短号码。

(2) 国际长途电话编号。

拨打国际电话时，拨号顺序为：国际长途字冠＋区域号码＋国内长途区号＋市话号码(本地网号)。

例如，比利时用户拨打重庆"62463972"用户时，拨号顺序为：91＋86＋23＋62463972(这里"＋"号只是描述时的分隔符，拨打电话时不需要)。

其中，

- 91：比利时的国际自动呼叫字冠；
- 86：我国的区域号码；
- 23：重庆市的长途区号；
- 62463972：重庆市内某用户号码。

(3) 国内长途电话网编号。

国内长途电话号码是由长途字冠、长途区号和市内电话号码组成，其编排顺序为：长途字冠＋长途区号＋市内电话号码。

长途字冠在全自动接续时采用"0"代表，长途区号编号方案一般采用固定号码系统，即各城市编号上都固定号码。固定号码编制又分为两种：一种是等位制，一种是不等位制。等位制即每个城市或地区长途区号位数都相等，一般适合地理范围比较小的国家，而不等位制的长途区号可以由1位、2位、3位组成。我国幅员辽阔、地理范围大，长途区号适合采用不等位制编号，其编号规定为：

- 首都北京——编号为10。
- 省间中心及直辖市——区号为两位编号，编号为“$2X$”，X 为 0～9，共 10 个号。
- 省中心及地区中心——区号为 3 位，编号为“X_1XX”，X_1 为 3～9；X 为 0～9。

(4) 本地固定电话网的编号。

本地固定电话网的编号位长可根据本地电话网规划容量而定，可为 7 或 8 位号长。在编制中，首位号“0”和“1”不能用作市话用户编号（“0”用作长途自动接续字冠，“1”用作特殊业务和移动业务字冠）。

根据本地固定电话网的规划容量采用 7 位位长编号时，由局号（PQR）和用户号（ABCD）两部分组成，拨号顺序为：PQRABCD；采用 8 位位长编号时，由局号（PQRS）和用户号（ABCD）两部分组成，拨号顺序为：PQRSABCD。

号码从 7 位增加到 8 位号码时，不改变用户号 ABCD，只增加局号，具体加在哪一位（首位、第二位、第三位、第四位），要看网络发展和网络中设备的情况。

(5) 数字移动通信号码。

我国数字移动通信的用户号码全国统一为 11 位，格式为 $1XXH_1H_2H_3H_4ABCD$。其中 $1XX$ 为移动业务接入号，也就是网号；$H_1H_2H_3H_4$ 为移动网络归属位置寄存器（Home Location Register，HLR）的识别号，用来标识移动用户的归属地；$ABCD$ 为移动用户号。

(6) 特服业务编号。

除前述国际、国内及本地网的编号方式规定之外，我国在国内长途和本地网中还设置了首位为 1 的特服业务编号，首位为 1 的号码主要是用于紧急业务号码、新业务号码、长途市话特种业务、网间互通号码、接入网号等。按国家标准规定的特服业务编号是：$1XXXX$，其中 X 的数字范围是 0～9。广泛使用的紧急业务号码如匪警 110、火警 119、急救中心 120、道路交通事故报警 122 等，政府公务类号码（如 12315、12345 等）及电话查号 114 等。

电话号码随着网络技术和业务发展的变化而变化，工业和信息化部会根据发展情况及时调整，详细的编号计划，可查阅工业和信息化部网站上的《电信网编号计划》。

3. IP 网络编址实例

IP 网络的编址方案，参见 6.2 节的介绍。

视频

3.2 网络性能指标

1. 速率

速率是计算机网络中最重要的一个性能指标，速率是指每秒传输的比特数量，称为数据率（date rate）或者比特率（bit rate）。数字通信系统中，最关心的指标就是速率。移动通信从 2 代到 5 代，人们最直观的感受就是速率的不断提高。数据通信是以二进制数字来传输的，一个二进制数称为一个比特（bit），一个比特就是二进制数字中的一个 1 或 0。速率的单位为 b/s 或 bps（比特每秒）。

2. 带宽

带宽（bandwidth）原来是指模拟通信系统中的频带宽度，单位是赫兹（或千赫兹、兆赫兹、吉赫兹等)，表示信道能达到的最大传输能力。

在数字系统中，依然借用这个词语来表示信道能达到的最大传输能力，但数字系统不直接用频带宽度来表示这个能力，数字系统中最直观的通信能力体现就是速率，因此带宽是指数字信道的"最高数据传输速率"。单位与速率的单位相同，为 b/s(比特每秒)，Kb/s、Mb/s、Gb/s、Tb/s 等。

模拟通信中的"带宽"是频域的称谓，数字通信中的"带宽"是时域的称谓，其本质是相同的，都是表示信道能达到的最大传输能力。

带宽与速率的区别：在数字系统中，虽然两者的单位一样，都是刻画单位时间内的数据传输量，但含义不一样。速率是一个中性的物理量，带宽是针对某个实体，是刻画该实体的最大传输能力，也就是某实体的额定速率。

3. 吞吐量

吞吐量(throughput)表示在单位时间内通过某个网络或接口的总数据量。吞吐量常用于对网络流量的测量，以便知道到底有多少实际的数据量通过网络。

显然，吞吐量受网络带宽或网络额定速率的限制。常常有这样的体验，登录同一个网站，有时速度很快，有时速度很慢(如每学期的选课网站)，就是受到网站网络出口带宽的限制，网站最高吞吐量是一定的，因为同时访问的人数不同，每个人分得的吞吐量不同。

吞吐量与带宽的区别：带宽是指某实体的额定速率，表示其最大能力。吞吐量表示实际传输量的大小。吞吐量受多种因素的影响，往往小于带宽所表示的额定速率。

4. 时延

时延(delay 或 latency)是指数据(一个数据包或比特)从网络的一端传送到另一端所需要的时间。时延是一个很重要的性能指标，也是实际系统中实现难度最大的一个指标。5G 通信中，为了实现 1ms 的时延指标，需采取很多措施。

时延又分为以下 4 种。

1) 发送时延

发送时延是主机或路由器发送数据帧所需的时间，也就是从发送数据帧的第一个比特开始，到最后一个比特发送完毕所需要的时间。发送时延的计算公式是：

$$\text{发送时延} = \frac{\text{数据帧长度(b)}}{\text{发送速率(b/s)}} \tag{3-1}$$

可见，发送时延与数据帧长度和发送速率有关，与数据帧长度成正比，与发送速率成反比。提高发送速率可以降低发送时延，但发送速率不会高于信道带宽，同时还会受到流量控制、拥塞控制等多种因素的影响，不是可以随意增加的。因此发送时延也称为传输时延(注意区分后面的传播时延)。

2) 传播时延

传播时延是电磁波在信道中传播一定距离需要花费的时间。传播时延的公式是：

$$\text{传播时延} = \frac{\text{信道长度(m)}}{\text{电磁波在信道上的传播速率(m/s)}} \tag{3-2}$$

电磁波在自由空间的传播速度是光速，即 3.0×10^8 m/s。

电磁波在有线网络中的传播速度比在自由空间中低一些：在铜线中传播速率约为 2.3×10^8 m/s，在光纤中的传播速率约为 2×10^8 m/s。

电磁波在指定介质的传播速率是固定的，从式(3-2)可以看出，信道长度固定了，传播时延也就固定了，这是固有的物理特性，没有办法改变。

发送时延（传输时延）与传播时延的区分：发送时延与传播时延是两个重要的时延指标，也是容易混淆的两个概念。

传播时延与电磁波的传播相关，是由物理特性决定的，信道长度定了，时延大小也就定了。以光纤为例，1km 的光纤，传播时延为 5μs；1000km 的光纤，传播时延为 5ms。可以把这两个固定的值记住，便于很多问题的分析。如国内某两个城市相距 2000km，则传播时延为 10ms。5G 移动通信中强调的时延是 1ms，可以看出，这个时延一定不是远距离网络的端到端时延。

发送时延（传输时延）与数据帧长和数据发送速率有关，数据发送速率又与带宽相关。因此这个时延是可以改变的，一是减少数据帧长，二是提高带宽，进而提高发送速率。以 1000Mb/s 的网络为例，传输一个长度为 1Mb 的数据包，其发送时延为 1Mb/1000Mb/s=1ms。

总之，传播时延由传播距离决定，是从一点到另一点的时间，是电磁波的固有物理特性。发送时延是一定长度的数据通过某个截面所用的时间，因此与帧长相关，与发送一个比特的时长相关。

3）排队时延

数据包在网络上传输时，要经过很多网络节点（交换机或路由器）。数据包进入网络节点时，首先要在输入队列中排队等待处理；处理完毕，还要在输出队列中排队等待转发，这就产生了排队时延。排队时延取决于网络当时的通信量和处理机的处理速度，当网络的通信量很大时会发生排队溢出，造成分组丢失。

4）处理时延

网络节点或主机在收到数据包时，要花费一定时间对数据进行处理，例如，分析数据包的首部、差错检验、查找路由表、选定路由方向等，这就产生了处理时延。处理时延由节点处理机的运算能力和分析数据的算法共同决定。

数据在网络中经历的总时延是以上 4 种时延的总和，如图 3-3 所示。

$$总时延 = 发送时延 + 传播时延 + 排队时延 + 处理时延 \tag{3-3}$$

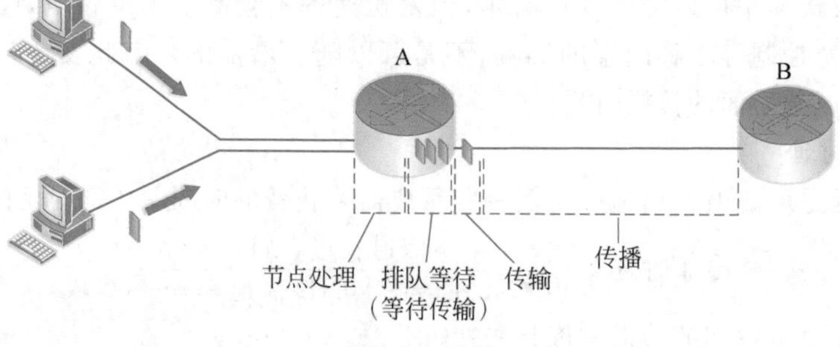

图 3-3 时延

5. 时延带宽积

时延带宽积(bandwidth-delay product)通过链路上的传播时延和带宽相乘而来。

$$时延带宽积 = 传播时延 \times 带宽 \tag{3-4}$$

时延带宽积用来计算通信线路上已经发出但还未达到接收方的比特数。

6. 往返时间

往返时间(Round-Trip Time,RTT)也是一个重要的网络性能指标,它表示从发送方发送数据开始,到发送方收到来自接收方的确认,总共经历的时间。RTT 在分析网络性能质量中非常有用,将在后续章节中看到其具体应用。

7. 分组丢失率

分组丢失率(Packet Loss Rate)是指单位时间内的丢失分组数与传输总分组数目的比率。

8. 分组差错率

分组差错率(Packet Error Rate)是指单位时间内的差错分组与传输总分组数目的比率。

9. 利用率

利用率是指网络有百分之几的时间是被利用的,没有数据通过的网络利用率为 0。

当网络的通信量很少时,网络利用率低,但网络产生的时延很小。网络利用率越高,数据分组在路由器和交换机处理时就需要排队等待,因此时延也就越大。

若令 D_0 表示网络空闲时的时延,D 表示网络当前的时延,U 表示网络的利用率,则可以用下面的简单公式表示 D 和 D_0 之间的关系:

$$D = \frac{D_0}{1-U} \tag{3-5}$$

显然,利用率 U 的数值为 0～1。由图 3-4 可见,当网络的利用率达到其容量的 1/2 时,时延就会加倍。当网络的利用率接近最大值 1 时,网络的时延就趋于无穷大。所以绝不能认为利用率越高越好。

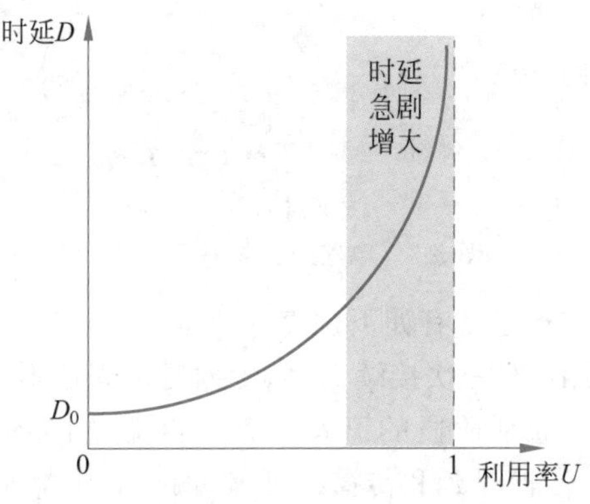

图 3-4 利用率与时延的关系

♥【技术思想启发】 利用率与时延的关系很好地反映了科学辩证思想，任何事物都是有利有弊的，要客观、综合、全面地分析，不能一叶障目，更不能断章取义，不能以偏概全。

3.3 信息交换方式

虽然具体的交换技术种类很多，但从交换的思想和根本方式上来区分，只有三大类交换方式：电路交换方式、报文交换方式、分组交换方式。下面分别讲解这 3 种方式的特点和区别。

视频

3.3.1 电路交换方式

1. 电路交换原理

电路交换是针对最早的语音通信来设计的，语音通信的特点是差错率要求不高，但实时性要求很高。差错率要求不高，可以从日常的语言交流中有所感觉，对同一个词，不同的人说，发音都不一样，但人们都可以听懂，即人对语音的误差有一定的容错能力。另外，语言的交流必须具有很好的实时性；否则，说一句话需要很长时间才传到对方，交流就会很困难。

针对语音通信的这个基本要求，电路交换采用面向连接、独占电路的方式来满足实时性的要求。电路交换的基本过程包括电路建立阶段、通话阶段、电路释放阶段 3 个过程。电路建立阶段是根据用户所拨的被叫号码，由交换机负责连接一条电路，在通话阶段该电路由该用户独占，即使该用户不讲话、不传输信息，该电路也不能分配给其他用户使用，其示意图如图 3-5 所示。

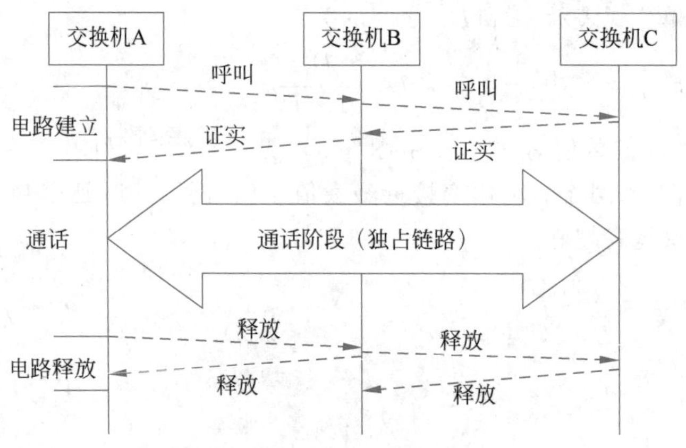

图 3-5 电路交换过程示意图

归纳起来，电路交换方式主要有如下优点。

(1) 信息的传输时延小，对一次接续而言，传输时延固定不变。因为端到端的物理链路已经在通话前完成连接，通话阶段的语音信息不再需要找路、排队，其电路是独占的，不存在拥塞。因此它只有传输时延和传播时延，这两种时延都非常小。

(2) 信息以数字信号形式在数据通路中“透明”传输，交换机对用户的数据信息不存储、不分析、不处理，交换机在处理方面的开销比较小，对用户的数据信息不需要附加用于控制的额外信息，也不进行差错控制处理，信息的传输效率比较高。

(3) 信息的编码方法和信息格式由通信双方协调，不受网络的限制。

(4) 采用基于呼叫损失制的方法来处理业务流量，业务过负荷时呼损率增加，但不影响已建立的呼叫。

(呼叫损失制是针对电路交换方式下的语音电话系统的。即在电路建立阶段，若网络资源不够，在呼叫建立阶段就拒绝用户接入，称为呼叫损失。它保障已经接入的用户拥有固定的独占的链路资源。而基于分组交换的IP采用“尽力而为”的方法，它不存在呼叫建立阶段，也不拒绝用户的接入，都是尽力去做。若用户量过大，则容易造成网络拥塞。)

同时，电路交换方式存在如下主要缺点。

(1) 电路的接续时间较长。当传输较短信息时，通信电路建立的时间可能大于信息传输时间，其网络利用率低，仅当呼叫建立与释放时间相对于通信的持续时间很小时才呈现出高效率。

(2) 整个通话期间，即使没有通话信息，电路资源也被通信双方独占，电路利用率低。

(3) 通信双方在信息传输、编码格式、同步方式、通信协议等方面要完全兼容，这就限制了各种不同速率、不同代码格式、不同通信协议的用户终端直接互通。

(4) 物理连接的任何部分发生故障都会引起通信的中断。

(5) 存在呼叫损失(简称呼损)，即可能出现由于交换网络负载过重而呼叫不通。

综上所述，电路交换是一种固定的资源分配方式，在建立电路连接后，即使无信息传送也占用电路，电路利用率低；每次传输信息前需要预先建立连接，有一定的连接建立时延。但通路建立后可实时传送信息，传输时延一般可以忽略不计。电路交换的优点是时延小，缺点是固定资源分配，独占资源，资源利用不灵活，难以适应突发性高的业务需求，但很适合实时性要求高的业务。

2. 时分复用中的电路交换

1) 语音信号在同步时分复用系统中的传输

在模拟信号时代，电路交换中电路建立阶段所连接的电路是实际的物理线路(如人工交换中的绳路)，非常直观，很好理解。在数字信号时代，一条物理线路被分为多个时间分割后的时隙，每个用户不能再占用整个物理线路上的全部时间位置，只能占用部分时间(如某一个时隙)，若在每一帧中都占用相同编号的时隙，则为同步时分复用。

图3-6表示了利用32路PCM数字系统传输一个话路信号的情况。首先模拟语音信号经过采样量化编码后形成二进制编码，然后占用PCM系统中每一帧的TS1组成一个通路；将该话路的二进制码传输到对方，对方从每个TS1中收到该话路的数字编码，再通过D/A转换还原成模拟语音信号。这就是语音数字化和同步时分复用联合应用的整个过程和思路。

在实际的系统中，还存在多个用户如何分配时隙，如何扩大通信话路数量，如何传输控制信令，如何实现位同步和帧同步等诸多问题需要解决。

时分复用是现在所有通信系统的基础，一定要充分理解它的思想和原理，它不仅在交换系统中使用，在其他数字系统中也要用到。

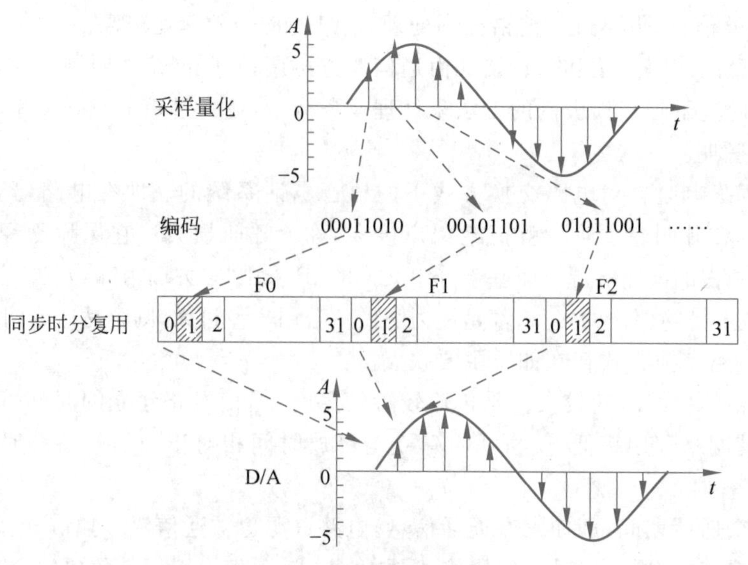

图 3-6　时分多路复用示意图

♥【技术思想启发】 语音数字化过程中，采样定理是关键，核心要素是采样频率不能变。因此在传输时，不管复用多少话路，每一路的语音必须周期性地传输，具有严格的时间限定性。想想我们的学习、工作，也是如此，重在定期的、不间断的学习，养成周期性习惯，不能三天打鱼两天晒网。

2）基于时隙的电路交换

图 3-6 只表示了一个用户的信息是如何利用时分复用技术在一条线路上如何传输的，那传到了交换节点后，在交换节点是如何利用时分复用技术进行电路交换的呢？

在模拟信号时代，一条线路是一个信道，交换机建立的通信信道，实际连接的是交换机的输入端线路和输出端线路。在数字信号时代，一个时隙是一个信道，交换机建立的通信信道，实际连接的是交换机的输入时隙和输出时隙。在图 3-7 中，以用户 A 到用户 B 为例，交换机 2 连接的是输入端 TS5 时隙与输出端 TS8 时隙，而不是整个线路。

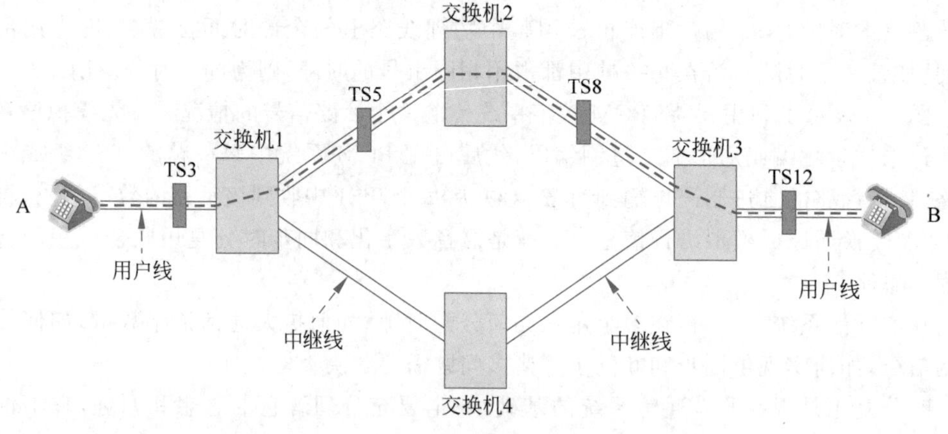

图 3-7　基于时隙的电路交换

有的同学可能会问：两条线路相连好理解，两个时隙相连怎么理解？

时隙的连接实际是利用数字信号易于存储的优点，交换机 2 在输入端 TS5 时隙到来时，将用户 A 的信息（即采样量化过后的编码）存入交换机内部的存储器，在输出端 TS8 时隙到来时，将用户 A 的信息读出来，由此完成了时隙 5 与时隙 8 的连接。信息在 TS8 时隙将信息从交换机 2 送到交换机 3。以此类推，这样就在用户 A 到用户 B 之间建立了一条 TS3-TS5-TS8-TS12 信道，完成用户 A 到用户 B 的信息传递。

3.3.2 报文交换方式

为了克服电路交换中各种不同类型和特性的用户终端之间不能互通、通信电路利用率低以及存在呼损等缺点，提出了报文交换的思想。它的基本原理是"存储-转发"，不需要提前连接通信双方的物理电路，而是将所接收的报文暂时存储。报文交换的过程如图 3-8 所示，A 用户要向 B 用户发送信息，A 用户不需要先连通与 B 用户之间的电路，A 只需与交换机接通，由交换机暂时把 A 用户要发送的报文接收和存储起来。报文中除了用户要传送的信息以外，还有目的地址和源地址，交换机根据报文中提供的 B 用户的地址来选择输出路由，并将报文送到输出队列中排队，等到该输出线空闲时才将该报文送到下一个交换机，这样依次转发，最后送到终点用户 B。

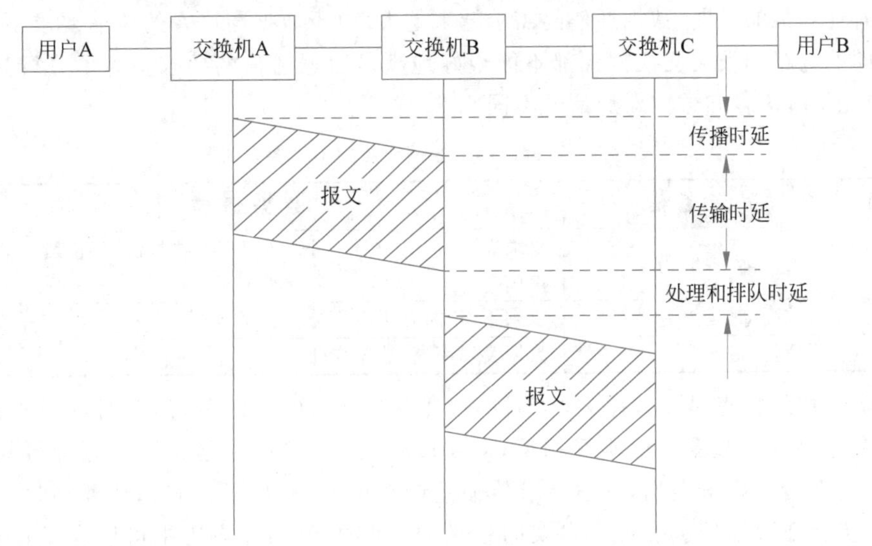

图 3-8 报文交换过程示意图

在报文交换过程中，信息的格式是以报文为基本单位。一份报文包括 3 部分：报头或标题（由发信站地址、收信站地址及其他辅助信息组成）、正文（传输用户信息）和报尾（报文的结束标志）。

公用电信网的电报自动交换是报文交换的典型应用。20 世纪 80 年代，电报因其快捷、安全等特性深受欢迎。但是进入 20 世纪 90 年代以后，电话、手机、电子邮件、网络等新的通信工具迅速崛起，电报逐渐退出历史舞台，但其仍然代表一类交换方式，其交换思想仍具有生命力。

报文交换的基本特征是交换机要对用户的信息进行存储和处理，具有如下优点：

(1) 报文以存储-转发方式通过交换机，输入/输出电路的速率、码型格式等可以不同，很容易实现各种不同类型终端之间的相互通信。

(2) 在报文交换的过程中没有电路接续过程，来自不同用户的报文可以在一条线路上以报文为单位进行多路复用，线路可以按其最高传输能力工作，线路的利用率高。

(3) 用户不需要通知对方就可发送报文，无呼损。如果需要，同一报文可以由交换机转发到许多不同的收信地点，即可以发送多目的地址的报文，类似于计算机通信中的多播机制。

报文交换的主要缺点有：

(1) 信息通过交换机时产生的时延大，而且时延变化也大，无法满足实时通信的要求；

(2) 交换机要有能力存储用户发送的报文，其中有的报文可能很长，要求交换机具有高速处理能力和足够大的存储容量。

视频

3.3.3 分组交换方式

1. 为什么出现分组交换

随着计算机的发展，数据通信的需求越来越大，由于数据与语音的传输要求不同，如采用前面的电路和报文交换方式都不能很好地满足数据通信的要求。为了分析其具体原因，应先了解语音和数据对通信的不同要求，详见表 3-2。

表 3-2　语音通信与数据通信的不同要求

对比项	语音通信	数据通信
差错率	要求不高，一般为 10^{-6}	要求高，一般为 10^{-9}，同时还要做差错控制，保证数据的完全正确
实时性	要求高，时延为毫秒级	要求不强，时延可以为分钟级
突发性	不高，恒定速率	数据突发率高，速率变化大

语音通信的特点是差错率要求不高，一般不大于 10^{-6} 即可，但实时性要求高，时延要求在毫秒级。数据通信刚好相反，对实时性要求不高，时延允许为分钟级甚至小时级，但对差错率要求很高，一般要求传输差错率在 10^{-9} 以下，同时，还要通过差错控制，进一步保证数据的正确性。对实时性的要求从电子邮件应用中可以有所体会，发送一封电子邮件有几分的时间延迟，人们都可以接受；在网页类的交互数据中，则只能忍受秒级的时延。对差错率的要求可以从下载数据包得到直观感受，从网上下载一个 zip 文件，若错了一个关键的比特位，整个包都无法解包。这就是数据通信与语音通信相反的两个要求。针对不同的要求，应当如何改进或提出新的交换方式来适应数据通信的要求呢？

前面介绍的电路交换不利于实现不同类型的数据终端设备之间的相互通信，而报文交换信息传输时延又太长，不满足许多数据通信系统的实时性要求，分组交换方式较好地解决了这些问题。

注意,实时性要求是相对而言的,数据通信的实时要求是指计算机通信的用户可以顺畅地交互传输信息,相对于语音毫秒级的时延要求,数据通信的实时性要求要宽松得多,但相对于报文交换以天为单位的时延,数据通信的实时性又要高很多。

2. 分组交换的思路

分组交换采用报文交换的存储-转发方式,但不像报文交换那样以报文为单位进行交换,而是把报文裁成许多比较短的、被格式化了的"分组"进行交换和传输。由于分组长度较短。具有统一的格式,便于在交换机中存储和处理,"分组"进入交换机后只在存储器中停留很短的时间,进行排队处理,一旦确定了新的路由,就很快输出到下一个交换机或用户终端,"分组"穿过交换机或网络的时间很短,能满足绝大多数数据通信用户对信息传输的实时性要求。

采用存储-转发方式的分组交换与报文交换的不同在于:分组交换将用户要传送的信息分割为若干分组,每个分组中有一个分组头,含有可供选路的信息和其他控制信息。分组交换节点对所收到的各个分组分别处理,按其中的选路信息选择去向,发送到能到达目的地的下一个交换节点。分组交换的分组传输过程和时延如图 3-9 所示。比较图 3-8 与图 3-9 可以看出,分组交换的时延小于报文交换的时延。这是因为分组交换是分成多个分组来独立传送的,收到一个分组即可以发送,从而显著减少了存储的时间。这种方法称为流水线方法。在 CPU、DSP 和日常生活中都有流水线方法的应用。

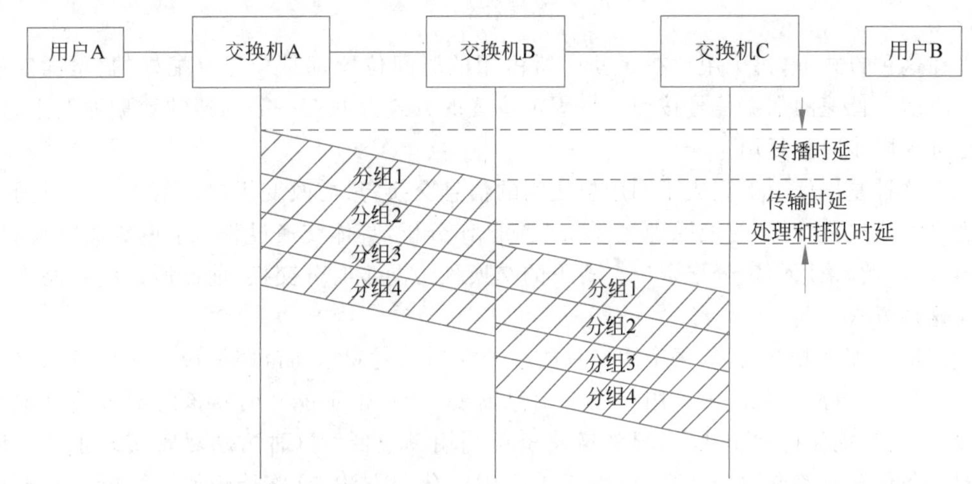

图 3-9 分组传输过程和时延示意图

但是,正是由于分成多个分组,也增加了开销。为此,分组长度的确定是一个重要的问题。设分组数据长度为 d,分组头长度为 h,数据传输速率为 v,若分组长度短,则传输时延小(d/v),但会增加开销[因为相同长度的原始数据需要切分的数据段更多,需要增加的分组头更多,或者按 $d/(d+h)$ 计算,d 小则数据效率低,额外开销大];若分组长度长,则可减少开销,但增加了时延,这二者是一对矛盾,理论上二者无法兼顾。因此,在实际应用中通常根据具体的应用需求兼顾时延与开销两方面来确定分组长度。

相对于电路交换的固定资源分配方式,分组交换属于动态资源分配方式,对链路的使用采用的是统计复用方式，不独占链路，因此其链路利用率高。同时，它采用差错控制等措施，使其可靠性高，但差错控制又带来了更大的传输时延。

需要说明的是，分组交换是一种大类交换方式，后来发展起来的 ATM、IP、MPLS 等其他交换技术，从根本的交换思想和方式上来看都属于分组交换这个大类，只是具体的技术细节有所区别。

从电路交换的同步时分复用到分组交换的异步时分复用，从本质上来说，就是对链路资源的利用方式不同，或者说资源分配的思想不同，因此在分析分组交换原理之前，先从资源分配角度来看看它们有何不同。

3. *资源分配角度看交换*

对同一个物理链路资源的利用可以有不同的资源分配方式，电路交换和分组交换分别采用固定分配资源法和动态分配资源法。

1）固定分配资源法

固定分配资源法也称为预分配资源方法，它是根据用户需求预先把链路传输资源的某一部分固定地分配给某个用户，每个用户的数据都在固定的子信道中传输。具体的实现方法是，在电路上按时间分割成等长的时间单元（称为帧），在每帧里又按时间分成等长的时隙，并按照时间顺序编号。每帧中相同时间位置的时隙用来传输同一信源的信息，接收时很容易根据时间位置区分不同的用户信息，因此将这种子信道称为位置化信道。

在这种方式下，每个用户在每帧中所占用的时间位置都是预先分配好的、是固定不变的。多个低速的数据信号按照各自固定位置的方式合并在一条高速的数据通路上，因此也称为同步时分复用。

在这种复用信道下完成不同用户之间的信息交换，只需改变用户在信道上的时间位置即可完成交换，时隙交换原理在 3.3.1 节已作分析，具体交换过程可上网查阅“时间接线器”。因此，采用固定分配资源方式下的交换称为同步时分交换，前面所讲的电路交换就是这种方式。

固定分配资源方式下，每个用户只能在分配到的时间里向链路资源发送信息和接收信息，如果在分配的时间内该用户没有信息需要传输，也不能临时将该时间分给其他用户使用，而只能保持空闲状态，显然链路资源利用率很低。这种方法尽管实现了多个用户对一条传输链路资源的共享，但由于采用固定分配方法，链路传输能力不能得到充分利用，这是固定分配资源方式的不足之处。

2）动态分配资源法

为了克服固定分配资源法的缺点，采取用户有数据传输时才为其分配资源的方式，称为动态分配或按需分配。当用户暂停发送数据时不分配链路资源，链路的传输能力可用于为其他用户传输数据。在许多情况下，各单路信号是断断续续的，传送单路信号的链路上有很多空闲时间，因此可将此空闲时间分配给其他用户使用。这种根据用户实际需要动态分配链路资源的方式称为统计时分复用（Statistic Time Division Multiplexing，STDM）。

这样每个用户的数据传输速率可以高于平均速率,理论上最高可以达到链路总传输能力。例如,对 32 路的 E1 链路,传输速率为 2Mb/s,32 个用户的平均速率为 64kb/s,当用固定分配复用方式时,每个用户最高传输速率为 64kb/s,而在统计时分复用方式下,每个用户的最高速率可以达到 2Mb/s(包含用户信息的分组头在内)。统计时分复用原理如图 3-10 所示。

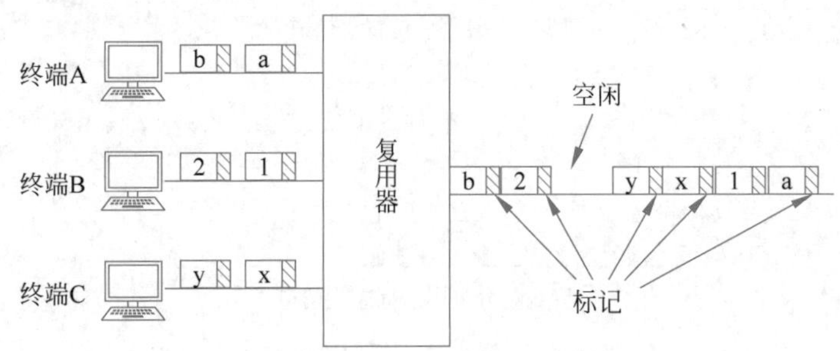

图 3-10　统计时分复用原理

在统计时分复用方式下,各个用户的数据在通信链路上互相交替传输,没有固定的时间位置,此时出现的新问题是:如何区分不同用户的数据?

为了识别来自不同终端的用户数据,采取的措施是:在发送到链路之前先给这些数据打上与终端或子信道有关的"标记",通常是在用户数据的开头加上终端号或子信道号,这样在接收方就可以通过识别用户数据的"标记"来加以区分。这与生活中的快递包裹类似,在包裹单上标明收件人、发件人的地址、姓名和电话。

统计时分复用对每个单路信号分别标注一个独有的标记,这个标记称为标志码,通过该标志码来区分不同用户的数据。与位置化信道相对应,这种统计复用信道称为标志化信道,用户数据与时间位置无关,只与其标志有关。在统计时分复用方式下,变换代表某个子信道的标志,即可完成交换,这就是分组交换的根本功能。

统计时分复用的优点是可以获得较高的信道利用率。由于在分组交换方式中,每个终端的数据使用一个自己独有的"标记",可以把传输信道按需动态地提供给每个终端用户,从而提高了传输信道的利用率。

统计时分复用也有其不足,每个用户在各帧中传输的时刻不固定,会出现随机时延和丢失数据的可能。这是由于各个用户需要传送数据的时刻、频度和流量等都是随机的,若多个用户同时发送数据,则必然会有部分用户需要等待一定的时间才可能获得信道资源而进行传输,其时延会随着网络负载的增加而增加。等待的过程就是排队的过程,也是缓冲存储的过程,由于缓冲器容量总是有限制的,严重时可能因缓冲区溢出而造成部分数据丢失。

两种资源分配方式对应的两种时分复用方式和两种信道类型的比较如图 3-11 所示。

4. 分组交换的工作过程

在如图 3-12 所示分组交换的例子中,终端Ⅰ产生两个数据包 a、b,将这两个数据包送到交换机Ⅰ,交换机Ⅰ将数据包 a 通过交换机Ⅱ、交换机Ⅲ送到终端Ⅳ,而将数据包 b

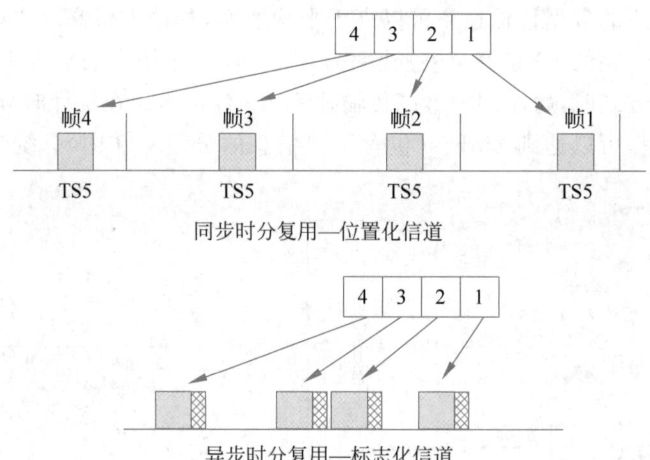

图 3-11　两种时分复用方式对比

直接通过交换机Ⅲ送到终端Ⅳ。由此可以看出,在分组交换方式下,同一个用户的数据可以经过不同的路径进行传输,不像电路交换那样需要通过相同的固定电路进行传输。另外,从图 3-12 还可以发现,分组式终端Ⅴ可以"同时"接收来自终端Ⅱ和终端Ⅲ的数据,这就是同一台计算机可以同时进行多个网络通信的原因。

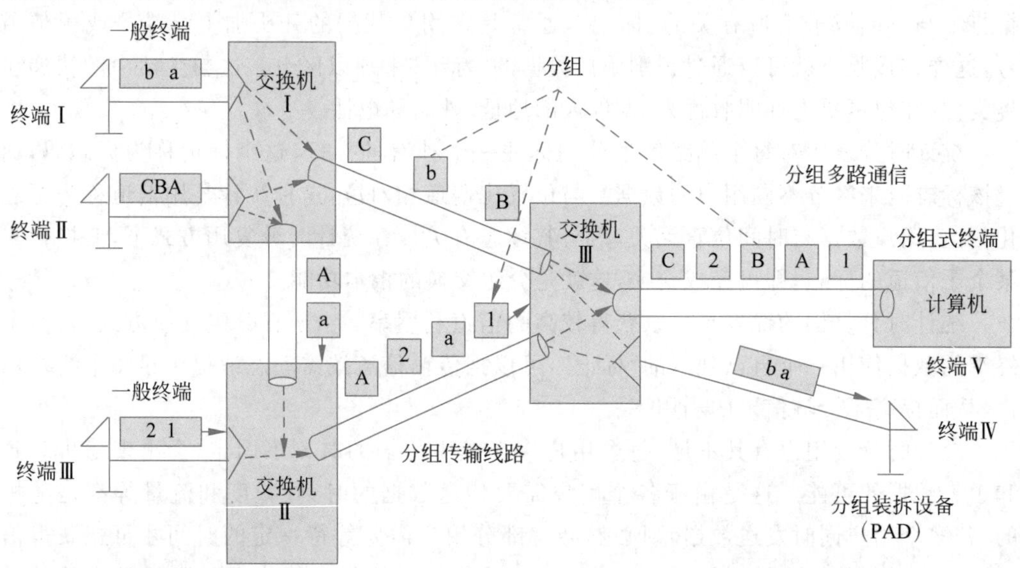

图 3-12　分组交换工作过程

分组交换的工作流程是首先把用户要传送的信息分成若干小的数据块,即分组,这些分组具有统一标准的格式,每个分组均有分组头(Head),分组头存放用于控制和选路的有关状态信息和控制信息。这些分组以"存储-转发"的分组交换方式在网内传输,即每个分组交换机首先对收到的分组进行缓存,分析该分组头中有关选路的信息并确定路由选择,然后在所选择的路由上再次进行排队等待,直到该路由上有空闲信道时转发给下一个交换节点或用户终端。

显然，采用分组交换时属于同一个报文的多个分组可以并行传输；另外，不同用户发出的数据也可以共享同一物理信道。因此，分组交换可以实现资源共享，并为用户提供可靠、有效的数据传输服务，成功地克服了电路交换中独占链路以及链路利用率低的缺点。相比报文交换，分组的长度短、格式统一，便于交换机进行处理，因此它又比传统的"报文交换"有更小的时延。

5. 数据分组

在分组交换中，数据分组是交换和传输处理的对象。数据分组是由终端将欲发送的用户信息块(报文或数据报)分成若干符合标准格式的块，然后给每个块加上分组头，分组头用于存储具有标准格式的控制信息、地址信息和状态信息。

由于每个分组都带有含控制信息和地址信息的分组头，所以每个分组就可以在分组交换网内独立地传送，还可以以分组为单位进行流量控制、路由选择和差错控制等相关处理。

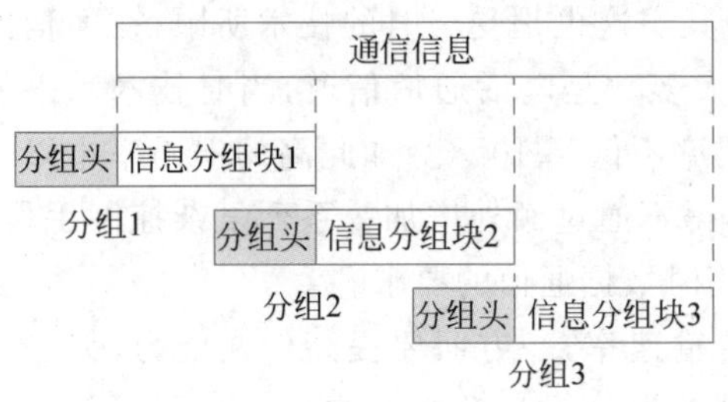

图 3-13　分组示意图

例如，如图 3-13 所示某终端的某个用户通信信息被分成分组 1、2 和 3，总共 3 个信息分组块。每个分组长度通常为 128 字节，也可根据通信链路的质量选用 32、64、256 或 1024 字节的模式。

6. 分组交换的优缺点

设计电路交换方式的初衷是实现语音信号的传输与交换，设计分组交换方式的初衷是为了实现计算机之间的资源共享，两者的设计思路完全不同。从前面的分析可以发现，基于动态统计时分复用方式的分组交换可以显著提高线路资源利用率，每个分组都携带了控制信息，使终端和交换机之间的用户线上或者交换机之间的中继线上，均可同时有若干不同用户终端按需进行资源共享。这种资源共享大大降低了用户费用。

由于采用存储-转发方式，无须预先建立端到端的物理连接，也就不必如电路交换方式那样采用严格的控制规程。分组交换也相对易于实现不同类型的数据终端设备(不同的传输速率、不同的代码、不同的通信控制规程等)之间的通信。

每个分组沿着分组交换网络内的通路传送时，有逐段、独立的差错控制和流量控制，即使在传输介质不太好的情况下，端到端误码率也可以被控制在 10^{-11} 以下，保证了传送质量。另外，分组交换方式的路由选择和拥塞控制等功能，能保证在网内线路或某些分组交换设备出现故障后，可为所传送分组自动、智能地选择一条迂回路由，避开故障点。逐段的流量控制机制可以及时检测到分组交换网有无过负荷发生，必要时可以通过拒绝接收新的用户请求，以控制分组交换网不至于严重过负荷。

不难想象，由于分组交换在降低通信成本、提高通信可靠性等方面有巨大的优势，因此，自从 20 世纪 70 年代后期以来，有力地推动了数据通信网的高速发展和普及。

分组交换技术也有其弱点。首先是其信息传送时延大：基于存储-转发的处理模式，使得各个分组在经过每个分组交换设备时都要经历存储、排队、转发的过程，因此，分组穿过分组网络的平均时延较长。

用户信息被分成了多个分组进行传送，其分组头都需要分组交换机的分析处理，必然需要较大开销。因此，传统的分组交换主要面向计算机通信等突发性或断续性业务的需求，却不适用于实时性要求高的通信业务。

分组交换技术的协议和控制比较复杂，如逐段链路的流量控制、差错控制，加上编码和速率的变换、网络管理控制等，一方面使得分组交换具有很高的可靠性，同时加重了分组交换机处理负荷，使得分组交换机的分组吞吐能力和传送速率受到了明显抑制。

综上所述，早期的分组交换技术对语音通信（电话）和高速数据通信并不适合，难以满足对实时性要求较高的电话和视频等业务。其实这也是受当时的技术所限，在通信网以模拟通信为主的年代，用于传送数据的信道大多数是电话通信信道，当时技术水平能达到的数据传输速率一般不大于 9.6kb/s，误码率不低于 10^{-5}。如此高的误码率难以满足数据通信对数据传送的高质量要求，因此，不得不通过额外增加一系列复杂控制手段，才把误码率降低到 10^{-11} 的水平，基本满足了当时数据通信的要求。

为了提高分组交换网的分组吞吐能力和传输速率，一方面要提高传输能力，另一方面也要改进分组交换技术。光纤通信技术的发展为分组交换技术的发展开辟了新的道路，光纤的数字传输误码率可以达到 $10^{-12}\sim10^{-9}$，光纤数字传输系统能提供数百兆及更高的速率。在这种通信信道条件下，分组交换中逐段的差错控制、流量控制就显得没有必要了，快速分组交换（Fast Packet Switching，FPS）技术应运而生。快速分组交换技术的主要思路是尽量简化协议，只提供基础的网络功能。帧中继作为快速分组交换的一种典型技术，取得了巨大成功并得到广泛的应用。

♥**【技术思想启发】** 电路交换独占链路，因此实时性好，但难以适应带宽突发率高的业务要求，适合语音业务；分组交换共享链路，很容易适应带宽突发率高的业务要求，但时延大，适用于数据业务。在前面介绍多种技术时都看见，任何好处必有代价，树立辩证思维，认识到天上不会掉馅饼。想通了此点，防止电信诈骗的意识和能力也会更强。

7. 逻辑信道

在同步时分复用方式下，同一个时隙号固定分配给一个用户，一般直接用时隙的编号作为信道编号。时隙是一个时间量，时间是物理量，各帧中相同时隙号组成的信道是物理信道。

在统计时分复用方式下，时隙不再固定分配给用户，因此不能再直接用时隙号作为信道号了。那信道如何表示？多个信道又如何区分呢？于是引入了一套新的编号机制，用虚拟的逻辑编号来对信道进行编号，该编号与物理时隙没有关系，这样就实现了信道与物理时隙的分离。不同的用户分配不同的编号，则可以把来自各个终端的数据分组在链路上完全区分开，如同把传输链路划分成若干子信道一样，这种子信道称为逻辑信道。逻辑信道为各个终端提供相互独立的数据传输虚拟通路。各个逻辑信道用不同的代号表示，该代号即逻辑信道号。本质上，逻辑信道号代表着传送链路的部分资源，当某个终端要求通信时，统计时分复用器就负责分配一个逻辑信道号给它。

逻辑信道号与各个终端的代号无关：同一个终端，每次呼叫被分配的逻辑信道号都可能不同。一个终端可以同时通过网络建立多个数据通路，统计时分复用器为每个通路分配一个逻辑信道号，并维护一个终端号与逻辑信道号的映射表：通过逻辑信道号，可以识别出它是哪个终端发来数据，如图 3-14 所示。

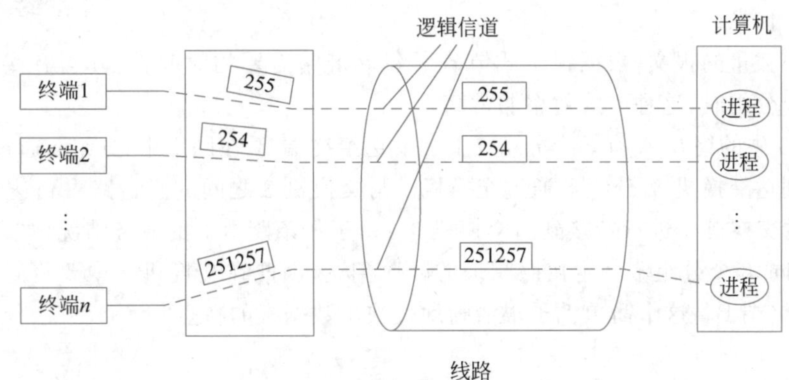

图 3-14　逻辑信道的功能原理

逻辑信道号是在用户至交换机或交换机之间的中继线上被分配的，代表了信道的一种编号资源。在每一条物理链路上，逻辑信道号的分配是相互独立的，也就是说，逻辑信道号并不在全网中有效，而是在每段物理链路上局部有效，即仅具有局部意义。

由分组交换网内的分组交换设备负责出/入线上逻辑信道号的转换工作。

每个逻辑信道可被定义为总是处于几种工作状态的转移过程中，例如"准备好"状态、"呼叫建立"状态、"数据传输"状态、"呼叫清除"状态等。

逻辑信道及逻辑信道号是理解后续虚电路的基础。逻辑信道实现了逻辑与物理的分离，带来了非常好的灵活性，类似的思想在后续很多技术会用到，也是现代网络思想中的一大法宝。

8. 数据报与虚电路

如前所述，在分组交换网中，来自各个用户的数据被分成一个个分组，这些分组将沿着各自的逻辑信道，从源点出发，经过网络达到终点。那么，分组是如何通过网络的？或者说是分组所经过的各个网络节点之间有无配合？分组通过网络的时延如何？

分组在通过数据网时有两种方式：数据报(Datagram)方式和虚电路(Virtual Circuit)方式。这两种方式各有特点，适应不同业务的需求。

注意，这里的数据报是指一种交换方式，第 7 章中用户数据报协议(User Datagram Protocol，UDP)中的数据报是指报文名称。在后续内容中要注意根据上下文语境来分析其具体含义。早期的通信网络与计算机网络各自独立发展，定义一些概念时没有互相沟通，导致一些术语虽然字面相同，但其含义不同。另外，有的术语不同，但其含义相同。在学习过程中要注意区分。

1) 数据报方式

数据报方式类似于报文传输方式，将每个分组作为一份报文来对待，每个数据分组中都包含目的地址信息，即每个分组都作为独立的信息单元在网上传输，即使是同一个终端发出的若干数据分组，分组网络也无须关注它们之间是否相关。分组交换机为每一个到来的数据分组独立地寻找路径，因此属于同一份报文的不同分组可能沿着不同的路径到达终点，经历不同的延时，甚至出现乱序，因此在终点必须重新排序，以恢复出正确的原始数据信息。

对于小数量的报文，数据报方式节省了建立链路需要的时间，尤其当有些数据本身就只有一个分组时，这种方式效率非常高。

图 3-15 中的终端 A 有 3 个分组 a、b、c 要送给终端 B，在网络中，分组 a 通过交换机 2 进行转接到达交换机 3，分组 b 通过交换机 1 与交换机 3 之间的直达路由到达交换机 3，分组 c 通过交换机 4 进行转接到达交换机 3。由于每条路由上的业务情况（如负荷、时延等）不尽相同，3 个分组不一定按照原来的顺序到达，因此在交换机 3 中要将它们重新排序，再送给终端 B。这个简单例子很清晰地反映出数据报的特点。

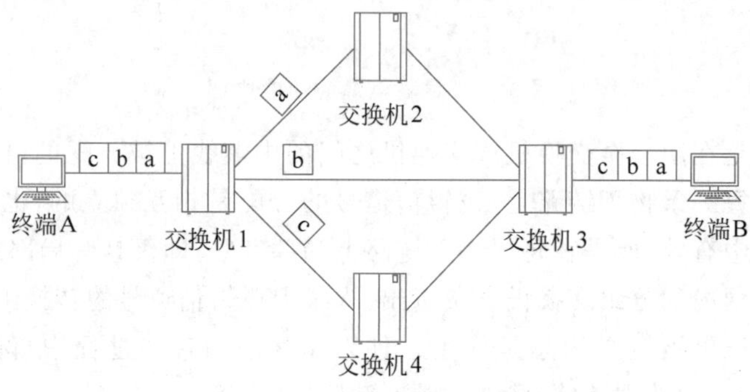

图 3-15　数据报方式

(1) 整个通信是直接、独立地传送每个分组，无须事先建立连接，对于短小的报文通信效率很高，因此适用于短报文传送。

(2) 每个分组头要包含详细的目的地址，独立选路，开销较大。

(3) 每个节点自由选路，易于避开网络中拥塞路径或故障节点，因此健壮性较好。

(4) 分组不能保证按原来的顺序到达，在网络终点必须重新排序。

(5) 端到端的差错控制和流量控制由用户终端负责，与网络无关。

2) 虚电路方式

虚电路方式是指两个用户终端设备在开始传输数据之前必须通过网络建立逻辑上的连接。一旦建立了这种连接，用户发送的数据（以分组为单位）就将通过该路径顺序地经网络传送到达终点。当通信完成之后用户发出释放链路的请求，网络拆除该连接。这种方式非常类似电路交换中的通信过程。只不过此时网络中建立的是虚电路而非物理电路，也不像电路交换方式那样是透明传输的，而是会受到网络负载的影响，分组可能在分组交换机中等待输出链路空闲后才进行信息传输。

两终端用户在相互传送数据之前要通过网络建立一条端到端的逻辑上的虚连接，称为虚拟电路（Virtual Circuit，VC，简称虚电路）。一旦建立了这种虚电路，属于同一呼叫的数据均沿着这一虚电路传送。当用户不再发送和接收数据时，拆除该虚电路。在这种方式下，用户的通信需要经历连接建立、数据传输、连接释放3个阶段，即是面向连接的方式。

需要强调的是，分组交换中的虚电路和电路交换中建立的电路不同：

分组交换以统计时分复用的方式在一条物理链路上可以同时建立多个虚电路，两个用户终端之间建立的是虚连接；而在电路交换中，是以同步时分方式进行复用的，两用户终端之间建立的是实连接。

在电路交换中，多个用户终端的信息在固定的时间段内向所占用的物理链路上发送信息，即使某个时间段某终端无信息发送，其他终端也不能在分配给该用户终端的时间段内向链路上发送信息。而虚电路方式则不然，每个终端发送信息没有固定的时间，它们的分组在节点机内部的相应端口进行排队，当某终端暂时无信息发送时，链路的全部带宽资源都可以由其他用户共享。换句话说，建立实连接时，不但确定了信息所走的路径，同时还为信息的传送预留了带宽资源；而在建立虚电路时，仅仅是确定了信息所走的端到端的路径，但并不一定要求预留带宽资源。之所以称这种连接为虚电路，是因为每个连接只有在发送数据时才排队竞争占用物理的带宽资源。

如图3-16所示的网络中建立了两条虚电路，VC1：A—1—2—3—B，VC2：C—1—2—4—5—D。所有A—B的分组均沿着虚电路VC1的路径从A到达B，所有C—D的分组均沿着虚电路VC2的路径从C到达D，在交换机1和交换机2之间的物理链路上，VC1、VC2共享资源。若VC1暂时无数据可送时，网络将保持这种连接，但将所有的传送能力和交换机的处理能力交给VC2，此时VC1并不占用带宽资源。

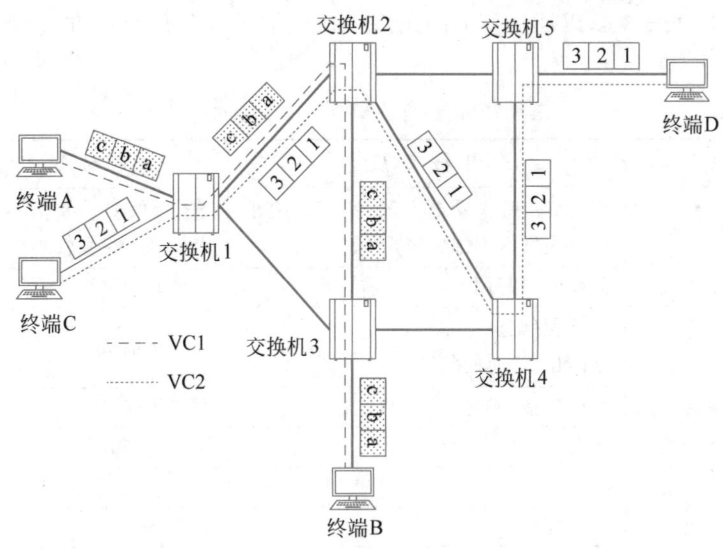

图3-16 虚电路方式

虚电路的特点归纳如下：

(1) 虚电路的路由选择仅发生在虚电路建立的时候，在以后的传送过程中，路由不再改变，这将减少交换机对各个报文的选路开销，从而减少处理时延。

(2) 由于所有分组遵循同一路由，这些分组将以原有的顺序到达目的地，终端不需要进行重新排序。

(3) 一旦建立了虚电路，每个分组头中就不再需要有详细的目的地址，而只需有逻辑信道号就可以区分每个呼叫的信息，这可以减少每个分组的额外开销。

(4) 虚电路是由多段逻辑信道构成的，每个虚电路在它经过的每段物理链路上都有一个逻辑信道号，这些逻辑信道级联构成端到端的虚电路。

(5) 当网络中链路或者设备发生故障时，可能导致虚电路中断，必须重新建立连接。

(6) 差错控制和流量控制由网络相关节点负责。

(7) 虚电路适用于一次建立后长时间传送数据的场合，其持续时间应显著大于呼叫建立时间，如文件传送、传真业务等。

虚电路的实现又分为两种：交换虚电路(SVC)和永久虚电路(PVC)。交换虚电路是指在每次呼叫时用户通过发送呼叫请求分组来临时建立虚电路的方式。如果有用户事先已经要求网络运营商专门建立了固定的虚电路，就不需要在呼叫时再临时建立虚电路，可以直接进入数据传送阶段，这种方式是永久虚电路，适用于业务量较大、连续使用时间长的集团用户。

视频

3.3.4 交换方式对比分析

交换方式是通信网络中的关键之一，是理解其他很多技术的基础，因此要透彻理解，达到能灵活应用的程度。为便于理解，这里从多个角度对几种交换方式进行对比，各个对比项见表 3-3 和表 3-4，以期从不同的角度去认识常用的几种交换方式，促进深入理解和灵活应用。

表 3-3 电路交换与分组交换的对比

编号	对比项	电 路 交 换	分 组 交 换
1	业务要求	语音：差错率要求不高，实时性要求高。突发性不强	数据：实时性要求不强，差错率要求极高。突发性强
2	复用方式	同步时分复用	统计时分复用
3	信道类型	位置化信道 空间位置，时间位置	标志化信道
4	连接与否	面向连接，满足实时性要求	面向无连接
5	资源分配	静态(固定)资源分配	动态资源分配
6	资源利用	独占	共享
7	路与包	面向“路”	面向“包”
8	多段传输	端到端传输(直达终点)	逐段传输(分组转发)
9	选路者	事前用信令	事中用规则
10	层位置	物理层	链路层
11	服务方式	呼叫损失制，立即拒绝	来者不拒，排队等待，尽力而为

表 3-4 虚电路与数据报的对比

编号	对比项	虚电路	数据报
1	可靠性思路	可靠通信由网络来保证	可靠通信由用户主机来保证
2	建立连接	必须有	不需要
3	目的站地址	仅在连接建立阶段使用,每个分组使用短的虚电路号	每个分组都有目的站的全地址
4	路由选择	在虚电路连接建立时选路	每个分组独立、临时选择路由
5	分组的转发	属于同一条虚电路的分组均按照同一路由进行转发	每个分组独立进行转发
6	路由器出现故障时	所有通过故障路由器的虚电路均不能工作	出现故障的路由器可能会丢失分组,一些路由可能会发生变化
7	到达顺序	总是按发送顺序到达目的站	可能失序
8	端到端的差错处理	由通信子网负责	由主机负责
9	端到端的流量控制	由通信子网负责	由主机负责
10	时间开销方面	建立连接的开销	每个包独立路由,每个包的时间开销较大
11	拥塞避免方面	可避免拥塞	避免拥塞的难度大
12	健壮性方面	脆弱——线路故障会导致中断	健壮——线路故障可调整路由

这里重点分析了典型的交换方式,它们是其他各类具体交换技术的根本。在实际应用中,有很多具体的交换技术,都是从这几类交换方式派生出去的。如第 2 章讲的人工交换、步进制交换、纵横制交换、程控交换都是电路交换的具体实现技术,帧中继、ATM、IP、MPLS 等都是分组交换的具体实现技术。因此,要理解各类交换技术,必须先透彻理解本节介绍的交换方式。抓住根本,其具体的呈现形式就容易理解了。

3.4 通信协议

3.4.1 协议概述

1. 为什么需要通信协议

通信一定是双方或多方相互配合的事情。一个人自言自语不是通信,两个人以上的一问一答才是通信。通信设备之间也一样,要相互“听”懂对方的语言,形成对话,才能完成通信。这个语言就是设备之间的通信协议,没有通信协议就没有互相听得懂的语言,则无法通信,因此通信协议在通信网络中是必需的。

通信协议是指通信双方完成通信或服务必须共同遵循的规定或规则,通信协议又称通信规程。若网络中只有通信终端、交换机、路由器等网络实体,则还不能进行通信,还必须有通信协议,所有网络实体按照事先约定的规则进行数据传输和交换,相互配合才能完成通信。

通信协议应对数据的表示形式、数据格式、同步方式、传送速度、传送步骤、应答方式、纠错方式、语法规则、语法含义等内容做出统一约定。

由于通信环境与通信条件的复杂性,为了实现可靠通信,通信协议需要考虑的因素很多,也因此而变得很复杂。随着计算机技术的广泛应用,越来越多的网络实体采用计算机来实现,网络实体的分工也越来越细,实体的种类和数量也越来越多,带来实体之间的协议种类也越来越多。实际的协议成千上万种,不可能全部学完,因此要善于抓住协议的共性内容,学习常见的一些协议,理解其根本,然后达到举一反三、触类旁通的效果。

2. 通信协议的特点

(1) 作用域的每个设备都必须了解协议,并且预先知道所要完成的所有步骤。

(2) 作用域中的每个设备都必须同意并遵循它。

(3) 协议必须是清楚的,每一步必须明确定义,且不会引起误解。

3. 信令与协议的区别

通信中有“协议”和“信令”两个相近的概念,有的不区分它们,直接混用;有的有一定区分,但又没明确指明其区别。本书根据作者的理解进行说明。

信令与协议的相同点包括:

(1) 都是设备之间的语言。

(2) 都是设备之间完成通信的一套规则。

(3) 都起控制作用。

下面分析信令与协议的不同之处。

(1) 信令(Signaling):在电信网的实体之间,专门为建立和控制接续而规定的规则集;协议(Protocol):通信实体之间支撑信息交换过程的规则集。

(2) 信令用来建立、管理、删除连接,以使用户能够正常通过这些连接进行通信;协议是通过网络传送数据的规则集合,是对数据格式和计算机之间交换数据时必须遵守的规则的正式描述,用于规定信息的格式以及如何发送和接收信息的一套规则。

(3) 在传统电信网中称信令;在计算机网络中称协议。

(4) 信令强调用信号传递某种信息;协议的范围更广,除了传递某种信息外,还包含实体之间的行为规则。

(5) 信令本身是一种信息,是一种用于控制的信号,需要在网络中传输;协议中的控制报文是一种信息,与信令相同,也需要在网络中传输,但它还可能只是一种规则,并不在网络中传输。

(6) 信令有专门传送信令的传送网络,称为信令网;协议一般不使用单独的传输网络,大都与业务网在同一网络中传输。

(7) 信令的实时性要求高;协议的实时性要求比信令低。

(8) 信令也属于协议,是一种主要传送控制信息为目的的协议。

视频

3.4.2 协议四要件

协议是通信实体之间的一种语言,语言是一种抽象的信息,要准确地表达并实现协议,需要 4 个必备的要件,分别是协议的信号表示形式、协议的传递方式、协议的应答方式、协议的实现要素。下面分别对这 4 个要件进行阐述。

1. 协议的信号表示形式

协议本身是一种信息，第一章讲过，信息需要通过明确的信号表示出来。不同的时代，信息的表示方式不一样，19 世纪和 20 世纪前半叶，采用的都是模拟信号方式，进入数字化时代后，开始采用数字信号方式。具体如表 3-5 所示。

表 3-5　协议的表示方式

模　拟	直流：幅度、脉冲
	交流：单频、双频、多频
数　字	面向字符
	面向比特
	面向文本

模拟方式下有直流信号方式和交流信号方式两种，直流方式下又分电压表示方式、脉冲表示方式，交流方式下又分单频、双频、多频方式。人们说话的声音、轮船的鸣笛声、体育课上的哨声，都是模拟信号。

数字方式下有面向字符、面向比特、面向文本 3 种方式。

面向字符的协议以 ASCII 编码为基础，以一个 ASCII 码为基本单位。早期的协议多采用这种方式，如 BSC 协议。

面向比特的协议以二进制码为基础，以一个比特为基本单位。目前绝大多数协议都采用这种方式，因为其效率最高。本书后续内容中可看到大量面向比特的协议。

面向文本的协议以单词为基本单位，接近人类自然语言的表达方式。其优点是简单、灵活，但其代价是效率比面向比特的协议低，如 HTTP、SIP 协议。

2. 协议的传递方式

通信网络都由多个节点组成，从一个节点到另一个节点需要经过多个中间节点的配合，协同完成整个通信过程。经过多个节点组成的网络，协议的传递方式共有两种：逐段转发方式和端到端对话方式。

逐段转发方式非常简单，就是从发送方开始逐个节点依次向后转发，直到最后的接收方。整个过程中，发送方只与第一个转发节点直接对话，并不与其他转发节点及接收方直接对话，如图 3-17 所示。

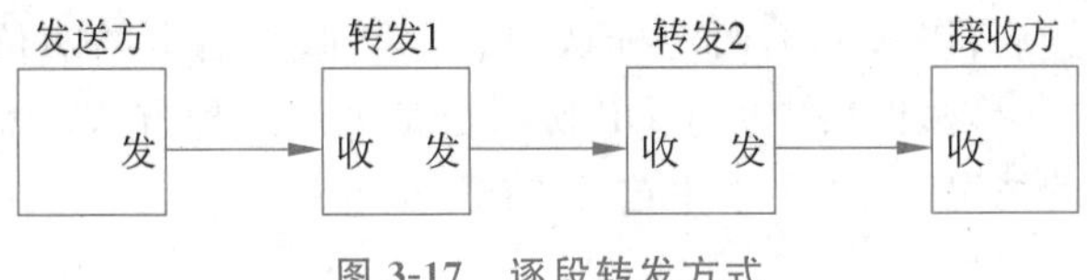

图 3-17　逐段转发方式

端到端对话方式是所有对话都是发送方与各个转发节点直接对话，转发节点的作用是帮助寻找下一站的方向、路由，为发送方和下一站建立通信链路，然后发送方再与下一站直接对话，直至最后与接收方直接对话，如图 3-18 所示。

在两种传递方式中，逐段转发方式，控制方法简单，各段可以采用不同的通信协议，缺点是每个转发点需要接收并转发全部通信内容，相对端到端对话方式而言，时延大；端

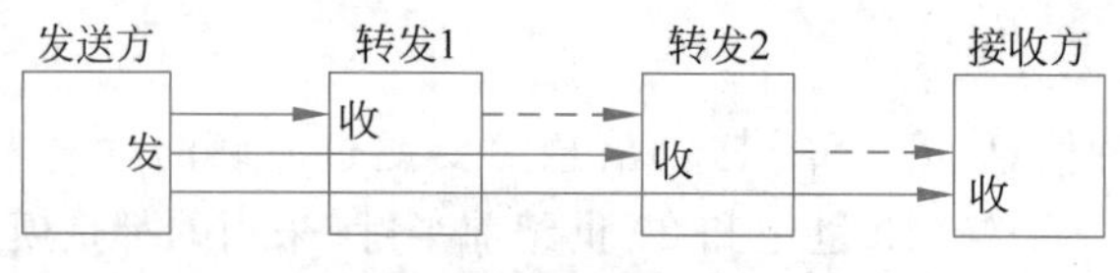

图 3-18　端到端对话方式

到端对话方式，控制相对复杂，且要求各段使用相同的协议，优点是各个转发点不需接收全部通信内容，只需要接收与路由相关的内容，相对逐段方式而言，时延小。这种方式在模拟通信时代应用较多，在当前数字通信时代，大都采用逐段转发方式，因为其简单和灵活。

3. 协议的应答方式

应答方式是指协议在通信过程中接收方对发送方做出的应答回应方式。在协议交互过程中，发送方发出一条消息，针对不同情况，接收方做出不同的回应，发送方会根据回应消息的不同做出不同的处理和不同的动作。回应的这个消息称为应答消息或者确认消息。回应消息属于后向消息(主动发起的消息称为前向消息)，后向消息的种类往往不如前向消息多，但其作用巨大，起到控制协议流程的作用，因此协议的应答方式也称为协议的控制方式。

总体来说，具体的应答方式分为非互控、半互控、互控 3 种情况，如图 3-19 所示。

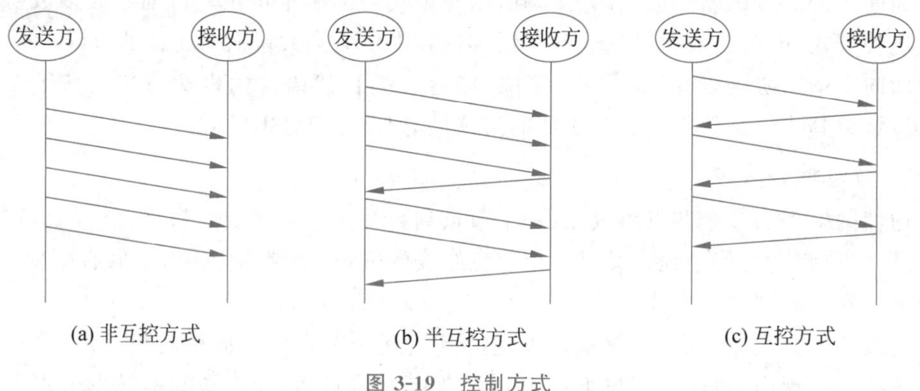

(a) 非互控方式　(b) 半互控方式　(c) 互控方式

图 3-19　控制方式

1) 非互控方式

发送方发送消息后，接收方不回送确认消息。类似生活中的短信，发送方不知道接收方是否正确接收，计算机网络中的 UDP 协议也是采用这种方式。总体来说，在对通信的可靠性要求不高的情况下，才会采用这种方式。

2) 半互控方式

发送方陆续发送多个消息，接收方在收到多个消息后才回送一个确认消息。这种方式的效率比较高。与老师讲课类似，老师讲了很多内容，学生们才回应一次。

3) 互控方式

发送方每发送一个消息，接收方都必须回应一个应答消息，发送方必须收到应答消息后，再根据应答消息的内容进行判断，再发送下一条消息。这种方式最可靠，但其效率最低。

（注：在表示方式为模拟信号的时代，还有一种全互控的方式，在数字时代已不再使用。）

应答消息又分为肯定消息、否定消息两大类。在半互控和互控方式中，有的协议只回应肯定消息，有的只回应否定消息，有的两种消息都回应。

协议的应答方式是协议中非常重要的一个内容，这里只是宏观地讲解了应答方式的种类，先建立整体认识。具体的控制方式如停止等待协议、连续 ARQ（Automatic Repeat-reQuest，自动重传请求）、选择性 ARQ 等将在后面的具体协议中去分析。

4．协议的实现要素

协议的第四个要件是大家最关注的一个要件，就是协议所要表达的具体内容，是各个协议重点描述的部分，主要有语法、语义、时序 3 个要素。

（1）语法：指描述协议内容的具体结构或格式。类似中文里的"主谓宾"格式要求。

（2）语义：指协议中各个信息的具体含义。类似中文里各个词语的具体含义。

（3）时序：指实现某个事务所规定的消息顺序。类似描述一件事的语句顺序。

在协议的 4 个要件中，前面 3 个要件不在具体的协议内容之中，多在协议内容之外进行描述。在数字时代，表示方式默认为数字，传递方式默认为逐段传递，一些对可靠性要求不高的协议（如 UDP）的控制方式默认采用非互控方式，不再进行说明，因此前 3 个要件常常容易被忽略。但实际上，从协议本身的角度，它们都是协议的必备要件，不会因为采用默认方式而不重要。

3.4.3 协议的常用字段

所有的协议最终都通过帧结构来实现。协议的很多功能也体现在帧结构中，不同的协议有不同的功能，其帧结构也不同。协议种类太多，死记全部协议的帧结构意义不大，关键是抓住协议的普遍规律，先重点分析协议的几个必备字段，后面学习具体协议时，再结合这几个字段进行分析和理解。

1．收发地址

通信网络中的信息，都需要用收发地址，以指明通信双方的对象，指明信息的来源和目的地。在一些特殊情况下，如直连的两端进行通信时，可以省略地址字段。这只作为特例考虑。在面向连接的协议中（如虚电路），收发地址转化为逻辑信道号，可以看作是形式变换而已。

2．长度字段

协议帧的长度不可能无限长（对信令而言，还希望帧越短越好，可以减少信令时延），不同的协议，其帧长不一样（根据协议的功能来定），因此要指明其长度。长度字段的核心不是关心本帧有多长，重点是在复用的信道中界定哪些内容是自己的。

3．校验字段

为验证接收的信息是否正确，都设计有校验字段。具体校验的算法各有不同，有算术和、循环冗余算法等。

4．类型字段

协议一般传输多种类型的数据，通过类型字段来区分不同类型的帧。

5. 定界字段

数据链路层的协议,为了从复用的物理层提取自己的帧数据,还必须有定界字段。

需要强调的是,这些字段在不同的协议中,其具体的实现方法又不尽相同,因为技术的实现是灵活的。

比如有的同学在学 ATM 时,问为什么它没有长度字段。从表面上看,ATM 帧头中确实没有长度字段,这就涉及技术实现的灵活性。针对协议的长度字段,有两大类具体的实现方法:一类是明示法,在帧头中有明确的字段来指示,多数协议采用这种方式;一类是隐式法,如 ATM,它采用固定长度的帧结构,其长度不用在帧头中明示了,而是在其协议规则中事先约定了,ATM 帧头为 5 字节,数据部分为 48 字节。明示法又分为两种做法:一种是直接用一个长度字段,指明本帧的长度(具体指的内容,各个协议又有所不同,有的只指数据部分的长度,有的指整个帧的长度);另一种是用分隔符的方式来界定本帧的头和尾,从而界定其长度,类似文字中的句号,看到句号就知道这是本句的结束。

♥**【技术思想启发】** 技术是灵活的,实现相同的功能,不同的人、不同的时代有不同的做法。因此学习技术也要有灵活的思维,不能死记硬背。

3.5 网络的分层模型

视频

3.5.1 为什么要分层

随着通信技术和计算机技术的发展,网络和网络节点设备的功能越来越多,涉及面广,变得越来越复杂。当系统变得复杂后,一方面,设计和实现整个系统的难度增大,难以把控;另一方面,针对网络系统的交流、讨论和理解也很困难。解决复杂问题的基本思路就是"分而治之",网络问题太复杂,于是采用分层方式将庞大而复杂的问题转化为若干小的问题,小的问题就比较容易研究和处理。这是网络分层的根本原因。

1977 年国际标准化组织(ISO)开始着手制定网络分层模型,并遵守以下原则:

(1) 每层实现一个定义明确的功能,同一层中的各网络节点都有相同的功能。

(2) 各层的功能相互独立,每层实现各自的功能和协议,实现方法对系统的其余层是透明的,各层所提供的服务与这些服务是怎么实现的无关。

(3) 同一节点内相邻层之间通过接口进行通信,某一层的服务体现的是该层的一种能力,并通过接口提供给上一层。

(4) 层和层之间的接口要清晰,跨越接口的信息量尽量少。

(5) 各层之间相互配合,每一层使用下一层提供的服务,并向其上层提供服务,协同完成整个网络功能。

(6) 不同节点只能在对等层之间进行通信。

1984 年 ISO 发布了开放系统互连参考模型(Open System Interconnection/Reference Model,OSI/RM)。OSI/RM 模型将整个网络结构分成 7 层,分别为物理层、数据链路层、网络层、传输层、会话层、表示层、应用层。

采用这种网络分层模型,带来很多好处,具体如下:

(1) 分层可将庞大而复杂的问题转化为若干较小的局部问题,而这些较小的局部问题就比较易于研究和处理。

(2) 清晰的分层参考模型便于复杂系统的问题定位,便于讨论不同组成部分之间的关联关系。

(3) 各层之间是独立的,可以根据各层的相关基础技术发展而独立发展,各层可以越做越专业。

(4) 每一层都是利用下层的服务来实现本层的功能,下层的服务可以提供给多个上层使用,可以实现各层功能的复用,提高了功能利用率,降低了不同技术之间的协同难度。

(5) 灵活性好,各层的技术发生变化,可以无损替换而不影响其他层。

(6) 结构上可以分割开,系统依赖性低。

(7) 模块化方式简化了系统的维护和升级,易于实现和维护,成本更低,灵活性更大。

(8) 能促进标准化工作。通过网络体系结构的标准化,可以统一各开发商的设计标准,实现协同开发,并允许不同厂家的产品相互通信,极大地促进了计算机网络的发展。

(思考:讲了这么多优点,大家想想,分层模型有没有缺点?有哪些缺点?)

网络分层之后,紧接着要解决的主要问题有以下 3 个:

- 每一层的功能是什么?
- 各层之间的关系是怎样的?各层之间如何进行交互?
- 通信双方的数据传输要遵循哪些规则?

后面分别对这些问题进行分析。

3.5.2 分层所引申的概念

当网络分为多个层次之后,必然带来一些新的术语和概念,如服务、接口、协议、N层、对等层、服务原语等,先对这些术语进行简单说明,以便更好地理解网络分层模型。

1. *N* 层、对等层

在网络分层模型中,各层完成各自的功能,上下层之间配合完成相应功能,为便于讨论,对所讨论的那一层称为 N 层,对其上一层称为 $N+1$ 层,其下一层称为 $N-1$ 层。不同主机上的同一个层次称为对等层,如图 3-20 所示。

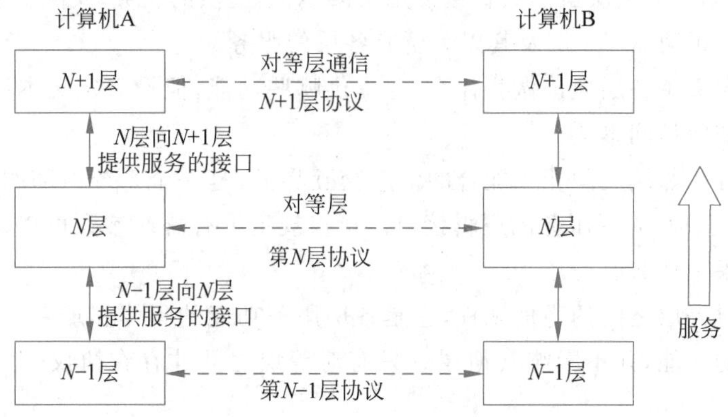

图 3-20 层、服务与协议的关系

2. 对等层通信

OSI 模型规定，发送方与接收方只能在对等层之间进行通信，也就是源端的每一层只能与目的端的对等层进行通信，不能与其他层进行通信；同时，在每一层通信过程中，只能使用本层的协议进行通信，这种通信方式称为对等层通信，*N* 层的通信是通过 *N*－1 层的通信和 *N*－1 层的服务来实现的，如图 3-21 所示。可以看出，每一层都有自己的通信协议。

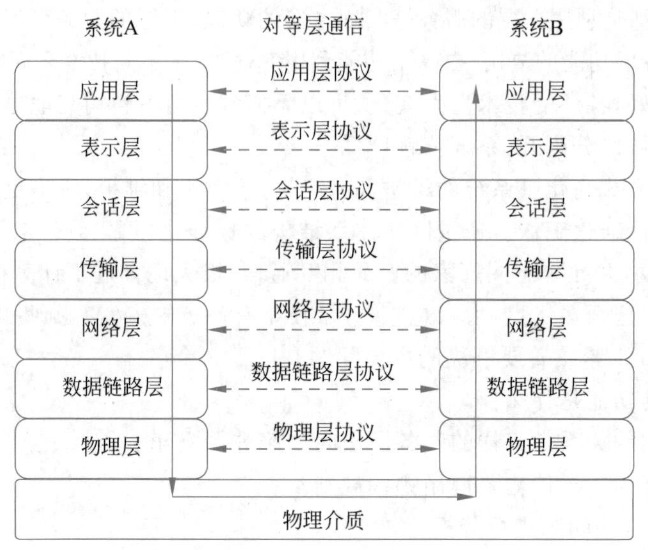

图 3-21　对等层通信

3. 服务、接口与协议

网络分层之后，首先是上下层之间相互配合，才能完成相应功能，服务就是上下层之间配合的内容。

服务是指某一层向它上一层提供的功能。任何一层都只为相邻的上一层提供服务，相邻的两层之间，下层为上层提供服务，上层使用下层提供的服务。如图 3-20 所示，第 *N* 层是 *N*＋1 层的服务提供者，第 *N*＋1 层是 *N* 层的服务用户，同时 *N* 层又是 *N*－1 层的用户。另外，第 *N*＋1 层虽然只直接使用了第 *N* 层提供的服务，实际上它通过第 *N* 层还间接地使用到了第 *N*－1 层及其以下所有各层的服务。

服务虽然定义了各层应该做些什么，要提供哪些功能，但没有定义本层该如何工作，以及上一层该如何访问本层。

接口是指各相邻层之间相互配合的信息交互界面，是一个系统内部的规定。接口为 *N*＋1 层提供了获取 *N* 层服务的逻辑接口。接口规定了有哪些参数可以使用，以及使用这些参数的结果是什么。

协议是各对等层之间的通信规程，它是各层服务功能的具体实现者。各层中的协议各自实现自己的功能，并不影响其他层。只有对等层之间才存在协议，非对等层之间不存在协议。

在 N 层和 $N+1$ 层的接口处，由 N 层向 $N+1$ 层提供服务。N 层是服务的提供者，$N+1$ 层是接受服务的用户。实际上，N 层的服务是通过 $N-1$ 层向它提供的服务以及 N 层对等实体间按 N 层协议交换信息来完成的。接口处提供服务的地方称为服务访问点(Service Access Point,SAP)。

服务和协议常常被混淆(在 OSI 参考模型之前的很多网络并没有把服务从协议中分离出来，造成网络设计的困难)。在 OSI 模型中，二者是截然不同的两个概念。服务是网络体系结构中各层向它的上层提供的一组功能，通过一组原语(操作)来实现。尽管服务定义了该层能够完成的操作，但丝毫未涉及这些操作是如何实现的。服务描述两层之间的接口，下层是服务提供者，上层是服务用户。协议是一组规则，规定了同一层上对等实体之间所交换的数据包或者报文的格式和含义，协议涉及不同机器上两个对等实体之间发送的数据包。对等实体利用协议来实现它们的服务，只要不改变提供给上一层的服务和接口，对等实体可以自由地改变它们所使用的协议。服务存在于垂直方向的上下层之间，协议存在于横向的对等层之间。因此服务和协议是完全相分离的，这是一个关键概念。

4. 服务原语

层间接口处的服务是通过一组服务原语来执行的，这些原语供用户实体访问该服务或向用户实体上报某事件的发生。OSI 模型中，将服务原语划分为 4 类，分别是请求(Request)、指示(Indication)、响应(Response)和证实(Confirm)，如图 3-22 所示。

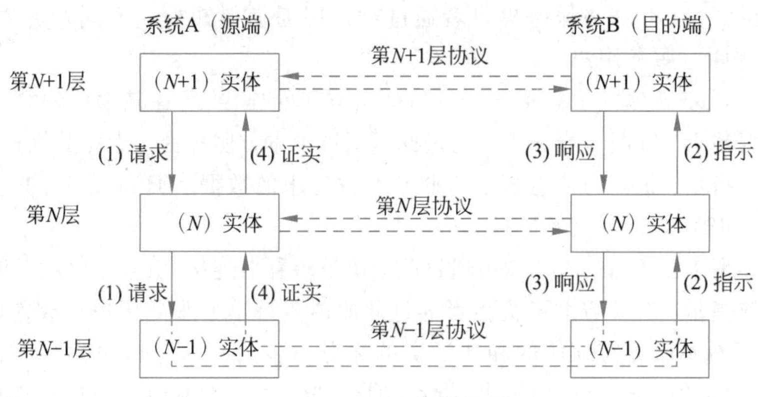

图 3-22　服务原语的位置

(1) 请求：首先发出的呼叫请求，用于高层向低层请求某种服务，即由服务用户发往服务提供者，请求它完成某项工作，如发送数据。其位置和方向是：源端$(N+1)$实体→源端(N)实体。

(2) 指示：用户实体被告知某事件发生，由服务提供者发往服务用户，指示发生了某些事件。如接收到一个远地送来的数据。其位置和方向是：目的端(N)实体→目的端$(N+1)$实体。

(3) 响应：用户实体对某事件的响应，由服务用户发往服务提供者，作为对前面发生的指示的响应。其位置和方向是：目的端$(N+1)$实体→目的端(N)实体。

(4) 证实：用户实体收到关于它的请求的答复，由服务提供者发往服务用户，作为对前面发生的请求的证实。其位置和方向是：源端(N)实体→源端($N+1$)实体。

4 类服务原语完成相邻层之间的信息交互，完成上下层之间的服务请求和服务提供。在 4 类原语中，请求与证实是在请求方，指示与响应是在响应方，请求方与响应方之间则是通过对等层协议进行信息交互，如图 3-23 所示。

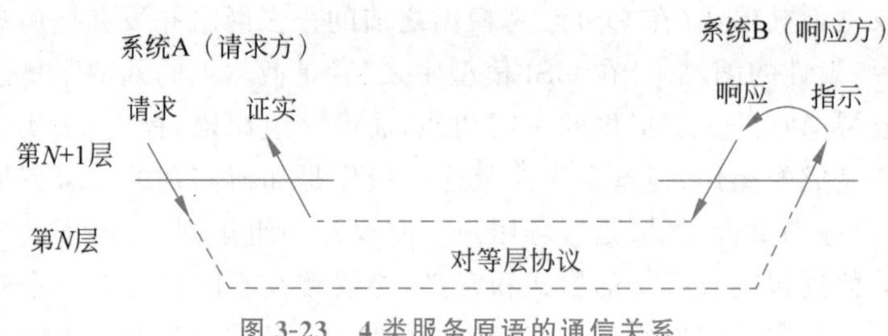

图 3-23　4 类服务原语的通信关系

这 4 类服务原语是抽象的描述，具体系统中的功能各有不同。下面是一个使用服务原语的简单例子。

(1) 连接请求：呼叫方服务用户请求建立一个连接。

(2) 连接指示：连接请求通过服务提供者的对等层通信传到被叫方后，被叫方服务提供者向被叫方服务用户指示有建立连接的请求。

(3) 连接响应：若被叫方服务用户准备建立连接，则通过此原语告诉本方服务提供者。

(4) 连接证实：呼叫方服务提供者通过对等层通信得知被叫方同意建立连接后，由此原语告知呼叫方服务用户。

通过以上 4 步就建立了一条呼叫方与被叫方间的连接，可在其中传输数据。

(5) 数据请求：呼叫方服务用户通过此原语请求本方服务提供者将数据送给被叫方。

(6) 数据指示：被叫方服务提供者收到对方送来的数据后通知服务用户。

第(5)步和第(6)步可反复进行。

(7) 断连请求：任何一方用户可通过此原语请求释放连接，由服务提供者传至对等方。

(8) 断连指示：对等方服务提供者通过此原语告诉本方服务用户释放连接。

从上例可看到服务有证实的和非证实的之分，这与前面所讲的协议应答方式一致。连接服务是证实的服务，要使用请求、指示、响应和证实 4 类原语。数据传送服务和断连服务都是非证实的。只使用请求和指示两类原语。证实的服务需在对等方之间来回一次，花费的时间较多，但增加了可靠性。建立连接的服务通常都是证实的服务，被叫方既可同意建立连接，也可以拒绝建立连接。数据传送以及断开连接服务根据需要可采用证实的服务或非证实的服务方式。

5. SDU 与 PDU

服务数据单元(Service Data Unit，SDU)，是层间接口服务之间传递的数据，是 $N+1$ 层与 N 层之间传递的数据。$N+1$ 层送到 N 层的数据，称为 N 层的 SDU。

协议数据单元(Protocol Data Unit，PDU)，是 N 层协议实体之间传递的数据。

本层的 PDU 为下层的 SDU，本层的 SDU 为上层的 PDU。对某个子层来说，SDU 是上层送到本层还没有被本层处理的数据，PDU 是本层封装协议头后的数据，即“本层

PDU＝本层 SDU＋协议头”，如图 3-24 所示。

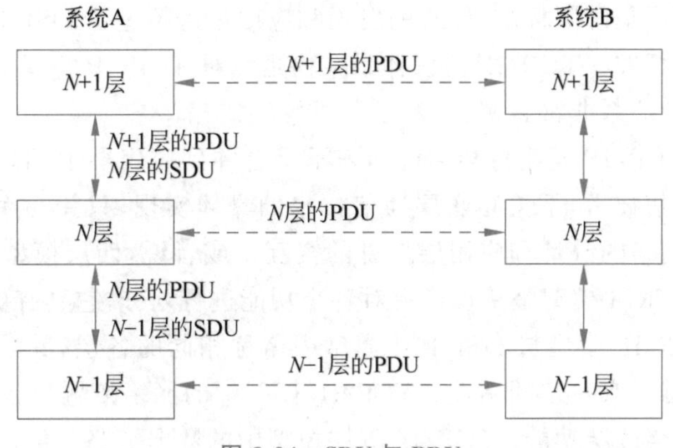

图 3-24 SDU 与 PDU

3.5.3 OSI 与 TCP 模型

开放系统互连参考模型(OSI/RM)是国际标准化组织的一个开放体系互连模型，定义了网络互连的七层结构。TCP/IP 协议体系结构是在 OSI/RM 基础上，专门针对 TCP/IP 网络而开发的体系互连模型，所以它既有 OSI/RM 的基本模型结构和层次划分思想，又针对了特定的 TCP/IP 网络，所以更加具体化，更加具有可操作性。TCP/IP 模型又有四层模型和五层模型，四层模型是将物理层与数据链路层合并为网络接口层，如图 3-25 所示。

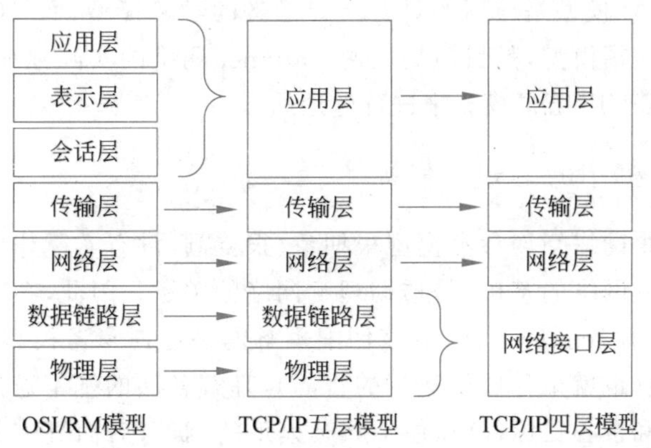

图 3-25 分层模型对比

3 种网络分层模型分层数量不同，但其分层思想是相同的，层次结构划分思想是相同的，总体层次结构也是相似的。

3 种模型有以下区别：

OSI/RM 是国际标准化组织在 1984 年制定的，不偏重任何特定的网络类型，是一个理想化的模型，具有最广泛的理论上的参考性。TCP/IP 协议体系结构起源于 20 世纪 60 年代末，由美国国防部高级研究规划署(DARPA)作为其研究的一部分，所以又称为 DARPA 参考模型。1983 年，DARPA 将 ARPAnet 上的所有计算机结构转向了 TCP/IP

协议,并以 ARPAnet 为主干建立和发展了 Internet,形成了 TCP/IP 体系结构。TCP/IP 协议体系结构虽然不是国际标准,但它的发展和应用远远超过了 OSI/RM,成为 Internet 体系结构上的实际标准。TCP/IP 协议体系结构是针对 TCP/IP 协议进行功能分层和描述的,所以与协议的关系非常紧密。

层次结构上,TCP/IP 模型将会话层和表示层合并到应用层了,TCP/IP 四层模型进一步弱化了底层通信技术,不关心底层通信技术的具体实现,只关心底层通信技术所提供的接口,专注于网络的寻址和应用层信息的交互。或者说,四层模型弱化 CT 技术,突出 IT 技术,而 OSI/RM 模型是从理论上对各个功能进行划分,它具有更好的指导意义。

严格地说,TCP/IP 模型与 OSI/RM 模型中名称相同的各层,其功能也不是严格一一对应的,其功能分层有一定的调整。TCP/IP 模型中的网络传输层包含了 OSI/RM 模型的传输层和部分会话层功能;TCP/IP 五层模型中的数据链路层包含了 OSI/RM 模型的数据链路层和部分网络层功能。

OSI/RM 的网络层同时支持无连接和面向连接的网络通信;TCP/IP 模型的网络层只有 IP,只提供无连接的服务。

OSI/RM 参考模型本身并未确切地描述用于各层的协议和实现方法,而仅仅是明确了每一层应该完成的功能。实现这些功能的具体方法和标准,并不是模型的一部分,而是作为独立的国际标准而被发布。OSI/RM 参考模型是在其协议开发之前设计出来的,所以它不是基于某个特定的协议集设计的,它更具有通用性。另外,也意味着 OSI/RM 参考模型在协议实现方面存在某些不足,如它过于复杂。

可以说,OSI/RM 模型是通用的具有指导意义的学术模型,而 TCP/IP 是 OSI/RM 的一个具体的商业应用模型,是目前局域网、Internet 网络的实际标准。若无特殊说明,本书后面均按照 TCP/IP 五层模型来进行讨论。

视频

3.5.4 各层的数据单元与核心目标

初学者往往觉得网络互连参考模型很抽象、很空洞,没有实际作用,但实际上,网络互连参考模型是建立网络的基础,是透彻理解网络的关键。因此,在学网络具体技术之前,不能只是死记硬背各层的名称,应该仔细理解网络互连参考模型,领悟其分层的思想,掌握各层的功能(也就是各层要达到的目的),理解各层的基本通信数据单元。抓住了各层的数据单元和核心目标,就抓住了顺藤摸瓜的"藤",后面具体的技术以及技术的变化都是这个"藤"上的"瓜",就容易理解和掌握了。如果不抓住"藤",后面每一层出现的各种"瓜"及其变种,就容易出现"胡子眉毛一把抓"的尴尬情况。所以,先对各层的数据单元和核心目标进行分析。

首先,网络互连参考模型是对计算机网络体系结构的一种描述,它不是具体的网络实体,它描述的是在具体的通信介质之上、在不同的通信实体之间如何协同完成网络互联和信息互通的方法。因此网络互连参考模型不包含任何物理实体,特别是物理层,不是指物理的通信介质本身,只是描述介质的各种规范与要求,如接口尺寸要求、电气特性要求等。另外,网络互连参考模型也不能脱离物理介质而空谈,它是在物理介质的基础上，对各项网络互联功能的实现方法的描述。在图 3-26 中用实线分隔物理介质，表示网络互联模型在物理介质之上，但不包含物理介质。

其次，OSI/RM 模型的七层结构中，低 3 层和高 4 层分别针对不同的领域，低 3 层负责创建网络通信所需的网络连接，它是面向网络的，属于"通信子网"部分；高四层具体负责端到端的、与网络无关的用户数据通信服务，它是面向用户的，且只有网络终端才有高 4 层的功能，网络中负责转发的交换机、路由器等节点无需高 4 层的功能。在图 3-26 中用虚线加以分隔，表示它们既属于一个整体但又有所区别，是网络与用户的分隔点。

层	数据单元	核心目标
应用层	报文(message)	完成各种应用进程之间的通信、协同工作
表示层	报文(message)	协商数据交换格式，数据解密等
会话层	报文(message)	建立、维护、管理用户的会话
传输层	UDP数据报(Datagram)　TCP报文段(Segment)	提供端到端的逻辑通信，为上层提供通信服务
网络层	数据包(packet)	为数据包选路
数据链路层	帧(frame)	保证相邻节点之间的可靠有效传输
物理层	比特(bit)	保证数据在物理介质上可靠有效传输
物理介质	具体的各种物理介质，不同的介质有不同的特性，有不同的通信要求	

图 3-26　分层模型中的各层对象和功能

1. 物理层

物理层的通信对象是比特(bit)，物理层的目的是尽量保障各个比特的可靠有效传输，向上一层提供比特流服务。通信领域中的很多技术都是为了可靠有效地传输信息比特，如信号处理、通信原理中的多种技术都是为了这个目的，也是通信领域最难的技术。OSI/RM 模型对物理层只规定通信设备的机械、电气、功能和过程的特性。如网络连接所需接插件的规格尺寸、排列情况，传输比特流时线路上信号电平的大小、传输速率、距离限制等。

2. 数据链路层

数据链路层的通信对象是数据帧(Frame)，不再是单个比特。数据链路层的目的是在物理层提供比特流服务的基础上，保证相邻节点之间可靠有效地传输数据。

数据链路层以帧为单位进行数据传输，因此它首要的功能是数据成帧，通过成帧技术将物理层送来的孤立的比特封装在一起，表示是同一个站点的数据。为了保证数据的可靠传输，该层还具有数据的检错、重发、流量控制等功能。

在一些复杂的通信系统(如移动通信、Wi-Fi 等)中，数据链路层又分为两个子层：介质访问控制子层(MAC)和逻辑链路控制子层(LLC)。介质访问控制子层处理介质资源调度算法、数据出错校验、成帧等；逻辑链路控制子层位于介质访问控制子层之上，它屏蔽了各种介质访问控制子层的差别向其上层提供统一的数据链路服务，主要处理两个站点之间帧的交换，实现端到端的无差错的帧传输、应答功能以及流量控制功能。

3. 网络层

网络层的通信对象是数据包(Packet)。网络跨越的区域很广，并且是由多个子网连接而成，通信的两个终端之间可能会经过很多个数据链路段，也可能还要经过很多通信子网。数据链路层完成了相邻节点之间的数据传输，网络层的任务就是选择合适的网间路由，选择最优的路径确保数据及时传送到目的端。

网络的范围很大，拓扑结构很复杂，网络中流量也不平衡，要选择最优的路径实际是非常复杂的。

4. 传输层

传输层的数据单元称为报文段或数据报(TCP 称报文段、UDP 称数据报)，传输层提供端到端的逻辑通信，核心目的是为上层用户提供端到端的可靠和透明的数据传输服务，包含差错控制和流量控制等。传输层向高层屏蔽了下层数据通信的细节，使高层用户看到的只是在两个传输实体间的一条端到端的、可由用户控制和设定的数据通路。

注意，这里的数据报是指报文名称，前面还有一种交换方式也称数据报，在后续内容中要注意根据上下文语境来分析其具体含义。

传输层之下，从物理层到网络层都是逐段在通信链路上传输信息，从传输层开始是端到端的逻辑传输，这与低 3 层的通信有着本质的区别，虽然传输层的有些通信术语与低 3 层相同，但其含义完全不同，这一点需要在后面的学习中引起重视，注意理解其本质含义及各自的区别。

5. 会话层

会话层是一次通信的交互过程，也可以称为对话层，它负责建立、管理和终止表示层实体之间的通信会话。在会话层及以上的层中，数据传送的单位不再另外命名，统称为报文(message)，所以会话层的数据单元为报文。会话层之间的通信也属于逻辑通信，不参与各段的链路传输，它提供包括访问验证和会话管理在内的建立和维护各应用之间的通信机制。

6. 表示层

表示层解决用户信息的语法表示问题，它提供各种用于应用层数据的编码和转换功能，确保一个系统的应用层发送的数据能被另一个系统的应用层识别。例如，字符的表示、图像格式的显示、数据压缩和加密等，都是由表示层的协议来支持。

7. 应用层

应用层是参考模型中最靠近用户的一层，为操作系统或网络应用程序提供访问网络服务的接口，也为用户直接提供各种网络服务。

值得强调的是，各层中的数据单元名称，不同的书有不同的叫法，容易混淆，物理层、数据链路层、会话层、表示层、应用层的名称比较统一，无歧义。容易引起混淆的是传输层和网络层。传输层的数据单元名称最混乱，编者查阅了多本中文和英文经典网络书籍，有的不区分 TCP 和 UDP，都称 Segment，有的分为 Segment 和 Datagram，中文有数据报、数据段、报文段几种称呼。多数书籍还是区分 TCP 和 UDP 的名称，一般 UDP 中称数据报(Datagram)，TCP 有称数据段、有称报文段的。

本书约定，只针对 PDU 命名，在传输层约定 **UDP 中的 PDU 为数据报(Datagram)**、**TCP 的 PDU 为报文段(Segment)**。

这里对本书后续各层的 PDU 名称统一为表 3-6 所示的名称。

表 3-6 各层中的数据单元名称

OSI 模型层	协议单元名称
应用层、表示层、会话层	报文(message)
传输层	TCP：报文段(segment) UDP：数据报(datagram)
网络层	数据包(packet)
数据链路层	帧(frame)
物理层	比特(bit)

3.5.5 分层模型下节点间的通信过程

在 OSI/RM 网络互连模型下，网络体系结构被分为 7 层，这里从通信过程的角度，看看网络中两个通信节点之间的信息是如何在各层和各节点之间传递的。图 3-27 指示出网络节点的分层结构，以及网络中终端节点的信息是如何通过网络传输到另一个终端节点的通信过程。图 3-27 中用交换机和路由器两种典型的网络设备作为网络中间节点的示例，实际网络中节点比这个更多，但原理是一样的。

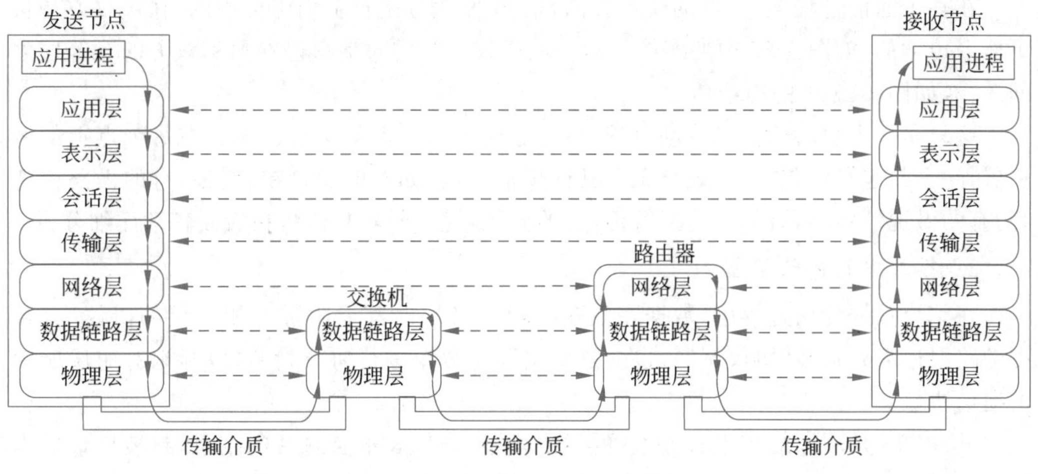

图 3-27 分层模型下的通信过程

1. 分层模型下的网络结构

从图 3-27 中可以看出,只有终端节点中才具备 OSI/RM 模型的完整 7 层,网络中的路由节点只有模型中的低 3 层,也就是网络内部只有通信子网,最多只有低 3 层的通信功能。终端节点是面向终端用户的设备,才具有高 4 层的功能。另外,从图 3-27 中也可以直观地看到,信息传递过程中,低 3 层是逐段转发的,各个节点是有物理设备的,高 4 层是端到端的,是逻辑化的抽象连接。这是理解网络分层模型的全局认识,非常重要,影响后面很多内容的正确认识和理解。

2. 分层模型下的数据传输过程

有了前面的整体认识,然后再从微观角度看看信息的流动方向。数据发送方将信息发送到数据接收方时,数据发送方中的程序需要将信息先发送到其应用层,加上应用层的封装头,然后将信息发送到表示层,加上表示层的封装头,再将数据转送到会话层,加上会话层的封装头,再往下逐层传递,直至物理层,变成比特流,然后再调制到物理介质上,变成模拟电信号在物理介质上传输。

电信号通过物理介质送到其端点设备上(如图 3-27 中的交换机),交换机物理层将物理介质上的电信号转换为比特流,然后送到数据链路层,数据链路层解包后找到下一跳的节点地址,交换机更换节点地址,封装成帧后送往物理层,再调制到物理介质上。物理信号通过传输介质到达下一站的路由器,路由器又经过物理层、数据链路层、网络层逐层接收和解包分析,路由器在网络层通过目的地址和路由表找到终端节点的地址,再依次封装后,送到传输介质上。终端节点的物理层将物理介质上的电信号转换为比特流,然后送到数据链路层,解包后再送到网络层,网络层解包分析后再送到传输层,传输层解包后送到会话层,会话层解包后送到表示层,表示层解包后送到应用,应用层解包后最后送到接收方的应用进程,从而完成这个信息的传递。

在整个通信过程中,数据的流动方向是:在发送方是自上而下传输的,在接收方是自下而上传输的,如图 3-27 中的实线所示。但协议之间的对话只能在通信双方的对等层之间进行,如图 3-27 中的虚线所示。

这只是一个粗略的信息流动过程,目的是建立信息流的宏观认识。在每个点上的每一层,除了封包和解包之外,还有很多其他事情要做,如有的做检错、纠错,有的做路由选择,有的做地址转换,有的做连接管理,有的做流量控制等,具体将在后面各章详细分析。

3. 各层中的协议数据封装

在整个数据传输过程中,数据在发送方经过各层时都要附加上相应层的协议头(数据链路层还需要封装“协议尾”),也就是各层要对数据进行协议封装,以标识对应层所用的通信协议。

“协议头”是用来封装本层 SDU 的,“协议尾”则代表本层封装的结束,封装后形成本层的 PDU。图 3-28 中左边箭头所示的顺序就是 OSI/RM 各层的数据封装流程,其中的 AH 为应用层协议头,PH 为表示层协议头,SH 为会话协议头,TH 为传输层协议头,NH 为网络层协议头,DH 为数据链路层协议头,DT 为数据链路层协议尾。

在接收方，数据是由低层向高层传输的，当数据到达某一层后，就会去掉对应下层的协议头，这个过程是一个解封装的过程，是前面协议封装的逆过程，顺序如图 3-28 中右边箭头所示。因为上层并不需要了解它的下层服务，所以当包或帧送到某一层时就会把下一层的协议头去掉，还原该包或帧在发送方对应层时的包或帧内容。加上协议头的作用可以理解为在发送方要一层层地加上一个指明到达下层地址的信封，而在接收方则要一层层地拆开信封，以获取向上层传输的地址信息，使数据能继续向上层传输。

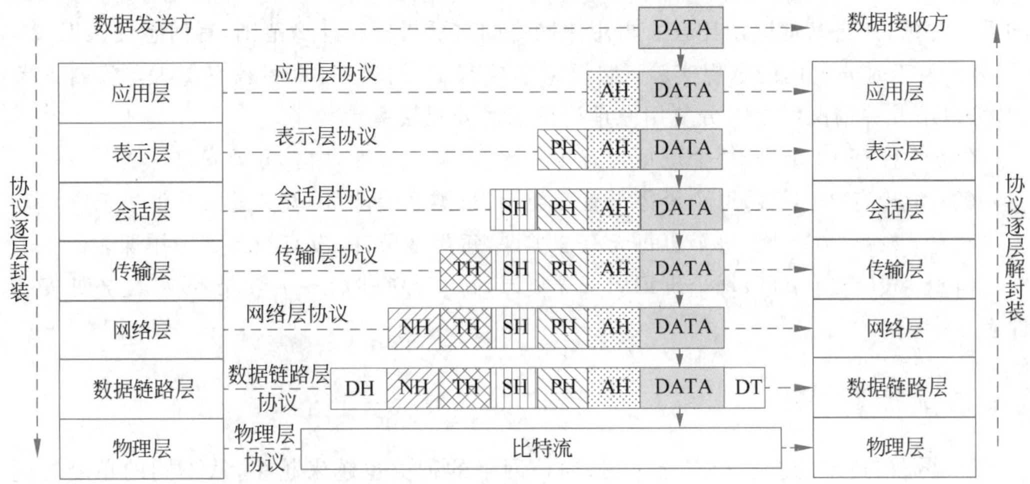

图 3-28　各层的数据封装示意过程

3.5.6　分层思想的讨论

首先，从 OSI 模型和 TCP/IP 模型的不同，可以感受到分层模型不是固定的，分层模型只是一种思想，是解决复杂问题的一种思路和方法。但具体怎么分，分多少层，是根据具体问题具体分析的，不能死板地认为只能为 7 层或 5 层。

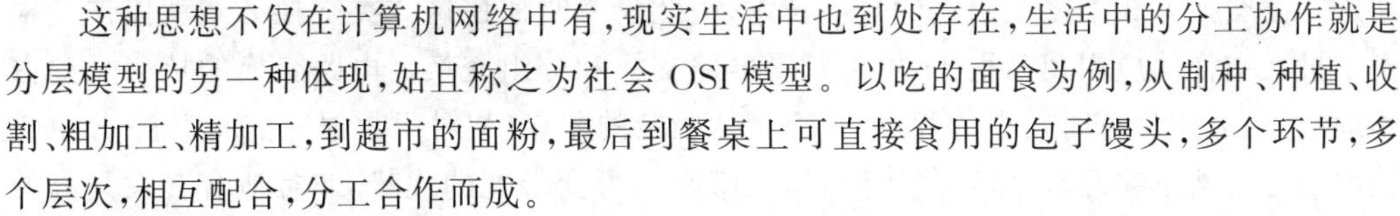

这种思想不仅在计算机网络中有，现实生活中也到处存在，生活中的分工协作就是分层模型的另一种体现，姑且称之为社会 OSI 模型。以吃的面食为例，从制种、种植、收割、粗加工、精加工，到超市的面粉，最后到餐桌上可直接食用的包子馒头，多个环节，多个层次，相互配合，分工合作而成。

其次，理解了这种思想，可以灵活应用，可以设计不同于 TCP/IP 5 层模型的新通信分层模型。通信涉及的范围广、领域多、技术种类多，通信技术越来越复杂，都会按照分层模型进行设计和实现，但不同的技术具体的分层结构和各层的功能都不完全相同。如 Bluetooth、USB、Zigbee、Wi-Fi、4G、5G 等。

最后，理解了分层思想，特别是社会 OSI 模型，可以应用这个思路解决一些问题，为解决实际问题提供思考的角度，寻找解决问题的一些方向。

♥【技术思想启发】

1. 不同的系统有不同的网络分层模型，其核心是“具体情况具体分析”，设计不同的模型。中国特色社会主义也是结合具体情况具体分析，中国有独特的历史、独特的文化、独特的国情,必须坚持走中国特色社会主义道路。

2. 从网络分层模型中体会“专业化、分工合作、共享复用”的理念,体会社会分工协作模型,以及分工合作中的专业精神、追求卓越的精神。

【本章实验】

1. 打开手机上的秒表,用最快的速度启动和停止秒表的计时功能,查看你自己最快的反应时延,并与其他同学比较。再想想网络的时延指标在什么范围,有何感性认识。

2. 关于时分复用的思想实验:假设某学校有 10 间教室,每间教室每天可安排 8 节课,分以下几种情况结合时分复用原理讨论如何分配教室。

(1) 学校有 10 个班,每个班每天有 4 类课,每类 2 节课,由教务处安排课表。

(2) 学校有 20 个班,每个班每天有 2 类课,每类 2 节课,由教务处安排课表。

(3) 学校有 20 个班,每个班每天有 2 类课,每类 2 节课,没有教务处安排课表。

(4) 学校有 20 个班,每个班每周有 6 类课,每类课每周 2~4 节课,没有教务处安排课表。

【本章小结】

随着通信技术的发展和广泛应用,通信网络的种类也越来越多,从不同的角度看网络,也出现多种分类方法。抛开具体的网络分类,任何网络的基本要素都包含网络设备、设备之间的通信协议、设备组网的拓扑结构、网络编址方式。不同的网络有不同的设备、不同的通信协议、不同的拓扑结构和不同的编址方式。网络的质量通过多种性能指标来刻画,主要包括九大指标,其中特别要注意区分各类时延指标并能进行运用分析。

交换方式是网络的核心,目前共有 3 种交换方式(或者说是交换思想),电路交换、报文交换和分组交换,分别对应语音业务、电报业务、数据业务而设计。其他交换技术都是在这 3 类交换方式上派生出来的具体技术,因此学习时抓住这 3 类交换方式就抓住了根本。报文交换的应用现已很少,主流的是电路交换和分组交换。电路交换的核心是独占物理链路,因此具有时延小的优点,也有带宽固定的弱点(相对于数据通信而言);分组交换的核心是共享物理链路,牺牲了时延,但带来了可变带宽的优势,非常适合突发率高的数据业务。

通信协议是网络的神经系统,没有通信协议,整个网络就无法工作。不同的网络有不同的功能,也有不同的通信协议,因此通信协议的种类繁多。但所有的通信协议都要从 4 方面去设计和描述,分别是协议的表示方式、传递方式、应答方式和实现要素。

由于实际的网络运行影响因素众多且往往具有随机性,变化纷繁复杂,因此,网络协议的设计是很复杂的。对复杂工作往往采取分而治之的方法来解决,因此,通常将网络分解为多个层次,不同的层次实现不同的功能,各自细化,又相互配合,协同完成整个网络的运行。这是解决复杂问题的基本思想,可以应用在很多地方。具体的网络分层方式又有很多种,具有代表性的是国际标准化组织的 OSI 七层模型和商用的五层模型。

【知识对接】

1. 电话号码的编址方式与生活中的哪些编号规则类似？

2. 在日常生活中，汽车的灯光语言、交警的指挥手势、舰艇上的旗语与机器之间的通信协议有哪些异同？

3. 将OSI分层的思想扩展到社会分工中，有哪些实例？

【扩展阅读】

1. 分组交换：http://www.kepu.net/vmuseum/technology/telecom/switch/swt901.html

2. 交换方式：http://www.kepu.net/vmuseum/technology/telecom/switch/swta02.html

3. OSI模型：https://blog.csdn.net/qq_36756682/article/details/104112765

【思考题】

1. 不同的网络拓扑，对网络资源和通信方式带来哪些影响？

2. 网络编址要考虑哪些因素？

3. 电路交换对链路的独占性带来哪些优点和哪些缺点？

4. 分组交换对链路的共享性带来哪些优点和哪些缺点？

5. 为什么网络必须要通信协议？设计通信协议时要考虑哪些问题？

6. 网络为什么要进行分层设计？分层思想给你哪些启发？

【习题】

1. 常见的网络分类方式有哪些？结合现实生活中的情况，理解不同分类方式下的各组成部分。

2. 网络的几种基本拓扑结构有哪些？比较它们的优缺点，举例说明选择各种拓扑的考虑因素和应用场景。

3. 为什么需要网络编址？网络编址方式有哪些？结合现实生活中的例子加以描述。

4. 理解电路交换和分组交换的工作过程，用自己的语言归纳总结电路交换与分组交换的异同点（从5个以上的角度进行对比），试用生活中的某些活动来类比电路交换、报文交换、分组交换。

5. 电路交换和分组交换分别适合哪些业务？为什么？

6. 从多个角度比较虚电路与电路交换的区别。

7. 理解不同交换方式的本质是对链路资源的利用方式不同，并说明各种交换方式的资源利用方式分别是什么。

8. 什么是逻辑信道？逻辑信道号怎么使用？

9. 什么是通信协议？网络中为什么需要协议？通信协议的特点是什么？理解信令与协议的异同点。

10. 协议四要件包括哪些？各有什么含义？分别应该怎么做？

11. 为什么要使用分层的网络体系结构？结合现实生活中的例子，说明分层的好处。

12. 什么是服务、接口、协议、对等层、服务原语？

13. 什么是服务数据单元（SDU）和协议数据单元（PDU）？这两者的关系是什么？

14. 理解 OSI/RM 模型、TCP/IP 网络体系结构的要点和各层的主要功能，并用自己的话描述各层的主要作用、核心目标。

15. 试描述分层模型下的数据传输过程。

16. 假设主机 A 要向主机 B 发送大小为 10^7b 的数据，两个主机的路径上要经过两个交换节点（即三段链路），其速率分别是 50Mb/s、20Mb/s 和 10Mb/s，且每段链路上的传播时延为 10ms。忽略所有的处理和排队时延。如果连接建立时延为 100ms，每个分组大小为 1000b（忽略分组首部），试着计算采用电路交换、报文交换、数据报分组交换和虚电路交换方式的时延。从时延的角度比较这几种交换方式的优缺点。

17. 上网查阅 OSI 模型的相关资料，撰写一篇文章，总结你对 OSI 模型的认识。

18. 计算机网络中常用的性能指标有哪些？作用和现实意义是什么？

19. 计算机网络中总时延由哪些部分构成？各自在什么情况下产生？哪种时延有可能为零？为什么？

20. 假设主机 A 要向主机 B 发送 80B 的数据，在传输过程中，需要加上 20B 的传输层首部和 20B 的网络层首部，在交给以太网传送时，还需要加上数据链路层的首部和尾部，共 18B，请问数据的传输效率是多少？如果数据长度为 1200B 时，传输效率又是多少呢？

21. 在长度为 10km 的点对点链路中，若传播速率为 2×10^8m/s，带宽为 2Mb/s，现在要发送 100B 的分组，请问发送时延和传播时延分别是多少？如果分组大小为 1024B，结果又是多少呢？

第2篇

计算机网络

第4章 物理层

【带着问题学习】

1. 为什么要有物理层?
2. 物理层的根本任务是什么?
3. 物理层的难点有哪些?

【学习目标】

1. 理解物理层在网络通信中发挥的作用和实现的功能。
2. 理解物理特性的根本含义和作用。
3. 了解常见传输介质的传输特性。
4. 掌握物理层各类设备的用途和应用方法。

【本章关键术语】

物理层,机械特性,电气特性,功能特性,规程特性,无线传输,卫星,微波,光缆,集线器,中继器

从网络体系结构模型来看,物理层是OSI/RM参考模型中的最低层,是所有物理层以上的对等层通信的基础。需要特别强调的是,物理层是直接与传输介质打交道的一层,但不是指具体的传输介质,也不是指具体的物理设备。它是在物理介质之上为上一层(数据链路层)提供一个传输原始比特流的连接,通过相关的通信规程(协议)建立起符合数据传输的环境。它为传输数据所需要的物理链路的创建、维持、拆除,提供具有机械的、电气的、功能的和规程的特性,确保原始的数据可在各种物理介质上传输。简单地说,物理层是解决如何在各种传输介质之上可靠有效地传输数据通信中的比特0、1。

网络体系结构中单独设计物理层的主要目标是:解决如何能在连接各种设备的传输介质上传输数据比特流,并为数据链路层服务,以确保各种终端或网络设备发出的原始数据可在各种物理介质上传输,并尽可能地屏蔽掉传输介质、物理设备、通信手段等的不同,使其上层感觉不到这些差异。至于整个数据通信过程中,具体是采用什么传输介质以及底层的技术理论,这不是标准化网络体系结构所关心的。

4.1 物理层下的基础环境

物理层不是物理介质,但它是基于物理介质来实现数据的可靠传输的,因此先看看物理层之下的实际网络通信环境是什么样的。

- **物理设备的多样性**:在整个网络中,不仅存在各式各样的设备,还存在着不同厂家的、不同时代的设备在网络中相互连接的情况。
- **传输介质的多样性**:通信网络的传输介质存在巨大差异。有线(导向性)传输介质上存在不同类型、不同标准的同轴电缆、双绞线、光纤等,无线(非导向性)传输时不同频带的通信特性不同。
- **物理连接的多样化**:各种不同的网络设备或终端接入不同的传输介质,存在各式各样的连接方式。若无统一的标准要求,则会存在更多的类型。
- **通信形式的多样性**:网络中的通信连接可以是一对一的,也可以是一对多的;可以是单工通信,也可以是半双工、全双工通信;还存在时而并行传输、时而串行传

输的情况，等等。

总而言之，物理层面对的基础环境是异常复杂的，多样性强、差异性大，OSI 模型中的物理层就是要提炼出共性的内容，屏蔽掉基础环境的差异性，让 OSI 模型的协议能在各种物理介质上都能通信。物理层使上层“看不见”也无须看见基础环境中是使用什么方法来传输比特流的，而数据链路层只需使用物理层提供的比特流传输服务即可。

4.2 物理层的作用与功能

在数字通信中，要传输的信息，最终都会转换成二进制形式的 0 和 1 组成的数据流，并最终以电信号或者光信号的形式传播出去。而物理层在这里需要考虑的是怎样才能使连接在各种传输介质上的设备以电或光的信号形式携带数据(比特流)，并对这二进制的数据流“0”“1”进行正确识别。所以，物理层需要关注的重点是“信号”和“介质”。

在现有网络中，硬件设备、物理接口、传输介质的种类以及通信手段都非常多，物理层因此包括和涉及的技术和标准自然也就非常多，但总结归纳物理层的主要功能，要解决的主要问题包括：

(1) 如何尽可能地屏蔽物理设备和传输介质、通信手段的不同，使上层的数据链路层感觉不到这些差异。

(2) 如何为数据链路层提供一条能在物理的传输介质上传送和接收数据比特流的能力。

(3) 如何能在两个相邻系统之间唯一地标识出数据电路。

由此，涉及物理层的主要功能有：

(1) **透明传输**——屏蔽不同传输介质类型和通信协议的功能。

(2) **构建数据通路**——建立“完整”的数据传输通道。完整的数据传输包括激活物理连接、传送数据、终止物理连接 3 个主要阶段。其中，激活物理连接是指：不管有多少段物理介质参与，在通信的两个终端设备间都要在电气层面上连接起来，形成一条可以在上面传输数据的通路。

(3) **传输数据**——提供按顺序的比特流传送原始二进制数据。

(4) **数据编码**——因为不同传输介质所支持的数据编码类型不一样(如有归零码、非归零码、曼彻斯特码、差分曼彻斯特码等)，为确保数据在物理层上有效、可靠通过，这就涉及物理层的数据编码功能。

(5) **数据传输管理**——具有一定的数据传输管理功能，如物理线路的激活和释放、比特流的数据传输、流量控制、差错控制等。

简单地说，理解物理层的作用就是：**在两个设备节点之间提供“透明”的比特流传输，即在各种基础传输环境中产生/识别出比特流数据“信号”即可，而对所传输的数据“内涵”无任何“解读”功能。**

4.3 物理层的特性

国际标准化组织对于 OSI 关于物理层的定义是：物理层提供机械的、电气的、功能的和规程的特性，目的是启动、维护和关闭数据链路实体之间进行比特传输的物理连接。

这种连接可能会通过中继系统，如基于中继器(Repeater)或者集线器(Hub)的网络中继系统内的数据传输。

总体来说，标准化的物理层的主要任务是确定与传输介质、连接器及其接口有关的一些特性，即**机械特性**、**电气特性**、**功能特性**、**规程/过程特性**。这些特性的规定非常重要，因为只有统一标准后，各设备生产厂家才能以相同的标准来设计、生产、制作这些不同种类和类型的传输介质、连接器及其接口，并通过使用对应的通信规程(协议)实现彼此的连通。

1. 机械特性

机械特性定义物理接口、传输介质连接器的形状和尺寸、引脚(线)数目和排列，以及连接器和接口之间的固定和锁定装置等，属于物理连接的边界点，即接插装置。平时常见的各种连接插件都有严格的标准化规定。

如以太网中的 RJ-45 插头，如图 4-1(a)所示，是一种只能沿固定方向插入并自动防止脱落的塑料接头，每条双绞线两头通过安装 RJ-45 连接器与网卡和集线器(或交换机)相连，其机械尺寸如图 4-1(b)所示，规定了接头的尺寸大小、引脚的数量、位置、尺寸等。

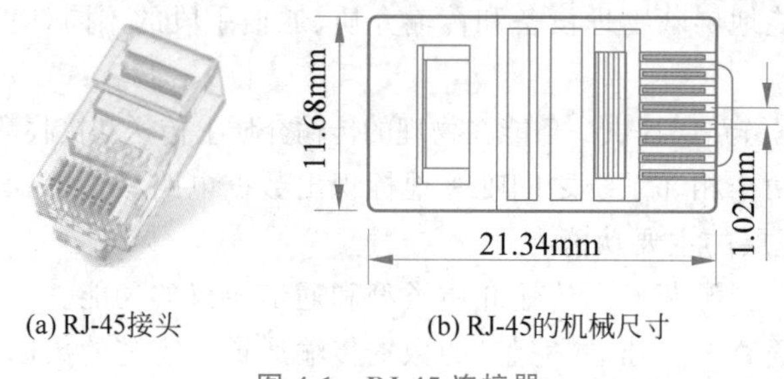

(a) RJ-45接头　　(b) RJ-45的机械尺寸

图 4-1　RJ-45 连接器

2. 电气特性

电气特性规定了在物理连接上传送二进制比特流时线路上信号电压的高低、阻抗匹配情况以及传输速率和传输距离限制等参数属性。RJ-45 的电气特性如表 4-1 所示。

表 4-1　RJ-45 的电气特性

序　号	名　称	电 气 特 性
1	标称电压 Un	5V
2	最大持续运行电压 Uc	8V
3	限制电压	15V
4	额定负载电流 IL	500mA
5	标称放电电流 In(8/20μs)	5kA
6	最大放电电流 Imax(8/20μs)	10kA
7	响应时间	≤1ns
8	最大传输速率	150Mbps
9	插入损耗	<0.5dB

3. 功能特性

功能特性是指传输介质中各条线上所出现的某一电平的含义，以及物理接口各条信号线的用途/功能，包括：接口信号线的功能规定，接口信号线的功能分类等，主要涉及数据、控制、定时以及接地这四大类的线路功能。需要了解的是，在不同标准中，它们在定义信号线的功能以及信号线名称上的规定是不尽相同的。例如，RJ-45 的 10/100Base-T 与 100Base-T4 接口的引脚含义不一样，其功能特性如表 4-2 所示。

表 4-2 RJ-45 的功能特性

	10/100Base-T 接口		100Base-T4 接口	
引脚号	名称	功能	名称	功能
1	TX＋	发送数据＋	TX_D1＋	发送数据＋
2	TX－	发送数据－	TX_D1－	发送数据－
3	RX＋	接收数据＋	RX_D2＋	接收数据＋
4	N/C	未使用	BI_D3＋	双向数据＋
5	N/C	未使用	BI_D3－	双向数据－
6	RX－	接收数据－	RX_D2－	接收数据－
7	N/C	未使用	BI_D4＋	双向数据＋
8	N/C	未使用	BI_D4－	双向数据－

4. 规程/过程特性

规程特性是指明在信号线上进行二进制比特流传输的一组操作过程，即各项用于传输的事件发生的合法顺序(或称“时序关系”)，包括各信号线的工作顺序和时序，使得比特流传输得以完成。比如，以太网的 IEEE 802.3 系列标准中包含物理层的规程特性(IEEE 802.3 标准有 126 章)。该部分的内容很多，技术也非常复杂，涉及的知识领域也很广，关联到多门学科，在此不做赘述，有兴趣的读者请查阅各标准资料。

每一种网络都有其相对应的物理层规程(标准/协议)，如常见的以太网，对应的物理层标准有 10/100Base-T、100Base-T4、100Base-F、1000BASE-CX 和 IEEE 802.3 系列标准；在无线局域网 WLAN 中，对应的物理层规程是 IEEE 802.11 系列接入规程(IEEE 802 系列包含物理层和数据链路层)；在广域网中，由 CCITT 建议的物理层中使用的规程有 V.24、V.35、V.54 等 V 系列标准，以及 X.20、X.20bis、X.21、X.21bis 等 X 系列标准；经典的 EIA RS-232，仍是常用的计算机异步通信接口标准。

4.4 传输介质

传输介质又称传输媒介，是数据传输系统中在发送器和接收器之间的物理线路。在网络中，有许多可用于实际数据传输的传输介质，而每一种都有它自己的特性，包括带宽、延迟、工作频率等。理解好传输介质的物理特性，才能设计出更适合的信号进行高质量传输。

传输介质总体上可分为以下两大类。

- 有线传输介质又可称为导向(Guided)性传输介质，是信号被固定沿着信道的一个或多个方向进行传输的介质，特指有线通信网络中所使用的传输介质，如双绞线、同轴电缆和光纤等。

- 无线传输介质又可称为非导向性(Unguided)传输介质,是信号在信道中的传输没有固定方向的传输介质,如空气中的无线电波、微波等。

4.4.1 导向性传输介质

导向性传输介质主要有3种:双绞线、同轴电缆和光纤。

1. 双绞线(Twisted Pair)

把两根互相绝缘的铜导线并排放在一起,然后用规则的方法绞合起来就构成双绞线,如图4-2所示,其中带屏蔽层的双绞线绞距越短、双绞线铜芯越粗,质量就越好,当然价格也相对较贵。"绞合"的目的是减少相邻导线间的电磁干扰和抵御部分来自外界的电磁干扰。在使用的双绞线中,可分为屏蔽双绞线(Shielded Twisted Pair,STP)和非屏蔽双绞线(Unshielded Twisted Pair,UTP)两大类。STP是以金属铝箔进行每一对线的屏蔽包裹的,以减少芯间的干扰和串音,一般可用于噪声干扰较多的地方使用;而UTP双绞线则没有这一层屏蔽用的金属箔,一般在家庭和办公室使用,如图4-3所示。

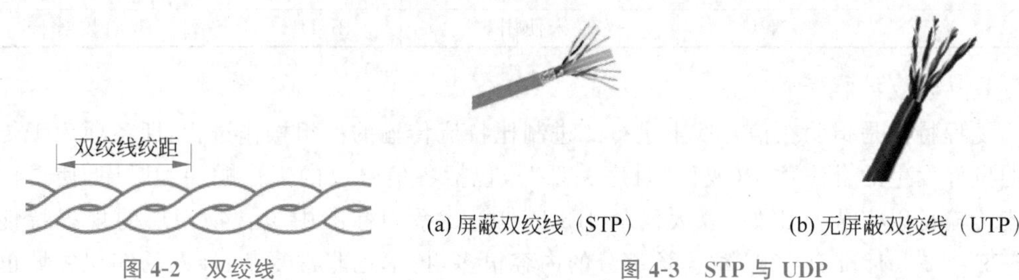

图4-2 双绞线

(a) 屏蔽双绞线(STP)　(b) 无屏蔽双绞线(UTP)

图4-3 STP与UDP

双绞线最早使用在电话交换系统中(主要是3类线或以前的版本),后来才移植发展到计算机网络中,当然对应的材质和标准都不一样。

根据EIA/TIA 568标准规定的双绞线电气性能,计算机网络所用的双绞线还有多种不同的划分,如3类线(cat3)、4类线(cat4)、5类线(cat5)、超5类线(cat5e)、6类线(cat6)、超6类线(cat6e),到现在的7类线(cat7)。类线数字越大,版本越新、技术越先进、带宽越宽,当然价格也越贵。总体而言,双绞线电缆价格便宜且性能优良,是被广泛使用的。

双绞线技术标准是在美国通信工业协会(TIA)的EIA/TIA-568A或EIA/TIA-568B中定义,具体情况如表4-3所示。

表4-3 双绞线类型

类型	标　准	说　明
1类线	ANSI/EIA/TIA-568A标准	最原始的非屏蔽双绞铜线电缆,用于电话语音通信
2类线	ANSI/EIA/TIA-568A标准和ISO 2类/A级标准	第一个可用于计算机网络数据传输的非屏蔽双绞线电缆,工作频率1MHz,传输速率最高为4Mb/s,主要用于早期的令牌总线网络
3类线	ANSI/EIA/TIA-568A标准和ISO 3类/B级标准	专用于10BaseT以太网的非屏蔽双绞线电缆,工作频率16MHz,传输速率最高为10Mb/s

续表

类型	标　　准	说　　明
4 类线	ANSI/EIA/TIA-568A 标准和 ISO 4 类/C 级标准	用于令牌环网络的非屏蔽双绞电缆，工作频率 20MHz，传输速率最高为 16Mb/s
5 类线	ANSI/EIA/TIA-568A 标准和 ISO 5 类/D 级标准	用于运行 CDDI(基于双绞铜线的 FDDI 网络)和快速以太网的非屏蔽双绞线电缆，工作频率 100MHz，传输速率最高为 100Mb/s
超 5 类线	ANSI/EIA/TIA-568B.1 标准和 ISO 5 类/D 级标准	用于运行快速以太网的非屏蔽双绞线电缆，工作频率 100MHz，传输速率最高为 100Mb/s。相比于 5 类线，超 5 类线在近端串扰、串扰总和、衰减和信噪比这 4 个指标上有较大的改进
6 类线	ANSI/EIA/TIA-568B.2 标准和 ISO 6 类/E 级标准	主要应用于快速以太网和千兆以太网中的非屏蔽双绞线电缆，工作频率 200～250MHz，传输速率最高为 1000Mb/s
超 6 类线	ANSI/EIA/TIA-568B.2 标准和 ISO 6 类/E 级标准	6 类线的改进版，主要应用于千兆网络中的一种非屏蔽双绞线电缆，工作频率 200～250MHz，传输速率最高为 1000Mb/s，在串扰、衰减和信噪比等方面有较大改善
7 类型	ISO 7 类/F 级标准	为适应万兆以太网技术的应用和发展，是一种屏蔽双绞线，工作频率可达 500MHz，传输速率最高为 10Gb/s

在北美标准中，双绞线及其他一些网络传输介质的标准通常是由美国国家标准化组织(American National Standard Institute，ANSI)、电信工业联合会(Telecommunication Industry Association，TIA)、工程技术协会(Engineering Institute Association，EIA)3 个组织制定的。在欧洲，电缆标准由 CENELEC(欧洲电子技术标准委员会)发布，该组织的成员来自欧洲 19 个国家的电子技术委员会。ISO/IEC 将采纳 CENELEC 的标准作为 ISO/IEC 的标准。

随着信号频率的升高，信号在双绞线上的衰减也会增大。为了降低信号的衰减，可以使用更粗的导线或者尽量降低相邻导线间的电磁干扰，即精心设计线对之间的绞合度(即单位长度内的绞合次数)和线对内两根导线之间的绞合度，并严格控制生产。双绞线的最大数据传输速率不仅和信号频率、导线的粗细以及双绞线绞合度有关，还与信号的振幅、数字信号的编码方式有很大关系。一般双绞线的通信距离为几米到十几千米。

2. 同轴电缆(Coaxial Cable)

同轴电缆的名字与它的结构直接有关，它的结构是一层圆筒式的外导体套在内导体(一根细芯)外面，两个导体间用绝缘材料相互隔离，外层导体和中心轴芯线的圆心在同一轴心上，所以称之为同轴电缆，如图 4-4 所示。

广泛使用的同轴电缆有两种：一种是特性阻抗为 50Ω 的同轴电缆，是基带同轴电缆，用于早期局域网数字信号的传输；另一种是特性阻抗为 75Ω 的同轴电缆，是宽带同轴电缆，用于宽带模拟信号的传输，主要作为有线电视的入户线。由于同轴电缆价格贵

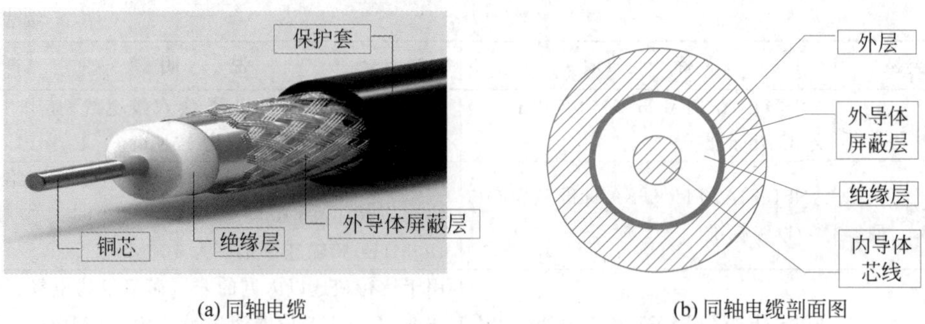

(a) 同轴电缆　　(b) 同轴电缆剖面图

图 4-4　同轴电缆及其剖面

且布线不够灵活和方便,现在大多不再采用这种电缆进行局域网的组网。

3. 光纤(Fiber)

光纤通信是利用光脉冲在光纤中的传递来进行通信的。有光脉冲相当于1,没有光脉冲相当于0。由于可见光的频率非常高,约为10^{14}Hz的量级,因此一个光纤通信系统的传输带宽远远大于目前其他各种传输介质的带宽。

光纤的完整名称为光导纤维,是用石英玻璃、塑料或晶体等对某个波长范围透明的材料制造的一种纤细、柔韧并能够传导光的纤维。光纤是光纤通信的传输介质,具有通信容量大、抗雷电和电磁干扰性能好、传输损耗小,中继距离长、适用于远距离传输,无串音干扰,保密性好以及重量轻等优点。

光纤的分类标准非常多,可以从工作波长、传输模式、折射率分布、原材料等角度来划分。

1) 按工作波长划分

按光纤工作波长来划分,可分为短波长光纤(波长典型值为850nm)和长波长光纤(波长为1310nm、1550nm)。

2) 按传输模式划分

光传输模式是指光信号照射到光纤的纤芯以及从光纤包层上反射的角度,一个角度就是一种模式。根据光纤中传输模式的多少,可分为单模光纤(Single-Mode Fiber,SMF)和多模光纤(Multi-Mode Fiber,MMF)两类,如图4-5所示。

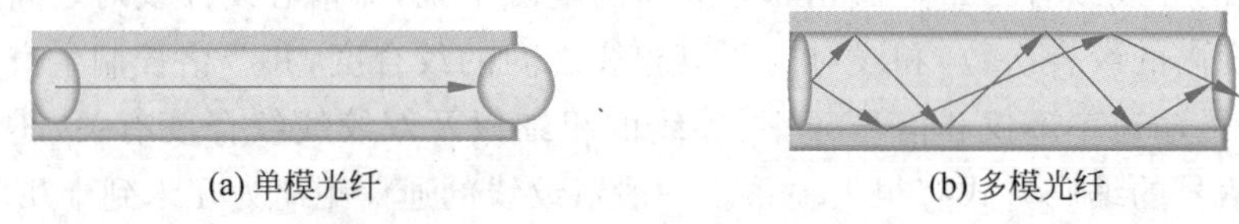

(a) 单模光纤　　(b) 多模光纤

图 4-5　单模和多模光纤的信号传输

单模光纤的纤芯直径一般很小,通常为8～10μm,光缆外径为125μm,这样光纤才只允许与光纤轴方向一致的光线通过,即只允许一个模式的光通过。单模光纤通常携带一个波长(通常是1.31μm或1.55μm)的光信号。由于单模光纤完全避免了反射,所以光信号损耗很小,适合于长距离的光通信。

多模光纤是一根光纤上同时传输几种入射角模式光信号的光纤。多模光纤的纤芯直径较粗,通常为50μm或62.5μm,光缆外径为125μm。由于存在光不断的反射,光信号在传输过程中会有损耗，所以多模光纤适合于短距离传输。

3）按光纤芯折射率分布划分

- 阶跃型光纤（Step Index Fiber，SIF），又称突变型光纤。
- 渐变型光纤（Graded Index Fiber，GIF），又称梯度光纤。

4）按光纤的组成材料分

按光纤的组成材料可分为石英光纤（主要材料为 SiO_2）、多组分玻璃光纤、硅酸盐光纤、氟化物光纤、塑料包层玻璃光纤、全塑光纤、液芯光纤、测光光纤、尾光光纤、工业光纤等。光通信中主要用石英光纤。

在光纤通信中常用的 3 个波段的中心分别位于 850nm、1300nm 和 1550nm。3 个波段都具有 25 000～30 000GHz 的带宽，根据香农定理可知，光纤通信容量非常大。但其中 850nm 波段的衰减较大，1300nm 和 1550nm 衰减较小。大多数本地应用采用 850nm 的发光二极管作为光源，但其数据传输速率通常被限制在 100Mb/s 以下，传输距离只有几千米。要达到更高的数据率和更远的距离，可使用 1300nm 的发光二极管和激光器作为光源。若使用 1550nm 的激光器可达到最高的数据率和最长的传输距离。

光缆是指含有光纤并符合现场实际使用要求的光、机械和环境规范的线缆，由光纤、加强件和外护层等组成。由于光纤非常细，因此在实际应用中，必须将光纤做成非常结实的光缆。光缆按所包含的光纤数量可分为单芯、双芯、多芯几种，如图 4-6 所示。一根光缆可以只包含一根光纤，也可以包含数十乃至数百根光纤，再加上加强芯和填充物，可以大大提高光缆的机械强度，有的光缆还包含远供电源线，加上强化层（强化材料）和外护套，就可使光缆的抗拉强度达到工程施工的强度要求。

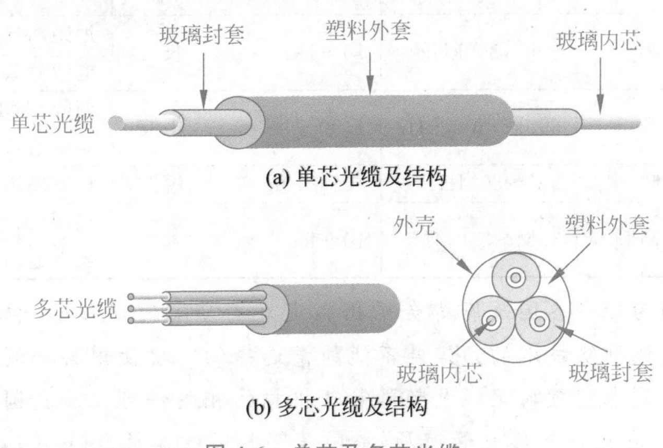

图 4-6 单芯及多芯光缆

在实际应用中，为了保障更好的通信质量，对于现代通信的有线传输介质的选择，较多地采用 6 类线及以上标准的双绞线或者光纤铺设方式。

4.4.2 非导向性传输介质

"非导向性传输介质"是指用于无线传输的各种电磁波，在通信中主要应用于短波无线电传输、地面微波接力通信、地球卫星通信、无线局域网等。利用无线电波在自由空间的传播，可以快速、方便和灵活地实现多种无线通信。无线通信可以使用的频段很广，只有非常低的波段（30kHz 以下）和非常高的紫外线、X 射线以及 γ 射线波段不能用于通信，因为这些波段难以产生和调制、穿透障碍物能力弱并且对生物有害。

电磁波所能表示的信息量与它的频率相关，而频率和功率的不同会影响数据的速率、最大通信距离，以及其他特征（如信号是否能穿透固态物体等）。电磁波的频段范围如图 4-7 所示，各频段的应用如表 4-4 所示。注意，每个频率都有自己的特征，如波的传播方式、功率要求以及对噪声的敏感性等。

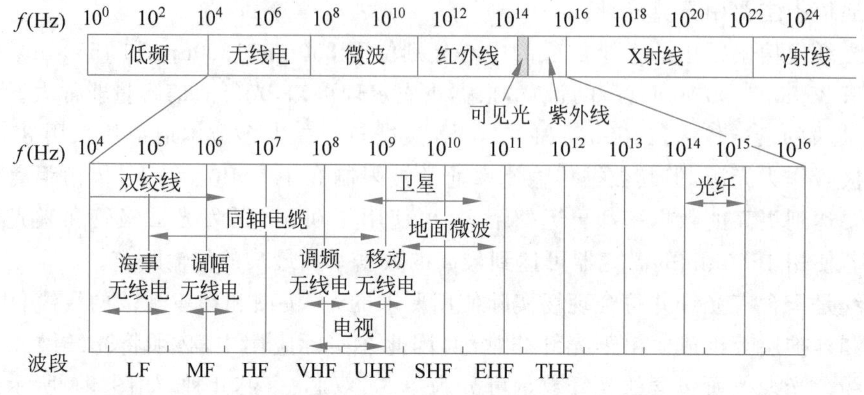

图 4-7　电磁波的主要频段范围

表 4-4　无线电主要频段及其应用

频　段	分　类	频率范围	波　长		应　用
LF	低频	30k～300kHz	10～1km	长波	远距离导航；海上通信无线电信号
MF	中频	300k～3000kHz	1000～100m	中波	调幅(AM)广播、全向信标、海事及航空通信
HF	高频	3M～30MHz	100～10m	短波	短波民用电台
VHF	甚高频	30M～300MHz	10～1m	米波	调频(FM)广播，电视广播、航空通信

特别说明：因为世界各国政府都会根据特定目的分配使用频率，管制了无线频谱的使用，所以对于无线网络技术的频谱是不能随意选择的。要使用某一波段的无线电进行通信，通常必须得到本国政府无线电频谱管理机构的相关许可证。我国的无线电频谱管理机构是工业和信息化部无线电管理局，美国是联邦通信委员会（Federal Communications Commission，FCC）。也有一些无线电频率是可以自由使用的，如 ISM 频带。ISM 是 Industrial（工业）、Scientific（科学）、Medical（医药）的英文缩写词，但各国的 ISM 频段标准可能略有不同。

1. 无线电传输

无线电波（LF、MF、HF 和 VHF 频段）容易产生，并且传播距离很远，因此被广泛应用。低频段的信号是沿着地球表面传播的，会被不平坦的地形阻碍，这意味着如果地表相对平坦,那么接收器可以放置在距离传输器超过视野范围的地方;中频段的信号可以在电离层和地面之间不断反射从而在两者之间传播,所以发送器和接收器可以分开放置得更远,由于电离层的不稳定,使得该信道的通信质量较差,容易产生多径效应;高频段的无线电信号在发送器和接收器之间沿直线传播,并且两者之间的路径必须无阻碍。最典型的短波无线传输应用就是无线局域网和手机连接基站的通信。

2. 地面微波接力通信

地面微波接力通信是在两个地面站之间进行数据传送,距离一般为 50～100km,如图 4-8 所示,可传输电话、电报、图像、数据等信息,这种方式在数据通信中占有重要地位。微波的频率范围是 300MHz～300GHz(波长为 1m～1mm),目前主要使用 2～40GHz 的频率范围,在空中主要是直线传播,可经电离层反射到很远的地方。由于微波在空中是直线传播,而地球表面是曲面,因此传输距离受到限制,所以可采用地面微波接力通信和卫星通信。

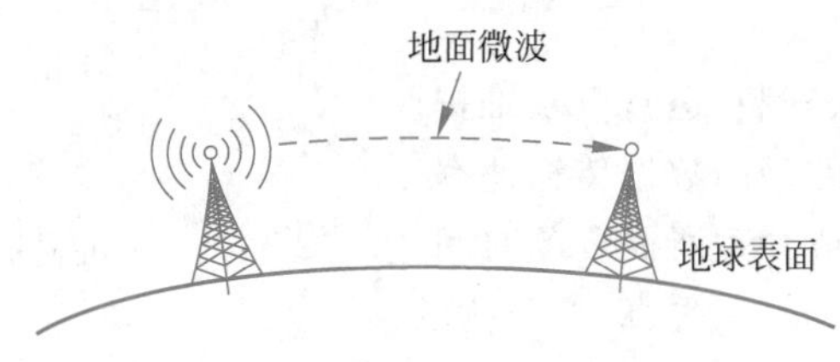

图 4-8　地面微波接力通信

3. 卫星通信

卫星通信就是借助于地球卫星进行的数据通信,它的特点是:频带宽、通信容量大、通信距离远;且通信费用与通信距离无关;具有较大的传播时延;安全保密性较差,造价高。卫星通信目前主要用于长途电话、电视转播以及导航等,未来将成为空天地一体互联网的主要通信方式。根据与地球的距离不同,卫星通信大致可以分为 3 种类型,即低地球轨道(LEO)、中地球轨道(MEO)和地球静止轨道(GEO)。

- 低地球轨道(LEO):其特点是从地球的观察视角,卫星在天空不断移动;优点是时延低。目前,大容量、高功率的低地球轨道宽带人造卫星已经开始在空间部署,并构成了空间高速链路。由于低地球轨道卫星离地球近,因此可将地面用户通信设备做得很小,可以手持通信。
- 中地球轨道(MEO):其特点是轨道是椭圆形,主要用于提供南北两极的通信。
- 地球静止轨道(GEO):也就是同步地球卫星,其特点是相对于地球表面某一位置,卫星保持在固定方位;缺点是距离遥远。从一个地球站经同步地球卫星到达另一个地球站的传播时延为 250～300ms。

由于通信卫星本身和发射卫星的火箭造价都较高。受电源和元器件寿命的限制,同步卫星的使用寿命一般为 10～15 年,而卫星地球站的技术较复杂,价格贵,这就使得卫星通信的费用较高。

4. 红外线

利用红外线通信的应用,生活中随处可见,如各种家电的红外遥控器;有些便携式笔记本电脑也具备红外接口,可利用红外接口实现短距离的红外通信;一些智能手机也带有外红接口,可方便地对电视、空调等家用电器进行红外遥控。

红外通信属于点对点无线传输、传输距离短,传输速率低,并且中间不能有障碍物,最适合于室内环境。

5. 可见光通信

可见光通信是利用可见光来实现无线通信,主要依靠发光二极管发出的、肉眼看不见的、高速敏感闪烁信号来传输信息,是能够同时实现照明与通信的功能,具有传输速率高、保密性强、无电磁干扰以及无需频谱认证等优点。可见光通信也是理想的室内高速无线接入的方案之一。

4.4.3 传输介质的权衡选择

在实际应用中,传输介质的选择并不简单,要基于多种因素进行评估,选择介质时可从以下方面综合考虑。

- **费用**:包括材料、安装、运营以及维护。
- **数据速率**:需要的最高数据传输速率。
- **时延**:信号传播或处理所需要的时间。
- **对信号的影响**:衰减和失真,抗干扰的强弱。
- **环境**:对干扰和电气噪声的敏感性。
- **安全**:对窃听的敏感性。

视频

4.5 物理层的典型设备

根据物理层在网络体系结构中发挥的作用和功能,物理层不负责对传送的数据信息进行分析和解析,根本任务是比特级的数据如何基于传输介质的物理性质进行透明传输。属于物理层的典型组网设备有中继器、集线器两种。

4.5.1 中继器

中继器(Repeater)又称为转发器,是最简单的网络互连设备,主要功能是将信号整形、放大再转发出去,以消除信号经过长距离传输后,因噪声或其他原因而造成的失真和衰减,使转发后的信号波形和强度达到所需要的标准,用来扩大网络传输的距离。其原理是信号再生,而不是简单地将衰减的信号放大。

一般情况下,中继器两端连接的是相同的介质,它仅作用于信号的电气部分,而不管数据中是否有错误,但有的中继器也可以完成不同介质之间的转接工作。

由于中继器工作在物理层,没有存储转发功能,所以它不能连接两个具有不同速率的网络,中继器两端的物理网段要求协议完全相同。

从理论上讲,中继器的使用数目是无限的,即网络可以无限延长。但事实上这是不可能的,因为网络标准必须对信号的延迟范围作出规定,中继器只能在此规定范围内进行有效的工作,否则会引起网络故障,例如,在采用粗同轴电缆的 10Base 5 中就有"5-4-3

规则”,是指一个网段最多只能分5个子网段、一个网段最多只能有4个中继器、一个网段最多只能有3个子网段含有PC。

需要注意的是,放大器和中继器都是起放大作用,只不过放大器放大的是模拟信号,原理是将衰减的信号放大,中继器不是简单地对信号放大,而是将衰减的信号接收下来经整形再生后重新发出去。

4.5.2 集线器

集线器(Hub)实质上也是一个多端口的中继器,工作在物理层。集线器工作时,当一个端口接收到数据信号后,集线器便将该信号进行整形放大,使之再生(恢复)到发送时的状态,再转发到其他所有(除输入端口以外)端口上。如果同时有两个或多个端口输入,则输入时会发生冲突,致使这些数据都成为无效数据,所以由集线器构建的网络,属于同一个“冲突/碰撞域”的范畴。集线器工作原理如图4-9所示。

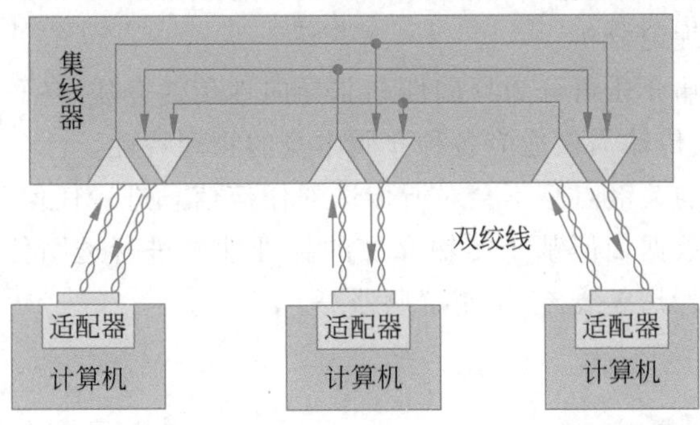

图4-9 集线器工作原理示意图

从集线器的工作方式可以看出,它在网络中只起到信号放大和转发的作用,其目的是扩大网络的传输范围,而不具有信号的定向传送能力,是一个标准的共享式硬件设备。由集线器组成的网络是共享式网络,在物理拓扑结构上是星状网络,但在逻辑结构上仍然是一个总线型网,集线器的所有端口都属于同一个冲突域中。集线器在一个时钟周期中只能传输一组信息,如果集线器连接的站点数目较多,并且多个站点经常需要同时通信,这将导致信息的碰撞增加,使得集线器的工作效率很低。如果网络中有多个集线器级联使用,则会增大数据“冲突/碰撞”的范围,反而使通信效率更低。同时,集线器只能够在半双工方式下工作,网络的吞吐率因而受到限制。目前,由于交换机的价格已经较低,因此现在很少使用集线器,基本都被交换机取代了。而交换机属于数据链路层的设备,将在第5章讲解。

【本章实验】

视频

1. 运行网络仿真软件(Packet Tracer或者华为eNSP),选用网络仿真软件中的个人计算机,打开网络仿真软件自带的串口配置程序。线缆选用串口线(配置console线缆),连接网络设备(如交换机、路由器)的配置接口与计算机串口,进行设备的命令行配置操作，并观察计算机使用配置设备的串口具体是什么端口名称。

2. 在网络仿真软件中将两台计算机直接用线缆连接起来，观察此时采用的线缆类型。进行合适设备的选择，并在连接时使用“直通线”进行连接。思考一下，现在的网络设备在进行相互连接时，使用上还区分上述涉及的两种线缆吗？

3. 选用网络仿真软件中的网络设备（如集线器、中继器）进行基于物理层的网络扩展，并观察集线器的数据传递特点。

【本章小结】

物理层完成了数据比特流的“透明”传送，并对它的上层数据链路层屏蔽了物理层及其以下物理环境的差异性。由于物理层的功能和作用是承接了存在较大物理差异性的具体网络环境与抽象的网络体系结构最底层的标准，所以涉及较多的数据通信知识。从组建和应用网络的角度，面对物理层，只是要求合理有效地应用相关接口和介质，而不需要做过多的低层技术理论分析。

数据通信中的传输介质可分为导向性和非导向性传输介质，各种介质有各自的物理特性，所以信号的有效传输需要适应各种介质本身的物理特性。

对于物理层设备的关键点是不会对所传送的任何信息进行任何分析和解析，它们的根本任务是比特级的数据如何基于传输介质的物理性质进行透明传输。物理层的典型设备包括中继器/放大器、集线器、调制解调器等。

【知识对接】

1. 上网查 USB 的接口类型和引脚分配，对比 Type-C 接口的引脚分配，观察其机械特性和电气特性。

2. 查阅 RJ-45 接口的引脚分配和线序，理解直连和交叉连接网线的线序连接关系。

【扩展阅读】

1. 串口 RS-232 接口定义：https://www.key-iot.com/news/1741.html
2. RS-232 接口：https://baike.baidu.com/item/RS-232/2022036
3. 详解 RS-232、RS-485、RS-422 串口协议：https://blog.51cto.com/u_15118170/6081661
4. 物理层：https://baike.baidu.com/item/物理层
5. 物理层基础：https://blog.csdn.net/weirdo_cy/article/details/106118441
6. OSI 模型的物理层：https://blog.csdn.net/qui910/article/details/124069064

【思考题】

1. 什么是差分信号？描述 3 种物理层接口电气特性下的传输特点。
2. 传输码型的选择原则是什么？
3. 数据通信系统的模型中还可以增加哪些功能模块？如何增加？

4. 如果你正在为新房子的计算机网络布线,你会选择哪一种线?为什么?

5. 在运动的车辆中可以使用激光通信吗?请分析说明。

6. 造成数字信号传输失真的因素会有哪些?

【习题】

1. 物理层的主要作用是什么?其特点是什么?

2. 怎么理解“物理层不是指传输介质”?

3. 物理层接口有哪几方面特性?分别是什么含义?

4. 结合 RS-232 接口标准,理解物理层接口的特性。

5. 传输介质可以分为哪两类?区别是什么?各类中常用的传输介质有哪些?举例说明在工程任务中,怎么选择不同的传输介质?

6. 物理层典型的设备有哪些?

第5章 数据链路层

【带着问题学习】

1. 为什么要有数据链路层?
2. 数据链路层的根本任务是什么?
3. 数据链路层主要完成哪些功能?

【学习目标】

1. 理解设计数据链路层的主要目的以及在网络通信中发挥的作用和功能。
2. 掌握点对点信道中的数据链路层协议。
3. 掌握广播共享信道中的有效接入方法。
4. 理解现行主流以太网帧格式以及构建局域网的设备和二层交换工作原理。
5. 掌握局域网中交换机的 VLAN 技术应用及其原理。

【本章关键术语】

逻辑链路控制子层,介质访问控制子层,冲突域,广播域,CSMA/CD,CSMA/CA,VLAN(虚拟局域网),帧定界,差错控制,可靠传输,MAC 帧,MAC 地址,以太网,网桥,交换机,PPP 协议

数据链路层属于网络体系结构的第二层,是在物理层的基础上,以"帧"为对象,完成相邻节点之间的数据传输。要完成此任务,除了一条必需的物理线路外,还必须有一些规程或者协议来控制这些数据的传输,以保证传输数据的正确性,为实现这些规程或协议的硬件和软件再加上物理线路就构成了"数据链路层"(Data Link Layer,DLL)。

有时常把"数据链路层"简称为"链路层",严格说这是不对的,因为"链路"和"数据链路"不是同一个概念。"链路"是指相邻节点之间的物理线路,"数据链路"是在数据链路层上构建的逻辑链路,二者是不同的概念。当然,它们又是有联系的,逻辑链路必须建立在物理链路之上,物理链路是通信的基础。物理链路是在物理层设备(如传输介质、物理接口等)和相应的物理层通信规程作用下形成的物理线路,是固定的,不可删除的(除非物理拆除)。逻辑链路则是通信双方在需要进行通信时,在数据链路层设备和相应的通信协议作用下建立的逻辑链路。

在多段物理链路组成的网络中,由多条物理链路和多个节点设备组成,其数据链路也是分段的,如图 5-1(a)所示。虽然实际通信路径在各个节点上经过了物理层,但单从数据链路层来看,这些连接起来的数据链路段屏蔽了物理连接上的差异,构成整个数据通信的数据链路。讨论数据链路层时,只讨论水平方向的数据流动,如图 5-1(b)所示。这也是第 3 章讨论的对等层通信。

5.1 数据链路层的作用与功能

设计数据链路层的主要目的就是在原始的、有差错的物理传输线路基础上,采取差错检测与控制以及流量控制等方法,**将有差错的物理线路改进成逻辑上无差错的数据链路,以便向它的上层(网络层)提供高质量的服务**。

在"物理层"中构建了数据传输通道,那为什么还要加一个"数据链路层"的功能呢?

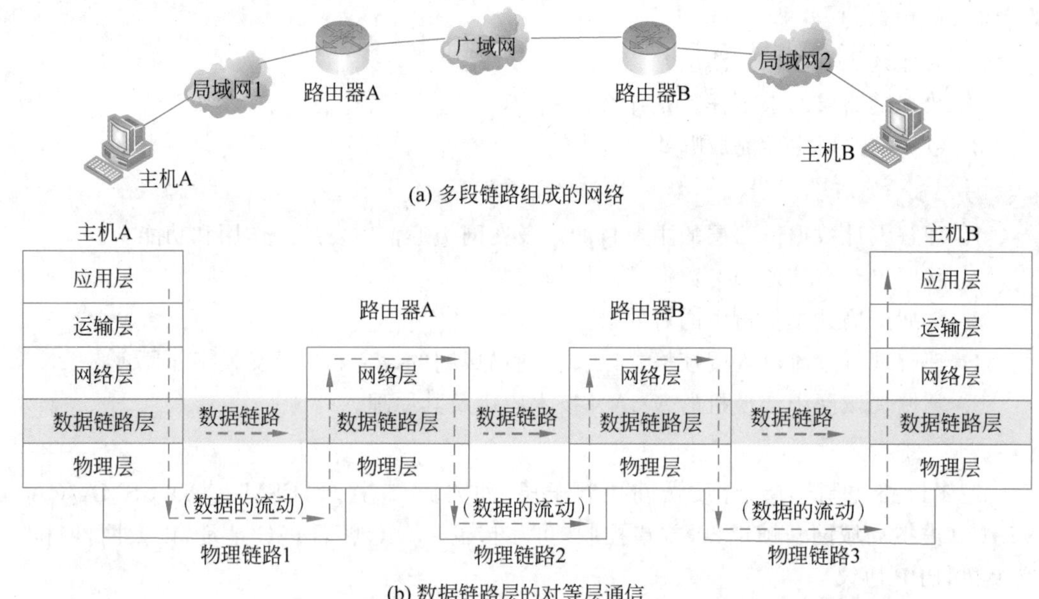

图 5-1 从数据的流动看物理链路与数据链路

主要基于以下 3 方面的原因：

(1) 物理传输介质的多样性，导致物理层的通信规程也各不相同，通过数据链路层可以屏蔽物理层的差异性，从逻辑意义上构建一条性能稳定、不受传输介质类型影响、不受物理层通信规程影响的逻辑数据传输通道。

(2) 在物理层中的传输对象是一个一个的比特，数据链路层的传输对象是“帧”。数据链路层的发送方，将多个具有帧结构的数据送入物理层，形成物理层的连续比特流；在数据链路层的接收方，则需要从连续比特流中找出属于自己帧的数据。

(3) 物理层通过其通信规程考虑了数据传输的可靠性，但是从比特流的角度考虑，不能保证“帧”级的可靠，特别是在物理介质环境比较差的网络中，如无线通信、早期的电缆等环境。因此还需要在数据链路层考虑“帧”级的可靠传输甚至流量控制等。从“帧”级保证相邻节点之间的可靠传输，为上层(网络层)提供可靠的底层通信基础。

需要注意的是，在不同的网络体系结构中，数据链路层的结构和所包括的功能并不完全一样。在所有计算机网络体系结构中都直接或间接地包含了数据链路层。在 OSI/RM 体系结构和 TCP/IP 五层模型中，有明确的数据链路层；在 TCP/IP 四层模型中，数据链路层的功能包含在网络接口层中(实际是把物理层和数据链路层合并成为网络接口层)；在局域网体系结构中，数据链路层又分为两个子层：逻辑链路控制(Logical Link Control，LLC)子层和介质访问控制(Medium Access Control，MAC)子层，如图 5-2(a)所示；在 5G 空口协议栈的控制面，数据链路层分为 MAC 子层、无线链路控制(Radio Link Control，RLC)子层、分组数据汇聚协议(Packet Data Convergence Protocol，PDCP)子层，用户面协议栈中还增加了服务数据适配协议(Service Data Adaptation Protocol，SDAP)子层，如图 5-2(b)所示。

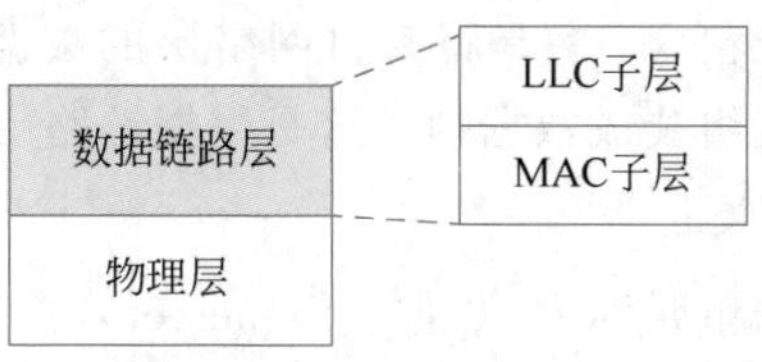

(a) 以太网数据链路层的两个子层

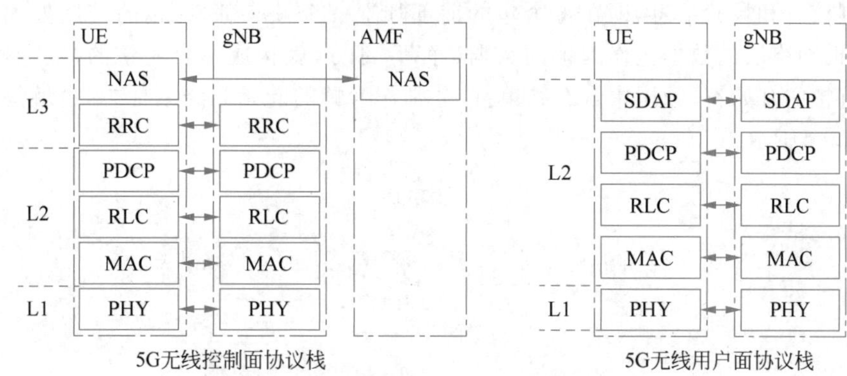

(b) 5G空口协议栈分层结构

图 5-2 不同系统中的数据链路层结构

数据链路层位于“网络层”之下，所以设计它的理想功能是向它的上层（网络层）提供透明、可靠的数据传输服务。其中，“透明”是指要使在数据链路层中所传输的数据在内容、格式及编码上都没有限制，也就是即便使用一些特殊用途的控制字符也能像正常的数据一样发送；“可靠的”传输是指使数据从发送方无差错地通过数据链路传输到目的接收方。

5.1.1 帧定界和透明传输

数据链路层位于网络层和物理层之间。在发送方，数据链路层是接收来自网络层的数据分组；在接收方，数据链路层是接收来自物理层的比特流。数据链路层的对等实体之间在水平方向进行逻辑通信的协议数据单元（PDU），称为“帧”（Frame），如图 5-3 所

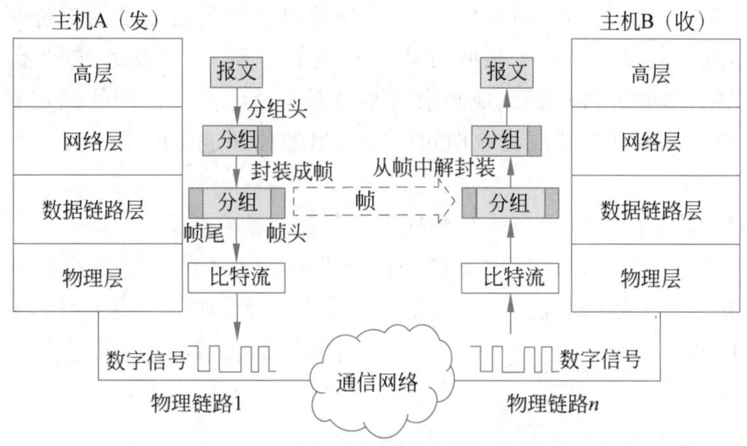

图 5-3 帧是数据链路层对等实体间的协议数据单元

示。数据链路层的成帧功能包含：一是将来自网络层的数据分组封装成数据帧，二是将来自物理层的一个个比特流组装成数据帧。这是数据链路层最基础的功能之一。

1．发送方数据帧的封装

网络层传输的协议数据单元称为“数据包”(packet)，数据链路层中传输的协议数据单元是“帧”。当网络层的数据包通过层间原语送到数据链路层后，需加上数据链路层的协议控制信息和校验信息，即在每个包的前部加上一个帧头部，在包的结尾处加上一个帧尾部，把网络层的数据包作为帧的数据(净荷)部分，就构成一个完整的“数据帧”。帧头中含有帧的开始符，帧尾中含有结束符，分别作为帧的起始和结束标志，也就是帧的边界，如图 5-4 所示。

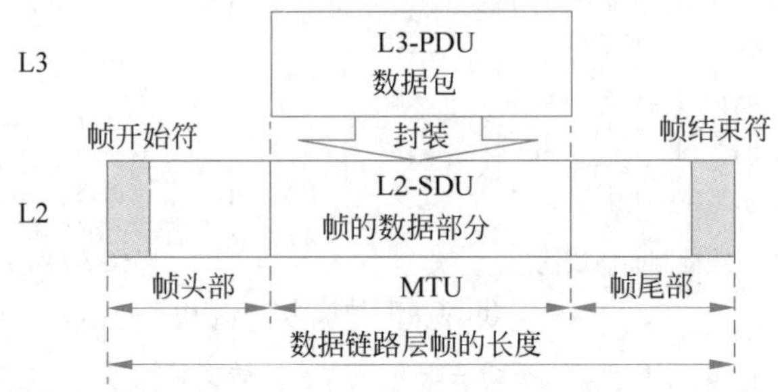

图 5-4　网络层数据封装成帧

由数据包封装成的数据帧，其大小是受限制的，即它的大小是受对应的数据链路层协议的最大传输单元(Maximum Transmission Unit，MTU)限制，而 MTU 是受物理层相关参数限制的，如以太网数据链路层的 MTU 是 1500B(不包含数据链路层的帧头和帧尾)，也就是网络层的 PDU(含网络层的协议头)最大不能超过 1500B。

2．接收方数据帧的组装

发送方的数据帧封装是以网络层的数据包为单位，添加数据链路层的头尾即可，比较好理解。而接收方从物理层来的数据是连续的比特流，如何从连续的比特流中找出数据帧的边界呢？(先思考，看看自己能否设计一些方法，再看书中的介绍。)

接收方数据帧的组装称为**帧定界**，目的是让接收方能从接收到的二进制比特流中区分出帧的起始点和结束点。为了接收方能判别帧的边界，需要发送方配合，先在发送方设计好定界规则，接收方再根据该规则来判断。下面讨论几种常用的帧定界方法的基本原理，后面讨论具体数据链路层协议时再结合这里的原理进行应用分析。

1) 字节计数法

以一个专门的字段来标识当前数据帧内字节数的帧定界方法。

这种方法使用一个字段来标明本帧内的字节数。当接收方的数据链路层读到字节计数值时，就知道了本帧的长度，由此确定帧结束的位置，如图 5-5 所示。该方法中，“帧长度计数”字段非常重要，一旦它出错，后面所有的帧都会错乱。更严重的是，一旦错乱，无法恢复。

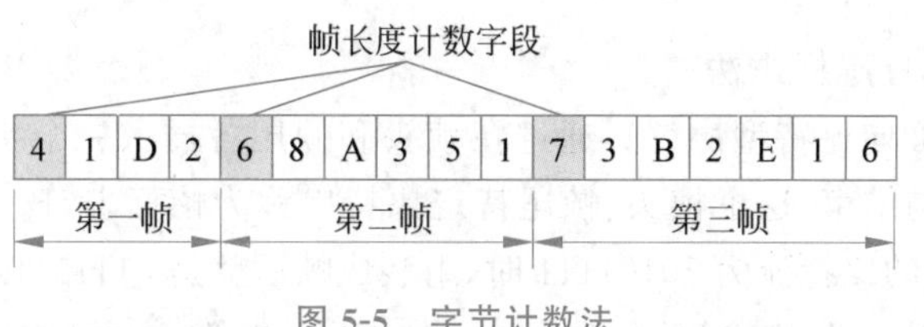

图 5-5 字节计数法

2）字符填充的首尾定界符法

这种方法是针对面向字符型的协议的，用一些特定的字符来界定一帧的开始和结束。如 DEC 公司的 DDCMP 协议选 ASCII 表中的“SOH”（注意，不是 SOH 三个字母，是 ASCII 码表中的二进制编码为 00000001 的控制字符）作为帧的开始标志，用“EOT”作为帧的结尾标志，如图 5-6 所示。IBM 公司的 BSC 协议选“SYN”作为帧的开始标志，用“ETX”作为帧的结尾标志。

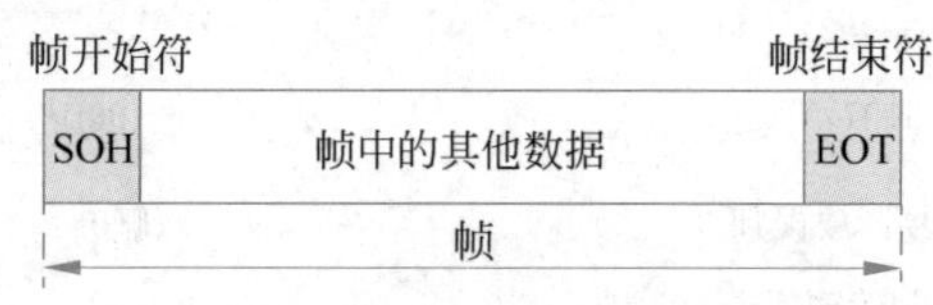

图 5-6 字符填充的首尾定界符法

此时，又出现一个新问题：如果帧中的数据部分含有与帧头和帧尾标志（“SOH”和“EOT”）相同的特定字符，则会被误判为帧的首尾定界符。该如何解决？

这个问题称为帧的**透明传输**问题，就是即使帧数据有帧头和帧尾标志相同的字符（这时它是用户的数据），也要能够正常地在帧中传输。

解决的方法是：当数据中出现“SOH”或“EOT”这类标志字符时，则发送时在其前面插入一个转义字符“ESC”（二进制编码 00011011），在接收方的数据链路层接收时先删除这个转义字符然后再把数据送往网络层。这种方法称为字节填充（byte stuffing）或字符填充（character stuffing）。

此时又出现新的问题：如果转义字符“ESC”也出现在数据当中呢？用同样的办法来解决，就是在转义字符的前面再插入一个转义字符。这样，当接收方收到连续的两个转义字符时，删除前面一个即可，如图 5-7 所示。

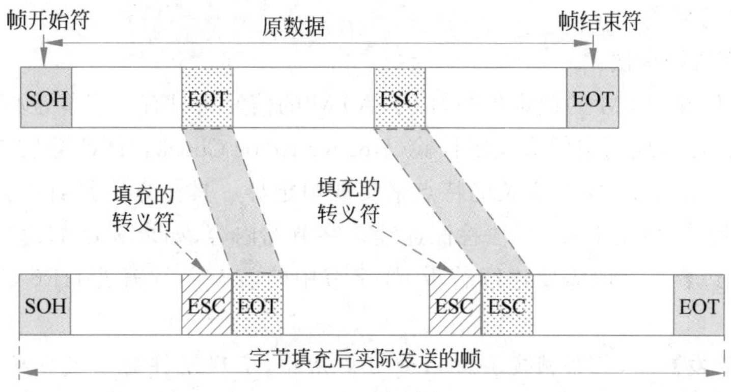

图 5-7 用转义符实现透明传输

3）比特填充的首尾标志法

这种方法针对面向比特型协议。通过在帧头和帧尾各插入一个特定的比特串来标识一个数据帧的起始与结束，这个帧头、帧尾特定比特串称为帧标志符。一般用 01111110 来作帧标志符，当传输的比特流为 10101111 时，组装成帧后就是 011111101010111101111110。

它也同样要解决透明传输问题，观察 01111110 标志符，它的特征是有连续 6 个“1”，因此它采用零比特填充的方法，也称插零删零法：若数据中出现任何连续 5 个“1”，发送方在其后插入一个“0”，在接收方，数据链路层收到物理层送来的比特流后进行逆操作，每收到连续 5 个“1”的比特位则删除其后所插入的“0”比特，由此恢复原始数据。例如，传输的数据比特流为 1000111111010101，下画线部分与标志符相同，发送方组装成帧后并插入“0”后变成 0111111010001111101010101111110，再发送出去，如图 5-8 所示。

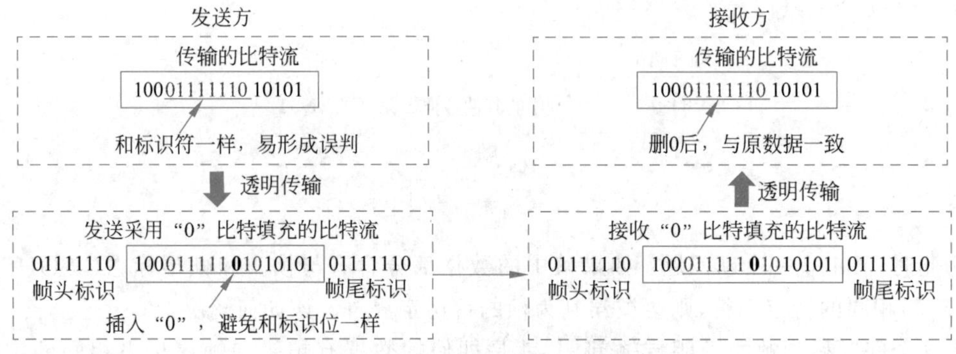

图 5-8　比特填充的方法举例

比特填充的帧定界方式很容易由硬件来实现，并且性能优于字符填充方式。其典型代表是 ISO 的 HDLC 协议，其标志符为 01111110。

4）物理层编码违例法

该方法是在物理层采用特定的比特编码方法时采用。例如曼彻斯特编码方法将数据“1”编码成“高-低”电平对，将数据“0”编码成“低-高”电平对，那么“高-高”电平对和“低-低”电平对在数据比特中是违例的，因此可以借用这些违例编码序列来界定帧的起始与终止。这种方法不需要任何填充技术，便能实现数据的透明性。但它的代价是曼彻斯特编码需要两倍的带宽。

5）校验字段搜索法

该方法应用在 ATM 的帧定界中，由于 ATM 的信元头只有 5 字节，没有空间做帧定界的标志字段，巧妙地利用信头差错校验（Header Error Check，HEC）字段与其他 4 字节的关系和 ATM 信元 53 字节定长的特点来实现帧定界。具体方法是对收到的比特流进行逐位 HEC 检验，使用 HEC 算法检测连续 5 字节的内容，如果满足 HEC 规定的算法，则确定为信元边界。一般需要连续若干 53 字节中的前 5 字节满足 HEC 算法才认为找到信元边界。

♥**【技术思想启发】** 从几种帧定界方法中可以看出，实现同样的帧定界功能，具体的实现技术多种多样，可见技术的灵活性。同时，这几种方法都是结合帧自身的特点，因地制

宜地利用其特征来找到具体方法的，充分体现了具体问题具体分析的威力。

5.1.2 差错检测

差错检测是各层通信协议的重要内容，也是做差错校正的基础。差错检测的基本思路是：按某种约定的算法对数据进行计算，将计算结果作为校验字段附加在数据帧中，一同传输到接收方，接收方根据同样的算法进行计算，如果与收到的校验字段一致，则判定数据正确；反之则判定数据有错误。常用的差错检测方法有奇偶校验码（Parity Check Code，PCC）、累加和校验（CheckSum）、循环冗余校验（Cyclic Redundancy Check，CRC）等。

奇偶校验码是奇校验码和偶校验码的统称，是最基本的检错码。它是由 $n-1$ 位信息元和 1 位校验元组成，可以表示为$(n,n-1)$。如果是奇校验码，则在附加上一个校验元以后，码长为 n 的码字中"1"的个数为奇数个；如果是偶校验码，则在附加上一个校验元以后，码长为 n 的码字中"1"的个数为偶数个。具体采用何种校验由双方事先约定好。

累加和校验是 IP、UDP、TCP 中使用的校验和算法，原理是将要校验的全部数据按 16 位作为一个分组（不足 16 位的在前面补零），然后将所有 16 位的二进制数据相加。如果遇到进位则进位，将高于第 16 位的进位值加到最低位上，最后将按位取反，得到校验和。

循环冗余校验是通信、计算机、嵌入式系统中广泛应用的一种校验码，具有很好的检错能力。其基本思想是双方先选定一个"生成多项式"作为 CRC 计算的除数，将要发送的数据与生成多项式进行"模 2 除法"运算，所得到的余数就是该帧的 CRC 校验码，也称为 FCS（帧校验序列）。需要注意的是，余数的位数比除数位数只能少一位，哪怕余数前面位是 0，甚至是全为 0（即刚好整除时）都不能省略。带有 FCS 的数据帧到达接收方后，把接收到的数据帧与生成多项式进行"模 2 除法"运算，如果刚好整除，则认为该帧在传输过程中没出错；否则认为在传输中出现了差错。发送方和接收方的操作如图 5-9 所示。

特别说明：模 2 除法与算术除法类似，它既不向上位借位，也不比较除数和被除数的相同位数值的大小，只以相同位数进行相除，相当于二进制中的逻辑异或运算。也就是对应位作比较，对应位相同则结果为 0，不同则结果为 1。

下面以一个例子来说明整个过程。现假设收发双方约定好的生成多项式为 $G(X)=X^4+X^2+1$，求出待发送数据 10111010 的 CRC 校验码。

(1) 首先把生成多项式转换成二进制的比特串。由 $G(X)=X^4+X^2+1$ 可知，它一共是 5 位，根据生成多项式的含义，即只列出二进制值为 1 的位，也就是第 4 位、第 2 位和第 0 位的二进制均为 1，其他位为 0，该生成多项式的二进制比特串即为 10101。

(2) 因为生成多项式的最高次是 4，所以需要在待发送的数据后面先添加 4 个 0，作为发送方模 2 除法的"被除数"，生成多项式的二进制比特串作为"除数"，两者进行模 2 除法，如图 5-10 所示。

(3) 将计算出"余数"作为 CRC 校验码附加在待发送数据 10111010 后面，得到新的帧 10111010$\underline{1110}$（若余数位数不够 4 位，需要在余数前用 0 补充），把这个帧发送到接收方。

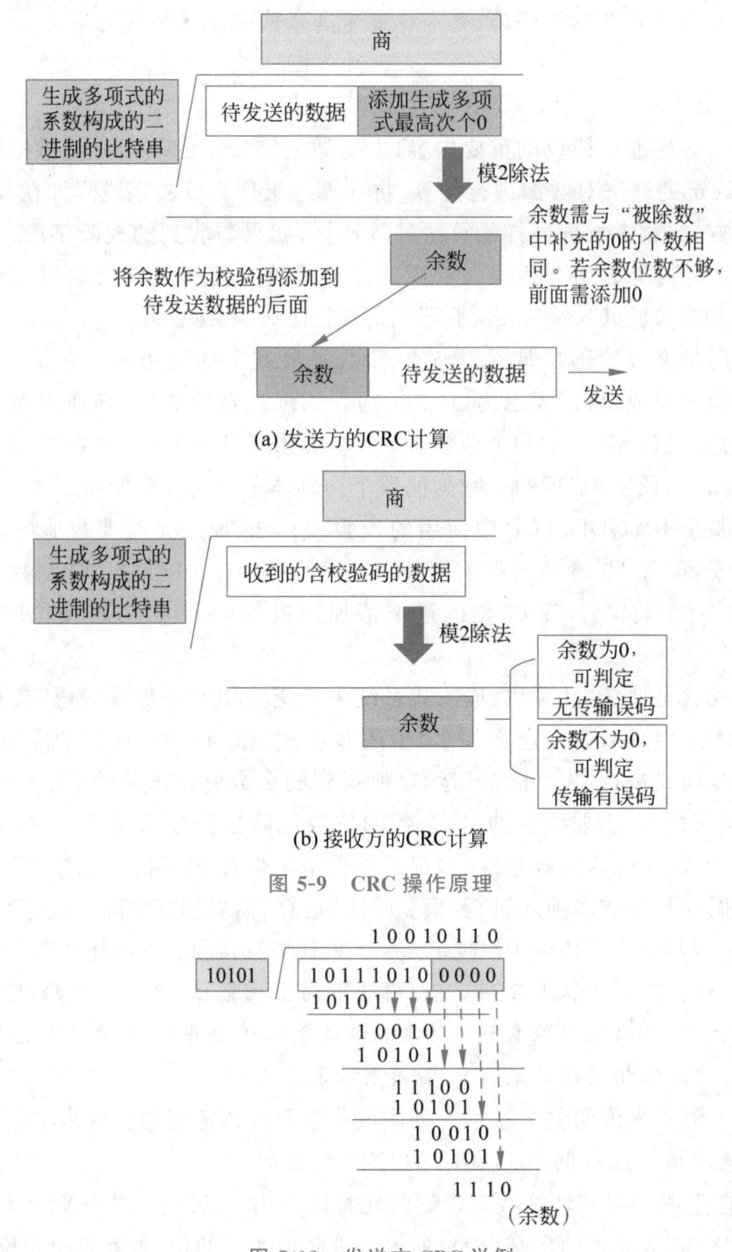

图 5-9 CRC 操作原理

图 5-10 发送方 CRC 举例

(4) 接收方收到这个数据后，把这个含校验码的数据作为模 2 除法的“被除数”，再用生成多项式的二进制比特串作为“除数”进行模 2 除法的余数检验。若余数为 0，则认为传输无误码；若余数不为 0，则认为传输出现错误。

由于生成多项式 $G(X)$ 直接关系到循环冗余校验的漏检率。在实际应用中，常采用以下几种已成为国际标准的生成多项式 $G(X)$：

$$\text{CRC}-16=X^{16}+X^{15}+X^{2}+1$$

$$CRC-CCITT = X^{16} + X^{12} + X^{5} + 1$$

$$CRC-32 = X^{32} + X^{26} + X^{23} + X^{22} + X^{16} + X^{12} + X^{11} + X^{10} + X^{8} + X^{7} + X^{5} + X^{4} + X^{2} + X + 1$$

采用上述生成多项式进行循环冗余检验，出现漏检的概率就非常低。需要特别注意的是循环冗余校验要求生成多项式必须包含最低次项 X^0。

5.1.3 可靠传输

可靠传输不是数据链路层必需的功能，也不是数据链路层独有的功能。从物理层到应用层，每一层都可以实现可靠传输，具体由各层希望提供什么功能以及其下面各层提供的传输质量来决定。物理层关注的差错是比特级错误，一般采用前向纠错方式，通过物理层编码来实现可靠传输。物理之上各层关注的不是比特级的错误，而是关注分组(帧、包)的错误，包含分组内容错、分组丢失、分组重复、分组失序多方面，一般采用反馈重发方式进行纠错。在计算机网络中，网络层采用IP方式，不提供可靠服务。传输层既可以提供可靠传输服务，也可提供不可靠传输服务。数据链路层，针对通信质量良好的有线信道，不提供可靠型的传输协议；针对通信质量较差的无线信道，数据链路层提供基于反馈重发机制的可靠传输服务，如图5-11所示。

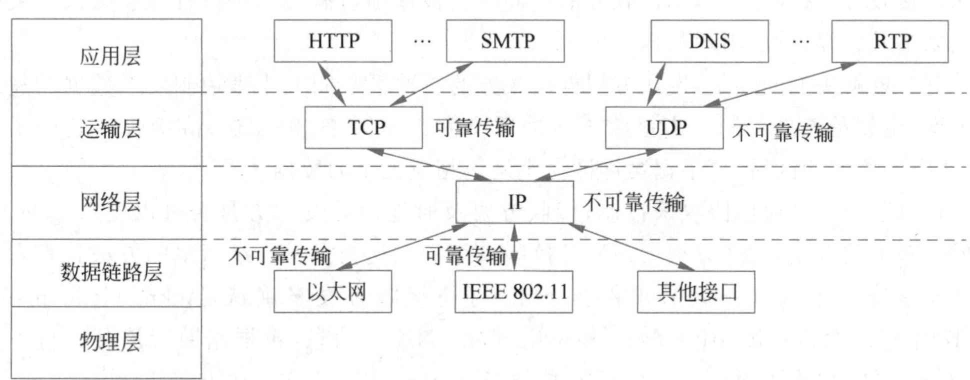

图5-11 网络体系结构中的不可靠传输服务和可靠传输服务

1. 可靠传输应考虑的问题

可靠传输的目标是：发送方发来的信息，接收方无丢失、无差错、不重复、不失序地接收。要达到这个目标，需要考虑很多问题。

- 发送方要考虑的问题：以多快的速度发送帧？帧之间的间隔应该是多少？如何确认对方是否收到数据帧？如何确定接收方收到的数据是正确的？发出去的数据丢失后如何处理？接收方收到的数据出错了如何处理？
- 接收方要考虑的问题：能否及时处理接收到的数据？如何判断接收到的数据是正确的？数据正确与否如何告诉发送方？收到的数据是否重复？收到的数据顺序是否与发送方一致？
- 传输过程中要考虑的问题：传输的时延有多大？会不会拥塞？传输的数据会不会出错？传输的数据会不会丢失？数据出错了，丢失了，怎么办？

只有解决了这些问题,才能达到可靠传输的目标。解决的方法是设计合理的通信机制和通信协议,这给通信协议的设计带来很大的复杂性,这也是运输层 TCP 协议比 UDP 协议复杂很多的原因。

2. 通信协议设计分析

为了解决这些问题,需先明白为什么有这么多问题,其根源是运输层之下的通信不是理想的通信信道。先假设数据链路上的数据传输完全是“理想”的,假定:

(1) 传输数据不会出错也不会丢失;

(2) 接收方接收数据的缓存区容量是无穷大的,即发送方无论以何种速率发送数据,接收方都来得及接收。

在这两个假设的理想情况下,不需要任何通信机制和协议,发送和接收的任意信息都可以做到无丢失、无差错、不重复、不失序,如图 5-12 所示。

但是这两个完全“理想”的条件是不可能满足的,下面逐一进行还原分析。

1) 停止-等待协议

先保留第一个假定条件,去除第二个假定条件,即数据不会出错也不会丢失,但接收方缓冲区的容量是有限的。此时,可能出现的问题是,若发送方还是随意发送数据,其速率超过接收方的接收速率,则接收方的缓冲区会被逐渐占满,后续发送的数据,来不及处理也来不及暂存,就会出现数据丢失。

此时要解决的问题是,发送方根据接收方的缓冲区空间大小来控制发送数据的速率和节奏,也就是流量控制。当接收方缓冲区空间为零时,暂停发送,待接收方处理了数据,腾空一些缓冲区后,再根据缓冲区大小发送相应大小的数据。

这就需要一个通信协议来控制,接收方要及时地通知发送方是否可以发送数据,可以发送多大的数据,发送方根据该信息控制自己的发送数据量。最简单的方法就是发送方每发送完一个数据帧就必须停止下来,等待接收方发来确认(Acknowledgement,ACK)信息或否认(Negative-Acknowledgement,NAK)信息,再根据回应消息进行下一步动作。该协议称为简单的停止-等待协议(Stop-and-Wait,SW),如图 5-13 所示。

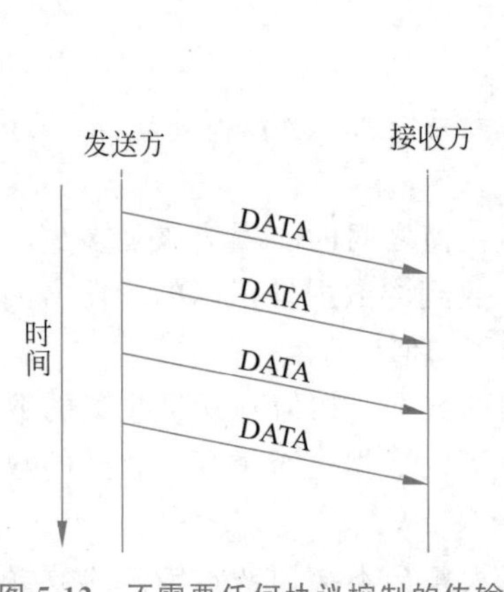

图 5-12 不需要任何协议控制的传输

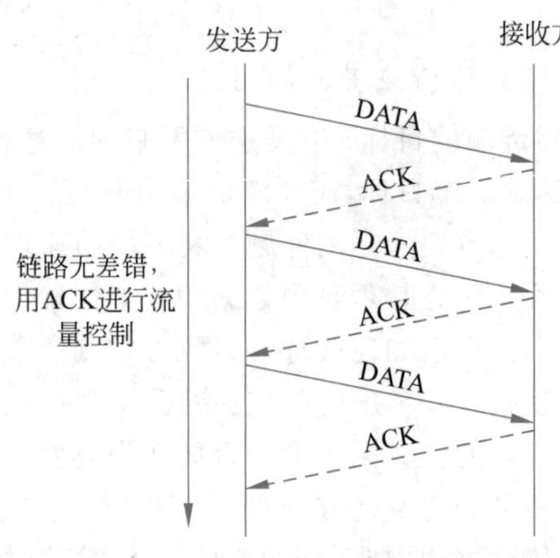

图 5-13 简单的停止-等待协议

但是在数据链路上传输数据时，不仅接收方的缓存区不可能是无限大的，同时在数据链路上的数据传输也存在差错和丢失的情况。也就是说，去掉前面两个假定条件后，需要进一步考虑数据出错或丢失后如何处理。

可以采取的方法是：

接收方发现数据出错(如何判断数据出错，参见5.1.2节)，接收方向发送方回送一个表示出错的应答报文(NAK)，发送方重新发送原数据。

数据丢失可能会出现两种情况：一是数据报文丢失，二是应答报文丢失。不管是哪种丢失情况，发送方都不会收到接收方的应答报文，无法根据应答报文做下一步动作。此时的解决办法是，利用双方共有的时间变量，即设置超时机制，规定在多少时间内没有收到应答报文，则自动重新发送原数据报。

此时又出现了新的问题：如果是应答报文丢失，那么接收方会收到两个相同的重复数据报文，接收方如何判断是重复报文？解决的办法是，给每个数据报文增加序号，接收方根据序号来进行判断。

增加超时重传和序号后的协议就是实际的停止-等待协议，如图5-14所示。

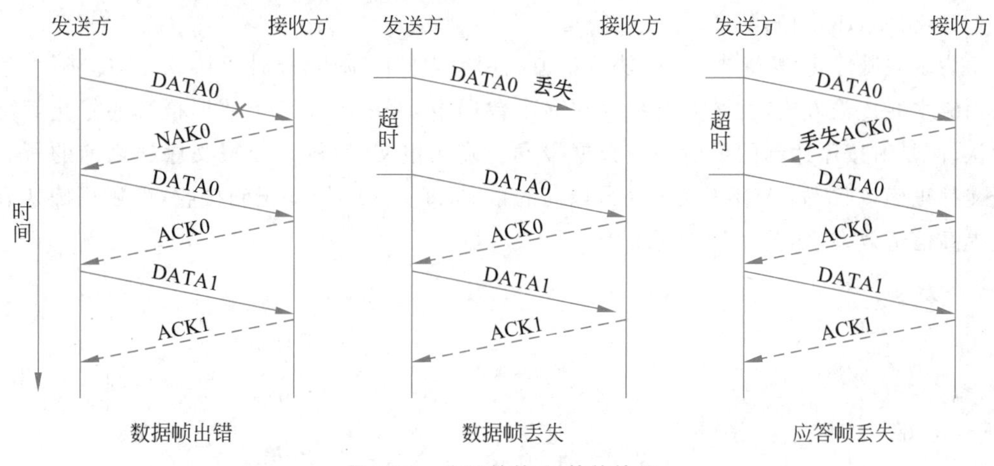

图5-14　实际的停止-等待协议

由此，设计出了能实现可靠传输要求的通信协议，停止-等待式自动重复请求(Automatic Repeat Request，ARQ)协议，其要点是：

(1) 发送方发送数据报后，启动计时器，在规定时间内收到接收方发来的肯定确认ACK后，再次发送数据。如果在规定时间内没收到确认报文ACK，则重发本次的数据报(有的系统能反馈否定确认报文NAK，可直接反馈NAK让发送方重传)。

(2) 发送方发送数据报后，仍需在缓冲区中保留该数据，以便出错时重传。只有收到确认报文ACK后才从发送缓冲区中清除该数据。

(3) 接受方收到数据报后，根据差错检测方法判断收到的数据报是否正确，若正确则回应ACK，若错误则直接丢弃。

(4) 为保证接收报文不失序和判别重复报文,发送报文和回应报文都设置有序号字段,回应报文中的序号指示的是接收方期望收到的下一个序号。

停止-等待式 ARQ 协议的优点是协议简单,但存在很大的缺点,就是信道利用率太低,其计算方法如图 5-15 所示。信道利用率是指有效发送数据的时间占整个发送周期的比率。

- T_D:发送数据报的时延(发送时延)。
- RTT:收发双方之间的往返时间。
- T_A:发送确认报文的时延(忽略发送方和接收方对数据报文的处理时延)。

信道利用率 $U=[T_D/(T_D+\text{RTT}+T_A)]\times100\%$。

例题:一个 100Mb/s 网络,每个数据报 1500B,收发双方相距 500km,则发送时延 $T_D=1500\times8/(100\times10^6)=0.12\text{ms}$,$\text{RTT}=500\times10^3/(2\times10^8)\times2=5\text{ms}$,确认报文一般只有几十字节,其发送时延 T_A 可忽略。

信道利用率 $U=[0.12/(0.12+5)]\times100\%=2.3\%$。通信信道很长时间都是空闲的,其利用率很低。考虑数据报重传,则信道利用率更低。

2) 连续 ARQ 协议

为了克服停止-等待式 ARQ 协议信道利用率太低的缺点,设计了连续 ARQ 协议,它采用流水线传输方式,发送方连续发送多个数据报,不用每发一个数据报都要停止等待确认,而是对按序达到的最后一个数据报发送确认报文,表示这个报文序号之前的所有报文都正确接收,如 ACK3 表示 3 号以前的报文(即 0~2 号)都正确接收,以累积确认方式提高信道效率,如图 5-16 所示。

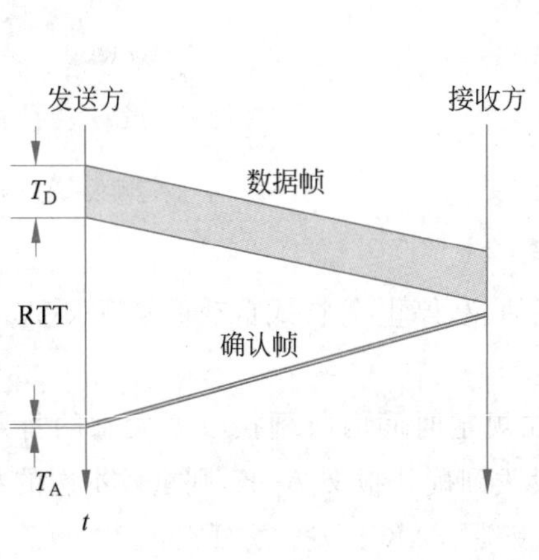

图 5-15 停止-等待协议的信道利用率

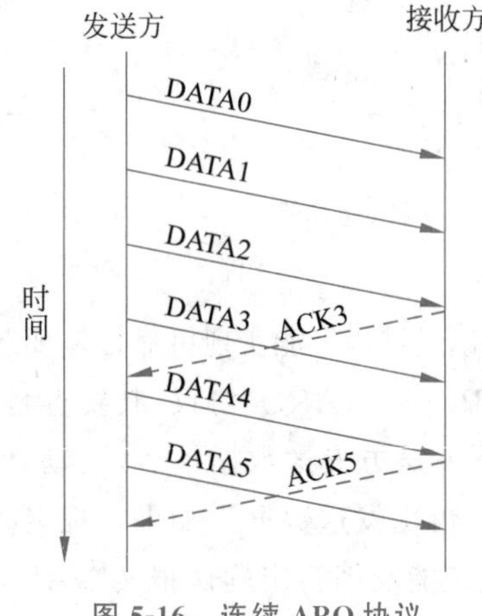

图 5-16 连续 ARQ 协议

ARQ 的关键是数据报文出错后如何处理,针对数据报文出错后不同的处理方法,连续 ARQ 又分为回退 N 式 ARQ 和选择重传 ARQ。

(1) 回退 N 式 ARQ。

回退 N 式 ARQ 的工作原理是:接收方收到的数据报文出错时,直接丢弃该报文,不回送 ACK,收到后续序号数据报文,即使数据正确,也直接丢弃,因为它们不是接收方期望序号的报文,并回送带有期望序号的 ACK 报文,发送方收到该 ACK 后,从该序号开始重新发送后续数据报。

以图 5-17 为例,发送方从 DATA0 开始连续发送数据,接收方接收 DATA0 正确,回送 ACK1(注意,不是回送 ACK0,而是 ACK1,是接收方所期望收到的 DATA1 的序号)。接收方接收 DATA1 正确,回送 ACK2。接收方接收 DATA2 错误,直接丢弃,不回送 ACK,此时接收方仍然期望收到正确的 DATA2。后续接收到 DATA3,不是其期望的 DATA2,也直接丢弃,并回送 ACK2,告诉发送方期望收到 DATA2,后续的 DATA4、DATA5 也是同样处理。若发送方一直收不到 DATA2 的肯定确认,ACK3 出现超时,则发送方知道 DATA2 出错了,于是从 DATA2 开始全部重传。

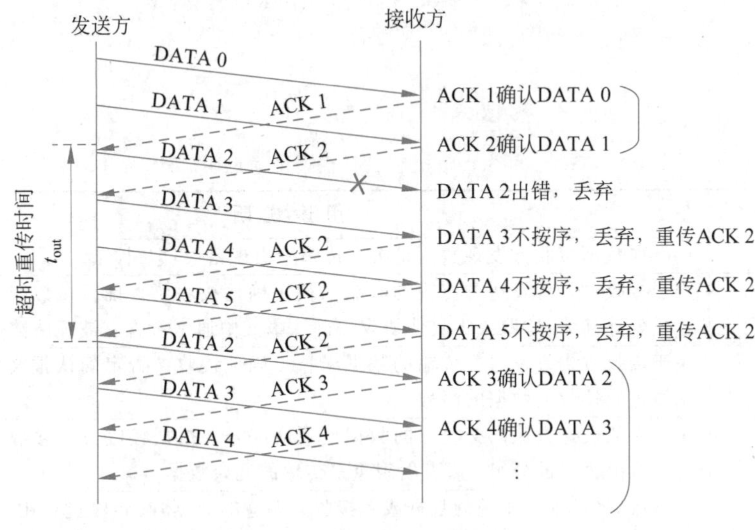

图 5-17　回退 N 式 ARQ

(2) 选择重传 ARQ。

选择重传 ARQ 需要与回退 N 式结合起来使用,当接收方检测到错误,它就发送一个否定确认报文 NAK。NAK 可以触发该帧的重传操作,而不需要等到相应的计时器超时,因此协议性能得到提高。但此时接收到的帧会出现乱序情况,因此要求接收方具有数据帧排序能力,以及数据帧存储能力,用来缓存传输正确但顺序不连续的帧。

选择重传 ARQ 对正确接收的帧,接收方反馈 ACK,对有错误的帧,假设第 i 帧出错,那么接收方反馈 NAKi 表示第 i 帧出错,那么发送方就只是重发第 i 帧。如在图 5-18 中,发送方连续发送数据,其中 DATA2 数据错误,但不影响 DATA3、DATA4 的接收,接收方发现 DATA2 出错,则回送 NAK2,当发送方收到 NAK2 后,单独重发 DATA2。

最后总结一下可靠传输采用的机制及其相关用途,如表 5-1 所示。表中的"数据"可指数据链路层的帧,或是网络层的分组,或是传输层的报文。

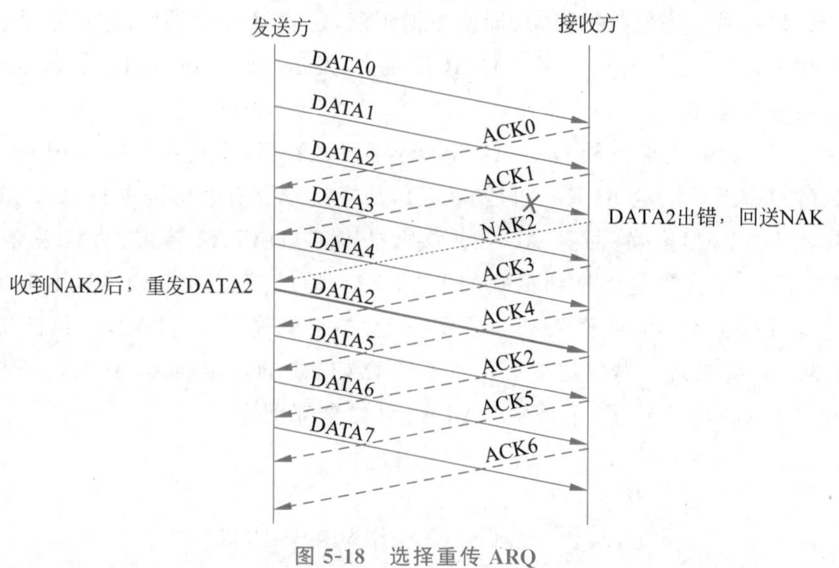

图 5-18　选择重传 ARQ

表 5-1　可靠传输机制及其相关用途说明总结

机　　制	用 途 说 明
校验和	用于在数据接收方发现数据是否在传输中出现错误，即“检错”
确认	用于接收方告诉发送方传输的数据已被正确地接收了。确认可以是逐个确认或者是累计确认，这取决于具体协议。确认报文中通常包含有被确认数据的序号
否定确认	用于接收方告诉发送方传输的数据未被正确地接收。否定确认报文中通常包含未被正确接收的数据的序号
序号	用于为从发送方流向接收方的数据按顺序编号。根据接收方所接收数据的编号可检测出丢失的分组；或者发现重复传输的冗余数据
定时器	因为数据(发送方发送的数据或者接收方响应的数据)在传输过程中的丢失，用于超时/重传发送方的数据。但同时会导致发送方重复传输数据，而使接收方产生冗余数据副本。但因为对数据采用“序号”编码，可以在接收方发现重复的数据
流水线传输方式	发送方可连续发送一定序号范围内的数据(未收到这些数据的确认之前)，使发送效率提高。发送方的一定序号范围由“发送窗口”大小进行限制，数据的接收也需要满足传输的数据序号在“接收窗口”限制范围内的要求。发送窗口的限定的数据序号范围受接收窗口的变化影响
窗口	用于限制发送流量控制的一种机制。窗口大小可根据接收方接收和缓存数据的能力以及网络中拥塞的程度等情况来综合设定

5.1.4　流量控制

流量控制同可靠传输一样，**不是数据链路层必需的功能，也不是数据链路层独有的功能**。许多高层协议中也提供流量控制功能，只不过流量控制的对象不同。对于数据链路层来说，流量控制的是**相邻两节点**之间传输链路上的流量；对于传输层来说，流量控制的是从**源到最终目的端**之间的流量。

为什么需要进行流量控制？主要原因是发送方的数据发送速率高于接收方的数据

接收速率，接收方来不及接收，会造成数据丢失。流量控制实际上是对发送方数据传输速率的控制，使其数据发送速率不超过接收方所能承受的数据接收能力。

流量控制思路也很简单，就是接收方根据接收数据的情况，给发送方反馈一个信号，发送方根据这个信号进行发送速率的控制。具体的方法有两种：一种是基于反馈信息的流量控制方法，另一种是基于窗口值的流量控制方法。

1. 基于反馈信息的流量控制方法

在5.1.3节中已分析，为解决接收方缓冲区的有限容量问题，采用了两种通信方式：一种是停止-等待方式，另一种是连续ARQ方式。在停止-等待方式下，接收方回复的ACK反馈信息控制着发送方的发送速率，自然可以保证发送速率小于接收速率，但其效率太低。在连续ARQ方式中，对流量控制的方式是设置专门用于流量控制的反馈帧，如早期的SS7号信令中的回送SIB(Status Indication Busy)信令，以太网中回送的Pause信号，都是表示接收方忙，通知发送方暂停发送。

2. 基于窗口值的流量控制方法

这种方法采用滑动窗口方式，在确认帧中回送允许发送方可以发送的数据量大小，限制发送方的数据传输速率，接收方无须对每一帧数据都发回确认帧。这种方法与传输层的流量控制类似，不同的是数据链路层的流量控制是针对点对点的通信系统，而传输层是针对端到端的系统。

这种基于滑动窗口机制的流量控制具体可参见7.4.6节。

5.1.5 数据链路层的实现

图5-19展示了一个典型的主机体系结构。数据链路层的主体部分是网络适配器(Network Adapter)或称网络接口卡(Nerwork Interface Card，NIC)，俗称"网卡"。网络适配器的核心是链路控制器，该控制器通常是一个实现了多种链路层功能(如成帧、链路接入、差错检测等服务)的专用芯片。

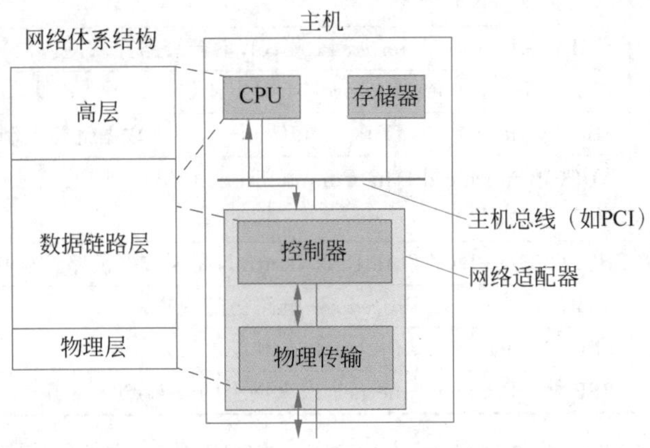

图5-19 在主机中的网络适配器

网络适配器通过主机内的总线与主机中的其他部件连接，从图5-19可以看出，大部分数据链路层的功能是在硬件中实现的，但其他功能是靠主机CPU上的软件实现的，包括发送时组装链路层寻址信息、激活控制器硬件、接收时响应控制器中断、处理差错条件和将数据帧向上传递给网络层等。

视频

5.2 点对点信道中的协议

数据链路层存在两类信道：点对点信道和广播信道。

点对点信道是由一个节点与另一个节点连接起来的链路，用于建立点对点通信，它所采用的是点对点协议，如 HDLC、PPP、PPPoE。

广播信道是一个节点与多个节点连接建立起来的链路，用于建立点对多点通信，它所采用的通常是点对多点协议，如以太网 IEEE 802 系列协议、WLAN 协议等。在一对多的广播信道上会连接多个主机，因此必须使用专用的共享信道协议来协调这些主机的数据发送，其过程相对比较复杂。

所谓点对点信道，是指两个没有经过任何中间设备的节点（网卡或网络设备端口）之间构成的信道，如图 5-20 所示。点对点信道需要封装点对点类型的数据链路层协议，点对点两端的节点只与对方节点进行连接，不存在寻址和介质争用问题。

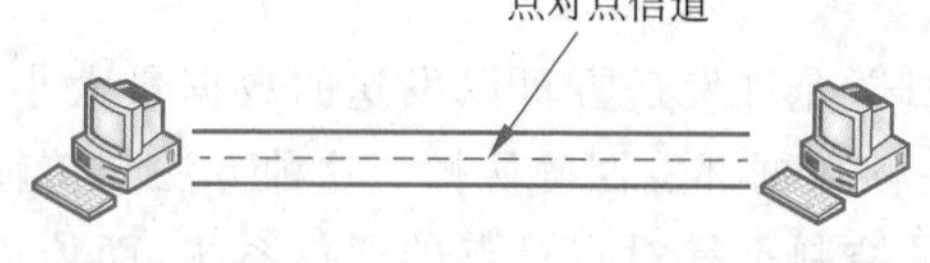

图 5-20　点对点信道示意图

5.1 节介绍的各种数据链路层功能，都会通过数据链路层的协议来实现。数据链路层中常见的协议可分为两大类：面向字符的链路层协议和面向比特的链路层协议，几类协议如表 5-2 所示。

表 5-2　数据链路层协议分类说明

类　型	主要协议名称	提出者
面向字符的链路层协议	**BSC**（Binary Synchronous Communication，二进制同步通信协议）	IBM
	DDCMP（Digital Data Communications Message Protocol，数字数据通信消息协议）	DEC
	SLIP（Serial Line Internet Protocol，串行线路互联网协议）	
	PPP（Point-to-Point Protocol，点对点协议）	IETF
面向比特的链路层协议	**SDLC**（Synchronous Data Link Control，同步数据链路控制）	IBM
	ADCCP（Advanced Data Communication Control Protocol，高级数据通信控制协议）	ANSI
	HDLC（High-level Data Link Control，高级数据链路控制）	ISO
	LAP（Link Access Procedure，链路访问规程）	CCITT
	PPP（Point-to-Point Protocol，点对点协议）	IETF
	PPPoE（PPP over Ethernet，以太网上的点对点）	IETF

为什么会有这么多种数据链路层协议呢？主要因为基于点到点信道的广域网采用非常多形式的物理连接方式，比如有点到点专线形式的、采用电路交换方式接入的以及采用分组交换方式连接的等情况，如图 5-21 所示。

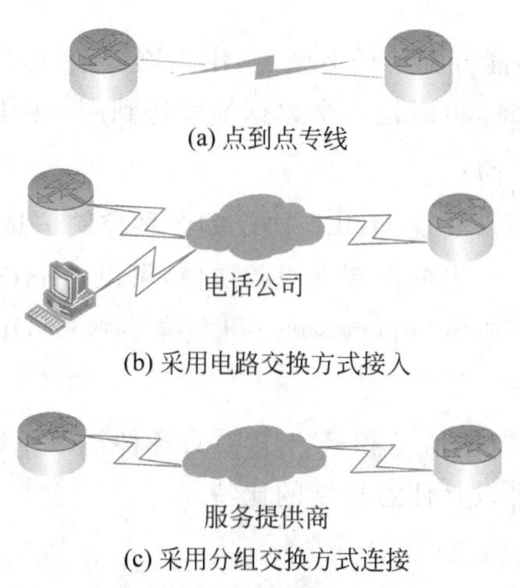

图 5-21 多形式的物理连接

5.2.1 SDLC 和 HDLC 协议

在面向比特的同步传输协议中，数据块是作为比特流，而不是作为字符流来处理的，所以称之为面向比特的同步传输。在面向比特的同步传输中，每个数据块的头部和尾部都用一个特殊的比特序列(如 01111110)来标记数据块的开始和结束。最具有代表性的协议是 IBM 的同步数据链路控制(SDLC)协议、国际标准化组织(ISO)的 HDLC 协议、美国国家标准协会 ANSI 的 ADCCP。

SDLC 协议是一种适用于 IBM 的系统网络体系结构(Systems Network Architecture, SNA)的数据链路层协议，属于单链路规程；HDLC 协议是一种在同步网上传输数据、面向位的数据链路层协议，属于多链路规程。国际标准化组织 ISO 的 HDLC 协议是对 IBM 的 SDLC 协议进行了改进和标准化的协议，其格式如图 5-22 所示。所有面向比特的数据链路控制(DLC)协议均采用统一的帧格式，且不论是数据还是控制信息均以帧为单位传送，如图 5-22 所示。

图 5-22 SDLC 和 HDLC 帧格式

HDLC 帧格式中包含用于定界的标志字段、地址字段、控制字段、信息字段和帧校验序列(FCS)字段。

1. 标志字段 F(Flag)

HDLC 协议规定，所有信息传输必须以一个标志字段 F(Flag)开始，以同一个标志字段结束。标志字段的值均为 01111110，用于帧定界。

2. 地址字段 A(Address)

地址字段占 8 位或 16 位(即 1 字节或 2 字节)，通常采用 8 位长度。当地址字段值为

00000000 时,为空地址,不能分配给任何站点,用于测试数据链路的状态;当地址字段值为 11111111 时,为广播地址,可以把一个数据帧发送到同一网段中的其他所有站点。

3. 控制字段 C(Control)

该字段占 1 字节,是用来实现 HDLC 协议的各种控制信息,并标志是否是数据(因为它可以标志不同的帧类型)。根据控制字段的取值,可以把 HDLC 帧划分为三大类,即信息帧 I(Information)、监控帧 S(Supervisory)和无编号帧 U(Unnumbered)。

4. 信息字段

该字段包含了用户的数据信息和来自上层的各种控制信息。在信息帧和某些无编号帧中具有该字段,并且可以是任意长度的比特序列。

5. 帧校验序列字段(FCS)

该字段可使用 16 位 CRC,对两个标志字段之间的整个帧内容进行校验。CCITT 和 ISO 推荐使用的生成多项式为 $G(X)=X^{16}+X^{12}+X^{5}+1$;IBM SDLC 使用的生成多项式为 $G(X)=X^{16}+X^{15}+X^{2}+1$。

在通信线路质量比较差的年代,在数据链路层采用能实现可靠传输的 HDLC 协议,在当时是比较流行的。但现在 HDLC 协议已很少使用,因为现在点对点有线链路的误码率已经非常低,常采用比 HDLC 协议实现方法更简单的点对点协议(Point-to-Point Protocol,PPP)。

5.2.2 PPP 传输协议

PPP 是一种应用更广泛的广域网数据链路层协议。如在使用调制解调器(Modem)进行拨号连接时就需要用到它、路由器设备间的 Serial 口之间的连接也要封装这个协议。Internet 对 PPP 的正式标准是 RFC 1661 和 RFC 1662,主要针对 Internet 用户的计算机通过点对点链路接入某个网络服务提供商(ISP)进而接入 Internet,也广泛应用于广域网中路由器之间的专用线路。

1. PPP 简介

在点对点链路上,最早使用的数据链路层协议是一个在串行线路上对 IP 分组进行封装的简单的面向字符的协议——串行线路互联网协议(Serial Line Internet Protocol, SLIP,该协议用于帮助用户通过电话线和调制解调器接入 Internet),但是 SLIP 有许多根本无法适应当时网络技术发展和应用需求的不足,如:

- 连接速率低。
- 不能自动分配 IP 地址,通信的双方都事先必须知道对方的 IP 地址。
- 没有协议类型字段,不具备同时处理多种网络层协议的能力。
- 没有校验字段,无法判断接收数据是否正确。

PPP 是在 SLIP 的基础上发展起来的点对点数据链路层协议,可解决 SLIP 协议存在的全部问题。它既支持面向字节的异步链路,也支持面向比特的同步链路,它的特性包括:

- 在连接速率上可远高于 SLIP。
- 具有验证协议,具有更高的网络安全性。
- 设置协议类型字段,支持多种上层协议。
- 设置帧校验字段,可实现无差错接收。
- 提供了一整套方案来解决链路建立、维护、拆除、上层协议协商、认证等问题。

PPP 既支持面向字节的异步链路,也支持面向比特的同步链路。

2. PPP 帧结构

PPP 的帧格式如图 5-23 所示,它借用了 HDLC 的帧格式。

1B	1B	1B	2B	可变	2B	1B
标志	地址	控制	协议	信息	FCS	标志

图 5-23 PPP 帧格式

PPP 帧格式以 HDLC 帧格式为基础,做了很少的改动,增加了协议类型字段。它们的主要区别是: PPP 是面向字节的(帧的长度必须是字节的整数倍),而 HDLC 是面向比特位的(帧的长度可以是任意个比特)。

标志: 用来标志帧的开始和结束,占 1 字节(8 位),值固定为 01111110(0x7E),与 HDLC 帧中的一样。

因为 PPP 既支持物理层的异步链路,也支持物理层的同步链路,因此其协议既可以是面向字节的,也可以是面向比特的,导致它的透明传输也既要支持字节填充方式,也要支持比特填充方式(详见 5.1.1 节)。

当 PPP 采用面向字符的异步链路时,其"转义字符"为 0x7D,具体做法是将信息字段中出现的每一个 0x7E 字节转变成 2 字节序列(0x7D,0x5E); 如果信息字段中出现一个 0x7D 的字节,则转变成 2 字节序列(0x7D,0x5D)。如果信息字段中出现 ASCII 码的控制字符,则在该字符前加一个 0x7D 字节。

当 PPP 采用面向比特的同步链路时,使用比特填充(插零删零法)来实现透明传输。

地址: 用来标志对方节点地址的,占 1 字节(8 位)。由于 PPP 是点对点协议,明确知道对方节点,在实际通信中,所以无须知道对方的数据链路层地址,此地址字段实际上没有什么意义。在 PPP 帧中,此地址字段固定为 11111111(0xFF)标准广播地址。这与 HDLC 帧中的地址字段是不一样的。

控制: 占 1 字节(8 位),此字段在 PPP 帧中也没有什么意义,值固定为 00000011(0x03)。

协议: 用来指示在信息字段中封装的数据类型,占 2 字节(16 位),这是与 HDLC 区别最大的地方,是 PPP 协议新增的字段。该字段值的取值和含义如表 5-3 所示。

表 5-3 协议字段的取值和含义

字段数值	表示信息字段数据包类型
0x0021	IP 数据包
0xC021	链路控制协议 LCP 数据包
0x8021	网络控制协议 NCP 数据包

续表

字 段 数 值	表示信息字段数据包类型
0xC023	PAP 安全性认证数据包
0xC223	CHAP 安全性认证数据包
0x0029	Apple Talk 协议数据包

信息(Information)：来自上层的有效数据，可以是任意长度，不超过 1500 字节。

帧校验序列(FCS)：使用 16 位的循环冗余校验计算信息字段中的校验和，以验证数据的正确性。

3. PPP 的组成

PPP 由 3 部分组成，链路控制协议(LCP)、网络层 PDU 封装到串行链路的方法以及网络控制协议(NCP)，如图 5-24 所示。

图 5-24 PPP 的组成

网络控制协议(Network Control Protocol，NCP)包含多个协议，其中的每一个协议分别用来支持不同的网络层协议。如 TCP/IP 中的 IP、Apple 公司的 AppleTalk 以及 Novell Netware 网络操作系统的 IPX 等。

网络层 PDU 封装到串行链路的方法是指网络层 PDU 作为 PPP 帧的数据载荷被封装在 PPP 帧中传输。网络层 PDU 的长度受 PPP 的最大传输单元 MTU 的限制。

链路控制协议(Link Control Protocol，LCP)是用来建立、配置、测试数据链路的连接以及协商一些选项。

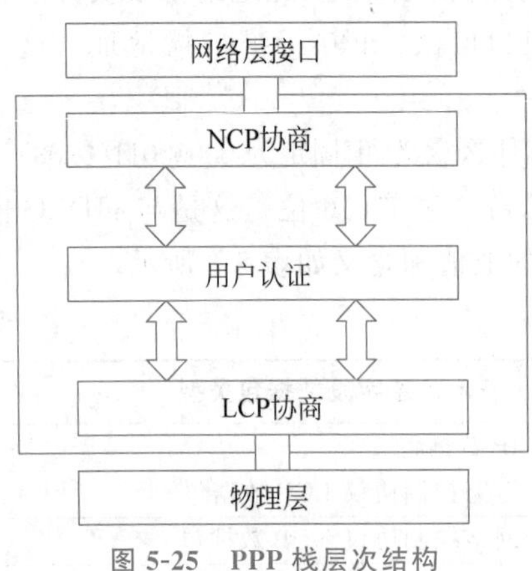

图 5-25 PPP 栈层次结构

它的协议栈层次结构如图 5-25 所示。

物理层建立连接后，LCP 协商一些 PPP 参数，建立数据链路层的连接，用户认证完成用户的身份认证。NCP 协商进行网络层参数配置。

4. PPP 的工作过程

在 PPP 通信中，链路不是始终连接的，所以需要在 PPP 通信前，通信双方协商建立链路连接，只有链路成功建立后，数据才能进行传输，在数据传输完成后，拆除已建立的链路。

整个过程分为 6 个阶段，即链路静止(Link Dead)阶段、链路建立(Link Establish)阶段、鉴别(Authenticate)阶段、网络层协议(Network-Layer Protocol)阶段、链路打开(Link Open)阶段和链路终止(Link Terminate)阶段。在不同的阶段进行不同协议的协商，只有前面阶段的协议协商出结果后，才能转入下一个阶段协议的协商，各阶段的转移关系如图 5-26 所示。

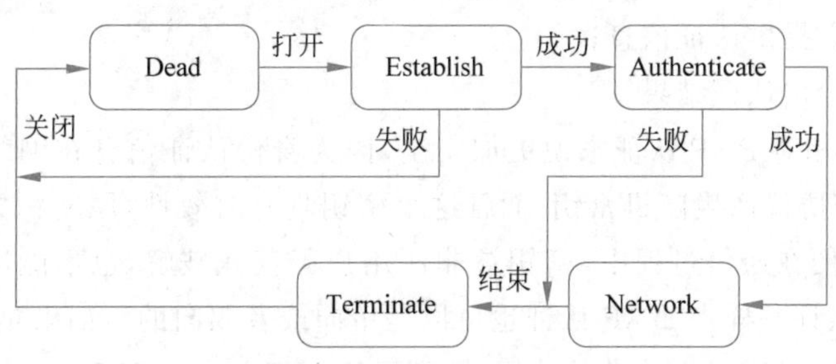

图 5-26　PPP 状态转移关系

(1) 在链路静止阶段，用户与 ISP 的路由器之间没有物理连接，当用户拨号接入 ISP 时，路由器的调制解调器对拨号做出确认，并建立一条物理连接，进入链路建立阶段。

(2) 然后 PPP 通过封装了 LCP 的 PPP 帧与接口进行协商，内容包括工作方式、认证方式、压缩方式和最大传输单元等。协商成功则进入鉴别阶段，并保持 LCP 的激活状态，此时则建立好数据链路层的链路；若协商失败则返回链路静止阶段，LCP 的状态为关闭。

(3) 在鉴别阶段，对请求连接的用户进行身份认证，以确定采用密码认证协议(Password Authentication Protocol,PAP)还是质询握手认证协议(Challenge Handshake Authentication Protocol,CHAP)进行身份认证，或者是不采用任何身份认证方式。如果认证成功，则进入网络层协议协商阶段；如果身份认证失败，则进入链路终止阶段，拆除链路，返回到链路建立阶段，LCP 状态转为关闭。

(4) 在网络层协议协商阶段，使用封装了 NCP(网络控制协议)的 PPP 帧与对应的网络层协议进行协商，并为用户分配一个临时的网络层地址，然后进入链路打开阶段，可以正常通信。

(5) 在链路打开阶段，PPP 链路将一直保持激活通信，通信完毕后有明确的 LCP 或 NCP 关闭请求，或发生某些外部事件(如用户的干预)，进入链路终止阶段，NCP 释放网络层连接，收回原来分配出去的 IP 地址。接着，LCP 释放数据链路层连接。最后释放的是物理层的连接，返回到链路静止阶段。

5. PAP/CHAP 身份认证

在 PPP 的鉴别阶段，可采用 PAP 或者 CHAP 对连接用户进行身份认证，以防止非法用户的 PPP 连接。如果双方达成一致，也可以不采用任何身份认证方式。

PAP 身份认证过程非常简单，是一个二次握手机制，整个认证过程即两步，即：被认证方发送认证请求，然后是认证方给出认证结果。它的特点是：用于身份认证的用户名和密码在网络上以明文方式传输，所以这种方式并不是一种安全有效的认证方式。PAP可分为单向和双向认证。双向方式是PPP链路的两端同时扮演客户端和服务器双重角色，两端都需向对方发送认证请求，同时对对方发来的认证请求进行认证。

CHAP认证采用三次握手机制，整个过程经过3个步骤：

(1) 认证方要求被认证方提供认证信息；

(2) 被认证方提供认证信息；

(3) 认证方给出认证结果。

CHAP认证相对PAP认证来说更加安全，因为身份认证信息在网络上传输时通过MD5等摘要加密协议产生随机密钥，而且这个密钥具有时效性，原密钥失效后会随机产生新的密钥。即便在通信过程中，密钥被非法用户截获并破解，也不能用于后面的通信截取。与PAP认证一样，CHAP认证也可以是单向或者双向的。如果是双向认证，则要求通信双方均要通过对对方请求的认证，否则无法在双方建立PPP链路。

6. PPPoE传输协议

PPP要求进行通信的双方之间是点到点的关系，不适于广播类型的以太网和另外一些多点访问类型的网络。在宽带接入技术的发展背景下，需要在广播式的网络上建立、维持各主机与访问集中器之间点对点的关系，每个主机与访问集中器之间能建立唯一的点到点的会话。由此，PPP也衍生出了新的应用，比如在ADSL(Asymmetrical Digital Subscriber Loop，非对称数据用户环线)接入方式中，PPP派生出符合宽带接入的PPPoE(PPP over Ethernet)、PPPoA(PPP over ATM)等协议。PPPoE是将PPP封装在以太网框架中的一种网络隧道协议，提供远程的多个用户主机接入功能，并且能够提供数据传输的计费数据，解决用户上网收费等实际应用问题，因而被运营商广泛应用于接入网络。PPPoA是在ATM网络上运行PPP来管理用户认证的方式，它的原理和作用与PPPoE基本相同。

PPPoE利用以太网资源，允许在以太网广播域中的两个以太网接口间创建点对点隧道通信，在以太网上运行PPP来进行用户认证接入的方式如图5-27所示。

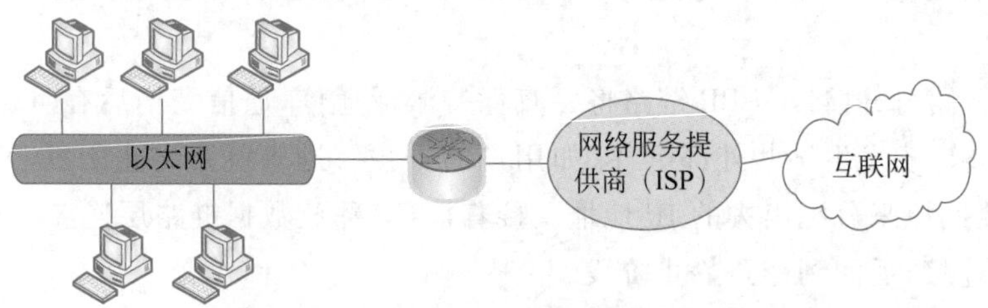

图5-27　基于以太网的PPP认证场景

既然PPPoE的协议是运行在以太网上的，因此其帧格式也建立在以太网帧格式基础之上，将PPPoE的PDU数据直接封装到以太网帧中，如图5-28所示。

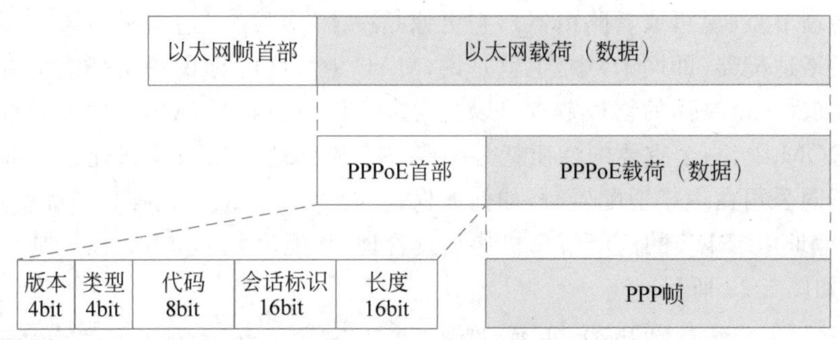

图 5-28 PPPoE 的封装

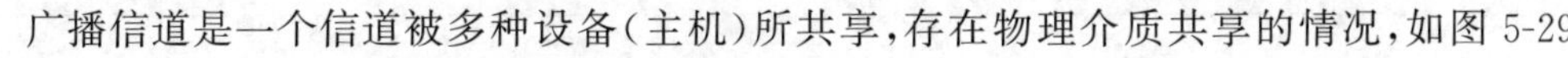

5.3 广播信道的链路接入协议

广播信道是一个信道被多种设备(主机)所共享,存在物理介质共享的情况,如图 5-29 所示,属于共享介质型网络。在广播信道中,一个节点主机发送的数据可以同时被多个节点主机接收到,对应的链路是"广播链路"。最典型的广播型数据链路层协议就是经常用的以太网协议和 WLAN 协议。在广播型网络中,一个用户发送的一个广播包可以通过交换机广播到局域网的所有节点上。

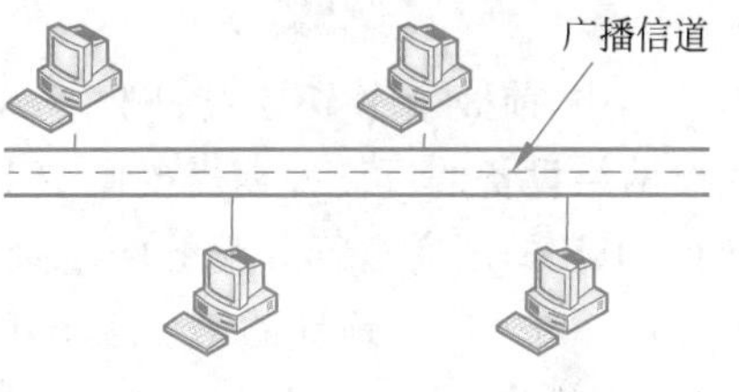

图 5-29 广播信道示意图

由 5.1 节可知,以太网的数据链路层包含介质访问控制子层。介质访问控制对于广播型网络(以太局域网、WLAN 等)非常重要,因为它要解决广播信道中的介质争用问题。MAC 子层仅在广播型网中有用,而对于点对点网络中就没有存在的意义,因为点对点网络中不需要寻址,也不存在一般意义上的信道争用问题。对 MAC 子层的学习主要适用于局域网,而在广域网中的路由器之间基本都是点对点连接的,不存在寻址和介质争用问题。

为解决链路层的寻址问题,首先要理解链路层寻址中的一个重要概念:MAC 地址。

5.3.1 MAC 地址

以太网的数据链路层分为 LLC 子层和 MAC 子层,所以数据链路层有两种不同的数据帧——LLC 帧和 MAC 帧。这里所说的帧是"MAC 帧"。对于物理层来说,最终的数据链路层的帧也是 MAC 帧。

局域网中与接入的各种传输介质相关的问题都放在 MAC 子层来解决,还负责实现无差错数据传输。MAC 子层的主要功能包括:MAC 帧的封装与解封装、实现和维护各种 MAC 协议、比特流差错检测、MAC 寻址等。由于在 IEEE 802 系列局域网标准中有不同规定的 MAC 子层协议(对应于不同的网络标准),所以其 MAC 帧的格式也各不相同,但无论是哪一种 MAC 帧协议,都具有 MAC 地址,以便于在局域网内部实现二层的寻址。

MAC 地址用于在广播信道中识别互连的节点。但 MAC 地址实际上标识的是网络中具体的物理节点(主机或者路由器),它更像是一个"名字"。这些标识通常"刻写"在物理节点的网络适配器(即网卡)中,也就是说,MAC 地址实际标识的是网络中具体物理节点的网络接口(一个具体的物理节点可以包含多个网络接口)。MAC 地址通常是被固化在网卡的 ROM 中,一个重要的性质就是不允许有相同地址的两块适配器。那各个国家和地区的不同公司在生产适配器时,如何能保证这个 MAC 地址是唯一的呢?

MAC 地址由 IEEE 的注册管理机构负责管理,长度为 6 字节(48 位),具有扁平化结构,其结构如图 5-30 所示。

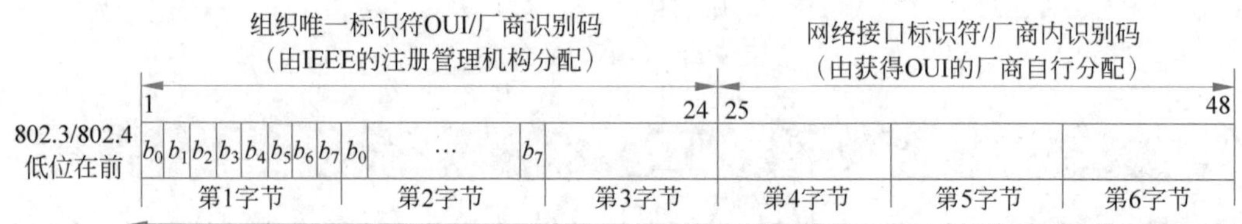

图 5-30 MAC 地址格式

其中,前 3 个字节是组织唯一标识符(Organizationally Unique Identifier, OUI),由生产网络设备的厂商根据需要向 IEEE 的注册管理机构进行申请(购买);后 3 个字节是获得 OUI 的厂商自行分配的网络接口标识符,只要保证生产出的网络设备没有重复地址即可。在 MAC 地址的第 1 字节中的 b_0 位为 0 时,表示单播地址,此时的帧称为"单播帧";b_0 位为 1 时为多播地址,此时的帧称为"多播帧"。第 1 字节中的 b_1 位为 0 时,表示全局管理地址,由 IEEE 分配,可确保全球没有相同的 MAC 地址,网络设备厂商向 IEEE 购买的 OUI 都属于全局管理地址;b_1 位为 1 时为本地管理地址,可由网络管理员分配的 MAC 地址。

- 全球单播地址,即 $b_1=0$ 且 $b_0=0$ 时,是由厂商生产网络设备时固化在设备中的。
- 全球多播地址,即 $b_1=0$ 且 $b_0=1$ 时,是交换机和路由器等网络设备所支持的多播地址,用于特定功能。
- 本地单播地址,即 $b_1=1$ 且 $b_0=0$ 时,是由网络管理员分配可以覆盖网络接口的全球单播地址。
- 本地多播地址,即 $b_1=1$ 且 $b_0=1$ 时,是由用户对网卡编程实现,以表明其属于哪些多播组。48 比特是全 1 的 MAC 地址就是本地多播地址的一个特例,此时的帧称为"广播帧"。

MAC 地址的表示方法为:每 4 个比特写成一个十六进制的字符(共 12 个字符),每 2 个字符为一组,共 6 组,各组之间用短线连接,也可以用冒号,或者将每 4 个字符分为一组,共 3 组,各组之间用点连接,如图 5-31 所示,其中,X、Y 分别是十六进制的字符。

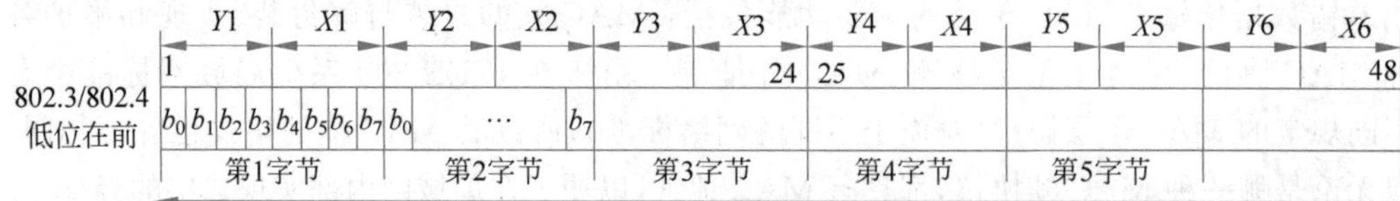

图 5-31 MAC 地址的表示方法

应特别注意，在网络的比特流传输中，每个字节是先要发送高位，再发送低位。

(1) 各组之间用短线连接表示 MAC 地址：$X1Y1$-$X2Y2$-$X3Y3$-$X4Y4$-$X5Y5$-$X6Y6$，如 FF-FF-FF-FF-FF-FF。

(2) 各组之间用冒号表示 MAC 地址：$X1Y1$:$X2Y2$:$X3Y3$:$X4Y4$:$X5Y5$:$X6Y6$，如 FF:FF:FF:FF:FF:FF。

(3) 每 4 个字符分为一组表示 MAC 地址：$X1Y1X2Y2$. $X3Y3X4Y4$. $X5Y5X6Y6$，如 FFFF. FFFF. FFFF。

网卡从网络上每收到一个帧，就可以检查帧首部中的目的地址字段，再按以下情况进行处理：

- 如果目的 MAC 地址与自身网卡上固化的全球单播地址相同，则接受该帧，说明此帧正是发给自己的网络接口的。
- 如果目的 MAC 地址是广播地址，则接受该帧，说明此帧是广播帧，自己的网络接口正处于一个广播域(即一个广播帧最大的传输范围)中。
- 如果目的 MAC 地址是网卡支持的多播帧，则接受该帧，说明自己的网络接口正属于某个多播组。
- 除了上述情况外，通常情况是要丢弃该帧。

由此可以看出，虽然发送数据帧的节点处于广播型共享信道中，但是网卡依据 MAC 地址是否匹配来决定接受或丢弃帧，从而在广播型网络中实现一对一通信。

另外，网卡还可被设置为一种特殊的工作方式，即“混杂方式”(Promiscuous Mode)，该方式是指只要是共享介质上传下来的数据帧，混杂模式工作的网卡都会接收，不管帧的目的 MAC 地址是什么。网络维护和管理人员由此可以方便地对局域网上的流量进行监视和分析。然而，混杂方式就像一把“双刃剑”，很多黑客利用这种方式非法获取网络用户的口令。所以，在公共的共享信道场合，使用终端设备时，要注意个人的信息和 MAC 地址泄露的安全问题。

5.3.2 介质争用

由于在广播型共享信道中存在介质争用情况，会形成“冲突/碰撞域”。冲突域就是可能发生介质访问冲突的节点范围。用两种局域网常用到的设备——集线器(Hub)和交换机(Switch)，来帮助理解冲突域中数据传输原理。

1. 理解冲突域

首先看集线器，在它中间的背板是以总线方式连接各个端口的，如图 5-32 所示。

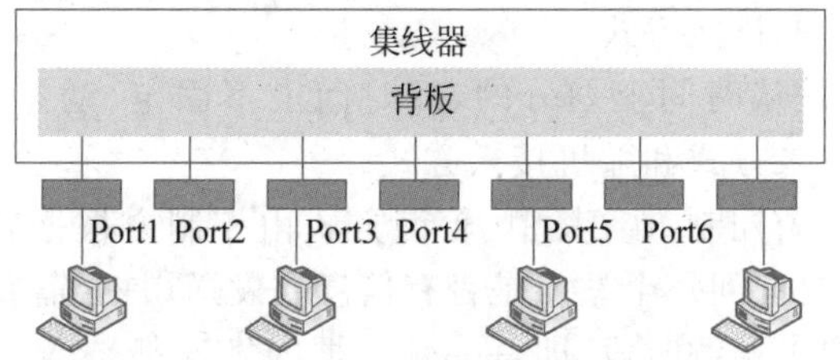

图 5-32 集线器端口与背板的总线连接示意

从图 5-32 中可以看出，在集线器中连接的所有用户都是通过共享一个背板信道进行通信的，连接的用户同时发送数据时，都会发生冲突碰撞，所以说由集线器连接起来的用户就构成一个冲突域。采用集线器构建的局域网络，也称之为“共享式局域网”。

交换机的背板与端口的连接方式不同于集线器，在背板上形似有一个交换矩阵，如图 5-33 所示。

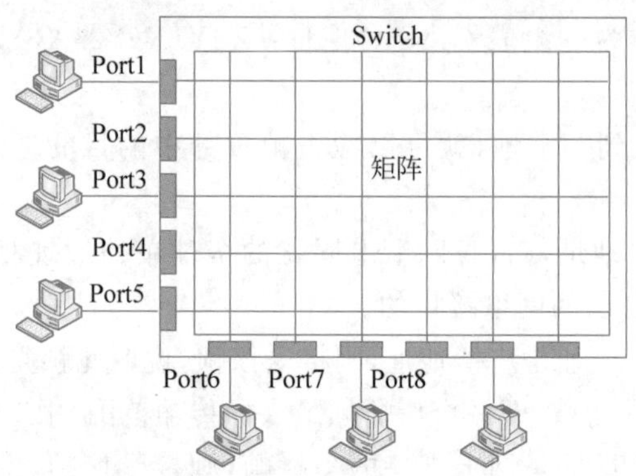

图 5-33　交换机端口与背板交换矩阵连接示意图

通过交换矩阵，就可以实现任何两个端口间的通信都有一条专用的通道，不同通信节点间的通信不存在介质争用现象，所以交换机的各个端口之间不再是冲突域。采用二层交换机构建的局域网络，称为“交换式局域网”。

如果交换机的某个端口连接集线器进行用户扩展，同时连接多个用户进行通信，这时也存在介质访问冲突问题。所以，交换机每一个端口还是一个冲突域。

冲突域是有大小的，就是共享同一介质的节点数量。如在集线器中，端口数量越多，共享同一背板信道的用户越多。如果进行了集线器级联，则更是扩大了冲突域，冲突域越大，发生介质争用的可能性就越高，可能造成的冲突就越大。另一方面，冲突的大小与集线器或交换机背板带宽的大小有关系，即背板带宽越高，数据通过的速率就越高，发生冲突的可能性就越低，冲突也就越小。

2. 介质争用解决办法

介质争用会导致冲突，冲突自然会导致数据的丢失或者变形。但是，不同的网络，对于共享介质、解决争用问题的方法是不一样的。解决介质争用的方法称为介质访问控制，有多种方法，归纳起来如图 5-34 所示。

静态划分信道的方法在第 1 章中讲过，是从多种物理资源上进行划分的方法，其中从时间资源划分的，又分为同步时分复用和异步时分复用，同步时分复用是静态划分的方式，异步时分复用是动态划分的方式。第 3 章讲的电路交换属于 STDM 方式，分组交换属于动态接入控制中的排队方式。

动态接入控制，都是从时间上划分的，即时间上不固定，动态地占用介质的访问时间。它又细分为受控接入方式和随机接入方式。

受控接入方式有一个控制方。其中，轮询方式由控制方根据轮询策略(按循环顺序或优先级顺序)不断重复询问每个站点是否有信息要发送、是否需要接入介质；预约方式是用户事先向控制方提出预约时段，即每一轮数据的发送都是事先安排好的；排队方式

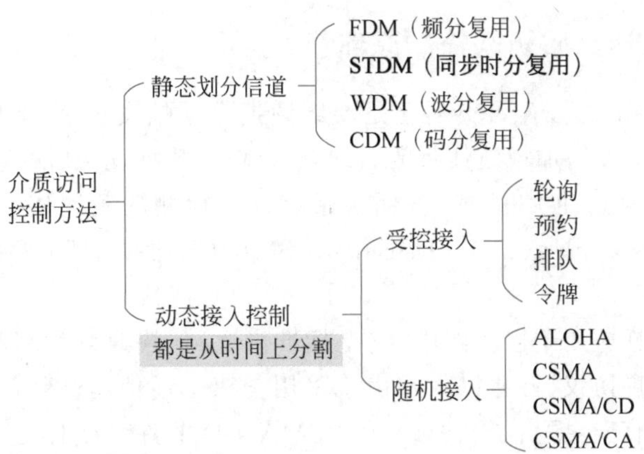

图 5-34　介质访问控制方法

是在访问介质前依次在缓冲器中排队等候；令牌方式是以令牌为控制方，站点间循环传递这个令牌(一种特殊的控制数据)，只有收到令牌的站点才能发送数据。

随机接入方法在以太局域网和 WLAN 无线局域网中广泛应用。随机接入协议有几十种，这里只分析一些典型的随机接入协议，即 ALOHA 协议、CSMA 协议、CSMA/CD 协议和 CSMA/CA 协议。

5.3.3　ALOHA 与 CSMA

ALOHA 协议于 1970 年设计，1985 年和 2009 年对 ALOHA 协议进行了改进。虽然这个协议已不再使用，但它激励后来者修改 ALOHA 协议，发明了广泛使用的 CSMA/CD 协议。

ALOHA 协议是一种“想发就发”的传输策略，节点有信息时立即发送，如遭遇碰撞，则随机延迟一段后重发。当有大量节点有很多数据帧要传输时，ALOHA 协议的信道利用率很低，最大效率仅为 $1/(2e)\approx 0.18$。为提高 ALOHA 协议的信道利用率，后来改进为时隙 ALOHA，即数据在每个时隙的开始时刻发送，但这要求所有的节点需要保持同步，信道最大效率为 $1/e$(约 0.37)，相对于 ALOHA，效率提升了一倍。

在 ALOHA 中，节点数据是否传输完全取决于本节点，不受共享信道中其他节点的影响，核心是“想发就发”，这必然会导致大量冲突，特别是在一个共享信道中有大量要发送数据的节点时。因此，后来改进了 ALOHA 协议，增加了发送前的载波侦听，这就是 CSMA，即 CSMA＝ALOHA＋载波侦听。CSMA 使发送数据的节点在发送前先进行信道侦听，根据信道的忙闲状态确定是否进行数据发送，这里有 3 种策略，如表 5-4 所示。

表 5-4　CSMA 侦听信道后的处理方式

侦听的信道状态	1-坚持 CSMA	非坚持 CSMA	p-坚持 CSMA
信道空闲	马上发送	马上发送	p 概率马上发送 $1-p$ 概率等到下一个时隙再发送
信道忙	继续坚持侦听	等一个随机时间后再侦听	继续侦听，信道空闲再以 p 概率发送

5.3.4 CSMA/CD 介质访问控制原理

CSMA 发送数据时，发生冲突后还是要继续把数据帧发送完，造成了信道浪费。因此继续改进，在 CSMA 增加载波侦听的基础上，再增加数据发送后的数据碰撞检测，以判断发出的数据是否遇到冲突/碰撞，发明了带有冲突检测的载波侦听多路访问(Carrier Sense Multiple Access with Collision Detection，CSMA/CD)协议，即 CSMA/CD ＝ CSMA＋冲突检测。

CSMA/CD 广泛应用于以太网中，它是标准以太网、快速以太网和千兆以太网中都采用的介质争用处理协议(万兆以太网由于采用全双工通信，就不再需要这种半双工模式下的技术)。人们已经提出了 CSMA 和 CSMA/CD 的许多变种，这里只考虑 CSMA/CD 中最重要和最基本的一些特性。

1. CSMA/CD 原理

CSMA/CD 在共享传输介质环境的半双工通信模式下使用，其介质访问控制原理包括侦听、发送、检测、冲突处理 4 个处理内容，对应的 4 个步骤是：**先听后发，边发边听，冲突停发，随机延迟后重发**，其过程如图 5-35 所示。

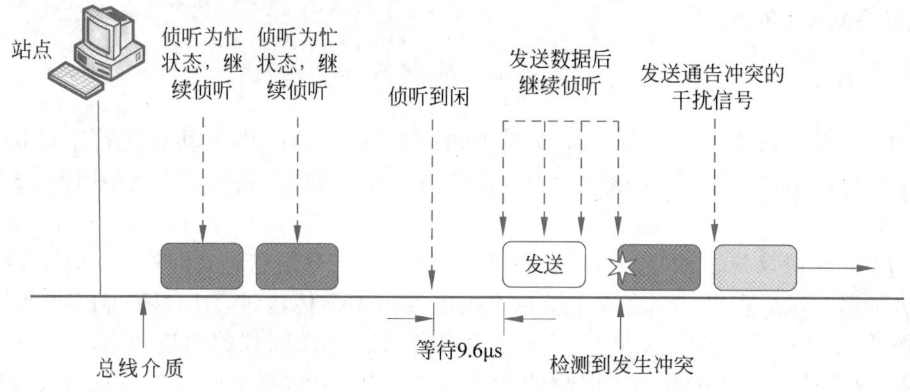

图 5-35　CSMA/CD 介质访问控制示例

(1) 当一个站点想要发送数据时，它首先要检测总线介质上是否有其他站点正在传输，即侦听介质是否空闲(即“先听”)。

(2) 如果信道忙，则继续侦听，直到侦听到介质状态为空闲；侦听到介质状态为空闲时，站点开始发送数据(即“后发”)，如图 5-35 所示，等待 9.6μs(原 10Mb/s 的以太网的帧间间隔，相当于 96 比特的发送时间)后再发送，这样做是为了使刚刚收到数据帧的站点的接收缓存来得及清理，做好接收下一帧的准备。

(3) 在发送数据的同时，站点继续侦听总线介质(即“边发边听”)，确保在发送过程中没有与其他站点发送的数据发生碰撞。(为什么先听后发还会发生碰撞，其原因详见后面对争用期的分析)。

(4) 若检测到有冲突，则立即停止发送数据(即“冲突停发”，也就是说，一旦出现冲突，立即停发)，同时发送一个用于加强冲突的阻塞(JAM)信号，以便使网络上其他所有站点都知道网上发生了冲突，不再接收原来的帧。

(5) 本站点然后等待一个随机时间(该时间根据“二进制指数退避算法”来计算)，且在信道为空闲时，再重新发送数据(即“随机延迟后重发”)。

2. 争用期

在CSMA/CD协议中，监听信道为空闲后再发送数据，为什么在发送数据的过程中仍然可能会遭遇碰撞呢？这是因为物理信号在传播时存在传播时延，两个站点同时检测到介质空闲，然后开始传输数据，由于传播时延，各方都要等到其他站点的数据传播到自己这里时才能检测到双方的数据实际在半路上发生了碰撞。

那么发送数据帧的站点，最迟要经过多长时间，才能检测出自己发送的帧与其他站点发送的帧产生了碰撞呢？

假设两个站点之间的单程端到端传播时延为 τ，当两端同时发送数据时，则在 $\tau/2$ 时刻相遇，在 τ 时刻双方都检测到对端的信号，知道发生冲突，如图5-36(a)所示。当两端不同时发送数据时，如图5-36(b)所示，在A端信号发出 $\tau-m$ 时刻(B端信号发出 m 时刻)相遇，则A在 $2\times(\tau-m)$ 时刻知道发生冲突，B在 $2m$ 时刻知道发生冲突。极端情况是 m 趋于零，即最长在 2τ 时刻(也是端到端往返时间)，双方都能检测到对端的信号，知道发生碰撞。因此，2τ 被称为“争用期”或者“碰撞窗口”，只要是经过争用期 2τ 这段时间后还没有检测到碰撞，就可以肯定这次发送不会发生碰撞。在争用期时间内，是可能发生碰撞的，具体是多长时间，取决于两个站点之间的距离。显然，总线的长度越长(τ 越大)，网络中站点越多，发生碰撞的概率就越大。

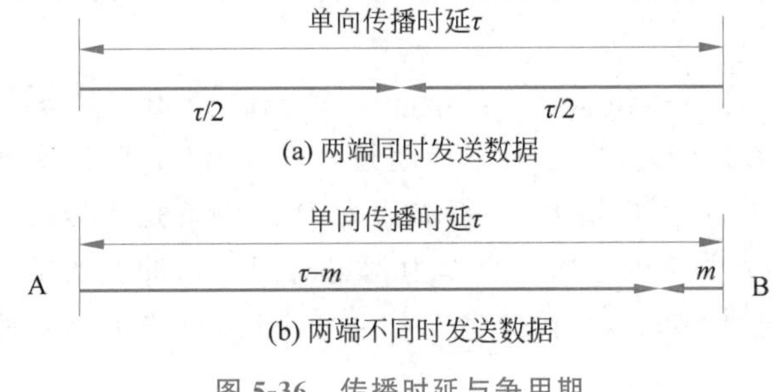

图5-36 传播时延与争用期

3. 最小帧长

前面分析出了争用期 2τ，但具体的传播时延不便于测量，工程上需要简化。于是把 2τ 转换为在 2τ 内能传输的数据量，对于设计CSMA/CD时的10Mb/s共享总线以太网，最长距离为5km，传播时延为 $25\mu s$，争用期 2τ 为 $50\mu s$，对10Mb/s的传输速率，可传输500比特(62.5字节)，取靠近 2^n 的字节数，即64字节(反推回去，相当于争用期 2τ 取 $51.2\mu s$)。

这样，某个站点在发送帧后，如果帧的前64字节未遭遇碰撞，那么帧的后部分也不会发生碰撞；反之，发送站点一旦检测到碰撞就立即终止帧的发送，所以此时已发送的数据量一定是小于64字节。因此，接收站点收到长度小于64字节的帧，就可以判定这是一个遭遇了碰撞而异常终止的无效帧，便将其丢弃。因此以太网规定，以太网PDU帧

(包含帧头)的最小帧长为 64 字节。

4. 最大帧长

从效率角度来说,数据帧的载荷长度希望越大越好,这样可以提高帧的传输效率。但是,如果不限制数据载荷的长度上限,使帧的总长度太长,则会造成广播型共享以太网中的其他主机总是拿不到共享信道的使用权,并且还可能导致接收站点的接收缓冲区无法装下该帧而产生溢出。因此,以太网的 MAC 数据帧的最大长度规定为 1518 字节,其中首部和尾部开销是 18 字节,数据载荷的最大长度是 1500 字节。

5. 退避算法

广播型共享以太网中各站点在检测到发送数据帧遭遇碰撞后,采用“二进制指数退避算法”来选择退避的随机时间。先想一想这个随机时间与哪些因素有关,如何确定这个时间。

假设随机延迟时间为 T,则 $T=\text{random}[0,X]$,X 大,则 T 的可选值多; X 小,则 T 的可选值少。若有 4 个站点,每个站点平均发 2 个包,需要 10 次发包机会,X 取 8,肯定还会出现很多次碰撞,若 X 取 80,则碰撞概率很低,但又出现很多浪费的时间。因此,希望 X 的取值与网络负载(站点数和发包的量)一致。负载小时,X 取值小; 负载大时,X 取值大。那如何判断负载量大小呢?

工程师们巧妙地利用了负载量与冲突的关系,冲突次数多,说明负载量大; 反之则小。因此该问题转化为根据冲突次数来判断负载量大小。

解决了基本思路,再来具体看看二进制指数退避算法的算法过程。

(1) 确定基本退避时间为争用期 2τ(类似时隙 ALOHA,数据只在每个时隙的开始时刻发送)。

(2) 随机延迟时间 $T=\text{random}[0,1,2,\cdots,(2^k-1)]\times 2\tau$。

参数 k 与冲突次数有关,规定 k 不能超过 10,$k=\text{Min}[$重传次数$,10]$。在重传次数大于 10,小于 16 时,k 不再增大,一直取值为 10。也就是重传次数大于 10 以后,都是从 $0\sim 2^{10}-1$ 个 2τ 中随机选择一个作为延迟时间。当冲突次数超过 16 次后,就表明同时发送帧的站点太多,以至于连续产生碰撞,因此只能丢弃并放弃重传而报告上层处理。

6. CSMA/CD 的亮点与不足

CSMA/CD 的最大亮点是它在侦听到有冲突发生时,可以立即中止数据帧的发送,快速地终止被破坏的帧,从而节省整个系统的时间和信道资源; 并且发送一个阻塞信号,以强化冲突,使其他站点更容易检测到有冲突的发送,不再同时发送数据了,可避免更多的帧发送冲突。

使用 CSMA/CD 的缺点是,如果一个站点需要发送大量的数据时,这时可能出现一个站点长时间控制整个局域网的情况,当网络中通信数据量较大时,这种方式仍然有可能引起较大的冲突。

在共享型广播网络中,站点使用 CSMA/CD 协议只能是尽量避免碰撞冲突,并在出现碰撞时做出退避后重发的处理,但无论如何也不能完全避免冲突/碰撞。

5.3.5 CSMA/CA 介质访问控制原理

虽然 CSMA/CD 协议成功地应用于有线连接的局域网，但无线局域网不能简单地搬用 CSMA/CD 协议。针对无线局域网传输特点需制定出适合无线网络共享信道的介质访问控制协议。在无线局域网中，由于无线通信本身的特点，存在隐藏站问题和暴露站问题(简单说，隐蔽站问题是检测不到碰撞，但会产生碰撞；暴露站问题是，检测到了碰撞，但不影响自己与其他站的通信)，而碰撞检测无法解决这两类问题。在无线局域网发送中，一旦发生碰撞，会导致整个信道资源的严重浪费，因此，无线局域网应当尽量减少碰撞的发生。

为此，IEEE 802.11 局域网使用带有冲突避免的载波侦听多路访问(Carrier Sense Multiple Access with Collision Avoid，CSMA/CA)协议，目标是尽量减少碰撞发生的概率，同时还采取以下措施：

- IEEE 802.11 局域网在使用 CSMA/CA 的同时，还使用停止-等待方案，是因为无线信道的通信质量不如有线信道，因此无线站点每次通过无线局域网发送完一帧后，就要等收到对方的确认帧后才能继续发送下一帧，通过数据链路层确认来实现可靠传输。
- 采用虚拟载波监听机制，目的是让源站把它要占用信道的时间(包括目的站发回确认帧所需要的时间)及时通知给所有其他站，以便使其他站在这一段时间都停止发送帧。
- 允许源站对信道进行预约。即源站在发送数据前先发送一个短的发送请求帧(Request To Send，RTS)和目的站响应一个允许发送帧(Clear To Send，CTS)，以确保源站和目的站之间的通信不会收到干扰。

1. IEEE 802.11 的 MAC 层

无线局域网标准 IEEE 802.11 的 MAC 层是包括两个子层，即：分布协调功能(Distributed Coordination Function，DCF)和点协调功能(Point Coordination Function，PCF)，如图 5-37 所示。它通过协调功能(DCF)来确定基本服务集 BSS(是无线局域网最小构件)中的移动站，在什么时间能发送数据或接收数据。

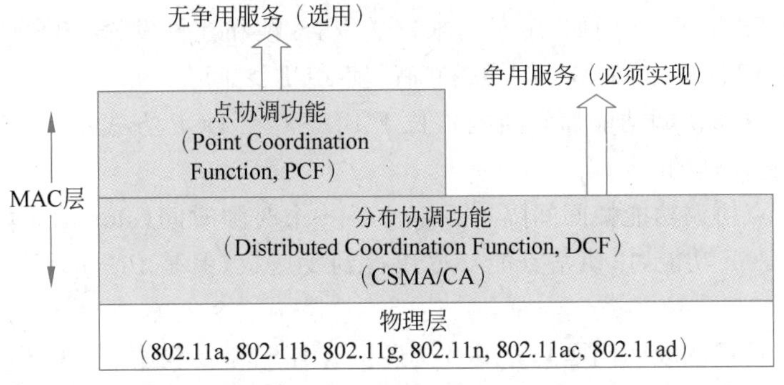

图 5-37 IEEE 802.11 的 MAC 层

- DCF 子层使用一种简单的 CSMA 算法，但不包括冲突检测功能。
- PCF 是一个集中式 MAC 算法，该算法用于提供无争用服务。PCF 建立在 DCF 之上，并利用 DCF 特性来保证它的用户接入，它是在 DCF 之外实现的一个可供选择的访问方式。

为了避免碰撞，IEEE 802.11 还规定，所有的站点在完成发送后，必须等待一段很短的时间并继续监听，才能发送下一帧。为尽可能地避免冲突发生，IEEE 802.11 局域网还要求，各站点不能不间断地一直发送。每发完一帧都得经过一个特定的时长才能继续发送下一帧（使用停止-等待方案），并把这个特定的时长称作帧间间隔（Inter Frame Space，IFS）。

帧间间隔的长短取决于站点要发送的帧的类型，采用不同优先级别的帧（低优先级的帧需要等待较长的时间，高优先级的帧需要等待的时间较短，这样高优先级的帧可优先获得发送权）来减少发生碰撞的机会。至于各种帧间间隔的具体长度，则取决于所使用的物理层特性。

IEEE 802.11 共规定了 4 种长度的帧间间隔，分别是 SIFS（Short Inter Frame Space）、PIFS（PCF Inter Frame Space）、DIFS（DCF Inter Frame Space）和 EIFS（Extended Inter Frame Space），它们之间的长度关系如图 5-38 所示。

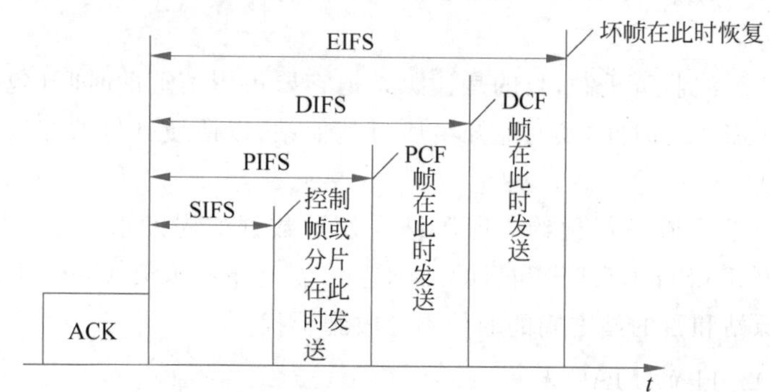

图 5-38　IEEE 802.11 4 种帧间间隔的长度及关系

先来看看以下各种帧间间隔的作用：

(1) SIFS（短帧间间隔），是最短的帧间间隔，用来分隔属于一次对话的各帧。在这段时间内，一个站应当能够从发送方式切换到接收方式。使用 SIFS 的帧类型有较多种（如 ACK 帧、CTS 帧等）。例如，用于请求发送 RTS 帧和允许发送 CTS 帧之间、允许发送 CTS 帧和 DATA 帧之间、DATA 帧和确认帧 ACK 之间。

(2) DIFS（分布协调功能帧间间隔），长于 SIFS。在 DCF 方式中，DIFS 是用来发送数据帧和控制管理帧的。

(3) PIFS（点协调功能帧间间隔）比 SIFS 长一个时隙时间（slot time）。它主要用于在刚开始使用 PCF 功能时，使站点能够尽快得到发送权，但是 PIFS 只能够工作于 PCF 模式。

(4) EIFS（扩展的帧间间隔）。EIFS 是最长的 IFS，主要在站点接收到坏帧时使用。

在 CSMA/CA 协议中，根据本站下一帧的功能和类型来确定 IFS 的类型。高优先级的数据帧享有优先发送的权利，因此要选择长度较短的 IFS。低优先级的数据帧就必须要选择长度相对长的 IFS。这样在低优先级帧间隔时间未结束时，高优先级帧已被发送到信道，且信道变为忙状态，所以低优先级帧只好退避等待。这样就可以尽量避免碰撞的发生。所以，站点当前所使用的 IFS 的类型就直接表明了即将要发送的数据帧的优先级别，即 SIFS＞PIFS＞DIFS＞EIFS。若当前等待时间为 SIFS，则说明即将发送的数据帧优先级别最高，享有优先发送的权利；若当前等待时间为 EIFS，则说明即将发送的数据帧具有最低的优先级别，必须等其他站点的数据帧发送完成后才能发送。

2. CSMA/CA 工作原理

CSMA/CA 协议的工作原理如图 5-39 所示。

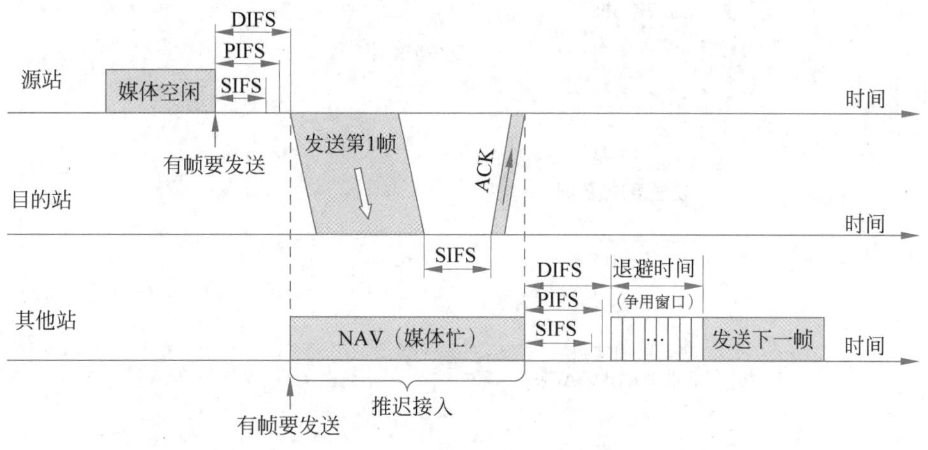

图 5-39 CSMA/CA 协议的工作原理

首先，要发送数据的站要先检测信道。采用的方式可能是下面的方式之一：

(1) 在 IEEE 802.11 标准中规定了在物理层的空中接口进行物理层的载波监听(Physical Carrier Sense)，即基于物理层的载波监听信道忙否。通过收到的相对信号强度是否超过一定的门限数值就可判断是否有其他的移动站在信道上发送数据。

(2) 由 MAC 层的虚拟载波监听(Virtual Carrier Sense)机制指出信道是否繁忙。即当某个站检测到正在信道中传送的帧首部的"持续时间"字段时，就调整自己的网络分配向量(Network Allocation Vector，NAV)，即指出必须经过多长时间才能完成帧的这次传输，才能使信道转入空闲状态。

当源站发送它的第 1 个 MAC 帧时，若检测到信道空闲，则在等待一段时间 DIFS 后就可发送。等待 DIFS 间隔是考虑到其他可能的站有更高优先级的帧要发送。现在假设没有其他高优先级的帧(不采用 SIFS 或 PIFS)要发送，源站就发送自己的数据帧。

若源站发送了自己的数据帧，目的站也正确收到此帧，则经过短帧间间隔 SIFS 后，向源站发送确认帧 ACK。若源站在规定时间内没有收到确认帧 ACK，就必须重传此帧，直到收到确认帧为止，或者经过若干次的重传失败后放弃发送。

其他站通过虚拟载波监听调整自己的网络分配向量，即信道被占用的时长。在 NAV 时间段内，若其他站也有数据帧要发送，则必须推迟发送。在 NAV 时间段结束后，在经过一个 DIFS，然后还要退避一段随机时间后才能发送帧。

无线局域网 IEEE 802.11 采用的停止-等待方案，是一种可靠传输方式，CSMA/CA 流程如图 5-40 和图 5-41 所示，其中图 5-40 是 CSMA/CA 无信道预约的 CSMA/CA 工作流程，图 5-41 是有信道预约的 CSMA/CA 工作流程。

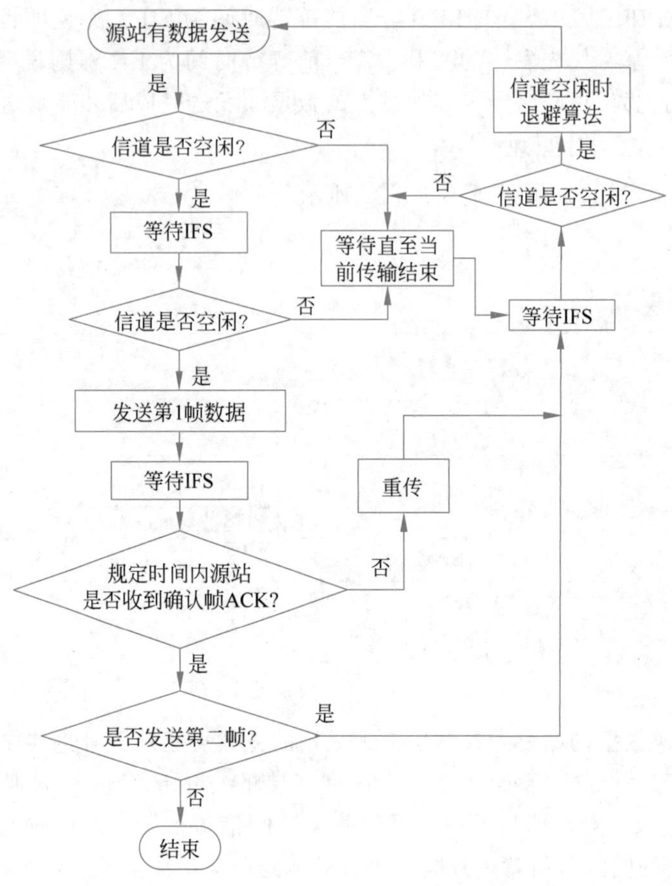

图 5-40　无信道预约的 CSMA/CA 流程

需要说明的是：

(1) 源站的有数据不是成功发送完上一数据帧之后立即连续发送的数据或者重传数据，是指源站的第 1 帧数据。

(2) 图 5-40 和图 5-41 中的 IFS 是根据本站下一帧的功能和类型来确定其具体类型的。

(3) 应用退避算法是因为检测到信道忙，也就要暂停退避计时器。只有信道闲时，退避计时器才能进行倒计时，当退避计时器时间减少到零，并且信道空闲时，源站才能发送整个帧，并等待确认(请思考该退避算法是否区别于 CSMA/CD 的退避算法)。

(4) 若规定时间内未收到确认 ACK，会再次使用 CSMA/CA 协议争用接入信道，进行重传确认，但是若经过若干次的重传失败后就会放弃发送。

(5) 存在不使用退避算法的情况是：检测到信道空闲，并且这个数据帧是站点想发

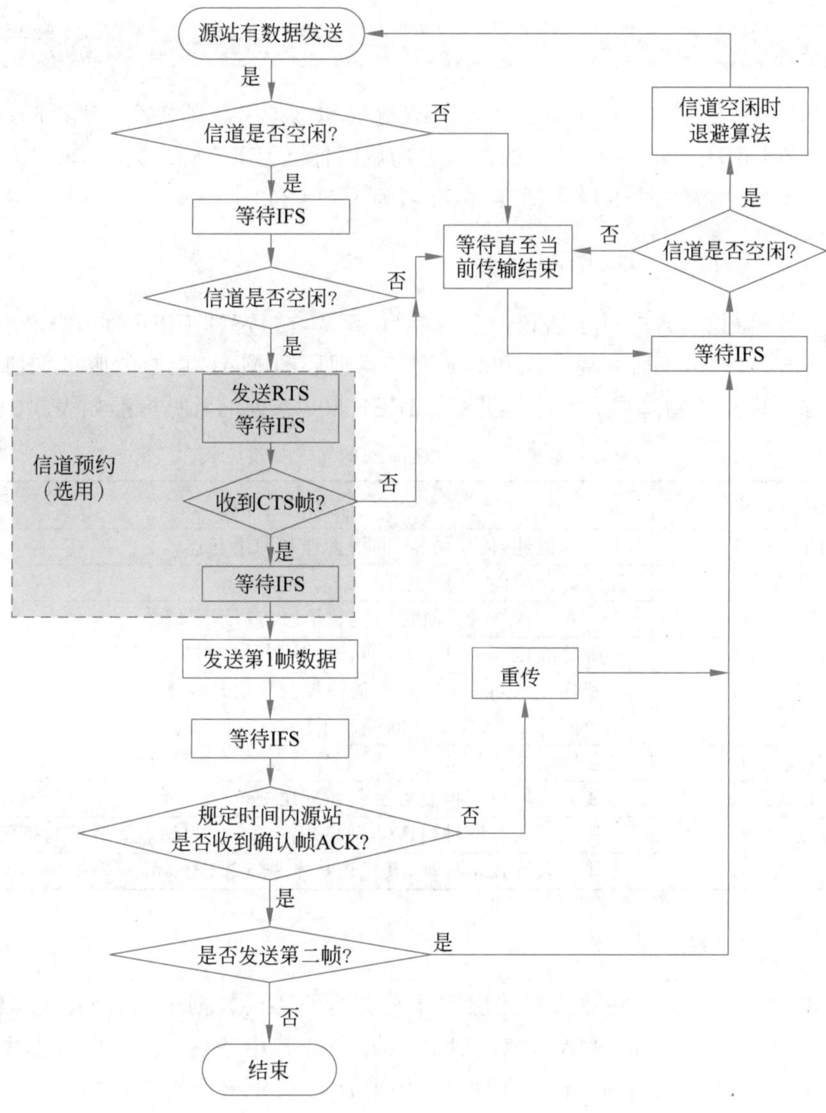

图 5-41　有信道预约的 CSMA/CA 流程

送的第 1 个数据帧。

(6) 在如下情况必须使用退避算法。

- 在发送第一个帧之前检测到信道处于忙的状态;
- 每一次的数据帧重传;
- 每一次的成功发送后要再发送一帧。

(7) 虽然使用 RTS 帧和 CTS 帧进行信道预约会带来开销,但 RTS 帧和 CTS 帧都很短,发生碰撞的概率以及产生的开销都很小。在发送传输时延长的数据帧前,采用很小的代价对信道进行预约是值得的。对 RTS 帧和 CTS 帧的使用在 IEEE 802.11 局域网中是可选择性的。

5.4 局域网标准及以太网帧格式

在局域网中，绝大多数标准都是由IEEE(电气和电子工程师协会)制定的IEEE 802系列标准。在网络中曾经应用最广的是以太局域网标准IEEE 802.3。后来IEEE 802系列标准被ISO接受为正式的国际标准，标准名为ISO 8802。

视频

5.4.1 IEEE 802系列局域网标准

IEEE 802协议包含多种子协议，把这些协议汇集在一起即IEEE 802协议集。IEEE 802标准委员会，致力于研究局域网和城域网的物理层和MAC层中的服务和协议，对应OSI网络参考模型的物理层和数据链路层。IEEE 802系列的常见标准如表5-5所示。

表5-5 IEEE 802系列的常见标准

标准名称	作用
IEEE 802.1	局域网概述，体系结构，网络管理和网络互连
IEEE 802.2	逻辑链路控制LLC
IEEE 802.3	CSMA/CD总线介质访问控制子层与物理层规范
IEEE 802.4	令牌总线(Token Bus)介质访问控制子层与物理规范
IEEE 802.5	令牌环(Token Ring)介质访问控制子层与物理规范
IEEE 802.6	城域网(MAN)介质访问控制子层与物理规范
IEEE 802.10	局域网安全性规范
IEEE 802.11	无线局域网访问控制方法和物理层规范
IEEE 802.14	协调混合光纤同轴(HFC)网络的前端和用户站点间数据通信的协议
IEEE 802.15	无线个人网技术标准，其代表技术是蓝牙(Bluetooth)

视频

5.4.2 以太网帧格式

以太网中，MAC帧是在数据链路层实体间交换的协议数据单元(PDU)。不同的组织机构定义了多种不同的MAC帧，IEEE 802.3是其中一种，但使用最多的是DIX Ethernet Ⅱ标准(也称Ethernet V2标准)。因此这里只介绍使用得最多的Ethernet Ⅱ的MAC帧格式，帧格式如图5-42所示。

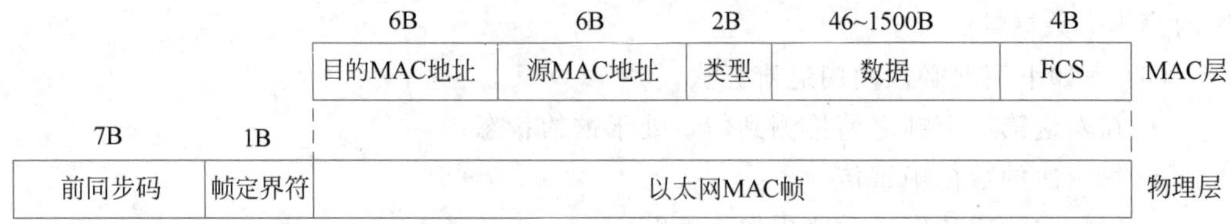

图5-42 Ethernet Ⅱ MAC帧格式

1. 目的MAC地址/源MAC地址

目的MAC地址(Destination Address，DA)和源MAC地址(Source Address，SA)字

段各占 6 字节，分别用于标识接收站点的 MAC 地址和发送站点的 MAC 地址，地址可以是单播 MAC 地址，也可以是组播地址或者广播 MAC 地址。

2. 类型(Type)

该字段占 2 字节，指出帧中数据字段中的数据类型，数值总大于 1536(即 0x0600)(数值≤1500 则为 IEEE 802.3 以太网帧的长度字段)。类型字段用来表明数据字段中的内容是由上一层的哪个协议封装的，以便将收到的 MAC 帧的数据字段中的内容交给上一层的相关协议，一些典型的类型字段数值及说明如表 5-6 所示。

表 5-6 典型的类型字段数值及说明

类型编号(十六进制)	协 议
0000～05DC	IEEE 802.3 长度字段
0800	IPv4 协议
0806	地址解析协议(Address Resolution Protocol，ARP)
8037	IPX(Novell NetWare)
809B	AppleTalk(EtherTalk)
8100	IEEE 802.1Q 用户 VLAN
814C	基于以太网的 SNMP(SNMP over Ethernet)
8191	NETBIOS/NetBEUI
86DD	IPv6 协议
8847～8848	多协议标签交换(Multi-Protocol Lable Switching，MPLS)
8863	PPPoE 发现阶段
8864	PPPoE 会话阶段
9000	Loopback(配置测试协议)

3. 数据(Data)

该字段装载上层来的 PDU，其长度范围为 46～1500 字节。如果数据不够 46 字节，则需要在数据字段后面加上填充字段(46 是由最小帧长 64 字节减去 MAC 帧首尾 18 字节得到)。

4. 帧校验序列(Frame Check Sequence，FCS)

该字段占 4 字节，是 32 位的循环冗余校验(CRC)值。

至此，前面讲的数据链路层最基础的帧定界功能还没有，以太网 MAC 层巧妙地借用了物理层做时钟同步的前导码来实现了帧定界功能，相当于把帧定界放到物理层去做了(也可以说，是物理层提前做好了各帧的分界，数据链路层就不用做这项工作了)。

前导码分成两部分：前同步码和帧开始定界符。

(1) 前同步码(Preamble)。该字段占 7 字节，由 1 和 0 交替构成，用于接收方调整其时钟频率，使它和发送方的时钟同步，实现收发双方的位同步，这是确保正确接收比特流的基础。(详见 1.5.3 节)

(2) 帧开始定界符(Start-of-Frame Delimiter，SFD)。该字段占 1 字节，前 6 位也是 1 和 0 交替构成，最后两位是连续的 1，即 10101011，表示一个帧的开始。即接收方检测到连续两位 1(即读到帧起始定界符字段 SFD 最末两位)时，便将后续的信息递交给

MAC 子层。

至此，有了帧定界符，确定了帧的开始位置，MAC 帧中没有长度字段，那帧的尾部位置如何确定呢？

以太网也把它放到物理层去实现了，规定各帧之间插入帧间间隔时间，如图 5-43 所示。以太网标准中规定最小帧间隙是 12 字节，其数据为全 1。所以，MAC 帧不需要帧结束符或长度字段。

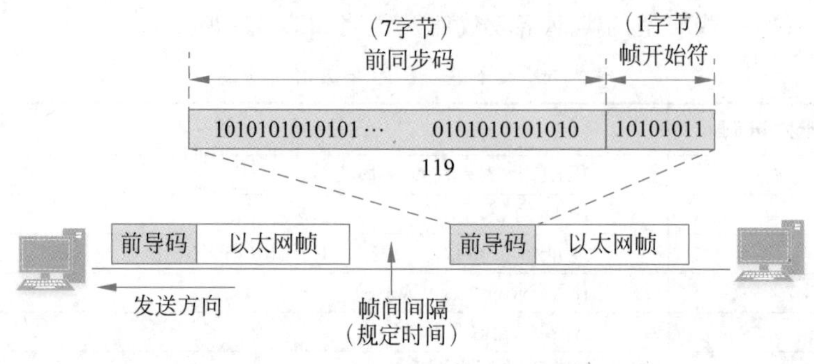

图 5-43　以太网帧的前导码

5.4.3　以太网的分类

以太网因通信介质的不同和通信速率的差异，衍生出了众多不同的以太网类型。IEEE 802.3 系列标准中发布的就有标准以太网（10M 以太网）、快速以太网（100M 以太网）、千兆以太网和万兆以太网规范，具体如表 5-7 所示。所有的以太网都有一个规范的命名，都能表示其相关的特殊含义，命名规范为：<数据传输速率(Mb/s)><信号传输模式><最大段长度(百米)>/<-介质类型>，如 10Base5、10Broad36、10Base-T、10Base-F 等。

表 5-7　以太网主要分类

以太网种类	电缆最大长度	电缆种类	标　准
10Base5	500m	粗同轴电缆，75Ω	IEEE 802.3
10Base2	185m	细同轴电缆，50Ω	IEEE 802.3
10Base-T	100m	双绞线（3 类～5 类无屏蔽双绞线）	IEEE 802.3
10Base-F	1000m	多模光纤（Multi Mode Fiber，MMF）	IEEE 802.3
100Base-TX	100m	双绞线（5 类无屏蔽双绞线/屏蔽双绞线）	IEEE 802.3u
100Base-FX	2000m	多模光纤	IEEE 802.3u
100Base-T4	100m	双绞线（3 类～5 类无屏蔽双绞线）	IEEE 802.3u
1000Base-CX	25m	屏蔽铜线	IEEE 802.3z
1000Base-SX	550m	多模光纤	IEEE 802.3z
1000Base-LX	550m/5000m	多模光纤/单模光纤	IEEE 802.3z
1000Base-T	100m	双绞线（5 类/5e 类无屏蔽双绞线）	IEEE 802.3z
10GBase-SR	300m	多模光纤	IEEE 802.3ae
10GBase-LR	10km	单模光纤	IEEE 802.3ae
10GBase-ER	40km	单模光纤	IEEE 802.3ae

续表

以太网种类	电缆最大长度	电缆种类	标准
10GBase-T	100m	双绞线(6a类无屏蔽/铝箔屏蔽双绞线)	IEEE 802.3an
10GBase-CX4	15m	双芯同轴电缆	IEEE 802.3ak
40GBase-SR4	400m	多模光纤	IEEE 802.3ba
100GBase-LR4	10km	单模光纤(采用4个波长复用,每个波长25Gb/s)	IEEE 802.3ba
100GBase-ER4	40km	并行多模光纤	IEEE 802.3ba

- 10Base5中的10表示10Mb/s数据传输速率,Base表示信号采用基带传输方式,5表示单段介质的最大传输长度为500m。
- 10Broad36表示10Mb/s数据传输速率,采用宽带系统(如有线广播方式、有线电视网络)传输,36表示端到端的最大距离为3600m。
- 10Base-T表示10Mb/s数据传输速率,采用基带传输方式,T表示传输介质为双绞线(Twisted Pairewire)。
- 10Base-F:表示10Mb/s数据传输速率,采用基带传输方式,F表示传输介质为光纤(Fiber)。

5.5 构建交换式局域网

构建局域网可以采用基于物理层和数据链路层的设备,物理层设备只是采用集线器或者中继器等构建的局域网,可以称为"共享式局域网"。带有数据链路层功能的常见设备有网卡、网桥和二层交换机,通过网桥和交换机构建的局域网通常是"交换式局域网"。

5.5.1 网卡

网卡是网络接口卡(Network Interface Card,NIC)的简称,也叫网络适配器,是设备与网络之间的桥梁,是网络中最基础的网络设备,它安装在计算机或网络设备中。

网卡工作在物理层和数据链路层,由物理层隔离变压器、物理层处理芯片、处理器、存储器、输入/输出缓存器等组成,每张网卡的MAC地址就保存在网卡的存储器中。

网卡的基本功能包括:

(1) 物理层功能——完成数据传送与接收所需的数/模转换,串/并转换、同步时钟提取、数据编码(曼彻斯特编码与译码)等,并向数据链路层设备提供标准接口。

(2) 链路管理——通过CSMA/CD或CSMA/CA协议规定的规则来实现。

(3) 数据的封装与解封——发送时将上一层传来的数据加上首部和尾部,成为以太网的MAC帧;接收时将以太网的MAC帧剥去首部和尾部,送交至上一层。

根据不同的分类依据,分成多种类型的网卡。

(1) 按网卡所支持的传输介质划分,分为有线网卡和无线网卡。有线网卡分为双绞线接口网卡和光纤接口网卡,前者连接RJ-45网线,后者连接光缆。无线网卡连接空中无线电波。

(2) 按与主机相连的接口类型划分,分为 PCI 总线接口、PCMCIA 接口、PCI-X 接口、PCI-E 接口和 USB 接口的网卡。

(3) 按支持的网络标准划分,分为 10Mbps/100Mbps 自适应的双绞线快速以太网卡、10Mbps/100Mbps/1000Mbps 双绞线千兆以太网卡、纯 1000Mbps 的光纤千兆以太网卡等。

视频

5.5.2 交换机

交换机(Switch)可以理解成是集线器和网桥的综合升级换代产品,它既具有集线器的集中连接功能,又具有网桥的数据交换功能;是带有"交换"功能的集线器,或者说是多端口网桥。

网桥(Bridge)是早期的只有少量端口(2～4 个端口)的基于数据链路层的网络设备,可用来连接处于不同物理位置网段的计算机(如图 5-44 所示),并具备隔离冲突域特性,比当时的集线器(Hub)性能更好。网桥与传统的二层以太网交换机有非常相似的工作原理。将在 5.5.3 节统一介绍二层交换的基本原理。

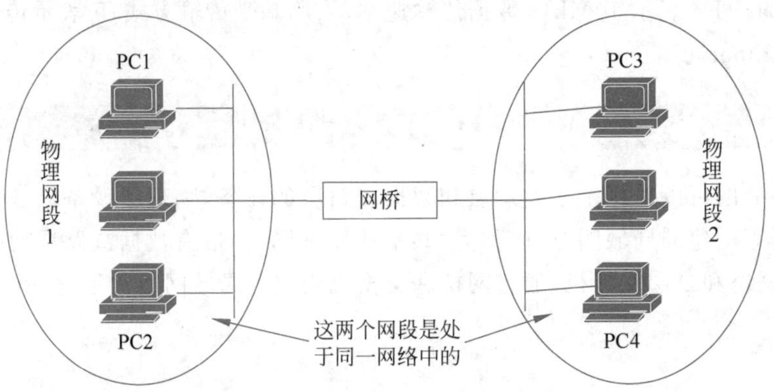

图 5-44 网桥连接两个物理网段

特别说明:图 5-44 中的"物理网段"指的是设备 IP 地址属于同一网络地址段,只是位于不同地理位置的主机。

由于交换机发展速度相当快,其应用向两个不同的方向发展,在外观上也有很大区别。小的桌面交换机和集线器类似,而大的则采用模块化结构(即内部各插槽中的通信线卡可以根据需要进行调整),机箱较大,如图 5-45 所示。

(a) 小型固定端口交换机

(b) 模块化交换机

图 5-45 小型固定端口交换机与模块化交换机

1. 交换机与集线器和网桥的比较

二层交换机与集线器的区别主要如表 5-8 所示。

表 5-8 二层交换机与集线器的区别

区　别	交　换　机	集　线　器
在 OSI 中的工作层次	二层及二层以上	物理层
数据传输方式	有目的的、数据是可以针对目的节点发送。只有在 MAC 地址表中找不到目的地址的情况下会使用洪泛广播式传输	多次复制的洪泛广播式传输
背板信道占用方式	每个端口的收、发都是独享的背板信道带宽	共享背板中的一条信道带宽
数据通信方式	可以进行全双工数据传输	只采用半双工方式进行传输

与网桥相比，二层交换机的主要特性体现在如下方面：

(1) 具有更多的交换端口。

(2) 大多数主机直接连在交换机端口上，数据转发效率更高。使用网桥时，因为网桥端口少，为扩展网桥端口使用，网桥端口下面还要先连接集线器，再通过集线器连接主机。而交换机端口是与主机直接相连，使交换机具有更强的数据转发能力。因为交换机转发数据是基于自学习而来的地址转发表，地址转发表中基本都是主机 MAC 地址与交换机端口一一对应的映射，一对一的映射查找效率会高于一对多(比如，网桥的端口连接集线器，集线器再连接主机)的情况。

综上所述，交换机的数据通信效率要远高于集线器和网桥。从当今网络应用情况来看，交换机已经完全取代了集线器和网桥曾经在网络中的位置和作用。但集线器属于共享总线式网络，其思想在无线通信场景中依然有用。

2. 交换机的分类

交换机是一种应用非常广泛的网络设备，目前有各种不同的交换机类型。交换机的分类方式也是多种多样，常用的分类方式有如下。

1) 按照交换机功能划分

根据交换机处理数据包的能力可分为二层交换机、三层交换机和高层交换机。

二层交换机是有类似于网桥的功能，只是二层交换机相对于网桥，它具备更强的性能和更多的端口；带有 IP 路由功能的交换机就可称为“三层交换机”或者“路由交换机”。高层交换机是指能够处理 OSI 模型中 4～7 层的数据，如多台服务器前可加装的负载均衡器、有“带宽控制”的交换机、广域网加速器、可以针对特殊应用访问加速以及具有防火墙功能的交换机等。

2) 根据网络类型划分

根据交换机所应用的局域网类型可以将局域网交换机分为标准以太网交换机(10Mb/s 传输速率)、快速以太网交换机(100Mb/s 传输速率)、千兆以太网交换机(1000Mb/s 传输速率)、万兆以太网交换机(10000Mb/s 传输速率)等。

3) 按交换机结构划分

按交换机结构划分，交换机可分为固定端口交换机和模块化交换机。

固定端口就是它所带有的端口是固定的。例如,8 端口、16 端口、24 端口的。这种固定端口的交换机基本上都属于较低档次的。

模块化交换机是交换机上除了有部分固定的端口外,还可通过插入扩展模块来扩展端口数量以及所支持的传输介质、网络协议、业务类型等。

4) 按照用途分类

根据规划设计规模化网络,网络可划分为核心层、汇聚层和接入层。根据交换机在网络中所处的位置和用途可分为核心交换机(处于核心层)、汇聚交换机(处于汇聚层)、接入交换机/边缘交换机(处于接入层)。

5) 按是否支持网络管理功能划分

按交换机是否支持网络管理功能可划分为网管型和非网管型两大类。

网管型交换机可以通过交换机的控制端口(Console 口)或 Web 界面进行配置和管理。非网管型交换机则不能进行任何配置与管理,仅按照出厂的默认设置进行工作。

视频

5.5.3 二层交换原理

从实际应用上看,网桥或者二层交换机的每一个端口都可以连接一个物理网段(如图 5-44 所示),但是它们所连接的主机都是处在同一网络(子网)中。比如用交换机连接位于不同办公室或者不同楼层的主机,则可以通过使用同一网络地址的两个或多个小的物理网段,组成一个可以统一管理的大规模局域网。通常所说的"桥接"也就是网桥的作用,即连接的是同一网络(子网)中的两个物理网段。

二层交换机与网桥一样,具备自学习能力,建立自身的数据转发的依据——MAC 地址表(地址转发表),实现对发送数据的过滤转发,即二层交换机直接根据数据帧中的目的 MAC 地址,进行 MAC 地址表查表,根据转发表情况把数据发送到相应端口上。

1. MAC 地址与端口映射建立 MAC 地址表

MAC 地址表保存的是主机 MAC 地址与所连接的端口的映射,即列出哪个 MAC 地址连接的是哪个具体的物理端口。这个映射表项可以由管理员手动绑定(静态配置),也可以由交换机自动学习得到(动态获取),针对多播还可以通过各种多播协议,如 IGMP 嗅探、GMRP 协议等方式获取。

但要注意的是,MAC 地址表是存于交换机缓存中的,但交换机缓存空间是有限的,所以可以存储的 MAC 地址和端口映射表项也是有限的。当网络比较大时,交换机中的缓存空间就不能保存网络中所有节点 MAC 地址与交换机端口的映射关系。

在网络中,具有 MAC 地址的设备,是如何与连接这些设备的交换机端口建立映射,形成交换机中 MAC 地址表的?

实际上,交换机在进行对数据转发的同时,还有一个"MAC 地址与端口映射关系"的自学习过程。

(1) 交换机在最初接入网络中时,是不存在 MAC 地址与端口映射关系表项的(即 MAC 地址表为空表)。

(2) 当交换机在接收到数据帧时,会提取数据帧中的源 MAC 地址,并查询 MAC 地址表,检查在自身的MAC地址表中是否有针对该源MAC地址的转发项?

- 如果没有,则把该源MAC地址和收到该源MAC地址的端口绑定起来(即建立映射关系),插入MAC地址表项中,并启动一个该项的老化定时器。这样当再接收到一个发送到该MAC地址的数据帧时,就不需要向所有端口广播转发,而仅向这一个对应的映射端口发送。
- 如果有,则会更新MAC地址表中该项的老化定时器时间,即恢复定时器初始值。

(3) 当交换机在接收到数据帧时,会针对数据帧中的目的MAC地址,并在MAC地址表中进行查表。当查表没有结果时,会向交换机上其他所有端口进行广播;当接收到该帧的节点应答该帧后,便可获得数据帧中对应的目的MAC地址所连接的端口(即会使用上述第(2)点方法),这时交换机会把该MAC地址与所连端口的对应表项插入到MAC地址表中。

(4) 如MAC地址表中各表项的老化定时器在限定时间内没有收到有相关MAC地址与端口映射关系的数据帧而进行老化时间的更新,则该MAC地址与端口映射关系的表项则会在MAC地址表中失效并被删除。

特别说明:交换机MAC地址表项老化定时器时间长短是可以通过操作指令进行设置的。在进行交换机组网应用时,大家可以根据情况在实践应用时尝试进行设置操作,并思考一下,当设置MAC地址表项的老化定时时间过长或者过短,对网络或者交换机会有什么影响?

上述说明的MAC地址表没有考虑VLAN(虚拟局域网)的情形。现在的交换机一般都支持VLAN技术应用,所以MAC地址表就有了变化,由原来的主要两项对应关系(MAC地址、交换机端口),变成主要的3项对应关系(VLAN ID、MAC地址、交换机端口)。这样当接收到一个数据帧时,交换机要同时根据数据帧的目的MAC和VLAN ID两项来查询MAC地址表(但其二层交换基本原理仍然一样),找到相应端口将该数据帧转发出去。大家可以在支持VLAN技术应用的交换机上使用指令进行MAC地址表查看观察。

2. 二层交换基本原理

交换机的二层交换原理其实比较简单,具体流程如图5-46所示。

总之,当交换机收到数据帧时,交换机根据数据帧中的目的MAC地址,并依据自身MAC地址表(地址转发表)的情况,把数据从对应的端口转发到所连接的主机或者级联的其他网络设备上。

♥**【技术思想启发】** 在交换机地址转发表建立过程中可清晰地看到:交换机通过自学习,边试错,边完善,最后形成灵活的适应性很强的自动更新转发表,以控制整个交换机的工作。可以看到"先行动,边行动,边总结,在挫折中前进"的威力,也可从技术上看到"我为人人、人人为我"的互助价值。

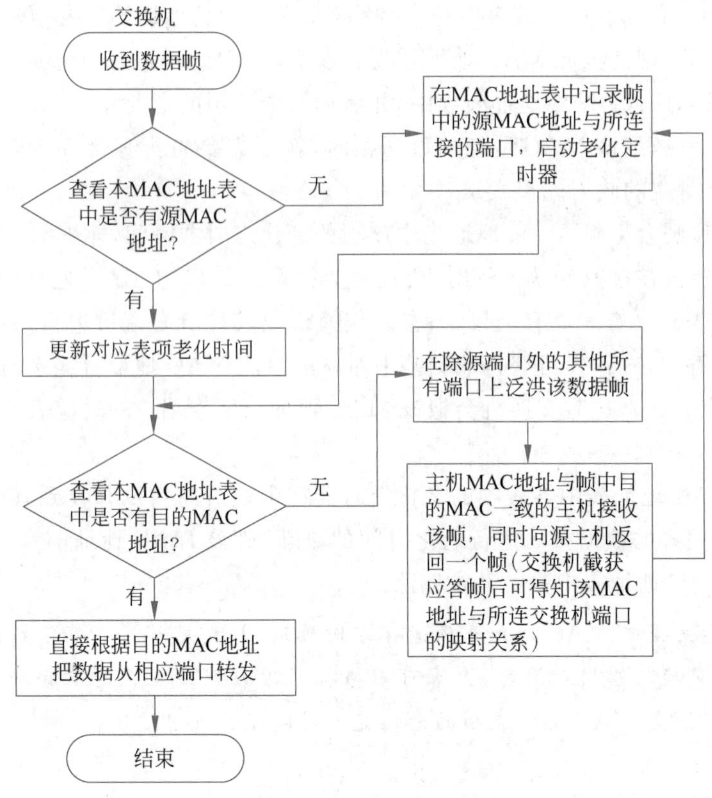

图 5-46　二层交换基本原理

5.5.4　环路检测及处理

当二层交换机连接网络出现环路时,会出现什么情况？最坏的情况是数据帧会在环路中被反复持续转发,一旦这种异常的数据帧越积越多就会导致网络瘫痪。这种情况下只能关掉网络设备的电源或者断开网络才能恢复。

为此,有必要解决网络中的环路问题。具体方法有生成树和源路由方式。使用带生成树或者源路由功能的二层交换机,即便是构建了环路网络,也不会造成严重的网络瘫痪问题。而且有时需要搭建合适的环路网络,以分散网络流量,甚至在网络某处发生故障时,因为网络是环路结构,所以数据可以绕开故障点,从而提高整体网络抗灾容灾的能力。

生成树方法由 IEEE 802.1D 定义。它规定每个运行生成树协议的交换机必须每1～10 秒相互交换网桥协议数据单元(Bridge Protocol Data Unit,BPDU),从而判断哪些端口能否使用,以便消除环路。一旦网络发生故障,就自动切换通信线路,利用那些没有被使用的端口继续进行传输。

生成树是以各自交换机为生成树的“根”,通过对网络中每个交换机端口权重的计算,从逻辑上使物理上呈现环状结构的网络变成树状结构网络。交换机端口权重是可以通过网络管理员进行设置的,可以指定哪些端口有优先权以及发生问题时该使用哪些端口。

生成树协议与设备类型没有关系，只要是具有生成树功能的设备，都具备消除环路的功能。但 IEEE 802.1D 所定义的生成树协议最大的一个问题是：网络发生故障时，网络的切换时间比较长。为此，为解决这个切换用时过长的问题，还定义了一种快速生成树协议的方法，如 RSTP(Rapid Spanning Tree Protocol)，以及结合 VLAN 技术应用的(Multiple Spanning Tree Protocol，MSTP)，它是将网络划分为多个 VLAN，并为每个 VLAN 构建一个独立的生成树。关于生成树的协议还有很多，这里不再展开说明。

5.6 VLAN 技术

VLAN(Virtual Local Area Network，虚拟局域网)对应的技术标准是 IEEE 802.1Q，是 1999 年 6 月由 IEEE 委员会正式颁布实施的，最早的 VLAN 技术是在 1996 年由 Cisco(思科)公司提出的。VLAN 属于 OSI/RM 的二层技术，是一种将物理网络划分为多个逻辑上独立的虚拟子网络的技术，但在同一 VLAN 内部是通过数据链路层(第二层)进行通信的。

5.6.1 VLAN 应用的目的

视频

早期的以太网是没有 VLAN 技术的，后来是基于什么原因开发了 VLAN 技术呢？因为在进行网络管理的时候，时常会遇到需要分散网络负载、变换部署网络设备位置、流量隔离、管理用户等情况。早期网络管理员在进行这些操作时，不得不修改网络的拓扑结构，这就意味着必须进行相关硬件线路的改造。后来应用 VLAN 技术后，就可以不必重新修改布线，只要修改交换机配置即可。当然，这样会造成物理网络结构和逻辑网络结构不一样，从而导致新的管理问题。因此，网络管理者应该加强对逻辑网段构成和物理网络运行等的设计与管理。

VLAN 的主要用途是把一个大的交换网络划分成多个小的交换网络(即分割广播域，隔离二层通信)。那为什么要这样做呢？为什么要缩小广播域呢？其实，这样做的目的是减少二层网络中广播流量对整个交换网络的影响。

在交换网络中，广播可能是经常发生并且不可避免的。在大型的交换网络中，广播流量会给整个网络带来不小的负荷，可能影响正常的数据交换。在二层网络中，随着连接设备数量的增加，广播数据也会增加，网络状况就会变得越发糟糕。这种情况下就需要一种能够将整个物理网络进行逻辑划分的技术。于是 VLAN 技术适时而出，这种技术能够有效限制广播通信的规模。它能将一个物理网络划分成一个个不同的 VLAN(逻辑段)，每个 VLAN 相当于一个小的、独立的二层交换网络(即小的广播域)，每个 VLAN 中的广播包只会在本 VLAN 中广播，广播包的影响范围和程度自然大大降低。由此看出，VLAN 是由隔离二层通信而生的，划分 VLAN 后，不同 VLAN 中的主机不能直接进行二层通信。因此划分 VLAN 不仅隔离了广播风暴，还提高了网络的安全性。

视频

另一方面，不同 VLAN 之间的用户被隔离在不同的二层网络中，若不借助含路由功能的设备就无法实现不同 VLAN 之间的通信，因此不同 VLAN 之间用户需要通过第三层的路由功能来实现通信。实现方法有两种：一种是通过路由器实现，另一种是通过具有三层路由功能的交换机实现。

视频

5.6.2 VLAN 的划分方式

常见的 VLAN 划分方式有如下 5 种。

(1) 基于端口的方式划分 VLAN：这是最简单和基础的 VLAN 划分方式。即以静态方式将指定的接口划分到对应的 VLAN 内，那么它就固定在这个 VLAN 中了。将具有相同特征或需求的设备连接到同一个 VLAN 上。例如，将所有服务器连接到一个 VLAN，将所有打印机连接到另一个 VLAN。

(2) 基于 MAC 地址划分 VLAN：使用 MAC 地址划分 VLAN 是一种较为灵活的方式。可以根据设备的 MAC 地址来判断其所属的 VLAN，它只看用户的 MAC 地址，不把接口固定在某个 VLAN 中，通过配置交换机的 MAC 地址表，将不同 MAC 地址范围的设备划分到不同的 VLAN。

(3) 基于子网形式划分 VLAN：按照 IP 子网来划分，将相同 IP 子网号的设备划分到同一个 VLAN 中，实现对不同子网之间的流量隔离和管理。它只看用户的 IP 子网形式，比如规定一个 192.168.1.0/24 的网段划分到 VLAN 20，那么配置了该网段的 PC 连接的接口就会动态划分到 VLAN 20。这种方式常用于大规模网络环境。

(4) 基于协议划分 VLAN：根据不同的网络协议将设备划分到不同的 VLAN 中。例如，将所有 Voice over IP(VoIP)电话连接到一个 VLAN，将所有 IP 视频设备连接到另一个 VLAN，以便对不同协议的流量进行优化管理。

(5) 基于策略的方式划分 VLAN：这种方式只有华为的产品才支持，它比较类似于将 IP 与 MAC 绑定，在 IP 跟 MAC 匹配或者是 IP、MAC 和端口都匹配时才划分到对应的 VLAN。

需要注意的是，不同的交换机厂家对 VLAN 的划分方式可能有一定的差异，具体操作方法也可能不同。

视频

5.6.3 VLAN 交换机端口类型

在 VLAN 网络中，交换机端口有 Access、Trunk、Hybrid 3 种链路类型。

Access 类型端口：只能属于一个 VLAN，一般用于连接计算机。所有通过它的接口都不需要标签，数据在经过交换机后再打上标签。

Trunk 类型端口：允许多个 VLAN 通过，可以接收和发送多个 VLAN 报文，一般用于交换机之间或者交换机与路由器之间的连接。所有通过 Trunk 的数据都需要带标签，同时可以接收和发送多个 VLAN 报文。Trunk 使得一条物理线路可以传送多个 VLAN 的数据。

Hybrid 类型端口：允许多个 VLAN 通过，可以接收和发送多个 VLAN 报文，可以用于交换机之间连接，也可以用于连接用户的计算机。Hybrid 类型接口具有 Trunk 和 Access 两种接口属性的特点，Hybrid 类型接口可以接收某个或者多个 VLAN 的数据。发送数据时：Hybrid 类型端口允许多个 VLAN 的报文发送时不打标签，而 Trunk 类型端口只允许默认 VLAN 的报文发送时不打标签。

应特别注意，无论是哪种交换机端口类型，端口中都具有 PVID(Port VLAN ID，或称 Native VLAN、本征 VLAN)属性值，该 PVID 属性值是唯一的。端口具有 PVID 属性值的重要作用是：对于交换机端口，当接收到没有 VLAN 信息(不打标签)的数据帧时，端口就根据自己的 PVID 属性值对数据帧进行 VLAN 信息的添加(即打上标签)。

5.6.4 IEEE 802.1q 帧格式

VLAN 属于二层通信协议，它对数据帧进行了重新封装，添加了 VLAN 协议头信息。支持 VLAN 应用的交换机会在普通的以太网帧的“类型”字段前加上用于标记帧 VLAN 信息的 2 个字段(共 4 字节，由 TPI 和 TCI 构成)，又称“打标签”，VLAN 协议头部符合 IEEE 802.1q 标准，如图 5-47 所示。这种增加了 VLAN 信息的数据帧，通常可称为“打标签的数据帧”(Tagged Frame)，而原来普通的数据帧就是“无标签的数据帧”(Untagged Frame)。

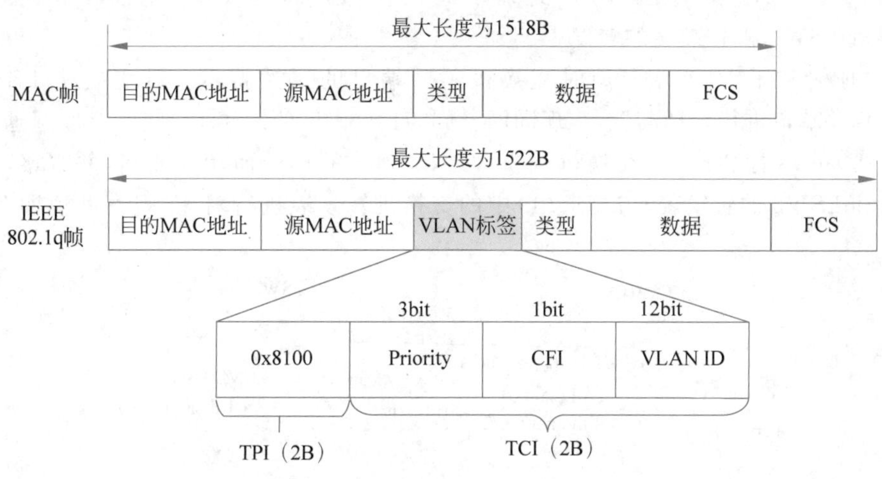

图 5-47 IEEE 802.1q 协议格式

TPI(Tag Protocol Identifier)，即标签协议标识符字段，占 2 字节(16 位)，以表明这是一个添加了 IEEE 802.1q 标签的帧(区别于未加 VLAN 标记的帧)，采用固定值 0x8100(表示封装了 IEEE 802.1q VLAN 协议)。Priority、CFI 和 VLAN ID 这 3 个字段统称为标签控制信息(Tag Control Information，TCI)，占 2 字节。

- **Priority**：用户优先级字段，占 3 位，表示 0～7 共 8 个优先级(数值越大，表示优先级越高)，主要用于确定当交换机阻塞时，优先发送哪个数据帧，也就是服务质量(Quality of Service，QoS)的应用，具体在 IEEE 802.1p 规范中详细定义。
- **CFI**(Canonical Format Indicator)：标准格式指示器字段，占 1 位，用来兼容以太网和令牌环网，标识 MAC 地址在传输介质中是否以标准格式进行封装。默认取值为 0，表示 MAC 地址以标准格式进行封装，为 1 表示以非标准格式封装。在以太网中该值总为 0。
- **VLAN ID**(VLAN Identified)：VLAN 标识字段，占 12 位，指明 VLAN 的 ID 号，

一共 4096 个(即 2^{12},但通常 VLAN ID 的最小值和最大值都不使用)。每个支持 IEEE 802.1q 协议的交换机发送出来的数据包都会包含这个域,以指明自己属于哪一个 VLAN。大部分支持 VLAN 协议的交换机都会有出厂默认 VLAN ID,其数值为 1。

视频

【本章实验】

1. 在网络仿真软件中在基于物理层设备扩展网络的基础上进行数据链路层设备的网络扩展,并融入无线局域网(WLAN)情形。实验内容:

(1) 设置用户终端 PC 的合理的 IP 地址,在网络中完成任意终端 PC 间的连通性测试(Ping 成功);

(2) 观察交换机转发表情况,说明交换机转发表的建立与更新情况。

2. 在网络仿真软件中构建如图 5-48 所示的网络拓扑,实验内容:

(1) PC1～PC4 为同网段的 IP 地址设置,所有 PC 间均可实现连通性(Ping)测试,观察交换机 LSW1 和 LSW2 的转发表;

(2)理解基于 VLAN 应用时交换机不同端口的属性特点。对交换机 LSW1 和 LSW2 相关端口进行合理配置,实现同网段同 VLAN-ID 的终端 PC 间的互联互通,不同 VLAN-ID 的终端 PC 由于交换机端口 VLAN 划分的不同而相互隔离,并观察交换机 LSW1 和 LSW2 的转发表,与要求(1)中的交换机转发表进行对比,观察并说明其中的不同。

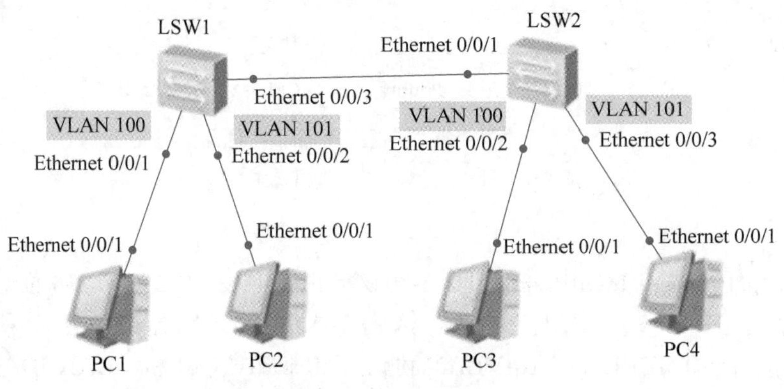

图 5-48　数据链路层实验

【本章小结】

在物理层的基础之上,数据链路层进一步保障在数据传输时的逻辑层面的数据链路可靠性,可以采取差错检测与控制以及流量控制等方法。在基于局域网的数据链路层的网络体系结构方面,可以把数据链路层进一步分成两个子层,即逻辑链路控制(LLC)子层和介质访问控制(MAC)子层,但在大部分局域网应用中,LLC 功能和协议基本无具体应用。总的来说,数据链路层的主要功能包含数据链路管理、封装成帧、透明传输和差错控制。

数据链路总体可以分为点到点型(常见于广域网中)和广播型(常见于局域网中),数据链路层的协议可分为面向比特型的和面向字符型的,不同类型的数据链路可有不同的协议支持,达成的数据链路层功能也有差异。

对于共享信道的接入情况,现在主要存在于无线局域网中。有线的共享型局域网有多种接入方法,但基本没有实用性。常见的基于以太网技术的局域网标准和数据帧格式,大多处于比较统一的情况,并且保证了前后应用上的兼容性。

局域网的搭建可以从物理层和数据链路层面进行扩展,若基于物理层设备,则主要是集线器和中继器;若基于数据链路层设备,现在主要应用的是交换机。但需要注意的是,现在的交换机类型多,可以是基于二层、三层或者高层功能的交换机。本部分主要是基于二层功能交换机进行说明,而现在大部分交换机是支持 VLAN 技术应用的,结合 VLAN 技术和网络应用需求,可以对可配置的交换机的端口进行 VLAN 有效设置,满足网络工程应用需求。

【知识对接】

1. 在 OSI 模型中,每一层都提供给多个上层使用,实现各层功能的复用,多个数据链路层共用一个物理层,那么如何从复用的物理层中提取出自己的数据?

2. 数据链路层的差错控制与物理层的差错控制有哪些不同的做法?为什么?

3. 分组网络为什么要做流量控制?电路交换需要做流量控制吗?

4. 结合 3.4.2 节的内容,分析停止-等待协议和几种 ARQ 协议分别属于哪一类应答方式。

5. 从时分复用的角度看,CSMA 属于哪种时分复用方式?

6. 如果让你设计一台交换机,你觉得应该有哪些电路模块?

【扩展阅读】

1. http://www.360doc.com/content/22/0310/13/53036841_1020905927.shtml

2. https://blog.csdn.net/weixin_45119097/article/details/127557918

3. https://cloud.tencent.com/developer/article/1339728

【思考题】

1. 为什么要设置数据链路层?

2. 设置 MAC 子层的目的是什么?对于点对点链路,有设置 MAC 子层的意义吗?为什么?

3. 交换机中 CAM 表项中设置的定时器的长短对交换机的影响是什么?

4. 在 CSMA/CA 工作原理中,站点发送 MAC 帧时检测到信道空闲,为什么还要再等待一段时间呢?

【习题】

1. 数据链路层的主要作用是什么？其特点是什么？

2. 什么是链路？什么是数据链路？两者有什么区别和联系？

3. 数据链路层要实现的基本功能包含哪几方面？为什么都必须要实现？

4. 假设发送方和接收方约定的生成多项式为 $G(X)=X^4+X^3+X^2+1$，待发送数据为 101110010，试求出 CRC 校验码。

5. 上题中，若在传输过程中，数据部分的最后一个数字 0 变成了 1，即数据为 101110011，请问接收方能否发现？若在传输过程中，数据部分的最后两个数字 10 变成了 01，即数据为 101110001，请问接收方能否发现？请根据这个例子，理解数据链路层的可靠传输。

6. 简要说明数据链路流量控制和传输层流量控制的异同。

7. 简要说明可靠传输的基本思路和想法，试着考虑是否还有其他方式解决网络中的可靠传输问题。

8. 简要说明你对 MAC 地址的理解。

9. 为什么广播链路和点到点链路要使用不同的协议？分别可以用什么协议？

10. 简述 CSMA/CD 和 CSMA/CA 协议的原理，总结这两者之间的区别，并理解为什么无线局域网中只能用 CSMA/CA，而不能直接用 CSMA/CD。

11. 使用异步传输技术的 PPP，如果接收方收到的 PPP 帧数据部分是 7D 5D 7E 27 FE 27 7D 5E 7D 5D 65 AB，那么真正的数据部分是什么？

12. 如果 PPP 使用同步传输技术，传输的比特串为 1101111101111111001，请问经过零比特填充之后得到的比特串是什么？若接收方收到的比特串为 0110111110111110100，请问发送方实际发送的比特串是什么？

13. 简述 PPP 的工作流程。

14. 什么是局域网？什么是以太网？这两者的关系是什么？

15. 典型的数据链路层设备有哪些？与物理层设备的区别有哪些？

16. 以太网交换机组网时，为什么会产生循环兜圈子的情况？如何解决这个问题？

17. 交换机有什么特点？其交换原理是什么？简述其交换表的自学习过程。怎么用它构建 VLAN？

18. 什么是冲突域和广播域？以太网交换机、集线器是否可以隔离冲突域和广播域？

第6章 网络层

【带着问题学习】

1. 为什么要有网络层?
2. 网络层的根本任务是什么?
3. 网络层的难点是什么?

【学习目标】

1. 掌握网络层的基本功能。
2. 理解 IP 协议的作用及特点。
3. 掌握 IP 数据报格式、IP 协议首部格式及主要字段的作用。
4. 掌握 IP 地址分类及划分子网的方法。
5. 掌握 IP 数据报的传输过程。
6. IP 协议及各配套协议的作用及其在实际网络中的应用。
7. 掌握典型域内路由协议的工作原理、特点及适用范围。
8. 掌握路由协议、路由信息、路由算法、路由表及转发表等关系。
9. 理解 MPLS 的基本概念、基本原理。
10. 分析各互联设备的工作原理、转发数据的方式、应用场景。
11. 能利用不同的互连设备进行组网设计。
12. 掌握 NAT 的作用及原理。

【本章关键术语】

IPv4/IPv6,IP 地址,子网,IP 协议,ARP 协议,ICMP 协议,路由选择协议,RIP,OSPF,IS-IS,BGP,MPLS,VPN,NAT,路由器,三层交换机

6.1 网络层的作用与功能

6.1.1 网络层的作用

网络层位于 OSI 协议的第三层,也是通信子网的最高层,它提供主机到主机之间的通信服务,实现两个主机之间的透明传送,主要负责寻址和路由选择。网络层提供的服务使传输层不需要了解网络中的数据传输技术和交换技术,只需利用网络层透明地将数据从一个主机传送到网络中指定的主机,而不关心网络层如何寻找目的主机、如何寻找最佳路由以及采用何种方式进行传送。下面通过一个简单的例子来分析网络层的主要功能。

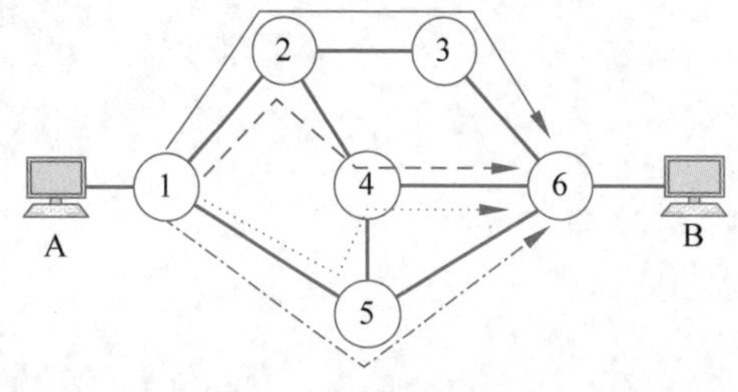

图 6-1 网络层路由

网络层的第一个功能:路由选择。如图 6-1 所示,两个离得较远的主机 A 和 B 要进行通信,发送的数据包必须经过中间路由器所构成的网络。数据链路层只是把这些信息从介质的一端传递到另一端,只传递“一跳”,如从路由器 1 传递到路由器 2。但网络层的任务是在网络中选择合适的路径,跨越

多个路由器，将数据包从 A 传递到 B。在如图 6-1 所示的网络中，从 A 到 B 共有 4 条路线，分别是 1—2—3—6、1—2—4—6、1—5—4—6 和 1—5—6，其中 1—5—6 是跳数最短的路径，网络层的任务之一是如何选择最佳的路径。注意，这里的“最佳”不一定只是最短，还可能是最快、费用最低等。因此，网络层的核心作用就是提供“路由功能”。

网络层的第二个功能：存储转发。网络中每个路由器都有路由表，作用是为路由器提供包的处理依据。路由器会根据每个到达包的目的地址来确定应该向哪个方向转发这个包，这就是转发的功能。当路由器接收包的速度大于转发包的速度时，它就会把暂时发送不了的包缓存在自己的缓冲区，直到前面的包都发出去再将其发出去，这就是存储。

网络层的第三个功能：辅助处理拥塞控制。拥塞控制是网络设计中必不可少的功能。就像知道城市里面哪里堵车了，需要回避，网络层也一样。比如图 6-1 中如果 5 号路由器出现了严重的拥塞，那么原 1—5—6 的路径就不再是最佳路径，而需要换成 1—2—4—6 或 1—2—3—6。

网络层的核心设备是路由器，上述几个功能都是路由器要实现的功能。

6.1.2 网络层提供的服务功能

视频

从第 3 章的介绍可以知道，经过多个节点和多段链路的网络可以提供两种不同的服务，分别是面向连接的可靠传输和无连接的不可靠传输，对计算机网络的网络层，到底该选择哪种服务呢？二者的核心是：可靠传输是交由网络完成还是交由端系统完成。在数据传输网络中，完全采用电路交换方式不合适，大多数情况下要采用分组交换方式。分组交换中分为面向连接的虚电路和面向非连接的数据包两种方式。因此，网络层首先要决策：是选择虚电路还是选择数据包作为本层的工作方式？

这个问题在 20 世纪 70 年代引起了长期的争论。

一方认为，应该借鉴当时电信网的成功经验，选用面向连接的可靠传输服务，也就是数据的可靠传输由网络来负责。加上数据传输的要求之一就是可靠性更高，更应该选择支持可靠传输的虚电路。虚电路利用逻辑信道事先建立了双方的虚拟连接，在数据传递过程中不用再选路，时延也低，再加上可靠传输的网络协议，就可使数据包无差错、不丢失、不重复地按序到达终点。

另一方认为，电信网采用可靠传输是因为其传输的对象是语音，语音对时延要求高，选择面向连接的服务是合适的；另外，电信网的终端是模拟电话机，功能非常简单，没有智能，可靠性也应该交给网络来处理。而计算机网络传输的对象是数据，对时延要求不高，面向连接的必要性不强；更重要的是，计算机网络的终端是具有智能处理能力的计算机，具有很强的差错处理能力，具备让终端来完成可靠传输的条件，即使网络传输中有差错，也可由终端来请求重发。因此选择数据包工作方式，这可以简化网络的功能，降低成本。利用终端的智能性换来网络的简单性，网络的简单性可以带来更强的兼容性，可以解决异构网络的互联互通问题。也正是这一选择，促进了 IP 网络的巨大发展。

因此，网络层的 IP 协议提供无连接、尽力而为的不可靠服务，采用数据报方式进行工作，不保证每个 IP 分组都能不丢失、不失序、不出错地到达目的主机。

IP 协议是 TCP/IP 体系中最主要的协议之一，也是最重要的互联网标准协议之一。IP 协议又称为 Kahn-Cerf 协议，因为它是 Robert Kahn 和 Vint Cerf 二人共同研发的，这两位学者在 2005 年获得图灵奖（其地位相当于计算机科学领域的诺贝尔奖）。早期的 TCP 中包含了 IP 协议，1977 年，Robert Kahn 等将 TCP 协议从分层思想的角度划分为 TCP 和 IP 两个协议，TCP 负责可靠传输，IP 负责在不同的网络之间进行互联，合称 TCP/IP v3，1978 年演进为稳定版本 TCP/IPv4。

♥**【技术思想启发】** 从网络层服务方式的决策过程可以看出，不照搬成功经验，选择独立思考，具体问题具体分析，为 IP 网络的成功发挥了巨大作用。

6.2 IP 地址

在了解具体的 IP 地址（Internet Protocol Address）之前，先想想网络层为什么需要地址：对以太网而言，数据链路层已经有 MAC 地址了，为何还要网络层的 IP 地址？

首先，网络层是面向整个网络的，要找到网络中的任意终端，事先要对全部网络终端规定统一的地址，且该地址必须具备唯一性，不允许网络中有两个相同的地址。也就是说，网络层的地址是全局性的，可称为全局地址。而数据链路层的地址是局部的，只在局域网中有效。

其次，数据链路层存在多种多样的技术，其硬件地址也各式各样、相互不认识，这给互通带来了很大的困难。数据链路层的地址是物理地址，也不可能将它们统一成同一类型的地址。物理上不能统一，就在逻辑上来统一。因此，设计一个逻辑性质的地址来统一协调，它不关心数据链路的物理技术和物理地址，将各种物理地址统一到同一类逻辑地址上。这样就实现了物理地址百花齐放，由逻辑地址一统天下又可以互联互通的良好局面。IP 地址就是这类逻辑地址（前面讲的电话号码也是同类的逻辑地址）。

当然在具体通信时，信息的交付必须找到实际的物理地址，因此就需要通过某种方式进行逻辑地址与物理地址之间的转换，如 IP 协议中的 ARP 就是解决转换问题的。

IP 地址也称为互联网协议地址和网际协议地址，是 IP 协议提供的一种统一的地址格式，它为互联网上的每一个网络和每一台主机分配一个地址。IP 协议经过了多次修改，应用最广的是 IPv4（第 4 个版本），后续版本为 IPv6，目前各国正在向 IPv6 转换。因此，这里分别对 IPv4 地址和 IPv6 地址进行分析。后续章节中无特殊说明的都是指 IPv4，在容易出现歧义的地方，再注明版本号。

视频

6.2.1 IPv4 地址规划设计

IP 地址是用来标识网络中的每个主机或路由器的，更准确地说，是标识每个网络接口的（主机上配 IP 地址是针对网卡配置 IP 的）。一般情况下，主机只有一个网卡，因此分配一个 IP 地址，而路由器是连接多个网络的，因此路由器一定有两个以上的网络接口，配置两个以上的 IP 地址。

IPv4 规定，其地址用 32 位二进制码表示，则总的地址空间为 2^{32}（约 43 亿）个地址。为了提高可读性，通常把 32 位的 IP 地址分割为 4 个“8 位二进制数”（也就是 4 字节），并将每个字节用十进制形式表示,中间用一个点号(.)隔开。因此,IP 地址被表示成"a. b. c. d"的形式,其中 a、b、c、d 都是 0～255 的十进制整数。这种 IP 地址的表示方式被称为**点分十进制记法(dotted decimal notation)**。图 6-2 是一个 IP 地址的表示方法。显然,183.226.207.210 比 10110111 11100010 11001111 11010010 书写起来要方便得多。

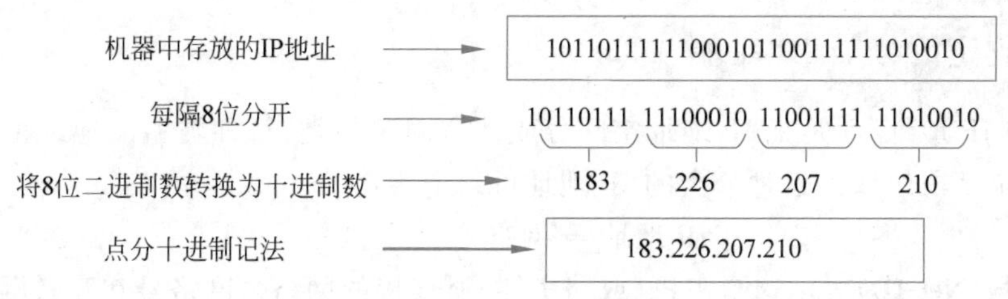

图 6-2 采用 IP 地址点分十进制记法

IPv4 总共有约 43 亿个地址,这么多地址,那该如何进行分配呢?IP 地址是逻辑地址,理论上,每个主机或路由器可以随意分配,但这给寻址(即找某个主机在哪里)带来了极大的困难。最自然的解决思路是用分组方式来管理,将同一区域的主机归为一组,寻址时,路由器只需要记录有多少个组,先找组号,到目的路由器时再找组里的组员号,这样可极大地减少路由表项的数量,提高寻址的速度。如果一组太大,则可以继续划分更小的组。例如学校的学生学号,先分专业,再分班级,最后才是班级内的人员号。这样,IP 地址分为组号和主机号两大部分,IP 网络中的组号就称为网络号。拥有相同网络号的主机的集合就是同一个网络,它们可以通过中继器或交换机连接起来。

但这只是编号的基本思路,具体怎么编号,还需要有更细的规则,需要由专门的组织来统一管理,才能确保 IP 地址的唯一性。IP 地址由**互联网名字和数字分配机构(Internet Corporation for Assigned Names and Numbers,ICANN)**进行分配。对于分级的 IP 地址,对地址的分配可以分级进行管理,IP 地址管理机构只分配第一级的网络号,第二级的主机号由获得网络号的单位或组织进行分配管理。

回想 3.1.3 节介绍的电话号码分配方案,其区域码、国内目的地码都与地理位置相关。而在 IP 地址的分配方案中,网络号与地址位置不相关,这带来了很大的灵活性,但为寻址和网络路由带来了很多困难。

从网络号的分配方式上看,地址编址方法分为两类:固定长度的网络号、可变长度的网络号。固定长度的网络号也可分为等位制和不等位制。在等位制方式下,所有的网络号位长都一样(身份证号码编号方式就是等位制)。在不等位制方式下,网络号位长不相等,从而会产生多种类型的网络号。考虑到网络的大小不一样,IP 网络也是采用不等位制进行编号。

从时间维度看,IP 地址的编址方法共经过了 3 个历史阶段。

分类的 IP 地址。这是最基本的编址方法,1981 年通过相应的标准协议(RFC 1812)。

子网划分的 IP 地址。这是对最基本编址方法的改进,其标准[RFC 950]于 1985 年通过。

构成超网的 IP 地址。这是进一步改进后的无分类编址方法(RFC 1517～1520),

1993 年提出后很快得到推广应用,2006 年又发表了 RFC 4632。

需要说明的是,现在已经广泛使用无分类 IP 地址进行路由选择,A 类、B 类和 C 类地址的区分已成为历史,但由于很多文献和资料都还使用传统的分类 IP 地址,而且从概念的演进上讲更清晰,因此还是从分类的 IP 地址讲起。

视频

6.2.2 固定的分类 IP 地址

"分类 IP 地址"就是把 IP 地址空间分成几个固定的类,每种类型的地址由网络号和主机号两个字段组成。这种分类的 IP 地址可以记为:

$$\text{IP 地址} = \text{网络号} + \text{主机号} \tag{6-1}$$

网络号(**Net-ID**)表示这个主机(或路由器)所连接的网络。网络号在互联网上必须是唯一的,不同网络使用不同的网络号。**主机号**(**Host-ID**)表示这个主机(或路由器)。同一个网络内的所有主机都使用同一个网络号,主机号在该网络范围内唯一。因此,这就保证了一个 IP 地址在整个互联网中的唯一性。从 IP 地址的结构来看,IP 地址不仅表示一个主机,还指明该主机所连接的网络。

Internet 委员会定义了 5 种 IP 地址类型以适合不同容量的网络,即 A 类~E 类。图 6-3 给出了各类 IP 地址的网络号字段和主机号字段,A 类、B 类和 C 类地址都是**单播地址**(一对一通信),是最常用的地址。

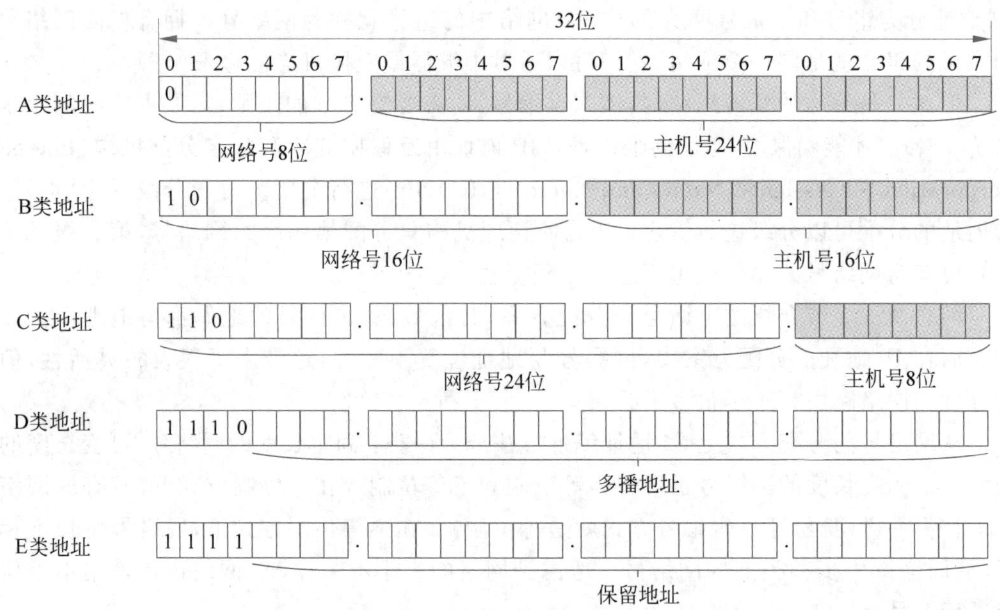

图 6-3 IP 地址中的网络号字段和主机号字段

IP 地址采用不等位编址方式,A、B、C 类的网络号长度不一样,导致主机号的长度也不一样。A 类地址的网络号长度短(8b),能表示的网络数量少,但主机号段长(24b),每个网络中支持的主机数量大;反之,C 类地址的网络号长度长(24b),能表示的网络数量多,但每个主机号段短(8b),每个网络中支持的主机数量很小。

在不等位编址中,各类地址的网络号长度不一样,那如何判断其网络号的长度(或者说判断其类型)就成了必须解决的问题,常用的做法就是规定类型标志位。A类地址以首位为类型标志位,首位为0,表示是A类地址。即首位为0的数全分配给A类地址,也意味着其他所有类的首位只能为1了。如果只分A、B两类,则首位为1就可表示B类,但IP地址不止A、B两类,还有C、D、E等,因此还需要第二位、第三位来作类型标志位。以此类推。B类地址前2位为类型标志位,数值固定为10;C类地址前3位为类型标志位,数值固定为110;D类地址前4位为类型标志位,数值固定为1110;E类地址前4位为标志位,数值固定为1111。(可以看出,类型标志位也是不等长的。当然,也可以设置等长的类型标志位,自行分析一下,如果是等长的类型标志位,会带来哪些不同。)

IP地址空间共有 2^{32}(即4 294 967 296)个地址。首位为0的全是A类地址,对二进制而言,首位只有0、1两种选择,因此A类地址占整个IP地址空间的1/2,共有 2^{31} 个地址。前2位为10的全是B类地址,因此B类地址空间占整个IP地址空间的1/4,共有 2^{30} 个地址。前3位为110的全是C类地址,因此C类地址空间占整个IP地址的1/8,共约有 2^{29} 个地址。前4位为1110的全是D类地址,因此D类地址空间占整个IP地址的1/16,共约有 2^{28} 个地址。前4位为1111的全是E类地址,因此E类地址空间占整个IP地址的1/16,共约有 2^{28} 个地址。至此,整个 2^{32} 的地址空间被切分为大小不一的A、B、C、D、E类,如图6-4所示。

图6-4 IP地址空间划分

1. A类地址

A类地址的网络号字段占1字节,二进制格式为**0[7位网络号][24位主机号]**,其中的特殊IP地址有:

(1) 网络号为全0的地址指本网络,即指“**自己**”。

(2) 对A类地址,网络号为全1时,也是一个特殊地址,被指派为本地软件**环回测试(loopback test)地址**,用于测试本主机进程之间的通信。当主机发送一个目的地址为环回地址(例如127.0.0.1)的IP数据包时,本主机中的协议软件就会处理该数据包中的数据,而不会把数据包发送到网络。因此目的地址为环回地址的IP数据包永远不会出现在任何网络上,网络号为127的地址不能作为单播网络地址使用。

(3) 主机号全0时与该IP地址所连接网络的**网络地址重叠**,例如,某主机的IP地址为11.12.13.20,则该主机所在的网络地址就是11.0.0.0。因此,主机号为全0的地址不能再分配给主机使用。

(4) 主机号为全1表示“**所有的**”(**all**),表示该网络上的所有主机,也就是该网络上的广播地址。

因此,A类地址可指派的网络号为 $2^7-2=126$ 个,每一个A类网络中的最大主机数是 $2^{24}-2$(16 777 214),适用于大规模网络。实际应用中,几乎不可能有这么大的网络。

2. B类地址

B类地址的网络号字段占2字节,二进制格式为**10[14位网络号][16位主机号]**。

其中，B类网络地址128.0.0.0保留，不被指派，可以指派的B类最小网络地址是128.1.0.0，因此B类地址可指派的实际网络数为$2^{14}-1$，即16 383。

B类地址的主机号占2字节，因此每一个B类网络中的最大主机数是$2^{16}-2$，即65 534，适用于中型规模组织分配网络地址。这里需要减2的原因与A类地址一样，是因为要扣除主机号全0和全1的IP地址。

3. C类地址

C类地址的网络号字段占3字节，二进制格式为**110[21位网络号][8位主机号]**。

其中，C类网络地址192.0.0.0也是不指派的，可以指派的C类最小网络地址是192.0.1.0，因此C类地址可指派的网络总数是$2^{21}-1$，即2 097 151。

C类地址的主机号只占1字节，因此，每一个C类网络中的最大主机数是$2^{8}-2$（同样需要扣除主机号全0和全1的特殊IP地址），即254。

通过上面的分析，可以总结出单播IP地址（A、B、C类）的指派范围，如表6-1所示。

表6-1　IP地址的指派范围

网络类别	最大可指派的网络数	第一个可指派的网络号	最后一个可指派的网络号	每个网络中的最大主机数
A	126($2^{7}-2$)	1	126	16 777 214
B	16 383($2^{14}-1$)	128.1	191.255	65 534
C	2 097 151($2^{21}-1$)	192.0.1	223.255.255	254

表6-2给出了一般不使用的特殊IP地址，这些地址只能在特定的情况下使用。

表6-2　一般不使用的特殊IP地址

网络号	主机号	源地址使用	目的地址使用	代表的意思
0	0	可以	不可以	本主机（指自己）
0	Host-ID	可以	不可以	在本网络上主机号为Host-ID的某台主机
全1	全1	不可	可以	本网络上的广播地址（跨网络的路由器均不转发该目的地址的数据包）
Net-ID	全1	不可	可以	对网络号Net-ID上的所有主机进行广播
127	非全0或全1的任何数	可以	可以	用于本主机软件环回测试

视频

6.2.3 子网IP地址

1. 划分子网

在ARPANET的早期，由于用户数量少，分类IP地址就可以满足要求。但随着网络规模不断扩大，用户越来越多，分类IP地址的设计的弊端逐渐显露。

首先，IP地址空间的利用率低。

前面已经提到，每个A类地址网络可以使用的主机IP地址数量超过1600万个，每个B类地址网络可以使用的主机IP地址数量超过6万个，而C类地址网络可以使用的主机IP地址数量约为250个。如果某个单位当前主机数量不大(小于250台)，但考虑到单位之后的发展，在条件允许的情况下，不会愿意申请足够他们使用的C类地址，都会申请B类地址甚至是A类地址，而B类地址和A类地址一个网络的主机数量又太大。这样，大量的IP地址没有被合理利用，浪费的数量大，会使IP地址空间资源过早地消耗殆尽。

其次，分类IP地址的两级结构不够灵活。

假定某个单位已经有一个A类地址，且IP地址完全满足当前的主机数量要求。如果这个单位需要将部分机构搬到一个新的地理位置，那么在分类IP地址的情况下，这些机构不能使用已有的IP地址，只能申请新的IP地址。在申请到新的IP地址之前，这些机构的主机无法连接到互联网。因此，希望有一种方法，可以让一个机构随时灵活地扩充自己的网络，而不必每次向互联网管理机构申请新的网络号。原来的分级IP地址便不能做到这一点。

为解决上述问题，IP地址进入划分子网(**subnetting**)(RFC 950)阶段。从1985年起，在分类IP地址基础上，将主机号部分变为"子网号＋主机号"部分，使两级IP地址变为三级IP地址。因此，IP地址的表示方式由式(6-1)变成以下记法：

IP地址＝网络号＋(子网号＋主机号)　　(6-2)

划分子网是网络内部的事情，因此，对外看起来仍然是一个网络。比如，某个单位拥有一个A类地址块，供多个部门使用。为了方便管理，可以为每个部门划分一个子网，拥有自己的子网地址。同样，也可以多个物理网络共享一个地址块，对外仍然表现为一个网络。划分子网之后，如果数据包要发送给某网络N中子网N1的主机，由于网络N划分子网之后，仍然对外表示为一个网络，因此，互联网中的路由器会根据数据包的目的网络地址先找到该目的网络N；数据包到达该网络N之后，再按照目的网络号和子网号，找到目的子网N1，最后将数据发送给目的主机。

下面用例子说明划分子网的思想。假设某单位拥有一个B类IP地址，网络地址是171.58.0.0(网络号是171.58)。现在要将该单位网络划分为4个子网，且子网号为6位，由于子网号和主机号一共16位，因此，主机号部分就只有10位。所划分的4个子网分别是171.58.4.0、171.58.12.0、171.58.24.0、171.58.96.0。在划分子网之后，对外表现为一个网络，网络地址仍为171.58.0.0。因此，凡目的地址为171.58.x.x的数据包都被送到这个网络上。

所以，划分子网只是将分类IP地址的主机号部分再划分成了子网号和主机号，使IP地址从两级结构变成三级结构，并没有改变IP地址原来的网络号。

现在的问题是：假定有一个目的地址是171.58.4.20的数据包已经到达了本网络的边缘路由器，那么这个路由器如何识别子网号，并把它转发到子网171.58.4.0呢？

2. 子网掩码

从前面的知识可以知道，IP地址本身没有包含划分子网的信息，因此，从IP数据包的首部无法判断网络是否划分了子网。为了指明子网划分的情况，需要使用**子网掩码**

(**subnetmask**)(见图 6-5)。子网掩码由一系列的 1 和 0 构成,虽然 RFC 文档中没有规定子网掩码中的一串 1 必须是连续的,但实际工程应用中极力推荐在子网掩码中选用连续的 1,这样更简单。因此,IP 地址的网络部分(这里包括网络号和子网号两部分,后面简称网络号)用全 1 表示,主机号部分用全 0 表示。将子网掩码同 IP 地址做"与"运算,就能得到该 IP 地址的网络号。也就是

$$网络号 = IP 地址 \quad AND \quad 子网掩码 \tag{6-3}$$

图 6-5 以 IP 地址 171.58.4.20 为例,给出各字段和子网掩码的对应情况,该 IP 地址在分类 IP 地址情况下是 B 类地址。

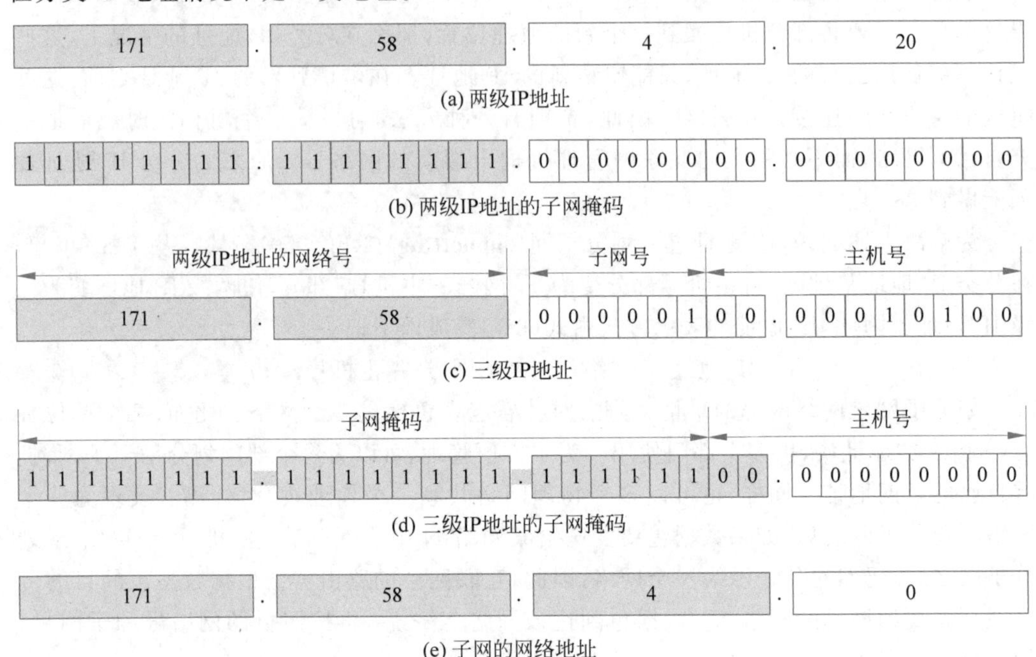

图 6-5　IP 地址的各字段和子网掩码

图 6-5(a)表示 IP 地址为 171.58.4.20,是两级 IP 地址结构,其中网络号由 2 字节表示。图 6-5(b)是这个两级 IP 地址的子网掩码,网络号部分全部为 1,主机号部分全部为 0,用点分十进制表示,子网掩码就是 255.255.0.0。将 IP 地址与子网掩码进行"与"(AND)操作,就可以得到这种情况下的网络号为 171.58.0.0。图 6-5(c)是同一地址划分子网后的 IP 地址结构,从原来 16 位的主机号中拿出 6 位作为子网号,而主机号则减少到 10 位。网络的子网号为 4,网络地址(包含网络号和子网号部分)是 171.58.4.0,不是原来分级 IP 地址的网络地址 171.58.0.0,也不是简单的子网号 4。为了使网络中的路由器能够很方便地从数据包的目的 IP 地址中提取出子网的网络地址,路由器就要使用三级 IP 地址的子网掩码。图 6-5(d)是三级 IP 地址的子网掩码,它由 22 个 1 和 10 个 0 组成。子网掩码中的 1 对应 IP 地址中原来分级 IP 地址中的 16 位网络号加上新增加的 6 位子网号,而子网掩码中的 0 对应现在的 10 位主机号,子网掩码用十进制表示则为 255.255.252.0。

图 6-5(e)表示把三级 IP 地址的子网掩码和数据包的目的 IP 地址 171.58.4.20 逐位相“与”(AND),得到划分子网之后的网络地址 171.58.4.0。计算机很容易进行这种逻辑与运算。

可以看出,使用子网掩码之后,不管网络有没有划分子网,只要把子网掩码和 IP 地址进行逐位“与”(AND)运算,就可以得出网络地址。网络中路由器可以采用这种方法判断到来数据包所属的网络,并进行相应转发。

这里还有一个问题需要弄明白:在不进行划分子网时,既然没有子网,为什么还要使用子网掩码呢?这是因为可以更方便地在路由器上进行路由表查询。子网掩码是网络的一个重要属性。在 RFC 950 成为互联网的官方标准后,所有网络都必须使用子网掩码,子网掩码也必须包含在路由器的路由表中,并且路由器之间交换信息时,也必须包含子网掩码。如果网络没有子网,则该网络的子网掩码使用默认子网掩码。其中,IP 地址中的网络号字段相对应的默认子网掩码位为 1。因此,如果使用默认子网掩码和某个不划分子网的 IP 地址逐位相“与”(AND),就应该能够得出该 IP 地址的网络地址。通过这种方式,无须查找地址的类型标志位就可以知道它是哪类 IP 地址,如表 6-3 所示,A 类地址的默认子网掩码是 255.0.0.0,或 0xFF000000;B 类地址的默认子网掩码是 255.255.0.0,或 0xFFFF0000;C 类地址的默认子网掩码是 255.255.255.0,或 0xFFFFFF00。

表 6-3 A 类、B 类和 C 类 IP 地址的默认子网掩码

地址	网络地址		默认子网掩码
	网络号	主机号	
A 类地址	1 字节	3 字节	255.0.0.0
B 类地址	2 字节	2 字节	255.255.0.0
C 类地址	3 字节	1 字节	255.255.255.0

思考一下,对某个分类地址块可以有多少种子网划分方式呢?比如,子网号分别为 2,3,…,$n-1$(n 为主机号)时,采用固定长度子网划分,所划分的所有子网的子网掩码都是相同的。在每种划分方式下,子网掩码、子网数量和每个子网的主机数分别是多少呢?

以一个 B 类地址为例,假设子网号的位数为 8 时,子网掩码中 1 的位置应该为前 24 位(16 位网络号+8 位子网号),8 位主机号部分为 0。因此,子网掩码为 255.255.255.0,子网数为 254(2^8-2)个。互联网标准协议的 RFC 950 文档中规定,子网号不能为全 1 或全 0,但随着无分类域间路由选择 CIDR 的广泛使用,现在全 1 和全 0 的子网号也可以使用了,但使用前要弄清路由器所用的路由选择软件是否支持全 0 或全 1 的子网号。每个子网的主机数为 254(2^8-2)个,全 0 和全 1 的主机号不能分配。其他的子网划分方式,请读者自行计算。

如果不划分子网的情况下,一个 B 类地址可用主机数为 65 534($2^{16}-2$)个,经过上面的子网划分之后,可用的主机数为 64 516(即(2^8-2)×(2^8-2))个。可见,划分子网增加了网络灵活性,却减少了网络上实际可用的主机总数。

下面通过一个例子来看看子网掩码的作用。

【例 6-1】 已知 IP 地址是 171.58.4.20,子网掩码是 255.255.192.0。试求网络地

址。如果子网掩码改为 255.255.252.0，那么网络地址又是多少？并讨论所得结果。

【解】 网络号＝IP 地址 AND 子网掩码

(1) 当子网掩码为 255.255.192.0 时，转换成二进制是 11111111 11111111 11000000 00000000。可以注意到，掩码的前两个字节都是全 1，IP 地址的前两个字节与其相与之后保持不变，因此，网络地址的前两字节可写为 171.58。子网掩码的第四个字节是全 0，IP 地址的第四个字节与其相与之后变为全 0，因此网络地址的第四个字节是 0。

可见本题的重点是对地址中的第三个字节进行计算，只需把 IP 地址和子网掩码的第三个字节用二进制表示，就可以很容易地得出网络地址。

子网掩码第三个字节的二进制表示	11000000
IP 地址第三个字节的二进制表示	00000100
逐位相与之后的结果	00000000
十进制表示	0

因此，网络地址为 171.58.0.0。该网络地址与默认子网掩码情况下的网络地址一样。

(2) 与前面计算方式相似，当子网掩码为 255.255.252.0，网络号的前面两个字节为 171.58，最后一个字节为 0。重点仍然是第三个字节的计算。

子网掩码的第三个字节二进制表示	11111100
IP 地址的第三个字节二进制表示	00000100
逐位相与之后的结果	00000100
十进制表示	4

因此，网络地址为 171.58.4.0。

(3) 结果讨论：这个例子说明，同样的 IP 地址和不同的子网掩码可以得出相同的网络地址。比如第(1)步中结果与默认子网掩码情况下得到的网络地址一样，但是其含义是不同的。在这个例子中，当子网掩码为 255.255.192.0 时，子网号是 2 位，主机号是 14 位；而在默认子网掩码为 255.255.0.0 时，没有划分子网，子网号是 0 位，主机号是 16 位。因此，它们可划分的子网数和子网中的最大主机数都不一样，含义也不一样。当然，同样的 IP 地址与不同的子网掩码也能得出不同的网络地址，比如第(1)步和第(2)步中的情况。

划分子网时，子网号的长度根据用户子网数量和子网大小来决定，并允许同时使用几个不同的子网号长度(类似子网号的不等位制)，用不同长度的子网掩码来区分，因此称为变长子网掩码(Variable Length Subnet Mask，VLSM)。

3. 分组转发

在分类 IP 地址情况下，路由表中只需包含目的网络地址和下一跳地址，当分组到达路由器时，只需要匹配目的网络地址，就能确定下一跳。在划分子网的情况下，IP 地址由网络号、子网号和主机号 3 部分构成，因此需要在路由表中加上能标识子网的子网掩码，相应地，分组转发的算法也要改变。

使用子网划分后，路由表必须包含以下 3 项内容：目的网络地址、子网掩码和下一跳地址。当路由器收到分组时,转发分组的算法流程如图 6-6 所示。

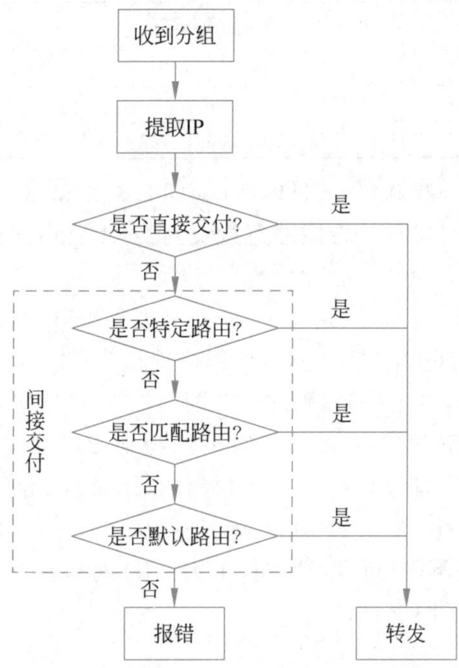

图 6-6　划分子网情况下路由器转发流程

(1) 路由器从分组的首部提取目的 IP 地址 D。

(2) 判断是否可以直接交付。将 D 与路由器直接相连的各个网络的子网掩码相“与”(AND 操作),如果结果与该网络的网络地址匹配,则将分组交付给该直连网络中的目的主机(当然还需要进行数据链路层的转换)。如果都不匹配,则继续执行间接交付过程。

如果路由器需要借助其他路由器将分组转发出去,则称为间接交付。间接交付的关键是要精准地找到下一跳路由器。因此,依次根据特定路由、匹配路由和默认路由方式查找下一跳。

(3) 若路由表中有目的地址为 D 的特定主机路由,则把分组传送给路由表中所指明的下一跳路由器;否则,执行第(4)步。

(4) 对路由表中的每一行(目的网络地址,子网掩码,下一跳地址),用其中的子网掩码和 D 逐位相“与”(AND 操作),若结果与该行的目的网络地址匹配,则把分组传送给该行指明的下一跳路由器;否则,执行第(5)步。

(5) 若路由表中有一个默认路由,则把分组传送给路由表中所指明的默认路由器;否则报错。

下面通过一个例子来说明路由器收到分组之后的转发决策。

【例 6-2】 路由器 R1 中的部分路由表如表 6-4 所示。现在 R1 收到目的地址为 141.13.3.138 的数据包。试讨论 R1 查找路由表的过程。

表 6-4　路由器 R1 的部分路由表

目的网络	子网掩码	下一跳
141.13.3.0	255.255.255.128	接口 0
141.13.3.128	255.255.255.128	接口 1
141.13.7.0	255.255.255.0	R2

【解】 路由器 R1 收到数据包，其目的地址为 141.13.3.138，则在其路由表中寻找匹配路由，并转发出去。首先判断是否能够直接交付。R1 路由表的第一行和第二行都为直接交付路由。

先看 R1 路由表的第一行。用这一行的子网掩码 255.255.255.128 和目的地址 141.13.3.138 逐位相"与"(AND 操作)，得到网络地址为 141.13.3.128。与这一行给出的目的网络地址 141.13.3.0 不一致，因此不匹配。

用同样方法继续往下找。用第二行的子网掩码 255.255.255.128 和目的地址 141.13.3.138 逐位相"与"(即逐位进行 AND 操作)，结果是 141.13.3.128。这个结果和第二行的目的网络地址 141.13.3.128 相匹配，说明这个网络(子网 2)就是收到的分组所要寻找的目的网络。于是不需要再继续查找下去。R1 可以把分组从接口 1 直接交付给主机，因为它们在同一个子网中。

视频

6.2.4　无分类 IP 地址

1. 网络前缀

划分子网的方法将大网划分为多个小的子网(如一个 A 类地址，通过子网地址划分为多个小的子网)，提高了 IP 地址的利用率。但是随着互联网规模的扩大，用户数量迅猛增长，很多 C 类地址的用户(一个网络只有 200 多个主机)增长到成千上万用户，需要几个甚至几十个 C 类地址。由此带来了两个问题：一是单个用户需要申请几十个地址，管理很不方便；二是大量的 C 类地址使路由表的条目过多，增加了路由器存储开销和查询开销，影响网络性能。

因此，又提出了一种无分类编址方法，称为无分类域间路由选择(Classless Inter-Domain Routing，CIDR)。CIDR 的要点有以下 3 个：

(1) 地址记法。CIDR 消除了传统的 A 类、B 类和 C 类地址以及划分子网的概念，采用变长的 n 位网络前缀表示网络(即将原网络号更名为网络前缀，以示区别)，剩下的 $(32-n)$ 位为主机号。因此，CIDR 的记法是：

$$\text{IP 地址} = \text{网络前缀} + \text{主机号} \tag{6-4}$$

CIDR 使 IP 地址从三级编址(划分子网)又回到了两级编址，但这已是无分类的两级编址，与分类 IP 地址不同的是，CIDR 中 IP 地址的两部分长度并不固定。

(2) 地址掩码。CIDR 仍然使用类似划分子网中子网掩码的概念表示网络前缀。CIDR 中使用"斜线记法"(slash notation)，或称为 CIDR 记法，即在 IP 地址后面加上斜线"/"，然后写上网络前缀所占的位数，类似于划分子网情况下子网掩码中全 1 的数量。比如，一个 IP 地址 141.13.3.128/13，二进制的前 13 位为网络前缀，剩下的 19 位就是主机号。

使用斜线记法可以很直观地看出网络前缀的位数，但是，在计算机中需要转换成二进制进行处理。仍然采用前面子网掩码的方法，用全1表示网络前缀部分，用全0表示主机号部分，构造出CIDR的地址掩码（也称为子网掩码）。显然，CIDR记法中斜杠后面的数就表示地址掩码中1的个数。比如，/13地址块的地址掩码为11111111 11111000 00000000 00000000，前面13个连续的1代表网络前缀的位数，后面19个连续的0表示主机号的位数。这个地址掩码用CIDR记法表示就是255.248.0.0/13。

(3) CIDR地址块。与分类IP地址块类似，CIDR地址块表示网络前缀相同的连续IP地址。只是，这里的地址块大小不固定。只要知道CIDR地址块中的任何一个地址，就可以知道这个地址块的起始地址（即最小地址）和终止地址（即最大地址），以及地址块中的地址数。例如，IP地址125.24.15.80/20是网络地址为125.24.0.0/20的地址块中的一个地址，其中网络前缀为20位，主机号部分为12位。且该CIDR地址块的最小地址为125.24.0.0，最大地址为125.24.15.255，这个地址块共有2^{12}个地址。

一般情况下，用最小地址和网络前缀指明这个地址块，比如，上面例子中的地址块可以记作125.24.0.0/20。在不需要指出地址块的起始地址时，也可以把这样的地址块简称为“/20地址块”。

通过上面的分析，还可以看到，CIDR斜线记法的除了表示一个IP地址外，还用简便的方式提供了其他一些重要信息，比如网络的可用主机数量、地址范围等。

除了斜线记法，CIDR记法还有其他简化形式，例如，地址块10.0.0.0/10可简写为10/10，即把点分十进制中低位连续的0省略（转换成二进制时，一定要注意第二字节的前两位确定为“00”）。另一种简化表示方法是在网络前缀的后面加一个星号*，如，00001010 00*，意思是：在星号*之前是网络前缀，而星号*表示IP地址中的主机号，可以是任意值。使用这些简化记法时，如果前缀位数不是8的整数倍，则需要进行简单的计算才能得到一些地址信息。

由于一个CIDR地址块中有很多地址，如果在路由表中为每个地址都保存一条路由信息，显然不合理，因此，在路由表中就利用CIDR地址块进行路由聚合（route aggregation），使得路由表中的一条项目可以表示原来传统分类地址或划分子网地址的很多条（例如上千条）路由。路由聚合也称为**构成超网（supernetting）**。

路由聚合的具体方法就是，首先比较要进行聚合的IP地址网络前缀，将前n比特连续的相同部分保留（n要尽可能大），作为聚合后的IP网络前缀。其次，确定子网掩码，就是把聚合后的网络前缀变为1，剩下的为0。最后，用CIDR记法表示出来。

【例6-3】 某企业分配给产品部的IP地址块为192.168.31.192/26，分配给市场部的IP地址块为192.168.31.160/27，分配给财务部的IP地址块为192.168.31.128/27，请问该企业经过聚合后的地址是多少？

【解】 比较这3个IP地址块，会发现前3个字节（总共24位）都相同，均为192.168.31。所以，本题的重点就在最后一个字节。

将3个地址块的最后一个字节转换成二进制，再比较：

192.168.31.11000000

192.168.31.10100000

192.168.31.10000000

要注意,在一个IP地址中不允许把十进制和二进制混合使用,这里只是为了说明解题的思路和步骤,并不表示平时可以这样书写。

可以看到,这3个IP地址块的最后一个字节的最长连续相同部分仅为第一个比特。因此,这3个地址块总共25位相同,最后一字节10000000转换为十进制即128,那么,聚合后的IP地址块就为192.168.31.128/25。其中,25为聚合后的网络前缀。所以,该IP地址块中网络号就是25位,主机号剩下7位,相应的子网掩码中网络号部分全为1,主机号部分为全0,子网掩码为

11111111.11111111.11111111.10000000

转换为十进制,即为255.255.255.128/25。

由这个例子可以看到,如果没有路由汇聚,路由器的路由表中要为该企业保存3条路由表项,而进行CIDR之后,只需要一条路由表项即可。

路由聚合能有效减少路由表项的数量,也有利于减少路由器之间交换的路由信息的数量,从而提高整个互联网的性能。

网络前缀小于13或大于27的CIDR地址块都较少使用,表6-5给出了常用的CIDR地址块。表中的K表示2^{10},即1024。在"地址数量"中包含全1和全0的地址。

表6-5 常用的CIDR地址块

CIDR前缀长度	点分十进制	地址数量	相当于包含分类的网络数
/13	255.248.0.0	512K	8个B类或2048个C类
/14	255.252.0.0	256K	4个B类或1024个C类
/15	255.254.0.0	128K	2个B类或512个C类
/16	255.255.0.0	64K	1个B类或256个C类
/17	255.255.128.0	32K	128个C类
/18	255.255.192.0	16K	64个C类
/19	255.255.224.0	8K	32个C类
/20	255.255.240.0	4K	16个C类
/21	255.255.248.0	2K	8个C类
/22	255.255.252.0	1K	4个C类
/23	255.255.254.0	512	2个C类
/24	255.255.255.0	256	1个C类
/25	255.255.255.128	128	1/2个C类
/26	255.255.255.192	64	1/4个C类
/27	255.255.255.224	32	1/8个C类

从表6-5可以看出,每一个CIDR地址块中的地址数一定是2的整数次幂。如果CIDR网络前缀长度为n,那么包含的地址数量就是2^{32-n}(主机号长度为$32-n$),当前缀长度n小于24时,CIDR地址块都包含了多个C类地址,是一个C类地址的2^{24-n}倍(CIDR地址数量2^{32-n}除以C类地址数量2^8)。从表6-5中也可以看出,除最后几行外,CIDR地址块都包含了多个C类地址,这就是"构成超网"这一名词的来源。地址块的网

络前缀越短，所包含的地址数量越大。

使用 CIDR 的另一个好处可以根据客户的需求分配适当大小的 CIDR 地址块，更加有效地分配和使用 IPv4 的地址空间。而在分类 IP 地址的环境中，向每个客户或每个部门分配 IP 地址时，就只能以/8、/16 或/24 为单位来分配固定大小的 IP 地址块，这就很不灵活，也会造成 IP 地址的浪费。

下面再通过一个例子来说明 CIDR 地址分配的情况。

【例 6-4】 某个公司的布局如图 6-7 所示，它由 8 个部门构成，每个部门拥有自己的局域网，每个局域网旁边标明的数字是该局域网上的主机数。该公司拥有一个地址块 192.77.33.0/24(为减少计算量，这里以一个 C 类小网地址来举例)。现在试着为该公司各部门分配合适的网络地址块。

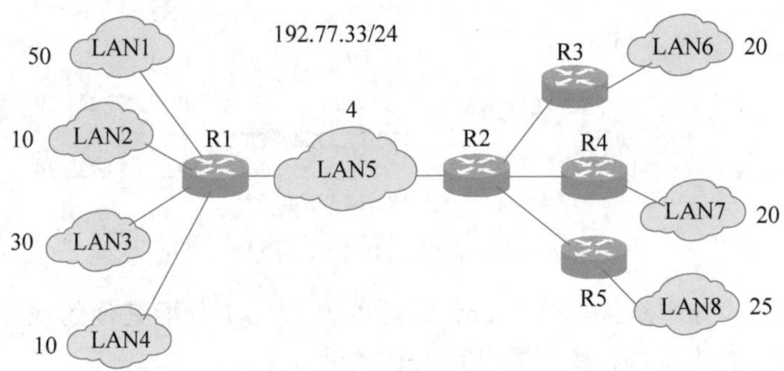

图 6-7 CIDR 地址分配举例

【解】 本题的主要目的是考查不同用户需求情况下 CIDR 地址块的分配问题。该公司的各部门对地址块的需求不同。因此，必须要满足不同网络的主机数量需求，而又尽量不浪费 IP 地址。

首先，将需求按从大到小的顺序排列，先满足主机数量要求多的网络。

其中，LAN1 的主机数量要求最大，是 50 台。那么，为其分配的主机号位数 i 需要满足 $(2^i-2)>50>(2^{i-1-2})$，因此，$i=6$，也就是主机号位数必须要有 6 位。而该 CIDR 地址块中主机号总共有 8 位，因此，网络号可以向主机号借用 2 位。划分出来的网络为 192.77.33.0/26、192.77.33.64/26、192.77.33.128/26、192.77.33.192/26。划分出来的每个网络能容纳的有效 IP 地址为 62 个，所以可以任选一个分配给 LAN1 使用，这里就把第一个网络 192.77.33.0/26 用在 LAN1 处，地址范围为 192.77.33.0～192.77.33.63(注意，全 1 和全 0 为特殊地址)。

再按照刚才的方法，为剩下部门划分 IP 地址，可以得到以下结果。

LAN3：30 个，192.77.33.64/27，地址范围 192.77.33.64～192.77.33.95

LAN8：25 个，192.77.33.96/27，地址范围 192.77.33.96～192.77.33.127

LAN6：20 个，192.77.33.128/27，地址范围 192.77.33.128～192.77.33.159

LAN7：20 个，192.77.33.160/27，地址范围 192.77.33.160～192.77.33.191

LAN2：10 个，192.77.33.192/28，地址范围 192.77.33.192～192.77.33.207

LAN4：10 个，192.77.33.208/28，地址范围 192.77.33.208～192.77.33.223

LAN5：4 个，192.77.33.224/29，地址范围 192.77.33.224～192.77.33.231

剩余地址：192.77.33.232/29，地址范围 192.77.33.232～192.77.33.239

192.77.33.240/28，地址范围 192.77.33.240～192.77.33.255

图 6-8 更直观地展示了分配结果。

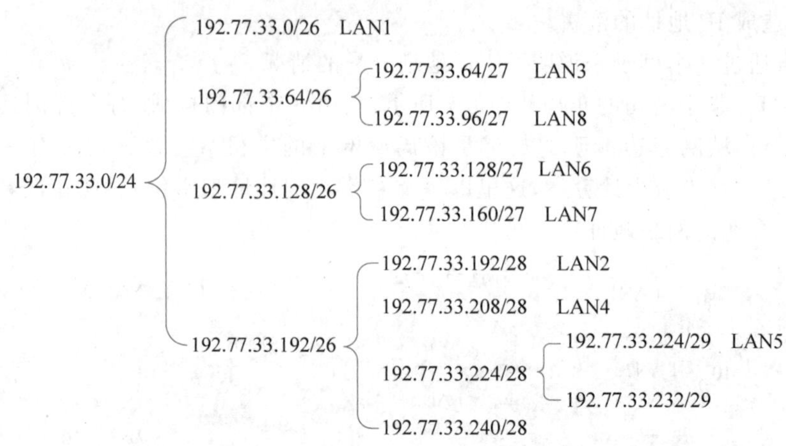

图 6-8 例题中的 IP 地址分配方案

当然，本例题的分配结果不唯一，比如，可以为 LAN1 分配其他的地址块。但具体分配思路是一致的，请读者自行练习其他的分配方式。

2. 最长前缀匹配

在使用 CIDR 时，IP 地址由网络前缀和主机号组成，路由表中的项目也需要做相应的改变。在分类 IP 地址情况下，路由表必须包含“目的网络”和“下一跳”；在划分子网的情况下，路由表必须包含“目的网络”“子网掩码”“下一跳”；在 CIDR 的情况下，路由表的每个条目则由“目的网络”“网络前缀”“下一跳地址”组成。但是，在查找路由表时，同一个目的 IP 地址可能会得到多个匹配项。这就产生了一个问题：到底应该选择哪个匹配项中的路由呢？

根据路由越具体越好的原则，网络前缀越长，网络越小，离目的网络越近。因此，**应当从匹配结果中选择具有最长网络前缀的路由**，称为**最长前缀匹配**（**longest-prefix matching**）。最长前缀匹配又称为**最长匹配**或**最佳匹配**。为了说明最长前缀匹配的概念，仍以图 6-7 的例子来讨论。

假定该公司下属的 LAN8 希望 ISP 把转发给 LAN8 的数据包直接发到 LAN8，而不要经过公司的外部路由器，但又不愿意改变自己使用的 IP 地址块。因此，在 ISP 路由器的路由表中，至少要有以下两个项目，即 192.77.33.0/24（该公司）和 192.77.33.96/27（LAN8）。现在假定 ISP 收到一个数据包，其目的 IP 地址为 192.77.33.101。要判断使用哪条路由表项进行数据包的转发。

将目的地址分别和路由表中这两个项目的掩码逐位相“与”（AND 操作）。所得的逐位 AND 操作的结果如表 6-6 所示。

表 6-6 常用的 CIDR 地址块

	二 进 制	相与的结果
目的地址	11000000 01001101 00100001 01100101	—
公司的子网掩码	11111111 11111111 11111111 00000000	192.77.33.0
lan8 的子网掩码	11111111 11111111 11111111 11100000	192.77.33.96

可以看到,同一 IP 地址能在路由器的路由表中找到这两条匹配的路由表项。根据最长前缀匹配原则,要从这两个匹配地址中选择更具体的一项。在这个例子中,应该选择 LAN8 的路由表项。也就是说,路由表中存在多个匹配项时,会在其中选择更具体的一个路由表项。

从上面的讨论可以看出,如果在开始使用 CIDR 进行 IP 地址分配,那么可以根据网络的地理位置来分配地址块,这样可以进行路由汇聚,大大减少路由表中的路由项。最初的 IP 地址分配规划没有与物理地址进行关联,使得路由表中的网络号数量巨大,为路由寻址带来了很大的困难。相反,电话网络的编号规则 E.164 的设计与物理地址关联,其寻址非常简单和方便,为路由寻址带来了极大的好处。

3. 使用数据结构查找路由表

在使用 CIDR 之前,一般一个目的 IP 只对应一条路由表项,查找时只需要找到该表项即可,也就是只需要经过一次查找过程即可;而在使用 CIDR 后,路由器的路由表查找要依据最长前缀匹配原则,这就使查找过程变得更加复杂了。而路由器作为网络节点设备,要求具有**线速转发**的能力,才不至于成为网络的堵点,也就是说,路由器必须完全按传输介质带宽进行通畅传输,其寻址和处理的时间非常短。例如,如果连接路由器的线路速率为 100Gb/s,分组的平均长度为 2000b,那么路由器平均每秒需处理 5000 万个分组($100\times10^9/2000$,常记为 50Mbps),路由器处理一个分组的平均时间只有 20ns。查找路由表只是路由器处理分组时的操作之一,因此,查找每一个路由信息所需的时间还要小于 20ns。当路由表的表项数量很大时,如果逐项查找表项耗时太长,那么路由器就没办法满足线速转发要求。怎样加快路由表的查找速度,缩短表项的查找时间,就成为一个非常重要的问题。因此,在路由表中必须使用优良的数据结构和快速查找算法,这也是一个研究热点。

对无分类编址的路由表,由于采用最长前缀匹配方式,事先并不知道给定目的地址的最长前缀是多少,因此,最简单的查找算法就是依次对所有可能的前缀进行查找,然后比较得出前缀最长的匹配表项。对 IPv4 地址来说,前缀长度可能是 1～32 的任意整数。这种查找算法最明显的缺点就是需要查找的次数太多。最坏的情况是路由表中没有这个路由,算法仍要进行 32 次(具有 32 位的网络前缀是一个特定主机路由)。要找到一个传统的 B 类地址(即/16),也要查找 16 次。对于经常使用的默认路由,这种算法都要经历 31 次不必要的查找。

为了进行更加有效的查找,通常是把无分类编址的路由表存放在一种数据结构中,比如哈希表,用哈希表的(键,值)对分别表示 IP 地址和对应的下一跳路由信息;比如前缀树(Trie),用前缀树的树枝表示 IP 地址的前缀,在叶子节点处记录对应路由信息。然后按照相应结构进行查询,就能快速得到最长前缀匹配的路由信息等,最常用的是层次化数据结构,路由器可以自上而下地按层次进行查找。二叉线索树是层次化结构的一个重要类型,二叉树每个节点最多有两个分支,路由表查找问题也能抽象成二叉树形式。

1) IP 地址二叉树的构造

将 IP 地址按从高位到低位的数值表示成二叉树中从根节点逐层向下层延伸的路径,因此,这样形成的各条路径就代表路由表中存放的各个地址。用二叉树构造 IP 地址的方式很简单,可以规定每个节点的左下方为 0,右下方为 1。因此,要将 IP 地址存入二叉树时,先检查 IP 地址左边的第一位(最高位),如果为 0,则第一层的节点就在根节点的左下方;如果为 1,则在右下方。然后再检查地址的第二位,构造出第二层的节点。以此类推,直到每个 IP 地址的唯一前缀都表示出来为止,叶子节点表示唯一前缀的最后一位。所谓唯一最长前缀,就是该 IP 地址的前缀与表中其他前缀不同,可以用最简短的方式区别于其他 IP 地址。用一个例子来说明二叉树构造 IP 地址的方式,如图 6-9 所示。图中给出了 6 个 IP 地址。要将 IP 地址的每一比特位都表示出来,从二叉树根节点往下需要 32 层,每一层对应 IP 地址中的一位。图 6-9 中的 6 个前缀各不相同,因此,能够用来区别出相应的 IP。这样就可以用这些前缀来构造二叉树。在进行查找时,只要能够和唯一前缀相匹配即可。

32位的IP地址	唯一前缀
00110000 00000010 00000000 00000000	00110
00111011 00001010 00000000 00000000	00111
01100000 10100000 00000000 00000000	01
11000110 00000000 00000000 00000000	1100
11010110 00000000 00000000 00000000	1101
11100001 00000000 00000000 00000000	111

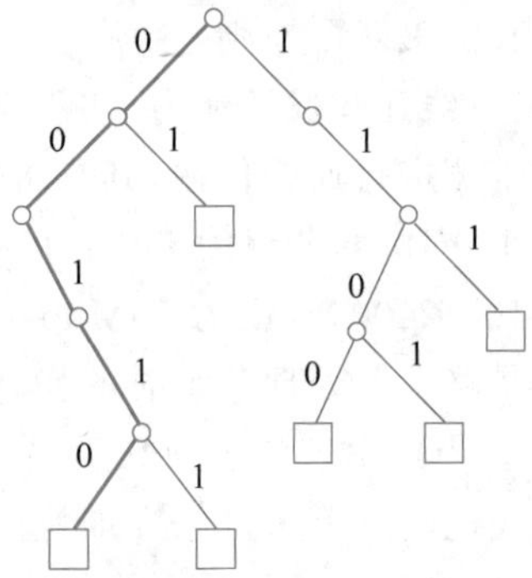

图 6-9 用 6 个前缀构成的二叉线索树

由于唯一前缀一般都小于 32 位,因此用唯一前缀构造的二叉线索的深度往往不到 32 层。图 6-9 中较粗的折线就是前缀 00110 在这个二叉线索中的路径。二叉线索中的小圆圈是中间节点,而在路径终点的小方框是叶子节点(也称为外部节点)。每个叶子节点代表一个唯一前缀。节点之间的连线旁边的数字表示这条边在唯一前缀中对应的比特是 0 或 1。

2) IP 地址二叉树查找

要判断某个 IP 地址是否在路由表中,可根据上面 IP 地址二叉树的构造方法,从根开始逐位查找,如果找不到相应的路径,则该地址不在二叉树中。

在如图 6-9 所示的二叉线索树中,假定需要查找 IP 地址 00011011 00111010 0000000 0000000 是否在此二叉线索树中。从根节点开始查起,查到第三个字符(即前缀 00 后面的 0)时,在二叉线索树中就找不到匹配的路,说明这个地址不在这个二叉线索树中。

以上给出了用二叉线索数据结构表示和查找过程。用二叉线索树来表示路由表时,在每个叶子节点处包含相应的网络前缀和子网掩码。当搜索到一个叶子节点位置时,将目的地址和该叶子节点的子网掩码逐位“与”运算,查看结果是否与相应的网络前缀匹配。如果匹配,则按下一跳的接口来转发数据包;否则,数据包将被丢弃。二叉树仅提供了一种快速查找路由表中匹配项的机制,是否与网络前缀匹配,还需要使用子网掩码进行一次逻辑与的运算。

6.2.5 专用网地址与 NAT

视频

1. 专用网地址

固定分类的 IP 地址方式由于网络号的步长太大,形成过大和过小的网络,造成 IP 地址利用率不高、浪费大的问题,通过增加掩码的方法,用划分子网和无分类 IP 地址方式优化了 IP 地址的分配,减少了浪费。但 IPv4 的地址空间总共只有 2^{32} 个地址,总量上不能满足全球用户的使用需求,如何解决这个问题呢?一种方法是升级 IP 协议,如 IPv6,扩充 IP 地址位长为 128b,扩大总的 IP 地址空间。一种方法是利用重用(再用)的思想,划分出一些地址,仅在局域网中使用,不能在互联网中使用,这些地址就可以重复使用(路由器不转发这些地址,它们在局域网内部重复使用,不会破坏公用网 IP 地址的唯一性原则),从而扩大 IP 地址的数量,如图 6-10 所示。这部分地址称为私有网络地址(或称为**专用网地址**、**内网地址**、**本地 IP 地址**),目前分别从 A、B、C 类地址中各划分了一小块专用网地址:

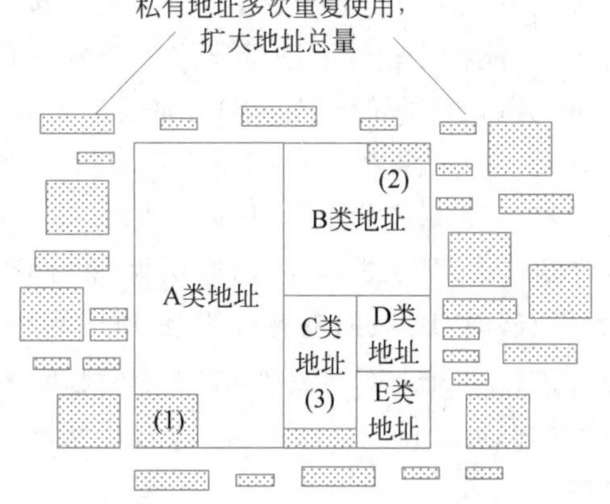

图 6-10 专用网地址的重复使用

(1) 10.0.0.0～10.255.255.255(或记为 10.0.0.0/8,又被称为 24 位块)。

(2) 172.16.0.0～172.31.255.255(或记为 172.16.0.0/12,又被称为 20 位块)。

(3) 192.168.0.0～192.168.255.255(或记为 192.168.0.0/16,又被称为 16 位块)。

2. 网络地址转换

划分专用网地址后,新的问题又出来了,专用网地址不能出现在公用网上,那使用专用网地址的主机,如何与使用公用网地址的主机进行通信呢?

采用的方法是网络地址转换(**Network Address Translation,NAT**),该方法于 1994 年被提出。NAT 的思路是在出口路由器中建立专用网地址和公用网地址之间的映射关系,通过路由器公用网地址与外网进行通信。

以图 6-11 来说明 NAT 路由器的工作原理,连接专用网和公用网的 NAT 路由器至少要有一个全球 IP 地址(这里是 212.55.15.7),才能和互联网相连。

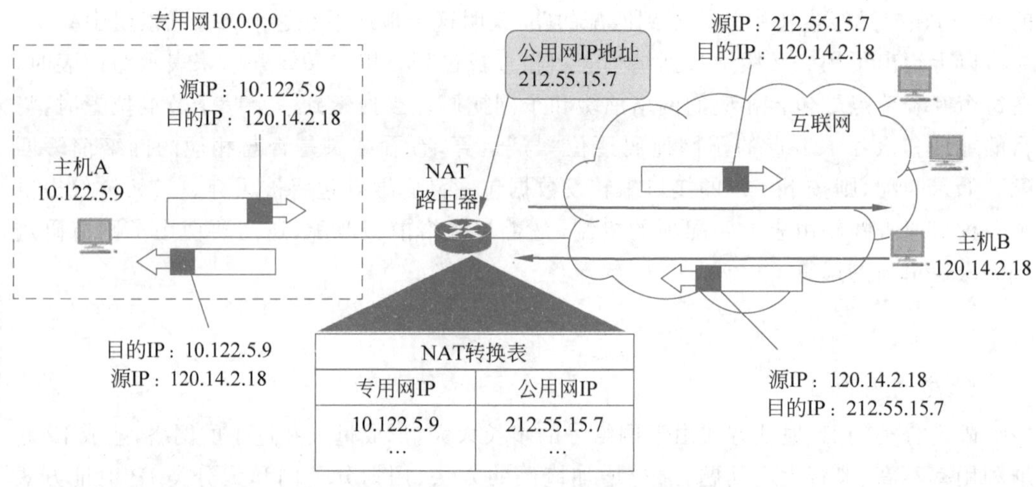

图 6-11　NAT 路由器的工作原理

专用网内部主机发送的数据包(不管目的网络是本网络还是公用网)，源 IP 地址都是专用网地址，这里主机 A 发送的数据包源 IP 地址就是 10.122.5.9(注意，这是专用网地址，不能在互联网上进行通信)。NAT 路由器收到从专用网主机 A 发往公用网主机 B 的 IP 数据包，源 IP 地址是 10.122.5.9，目的 IP 地址是 120.14.2.18(这是个公用网 IP 地址)。NAT 路由器查找 NAT 转换表后，将 IP 数据包的源 IP 地址由专用网地址 10.122.5.9 变成公用网 IP 地址 212.55.15.7，然后将数据包转发到互联网。因此，主机 B 收到这个 IP 数据包时，就会认为 A 的 IP 地址就是 212.55.15.7。当主机 B 给主机 A 发送应答时，IP 数据包的目的 IP 地址就是 212.55.15.7，即 NAT 路由器的公用网 IP 地址。主机 B 并不能知道 A 的专用网地址 10.122.5.9。实际上，即使知道了，也不能用 A 的专用网地址作为目的地址，因为互联网上的路由器都不会转发目的地址是专用网 IP 地址的数据包。

当 NAT 路由器收到互联网上的主机 B 发来的 IP 数据包时，再次进行 IP 地址转换。通过 NAT 地址转换表，把 IP 数据包上的目的 IP 地址 212.55.15.7，转换为新的目的 IP 地址 10.122.5.9，这才是主机 A 真正的本地 IP 地址(也就是它的专用网地址)。NAT 路由器再将收到的数据包转发给主机 A。如果专用网内有多台使用专用网地址的主机，为了让它们能与互联网上的其他主机进行通信，NAT 路由器要为每台主机的专用 IP 都保留一个对应的全球 IP，实现一对一的转换；否则，如果一个公用网 IP 对应多个专用网 IP，那么，NAT 路由器就不知道应该将外部主机发送过来的数据包交付给哪台主机。

由此可见，当 NAT 路由器具有 n 个全球 IP 地址时，专用网内最多只能同时有 n 台主机接入互联网。这样通过修改 NAT 路由器转换表，就可以使专用网内较多数量的主机，轮流使用 NAT 路由器有限数量的公用网 IP 地址。一般情况下，通过 NAT 路由器的通信必须由专用网内的主机发起。否则，如果互联网上的主机发起通信，那么这时的目的地址是 NAT 路由器的外部 IP 地址，当 IP 数据包到达 NAT 路由器时，NAT 路由器上的转换表是变化的，NAT 路由器就不知道应当把目的 IP 地址转换成专用网内的哪一个主机。这也说明，这种专用网内部的主机不能充当服务器，因为互联网上的客户无法请求专用网内的服务器，也就不能要求其提供服务。

在上面的方法中，NAT路由器上的一个公用网IP地址一次只能被一个本地主机使用，为了更加有效地利用NAT路由器上的公用网IP地址，现在常用的方法是：一个公用网IP地址加上传输层的端口号(在第7章中讨论)对应一个本地主机IP。这样就可以使多个拥有专用网地址的主机，共用一个NAT路由器上的一个公用网IP地址，实现一个公用网IP地址支持多台主机同时和互联网上的其他主机进行通信。

这种同时使用网络地址和端口号的NAT也称为**网络地址与端口号转换(Network Address and Port Translation，NAPT)**，而只使用网络地址不使用端口号的NAT就称为传统的NAT(traditional NAT)。但在许多文献中并没有这样区分，都统一简单地称为NAT。表6-7以TCP端口为例说明NAPT的地址转换机制，如果使用UDP，也是同样的道理。

表6-7 NAPT地址转换表举例

方向	字　段	转换前的IP地址和端口号	转换后的IP地址和端口号
出	源IP：TCP源端口	10.122.5.9：30000	212.55.15.7：40001
出	源IP：TCP源端口	10.122.1.6：40000	212.55.15.7：40002
入	目的IP：TCP目的端口	212.55.15.7：40001	10.122.5.9：30000
入	目的IP：TCP目的端口	212.55.15.7：40002	10.122.1.6：40000

从表6-7可以看出，专用网内主机10.122.5.9和10.122.1.6向互联网发送IP数据包时，其TCP端口号分别为30000和40000。这两个端口号也可能一样，因为端口号仅在本主机中才有意义。路由器收到数据包时，NAPT对源IP地址和TCP端口号都进行转换。把专用网内不同的源IP地址都转换为同样的全球IP地址212.55.15.7。但不管源主机所采用的TCP端口号是否相同，转换后的端口号都不同，以便区分不同的专用网内主机。因此，当NAPT路由器收到从互联网主机发来的应答数据包时，要将数据包转发至专用网内主机，就可以从IP数据包中找出传输层的端口号，然后从NAPT转换表中找到该端口号对应的目的主机。比如，NAPT路由器收到互联网的应答数据包，目的IP地址为212.55.15.7，端口号为40002时，根据NAPT转换表，就能知道，这是对本地主机10.122.1.6的回复，并且它的TCP端口号为40000。

6.2.6 IPv6地址

IPv6是英文Internet Protocol version 6(互联网协议第6版)的缩写，是互联网工程任务组(IETF)设计的用于替代IPv4的下一代IP协议，可解决IPv4地址即将耗尽和IPv4暴露出来的一些其他问题。IPv6的地址位数变为128位，其地址数量为2^{128}，号称可以为全世界的每一粒沙子编上一个地址。如果地球表面(含陆地和水面)全都均匀地覆盖着通信设备，那么每平方米可以拥有7×10^{23}个IPv6地址；如果IPv6地址的分配速率是每微秒100万个，那么需要10^{19}年才能分配完毕。可见，在能想象到的将来，IPv6的地址空间是不可能用完的。

互联网数字分配机构(IANA)在2016年已向互联网工程任务组提出建议,要求新制定的国际互联网标准只支持IPv6,不再兼容IPv4;但当前仍然是IPv4和IPv6共存的状态。

1. IPv6的地址表示方法

IPv6的优势在于它极大地扩展了地址的可用空间,巨大的地址空间怎么样表示才能更好地让人识别和操作呢?如果仍然使用IPv4的点分十进制记法就不够方便了。例如,用点分十进制记法表示一个128位的IPv6地址为:

179.213.115.169.255.135.255.240.0.0.32.121.130.21.255.255

显然,用点分十进制方式记录IPv6地址就不再具有可读和可记性。

为了使地址表达更简洁,IPv6使用**冒号十六进制记法(colon hexadecimal notation,简写为colon hex)**,将IPv6的128比特分成8组,每组16位,分别用十六进制表示,组与组之间用冒号分隔。例如,如果前面所给的点分十进制数记法的值改为冒号十六进制记法,就变成了:

B3D5∶73A9∶FF87∶FFF0∶0∶2079∶8215∶FFFF

为了方便使用,冒号十六进制记法还可以用到以下3种技术。

(1) 零省略:在十六进制记法中,允许把数字前面的0省略。上面就把0000中的前3个0省略了。但不能省略数字后面的0,比如,上面FFF0不能省略为FFF。

(2) 零压缩(zero compression):一连串连续的零可以用一对冒号代替,例如,

DC12∶0∶0∶0∶0∶0∶0∶A1

可压缩为　　　　DC12∷A1

为了保证零压缩有一个不含混的解释,规定在任一地址中只能使用一次零压缩。

下面再给出几个使用零压缩的例子。

1080∶0∶0∶0∶8∶800∶0000∶417A　　记为1080∷8∶800∶0∶417A

FF01∶0∶0∶0∶0∶0∶0∶101(多播地址)记为FF01∷101

0∶0∶0∶0∶0∶0∶0∶1(环回地址)　　记为∷1

0∶0∶0∶0∶0∶0∶0∶0(未指明地址)　　记为∷

(3) 使用点分十进制记法作为后缀:前面为冒号十六进制记法,最后32比特为点分十进制记法(原来IPv4的表示方式),这种方式在IPv4向IPv6转换的阶段特别有用。例如,下面是一个合法的冒号十六进制记法:

0∶0∶0∶0∶0∶0∶135.21.5.5

请注意,在这种记法中,除了最后32比特,前面冒号所分隔的每个值包含2字节(16位),点分十进制部分每个点分隔的值则指明1字节(8位)的值。上面的IPv4地址再使用零压缩技术,可得到:

∷135.21.5.5

CIDR的斜线表示法在IPv6中仍然可用。例如,56位的前缀2A00 0000 0000 50(十六进制表示的14个字符,每个字符代表4位二进制数字)可记为

2A00：0000：0000：5000：0000：0000：0000：0000/56

或

2A00∷5000：0：0：0：0/56

或

2A00：0：0：5000∷/56

但不允许记为

2A00：0：0：5/56(不能把16位地址50块中后面的0省略,省略后的含义变成0005了)

或

2A00∷50/56(这就变成地址2A00：0：0：0：0：0：0：50了,前56位变成2A00 0000 0000 00了)

2. IPv6的地址分配

IPv6的地址空间巨大,其分配方法也比较复杂,IANA委派了多个组织来执行地址分配任务。

- 国际互联网络信息中心(Internet Network Information Center,InterNIC)。
- 欧洲网络协调中心(Reseaux IP Europeans Network Coordination Center,RIPE-NCC)。
- 亚太网络信息中心(Asia Pacific Network Information Center,APNIC)。
- 非洲网络信息中心(African Network Information Center,AfriNIC)。
- 拉丁美洲和加勒比地区IP地址注册管理机构(Regional Latin American and Caribbean IP Address Registry,LACNIC)。

IPv6地址分为3部分,结构如图6-12所示。

全球路由前缀 (*n* bit)	子网ID (*m* bit)	接口ID (128-*n*-*m* bit)

图6-12 IPv6地址结构

全球路由前缀:与IPv4的网络号类似。也用CIDR表示法书写。

子网ID:表示组织内的特定子网。

接口ID:表示主机接口地址。

目前被IANA分配的IPv6地址空间如表6-8所示。

表6-8 目前分配的IPv6地址空间

IPv6前缀	前缀的二进制形式	IPv6空间的相对大小	分　　配
0000∷/3	000	1/8	IETF保留 未指定地址(∷)和环回地址(∷1)在这块分配
2000∷/3	001	1/8	**全局单播地址**
4000∷/3	010	1/8	IETF保留
6000∷/3	011	1/8	IETF保留
8000∷/3	100	1/8	IETF保留

续表

IPv6 前缀	前缀的二进制形式	IPv6 空间的相对大小	分　配
A000 ::/3	101	1/8	IETF 保留
C000 ::/3	110	1/8	IETF 保留
E000 ::/4	1110	1/16	IETF 保留
F000 ::/5	1111 0	1/32	IETF 保留
F800 ::/6	1111 10	1/64	IETF 保留
FC00 ::/7	1111 110	1/128	**唯一的本地单播地址**
FE00 ::/9	1111 1110 0	1/512	IETF 保留
FE80 ::/10	1111 1110 01	1/1024	**链路本地单播地址**
FEC0 ::/10	1111 1110 11	1/1024	站点本地单播地址(弃用)
FF00 ::/8	1111 1111	1/256	多播地址

IPv6 的目的地址通常分为**单播(unicast)**、**多播(multicast)**、**任播(anycast)**3 种基本类型。IPv6 不再使用广播术语。

1) 单播地址

网络地址和网络节点一一对应,点对点连接。RFC 4291 和 RFC 4193 规定了 IPv6 的 7 种类型的单播地址:

(1) **全球单播地址**(Global Unicast Address)。全局单播地址相当于公用网地址,目前分配了 2000 ::/3,有 2^{125}(大约 4.25×10^{37})个 IP 地址。

(2) **链路本地单播地址**(Link-Local Unicast Address)。链路本地地址用于在单个链路上进行寻址,以实现自动地址配置、邻居发现等目的,或者在没有路由器时使用。链路本地目标地址的数据包不会被路由。固定前缀为 FE80 ::/10。

(3) **站点本地单播地址**(Site-Local Unicast Address)。站点本地地址最初设计的本地网络地址,用于在不需要全球路由前缀情况下的网络内部寻址,由于早期的定义存在二义性,现在已被弃用。

(4) **唯一本地地址**(Unique Local Address,ULA)。唯一本地地址提供在一个网络内的本地 IP 地址,仅能够在本地网络使用,不可被路由。上面提到的站点本地地址由于起初的标准定义模糊而被弃用,而后 RFC 4193 又重新定义了唯一本地地址以满足本地环境中专用 IPv6 地址的使用。但 RFC 4193 指出:“这些地址没有被期待成为全局互联网路由地址。”因此,并不像专用的 IPv4 地址空间一样,唯一本地地址空间本质上是专用地址空间,提供“本地”寻址同时仍然具有较高概率保证全局唯一。ULA 的固定前缀为 FC00 ::/7。

(5) **未指定地址**(The Unspecified Address)。未指定地址为 0:0:0:0:0:0:0:0/128 或 ::/128,相当于 IPv4 的 0.0.0.0。它表示不存在的地址,不能分配给任何节点,只在未配置 IP 地址的主机发送 IPv6 数据包的源地址中使用,指代自己。

(6) **环回地址**(The Loopback Address)。0:0:0:0:0:0:0:1/128 或 :: 1/128 是 IPv6 唯一的环回地址,标识一个环回接口,相当于 IPv4 的 127.0.0.1。

(7) **嵌入 IPv4 地址的地址**(Embedded IPv4 Addresses)。此地址类型用于将 IPv4 地址表示为 IPv6 地址。

2) 多播地址

多播(multicast)是一点对多点的通信,发送地址对应一组接收信息的节点,数据包被发送给多播组中的所有计算机。可以将多播想象成一个范围内的广播,所有多播组成员共享共同的组 ID,因此所有成员都会接收到给多播组发送的相同的数据包。多播地址可以识别在不同节点上的一组接口,同时,一个接口也可能有多个多播地址,即一个接口可能属于多个多播组。多播地址的固定前缀为 FF00∷/8。

3) 任播地址

任播(anycast)是 IPv6 新增加的一种类型,发送地址对应一群接收节点,但只有最近的一个接收到。

6.3 面向无连接的 IP 协议

IP 是 Internet Protocol 的缩写,是 TCP/IP 体系中的网络层协议。与 IP 协议配套使用的还有 3 个协议,它们都属于网络层协议。

- 地址解析协议(Address Resolution Protocol,ARP)。
- 互联网控制报文协议(Internet Control Message Protocol,ICMP)。
- 互联网组管理协议(Internet Group Management Protocol,IGMP)。

图 6-13 给出了这 3 个协议和 IP 协议的关系。由于 IP 协议实现网络间互联互通,因此,在 TCP/IP 体系架构中,网络层又常常被称为 IP 层。

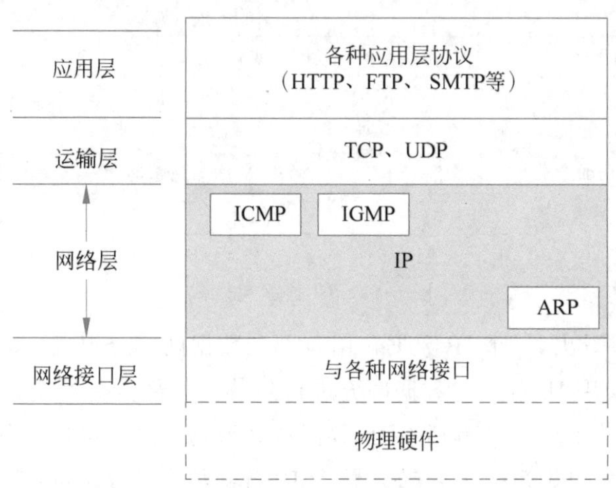

图 6-13 网络层协议

6.3.1 IP 协议的目标

设计 IP 的目的是提高网络的可扩展性:一是解决网络互联问题,实现大规模、异构网络的互联互通;二是分割顶层网络应用和底层网络技术之间的耦合关系,以便于两者

的独立发展。根据端到端的设计原则，IP 只为主机提供一种无连接、不可靠、尽力而为的数据包传输服务。

无连接的意思是，IP 并不维护任何节点对之间的连接状态信息，也不维护关于后续数据包的状态信息，每个数据包的处理是相互独立的。这也说明，IP 数据包独立地进行路由选择，接收方接收的数据包可能失序。

不可靠的意思是，它不能保证 IP 数据包能成功地到达目的地。如果 IP 数据包在传输过程中发生错误，则丢弃该数据包，然后发送 ICMP 消息给信源端。任何可靠性要求必须由上层来提供(如 TCP)。

尽力而为的意思是 IP 尽最大努力发送数据包，但对时延、可靠性等性能不提供任何保证。

视频

6.3.2 IPv4 数据包格式

IP 协议的具体功能都体现在 IP 数据包格式中，接下来详细介绍 IP 数据包格式。在 TCP/IP 的标准中，IP 数据包首部格式宽度是 32 位(即 4 字节)。图 6-14 是 IP 数据包的完整格式。

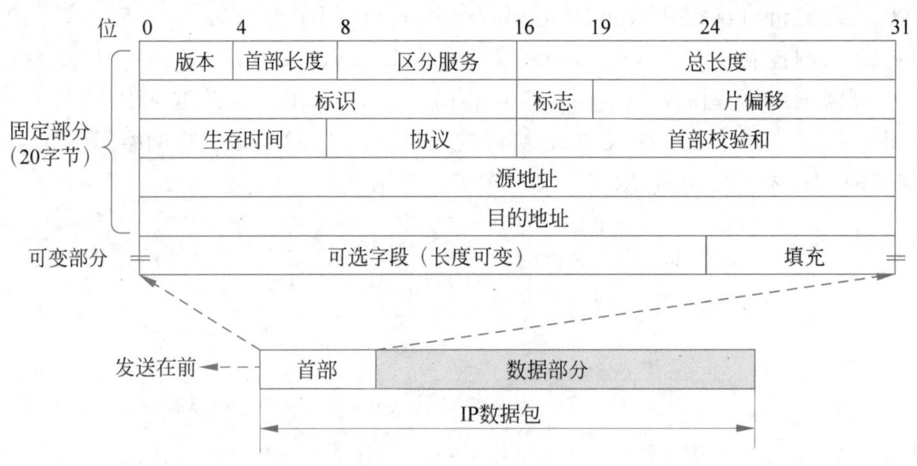

图 6-14　IP 数据包格式

从图 6-14 可以看出，一个 IP 数据包由首部和数据两部分组成。其中，数据部分来源于上层应用，网络层用 IP 首部对数据部分进行封装。首部分为固定部分和可变部分，固定部分的长度固定为 20 字节，是所有 IP 数据包必须具有的。可选部分是一些可选字段，其长度是可变的，最大长度为 40 字节。整个 IP 首部最大长度为 60 字节。

1. IP 数据包首部的固定部分中的各字段

(1) **版本**。4 位，指明 IP 协议的版本。这里 IP 协议版本号为 4(即 IPv4)，IPv6 的格式在 6.3.3 节再做介绍。为了保障通信的有效性，通信双方使用的 IP 协议版本要保持一致。

(2) **首部长度**。4位,可表示的最大长度为15(1111),这里首部长度字段所表示的单位是4字节,也就是图6-14中一行的长度。因此,首部长度最大为60字节。由于IP首部中固定首部长度为20字节,因此首部最小长度为5(0101)。IP数据包的首部长度一定是4字节的整数倍,如果不是4字节的整数倍,则必须利用最后的填充字段加以填充。相应地,首部长度也说明了数据部分的开始位置,因此,IP数据包数据部分永远在4字节整数倍时开始。

(3) **区分服务**。8位,其初衷是为不同类型的业务提供不同的服务,在最早的RFC 791中称为服务类型(ToS),但是服务类型字段在路由器中并没有很好地利用起来。1998年,RFC 2474、RFC 3168、RFC 3260重新定义为区分服务,只有在使用区分服务时,这个字段才起作用。例如,需要实时数据流的技术会应用这个字段,如基于IP的语音传输(Voice over Internet Protocol,VoIP),在一般的情况下都不使用这个字段。

(4) **总长度**。16位,这是IP数据包的总长度(首部加上数据),单位为字节。因为该字段长为16比特,所以IP数据包的理论最大长度为65 535(即$2^{16}-1$)字节。结合前面的首部长度字段,就能知道数据部分的起始位置和长度。要注意,首部长度单位是4字节,总长度单位是字节。

比如,如果IP数据包首部长度的二进制为0101(十进制表示5),总长度字段为0000 0100 1100 0100(十进制为1220),那么,该数据包的数据部分为1200字节(1220×1−5×4字节)。

前面数据链路层中已经讲过,IP层下面的不同数据链路层都有自己的帧格式和最大传送单元(MTU)的要求。当IP数据包被封装成链路层的帧时,被封装的数据包部分总长度(即IP数据包首部加上数据部分)一定不能超过下面的数据链路层的MTU值。如果数据包长度超过数据链路层的MTU值,就必须进行分片处理,这时,各分片中总长度的值也随之变化。后续字段标识、标志和片偏移共同用于IPv4数据包分片。

数据包中数据部分所占比例越大,传输效率也就越高。但数据包越大,路由器转发时间越长,特别是当路由器要对其重新分片时,转发的速率还会更慢。

(5) **标识(identification)**。16位。IP软件维护的计数器会随着数据包的产生而加1,并将此作为该数据包的标识。当数据包由于长度超过网络的MTU而必须进行分片时,所有数据分片中的标识字段都是该数据包标识的值。也就是说,同一数据包的所有分片应该有相同的标识。因此,接收方收到标识相同的数据包时,说明它们来自同一原始数据包,就能正确地重装为原来的数据包。

(6) **标志(flag)**。3位,但只有2位有意义。

最 高 位	中 间 位	最 低 位
0	DF (Don't Fragment)	MF (More Fragment)
保留位无意义	1 不能分片 0 允许分片	1 有后续分片 0 最后一个分片

标志字段中最高位为保留位，设置为 0，无任何意义。

标志字段的中间位记为 DF（Don't Fragment），表示该数据包是否能进行分片。DF＝1 时表示不允许分片，只有当 DF＝0 时才允许分片。

标志字段中的最低位记为 MF（More Fragment），表示本分片后是否还有同一数据包的其他分片。MF＝1 即表示后面“还有分片”的数据包。MF＝0 表示这已是若干数据包片中的最后一个。

（7）**片偏移**。13 位。数据包进行分片后，指出某分片在原数据包中的相对位置。片偏移以 8 字节为偏移单位。除了最后一个分片，每个分片的长度一定是 8 字节（64 位）的整数倍。

在认识了总长度、标识、标志和片偏移字段之后，就能对数据包分片进行标记。下面举一个例子说明分片的情况。

【例 6-5】 某主机要发送一个数据包，总长度为 4020 字节，其中数据部分为 4000 字节（使用固定首部），已知该主机所在的局域网要求的 MTU＝1430，请问该如何划分片？写出每一个分片数据包的总长度以及 DF、MF、片偏移的值。

解：因为 MTU＝1430 字节，使用固定首部，长度为 20 字节，因此每个数据包片的数据部分长度不能超过 1410 字节。

要特别注意，前面提到，计算片偏移时，要求每个分片长度一定是 8 字节的整数倍，显然 1410 字节不是 8 的整数倍，因此，要取满足 8 的整数倍且小于 1410 字节的最大数作为数据部分的长度，这里为 1408 字节。

于是，4000 字节被分成 3 个数据分片，长度分别为 1408 字节、1408 字节、1184 字节。图 6-15 给出了分片后的结果。

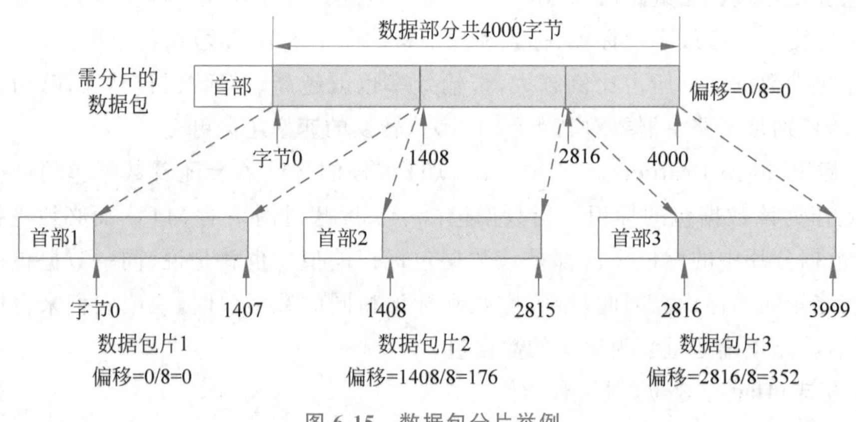

图 6-15　数据包分片举例

本例中数据包首部与分片有关的字段中的数值见表 6-9，其中标识字段的值都为 6666。具有相同标识的数据包分片在目的站就可以重装成原来的数据包。

表 6-9 数据包首部关键数字

数据包	数据长度	总长度	标识	DF	MF	片偏移
原始数据包	4000	4020	6666	0	0	0
数据包 1	1408	1428	6666	0	1	0
数据包 2	1408	1428	6666	0	1	176
数据包 3	1184	1204	6666	0	0	352

现在假定数据包 2 经过某个网络时还需要再进行分片，即划分为数据包片 2-1(携带数据 1000)和数据包片 2-2(携带数据 408)。那么，这两个数据包片的数据长度、总长度、标识、DF、MF 和片偏移分别是 1000、1020、6666、0、1、176(数据包片 2-1)，408、428、6666、0、1、301(数据包片 2-2)。

(8) **生存时间**。8 位，生存时间字段的英文缩写为 TTL(Time To Live)，表示数据包在网络中的存留时间，目的是防止数据包在网络中一直绕圈，浪费网络资源。最初的设计是以秒作为 TTL 值的单位，8 位二进制最大表示为 255，因此，最大生存时间为 255 秒。数据包在网络中每经过一段时间，相应的路由器就减去这段时间。若 TTL 值减为 0 时还未交付成功，则丢弃这个数据包。

后来 TTL 数值又设置为所经过路由器的最大跳数(Hop Count)，每当一个 IP 数据包到达路由器，TTL 就会被减 1，然后根据减 1 后的结果判断是否转发。如果 TTL 减到 0 时还没到达目的地，那么数据包会被丢弃，并用 ICMP 包告知源主机数据包不可达，TraceRoute 就是利用 TTL 字段来实现的。这个时候，TTL 的意义是指出一个数据包在网络中可以通过多少个路由器，TTL 为 8 位，显然，数据包在网络上通过路由器数量的最大值为 255。如果 TTL 的初始值设置为 1，则该数据包只能在本地局域网中传送，不会经过路由器转发，因为数据包一旦传送到路由器，在被转发之前 TTL 值就减小到零，所以要被该路由器丢弃。

(9) **协议**。8 位，指出此数据包携带的数据部分是哪种协议数据单元，以便使目的主机的 IP 层知道应将数据部分交给哪个上层协议进行处理。比如，如果协议字段值为 6，则说明该数据包的数据部分是 TCP 协议，接收方的 IP 层就将数据部分交给上层 TCP 协议进行处理。

常用的一些协议和相应的协议字段值如下：

协议名称	ICMP	IGMP	TCP	UDP	SCTP	EGP	IGP	IPv6	RSVP	ESP	OSPF
协议字段值	1	2	6	17	132	8	9	41	46	50	89

(10) **首部校验和**。16 位，用于检测数据包在传输过程中首部是否出错。这个字段只校验数据包的首部，不校验数据部分，也是为了减少计算的工作量。数据包经过的每个路由器都要进行首部校验和计算，因为在传输过程中，首部中的部分字段可能会发生变化，比如，生存时间、标识和片偏移等。

为了减少计算量，计算方法也采用比较简单的二进制反码运算和方式。发送方首先将数据包首部划分成多个 16 位字的序列，其中校验和字段置零，然后求所有 16 位二进制的反码运算和,该结果的反码即为校验和,最后写入校验和位置。接收方验证时与发送方不一样的是,此时校验和不置 0,接收方对数据包首部做 16 位二进制反码求和,再将得到的和取反码。如果二进制结果为 0,则数据包传输过程中无差错;否则数据有错,丢弃该数据包。但 IP 包数据出错时不会与 TTL 为 0 时一样发送 ICMP 报文,而是由上层协议发现数据丢失再进行相应处理,具体可见 RFC 1141。图 6-16 说明了 IP 数据包首部校验和的计算过程。

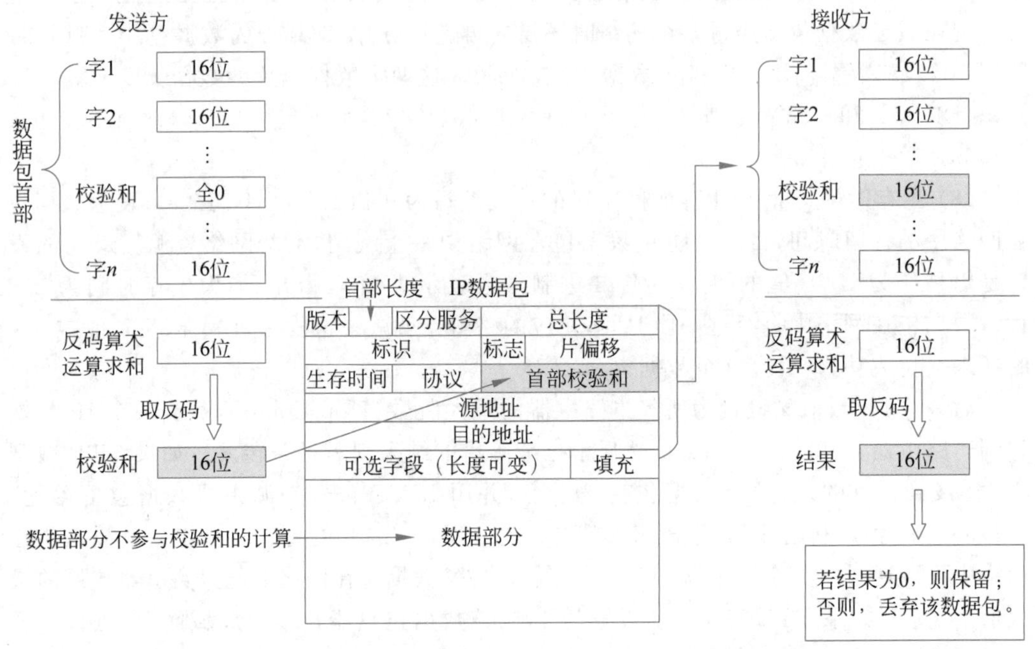

图 6-16 IP 数据包首部校验和的计算过程

二进制反码求和运算的规则是,从低位到高位逐列进行求和运算,0 和 0 相加等于 0,0 和 1 相加等于 1,1 和 1 相加等于 0,但要产生一个进位 1,加到更高位列。若最高位相加后产生溢出,则将溢出值再加到低位。下面用一个简单的例子说明二进制反码求和运算。

比如,$X=101,Y=111,Z=101$。求 X、Y 和 Z 的二进制反码求和结果。

X → 101
Y → 111
Z → 101
1011 ← 进位
溢出10 → 10001 ← 普通求和的结果
加上溢出值 → 10
011 ← 二进制反码运算结果

在这个例子中,最低位 3 个 1 相加,得 11(二进制),因此,结果为 1,进位为 1 。中间位 1 个 1 和进位 1 相加,结果为 0,进位为 1。最高位 3 个 1 和进位 1 相加,结果为 100(二进制),因此,结果为 1,溢出值为 10。再将溢出值加在结果 001 中,得到二进制反码运算结果 011。

需要注意的是，在计算首部校验和时，在得到二进制反码运算结果，还要再取反码。

(11) **源地址**。32位，为源主机的IP地址。

(12) **目的地址**。32位，为目的主机的IP地址。

2. IP数据包首部的可变部分

IP数据包首部支持一些可选项功能，放置在IP数据包首部的可变部分中，主要用于支持排错、测量和安全等措施。这些选项的长度不同，从1字节到40字节不等，因此，可变部分的长度取决于所选的项目。如果数据包中有多个选项，这些选项是一个接一个拼接的，则不需要在中间有分隔符。最后，为了保持首部长度为4字节的整数倍，需要使用0进行填充。目前，多数标准化选项在网络中很少使用。

6.3.3 IPv6数据包格式

IPv4从20世纪70年代末开始使用，取得了极大的成功。互联网经过几十年的快速发展，IPv4地址已经耗尽。2014—2015年，我国逐渐停止向新用户和应用分配IPv4地址。虽然专用网地址和NAT技术延长了IPv4的使用时间，但解决IP地址耗尽问题的根本措施是采用具有更大地址空间的新版本的IPv6。2017年，我国发布了《推进互联网协议第六版(IPv6)规模部署行动计划》，开始商业化部署IPv6。

IPv6仍支持无连接的数据报交换方式，但将协议数据单元PDU称为分组，而不是IPv4的数据包。为了与前面保持一致，本书仍采用数据包这一名词。

相较于IPv4数据包，IPv6的主要变化如下：

(1) **灵活的首部格式**。IPv6数据包的首部和IPv4的并不兼容。IPv6只有固定首部，没有可变首部，而将可选的功能放在有效载荷的扩展首部中。这样做的好处是，路由器不需要处理除逐跳扩展首部外的其他扩展首部，提高了路由器的处理效率。

(2) **改进的选项**。IPv6允许数据包包含一些IPv4中没有的新的可选功能选项，这些选项放在有效载荷中。

(3) **允许协议继续扩展**。技术总是在不断更新发展，新应用也会层出不穷，因此，IPv6中用扩展首部继续支持新技术和应用。

(4) **支持资源预分配**。IPv6可以为有QoS(如带宽、时延等)要求的应用预留资源，如视频会议等。

(5) **IPv6首部改为8字节对齐**。也就是说，首部长度必须是8字节的整数倍。原来的IPv4首部是4字节对齐。

IPv6数据包由固定长度的**基本首部(base header)**和长度可变的**有效载荷(payload，也称为净负荷)**两大部分组成(见图6-17)。有效载荷由零个或多个**扩展首部(extension header)**和数据部分构成。但请注意，所有的扩展首部并不属于IPv6数据包的首部。

与IPv4相比，IPv6对首部中的某些字段进行了修改，详见表6-10。

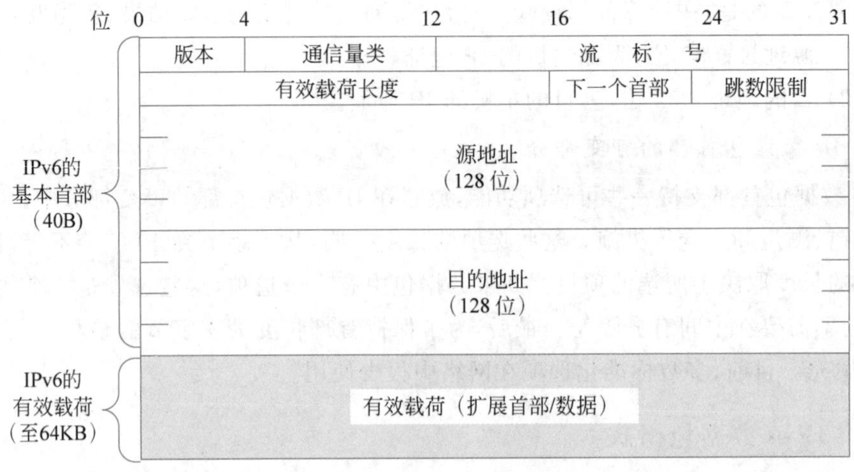

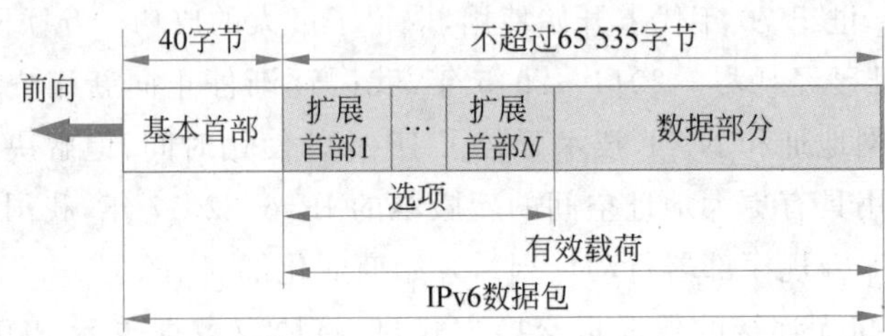

图 6-17 IPv6 数据包格式

表 6-10 IPv6 首部与 IPv4 首部比较

IPv4 字段	IPv6 字段
版本	版本
首部长度	取消;固定首部(40 字节)
区分服务	优先级+流标号
总长度	有效载荷长度
标识、标志、片偏移	取消
TTL	跳数限制,作用一样
协议	下一个首部
校验和	取消
源、目的地址	源、目的地址
可变首部(选项)	扩展首部

- 版本字段仍然保留,为 4 位。
- 取消首部长度字段,因为 IPv6 为固定首部,长度为 40 字节。
- 取消服务类型字段,改用优先级和流标号两个字段实现该功能。
- 取消总长度字段,改用有效载荷长度字段。因为 IPv6 中首部长度固定,总长度中只有有效载荷部分是可变的。
- 取消用于分片的功能字段(标识、标志、片偏移),因为 IPv6 中将这些功能放在分片扩展首部中。

- 将 TTL 字段改成跳数限制字段,执行相同的功能。
- 将协议字段改为下一个首部字段。
- 取消校验和字段,加快路由器处理数据包的速度。
- 取消可变首部(选项字段),用扩展首部来实现选项功能。

由于 IPv6 把首部中不必要的功能都取消了,因此首部字段数量从 IPv4 的 12 个减少到 8 个,但 IPv6 的地址长度为 16 字节,首部长度由 IPv4 的 20 字节增加到 40 字节,增大了一倍。

1. IPv6 基本首部中的字段

(1) **版本**。4 位,用来表示 IP 数据包使用的是 IPv6 协议封装,版本号为 6(0110)。

(2) **通信量类**。8 位,用来标识不同 IPv6 数据包的类别或优先级,类似于 IPv4 中区分服务字段,目前还处于试验阶段。

(3) **流标号**。20 位,流标号字段是 IPv6 数据包中新增的一个字段,用来标记报文的数据流类型,方便路由器在网络层区分不同的报文,使用预定的资源。

流(flow)是指互联网上从特定源点到特定终点(单播或多播)的一系列数据包,比如实时音频或视频传输。这个"流"所经过的路径上的路由器都要保证该流所指定的服务质量。流标号字段由源节点分配,属于同一个流的数据包都具有相同的流标号。

(4) **有效载荷长度**。16 位,它以字节为单位,标识 IPv6 数据包中有效载荷部分(包括所有扩展首部部分)的总长度,也就是除了 IPv6 基本首部以外的其他部分的总长度。所以,有效载荷最大为 64KB(65 535 字节)。

(5) **下一个首部**。8 位,相当于 IPv4 的协议字段或可选字段。但在 IPv6 数据包中,紧接着 IPv6 首部的可能不是上层协议数据,而是扩展首部。

当 IPv6 中没有扩展首部时,下一个首部的作用和 IPv4 的协议字段一样,用来标识有效载荷部分的数据是什么协议。

如果 IPv6 中有扩展首部,每种扩展首部都有其对应的类型值,那么下一个首部字段就标识后面第一个扩展首部的类型。相应地,扩展首部中的下一个首部也要指明紧跟其后的是什么协议数据或扩展首部类型。

(6) **跳数限制**。8 位,该字段与 IPv4 中生存时间(TTL)字段一样,是一种计数器,在经过的路由器处,跳数都减 1。如果减少为 0 时,仍然没有到达目的端,则丢弃该分组。

(7) **源地址**。128 位,源主机 IPv6 地址。

(8) **目的地址**。128 位,目标主机 IPv6 地址。

2. IPv6 的扩展首部

前面已经学习过,IPv4 的数据包如果在其首部中使用了选项(可选首部),那么数据包传送路径上的每一个路由器都必须对这些选项进行检验,这就降低了路由器处理数据包的速度。实际上,很多选项在中间路由器上都是不需要检查的,因为不需要使用这些选项的信息。IPv6 把原来 IPv4 首部中选项的功能都放在扩展首部中,并把扩展首部留给路径两端(源点和终点)的主机来处理,除了逐跳选项扩展首部外,数据包经过的路由器都不处理这些扩展首部,从而大大提高了路由器的处理效率。

在 RFC 8200(替代原来的 RFC 2460)中定义了以下 6 种扩展首部：逐跳选项、路由选择、分片、鉴别、封装安全有效载荷、目的站选项。

扩展首部的构成和长度各不相同。但所有扩展首部的第一个字段都是 8 位的“下一个首部”字段。就像前面说到的，此字段的值指出了在该扩展首部后面的字段是什么。

最后，与 IPv4 相比，IPv6 具有以下几个优势：

(1) IPv6 使路由表变小。IPv6 的地址分配一开始就遵循聚类(Aggregation)的原则，这使得路由器能在路由表中用一条记录表项(Entry)表示一片子网，大大减小了路由器中路由表的长度，提高了路由器转发数据包的速度。

(2) IPv6 增加了多播，支持对流的控制(Flow Control)，这使得网络上的多媒体应用有了长远发展的机会，为服务质量(Quality of Service，QoS)控制提供了良好的网络平台。

(3) IPv6 加入了对自动配置(Auto Configuration)的支持。这是对 DHCP 协议的改进和扩展，使得网络(尤其是局域网)的管理更加方便和快捷。

(4) IPv6 具有更高的安全性。在使用 IPv6 的网络中，用户可以对网络层的数据进行加密并对 IP 报文进行校验，在 IPv6 中的加密与鉴别选项提供了分组的保密性与完整性，极大地增强了网络的安全性。

(5) 允许扩充。如果新的技术或应用需要时，IPv6 允许协议进行扩充。

(6) 更简洁的首部格式。IPv6 使用新的头部格式，其选项与基本头部分开，将选项插入到基本头部与上层数据之间。这就简化和加速了路由选择过程，因为大多数的选项不需要由路由选择。

(7) 新的选项。IPv6 有一些新的选项来实现附加的功能。

随着 IPv4 地址的耗尽和各种网络设备的迅速增加，许多国家已经意识到 IPv6 技术带来的优势，特别是中国，通过一些国家项目，推动了 IPv6 互联网的全面部署和大规模商业使用。

6.3.4 从 IPv4 向 IPv6 过渡

由于互联网规模庞大，且目前广泛使用 IPv4 协议，想用 IPv6 立刻替代 IPv4，几乎不可能。为了尽量减小对现有使用者的影响，就需要从 IPv4 向 IPv6 平稳地转换或过渡，在相当长的一段时间内，互联网中 IPv4 和 IPv6 会共存。此外，还要考虑新安装的 IPv6 协议能够向后兼容，也就是说，IPv6 系统必须能够接收和转发 IPv4 分组。

IPv4 向 IPv6 的过渡策略很多，如最开始的协议转换(translation)，但因为太过复杂，并没有得到广泛应用。下面重点介绍两种广泛应用的过渡策略，即双协议栈和隧道技术。

1. 双协议栈

双协议栈(dual stack)机制就是使网络节点同时具有 IPv4 和 IPv6 两种协议栈。IPv6 和 IPv4 是功能相近的网络层协议，两者都应用于相同的物理平台，并承载相同的传输层协议 TCP 或 UDP，如果一个网络节点同时支持 IPv6 和 IPv4 协议，那么该节点就可以同时和仅支持 IPv4 或 IPv6 协议的主机通信。双协议栈节点(主机或路由器)同时具有 IPv6 和 IPv4 地址,记为 IPv6/IPv4。双协议栈节点在和 IPv6 节点通信时采用 IPv6 地址,而和 IPv4 节点通信时则采用 IPv4 地址。

如图 6-18 所示的情况是,源主机 A 和目的主机 F 都使用 IPv6,A 向 F 发送 IPv6 数据包经过路径是 A→B→C→D→E→F。路由器 B 和 E 运行 IPv4 和 IPv6 双协议栈。中间 B 到 E 之间的网络是 IPv4 网络,路由器 C 和 D 只运行 IPv4 协议,都不能识别 IPv6 数据包。因此,路由器 B 不能直接向 C 转发 IPv6 数据包。在这种情况下要进行通信,只能利用 B 和 E 这种 IPv6/IPv4 双协议栈路由器。首先,路由器 B 把收到的 IPv6 数据包首部转换为 IPv4 数据包首部,再将转换后的 IPv4 数据包发送给 C。C 再转发到 D,D 转发给 E。当 E 收到 D 转发过来的 IPv4 数据包时(E 也是 IPv6/IPv4 路由器),再恢复成原来的 IPv6 数据包。

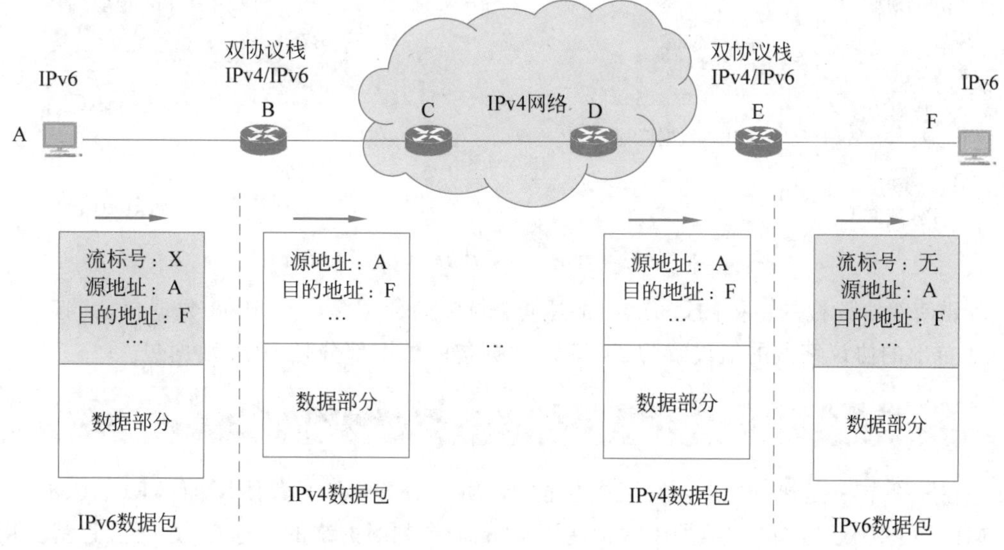

图 6-18 使用双协议栈实现从 IPv4 到 IPv6 的过渡

注意：IPv6 首部中的某些字段无法恢复。例如,原来 IPv6 首部中的流标号 X 在最后恢复出的 IPv6 数据包中只能变为空缺。这种信息的损失是使用协议转换方法不可避免的结果。

2. 隧道技术

从 IPv4 向 IPv6 过渡的另一种常用方法是**隧道技术**(**tunneling**)。隧道技术就是在必要时将 IPv6 数据包作为数据封装在 IPv4 数据包里,使 IPv6 数据包能在已有的 IPv4 基础设施(主要是指 IPv4 路由器)上传输；反之亦然。

图 6-19 给出了隧道技术的工作原理。这种方法的要点就是在 IPv6 数据包要进入 IPv4 网络时,把 IPv6 数据包被当作一个整体,作为 IPv4 的数据部分,被封装成为 IPv4 数据包。这样的 IPv4 数据包从路由器 B 经过路由器 C 和 D,再传送到 E。看起来好像在 IPv4 网络中建立了一条 IPv6 专用隧道,路由器 B 是隧道的入口而 E 是出口。原来的

IPv6 数据包就在 IPv4 网络的隧道中传输，什么都没有发生变化。当数据包离开 IPv4 网络中的隧道时，再把数据部分(即原来的 IPv6 数据包)交给主机的 IPv6 协议栈。需要注意的是，在隧道中传送的数据包的源地址是 B，而目的地址是 E。

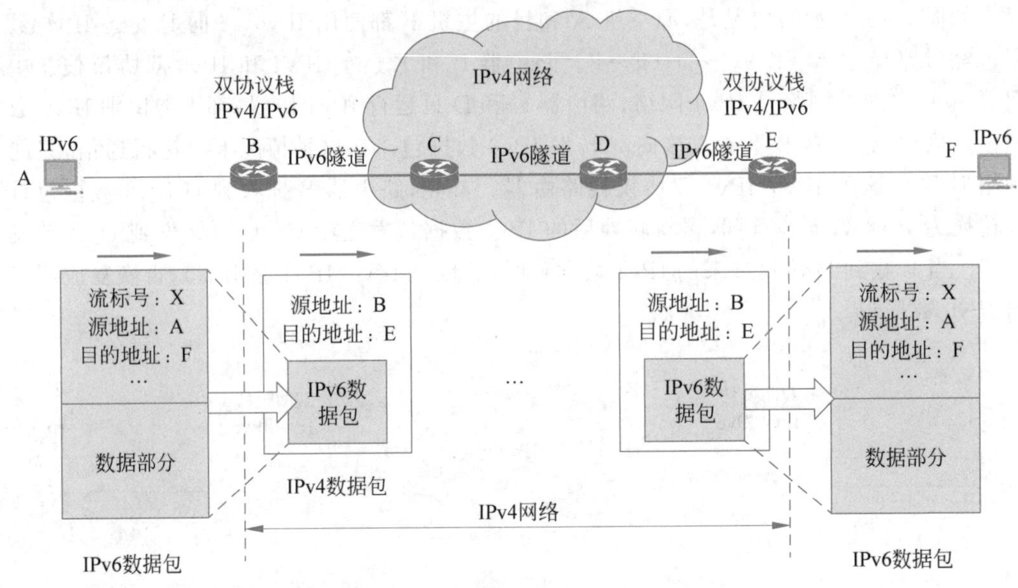

图 6-19 使用隧道技术进行从 IPv4 到 IPv6 的过渡

要使双协议栈的主机知道 IPv4 数据包中封装的数据是一个 IPv6 数据包，就必须把 IPv4 首部的协议字段的值设置为 41，表示数据包的数据部分是 IPv6 数据包。

6.4 ARP 与 ICMP

在 6.3 节中提到，网络层除了主要的 IP 协议外，还有配套使用的 ARP、ICMP 和 IGMP 三个协议。在网络维护中常常使用 ping 命令判断网络的连通性，这个过程就会用到 ARP 和 ICMP。由于 IPv6 已经将 IGMP 的功能合并到 ICMP 中，因此这里只介绍 ARP 和 ICMP。

视频

6.4.1 ARP

地址解析协议(Address Resolution Protocol，ARP)由互联网工程任务组(IETF)在 1982 年 11 月发布的 RFC 826 中描述制定，为 IP 地址到对应的硬件地址(MAC 地址)之间提供动态映射。这里之所以用动态这个词，是因为这种映射关系可能会由于主机适配器变化等原因，使 MAC 地址或 IP 地址发生改变，映射表则需要动态更新。此外，这个过程是自动完成的，一般应用程序用户或系统管理员不必关心这个过程。

在 TCP/IP 体系架构中，IP 地址位于第三层网络层，MAC 地址在第二层数据链路层，彼此不直接打交道。当数据帧在实际网络链路上传输时，必须使用网络的硬件地址。源端或中间节点发送数据包时很可能只知道目标 IP 地址，不知道其 MAC 地址，又不能跨第二、三层,应该怎么办?这时候就需要使用地址解析协议,根据网络层IP数据包包头中的IP地址信息解析出目标硬件地址(MAC地址)信息,以保证通信的顺利进行。图6-20说明了ARP的作用。

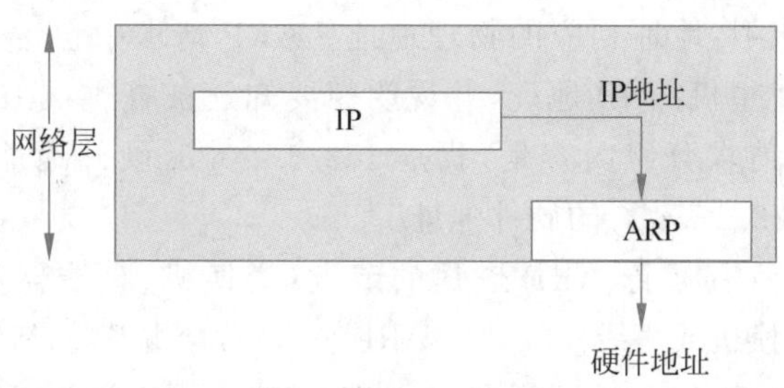

图 6-20 ARP 的作用

ARP的作用是从网络层使用的IP地址解析出在数据链路层使用的硬件地址。它既与网络层相关,也与数据链路层相关,因此有的把ARP划归在数据链路层,有的把ARP划归网络层,本书选择后者。

下面以图6-21为例来说明ARP的具体工作过程。

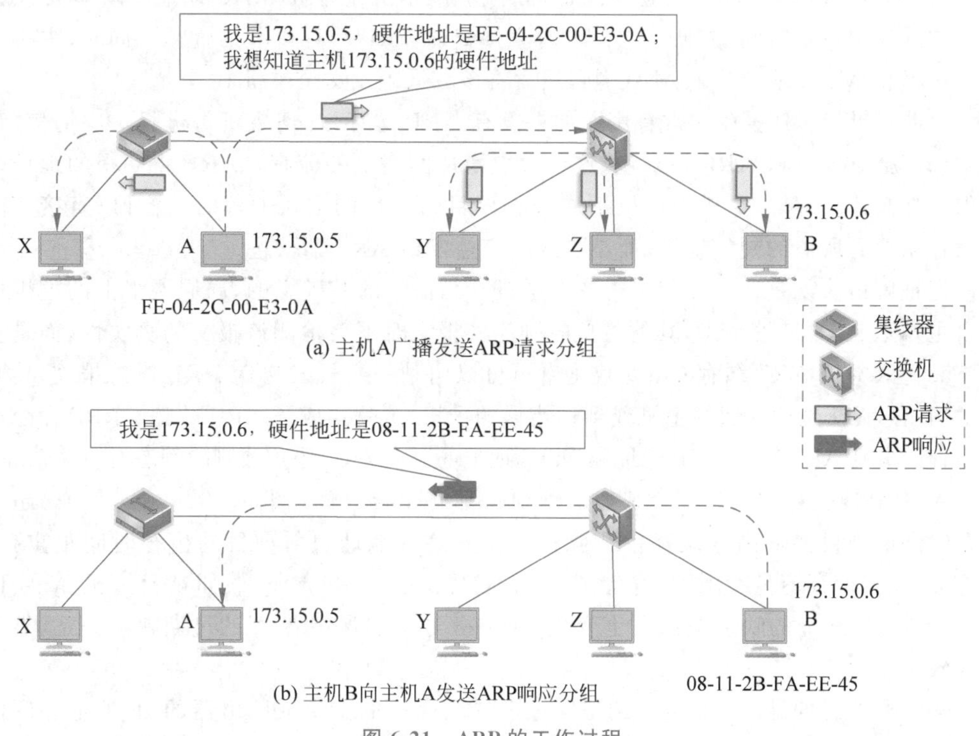

图 6-21 ARP 的工作过程

首先,每台主机都有一个ARP高速缓存,用来存储本局域网中节点的IP地址与硬件地址的映射表。

主机A向本局域网内的主机B发送IP数据包时,先查看自己的ARP缓存中是否有主机B的IP地址和MAC地址的映射关系。如果有,则将主机B的MAC地址写入

MAC 帧,然后将该数据帧发送至主机 B。如果缓存中没有主机 B 的映射关系,则主机 A 自动运行 ARP,按照以下步骤找出主机 B 的硬件地址。

(1) ARP 进程向本局域网内所有主机广播包含目的 IP 地址的 ARP 请求(如图 6-21(a)所示),期望得到该 IP 地址相应的物理地址。ARP 请求中包含主机 A 自己的 IP 地址、硬件地址和被查找主机的 IP 地址,并说明想要知道被查主机 IP 地址对应的硬件地址。主机 A 的 ARP 请求分组内容是“我是 173.15.0.5,硬件地址是 FE-04-2C-00-E3-0A;我想知道主机 173.15.0.6 的硬件地址”。

(2) 本局域网上所有运行 ARP 进程的节点(交换机、集线器和主机)都会收到该 ARP 请求分组。当交换机或集线器收到该 ARP 请求时,会继续将该 ARP 请求广播出去。

(3) 如果某主机发现自己的 IP 地址与 ARP 请求中要查询的 IP 地址不一致,则丢弃该分组,不予理睬;否则,就收下这个 ARP 请求,并回复包含自己硬件地址的 ARP 响应分组。图 6-21 中主机 B 发现自己的 IP 地址与 ARP 请求中要查询的 IP 地址一致,因此做出响应,其 ARP 响应分组是“我是 173.15.0.6,硬件地址是 08-11-2B-FA-EE-45”。注意,ARP 请求分组是广播方式发送,但响应是单播方式,直接回复至请求主机。

(4) 主机 A 收到 ARP 响应分组后,将响应中的 IP 地址和 MAC 地址存入本机 ARP 缓存中并保留一定时间,方便下次请求时直接查询 ARP 缓存以节约资源。同时,主机 A 将主机 B 的 MAC 地址写入 MAC 帧,然后将该数据帧发送至主机 B。

由此可见,ARP 缓存非常有用。如果没有 ARP 缓存,任何主机每进行一次通信,都必须以广播方式发送 ARP 请求包,这会大大增加网络上的流量。ARP 将获得的地址映射保存在高速缓存中,这样当主机下次与相同目的地址的主机通信时,就可以直接从高速缓存中找到所需的硬件地址,而不必通过广播发送 ARP 请求包。

地址解析协议是建立在网络中各个主机互相信任的基础上的,局域网络上的主机可以自主发送 ARP 应答消息,其他主机收到应答报文时不会检测该报文的真实性,而是直接将其记入本机 ARP 缓存;由此攻击者就可以向某一主机发送伪 ARP 应答报文,使其发送的信息无法到达预期的主机或到达错误的主机,这就构成了 ARP 欺骗。ARP 命令可用于查询本机 ARP 缓存中 IP 地址和 MAC 地址的对应关系、添加或删除静态对应关系等。

ARP 高速缓存中的每一个映射地址项目都有**生存时间**(例如,10～20 分钟)。超过生存时间的项目要从高速缓存中删除掉。设置这种地址映射项目的生存时间很重要。一方面,高速缓存容量有限,且存储成本也不容忽视;另一方面,假如某台主机 A 的 IP 地址到 MAC 地址的映射关系发生变化,而主机 B 仍然保留着 A 的过期映射关系,显然会导致出错。

一定要注意的是,ARP 解决的是同一个局域网上的主机或路由器的 IP 地址和硬件地址的映射问题。如果所要找的目的主机和源主机不在同一个局域网,那么源主机的信息如何传到目的主机呢?如图 6-22 中主机 H1 要与主机 H4 进行通信,由于它们不属于同一个局域网,因此,通过 ARP 无法直接解析出 H4 的硬件地址。这时,主机 H1 发送的 IP 数据包要经过路由器 R1 进行转发。主机 H1 只需要知道路由器 R1 的硬件地址 HA_2,就可以把 IP 数据包传送到 R1。然后,路由器 R1 通过查找路由器,找到下一跳路由器 R2,由于它们俩都在一个局域网内,因此,R1 能得到 R2 的硬件地址 HA_4。IP 数据包就又能被转发给 R2。同理,最后,路由器 R2 能得到主机 H4 的硬件地址 HA_6,使 IP 数据包最终被交付给主机 H4。

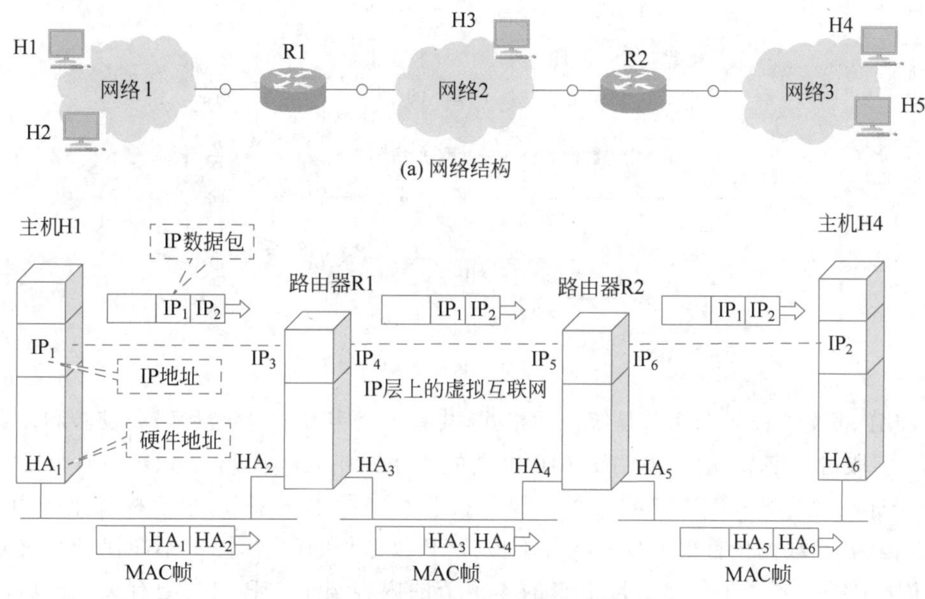

图 6-22 数据转发时的 IP 地址和硬件地址

从这个例子可以看出:

(1) 不管是主机还是路由器,都可以发送 ARP 请求,都可以回应 ARP 响应。即在通过 IP 地址解析物理地址这件事上,主机和路由器是平等的。

(2) ARP 只能解决同一个局域网上的主机或路由器的 IP 地址和硬件地址的映射问题。如果源主机和目的主机不在同一个局域网中,则通过路由器转发 IP 数据包,每经过一个网络就进行一次 ARP 解析,使用 MAC 地址进行信息交付,以接力方式逐段传送,最终找到目的主机。

(3) 不同局域网的主机进行通信时,在整个通信过程中,源 IP 和目的 IP 地址都不发生变化,但源硬件地址和目的硬件地址会随着当前数据包所在的局域网而发生变化。因为 IP 地址是全局地址,而硬件地址是局部地址。

6.4.2 ICMP

视频

互联网控制报文协议(Internet Control Message Protocol,ICMP)用于在网络节点之间传递差错控制消息和异常情况报告,比如,网络是否连通、主机是否可达、路由是否可用等。这些控制消息虽然并不传输用户数据,但是对于用户数据的传递起着重要的作用,使网络能更有效地转发 IP 数据包,提高交付的成功概率。

ICMP 报文封装在 IP 数据包中,好像它是一个更高层的协议,但是,ICMP 实际上是 IP 的一个组成部分,还是属于网络层协议。ICMP 报文作为 IP 层数据包的数据部分,包含在 IP 数据包中，IP 首部直接加在 ICMP 报文的前面，所以，封装 ICMP 报文的 IP 数据包包括 IP 首部、ICMP 首部和 ICMP 数据部分，如图 6-23 所示。IP 首部的协议值为 1，表示这是一个 ICMP 报文。

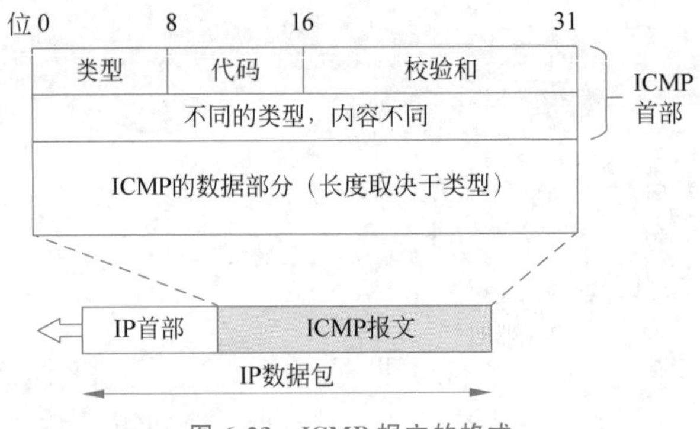

图 6-23　ICMP 报文的格式

ICMP 报文的前 4 个字节是统一的格式，共有 3 个字段：类型、代码和校验和。类型(Type)字段占 1 字节，用于说明 ICMP 报文的作用及格式。代码(Code)字段也是 1 字节，用于详细说明某种 ICMP 报文的类型。校验和字段占 2 字节，用于检验整个 ICMP 报文。因为 IP 数据包首部的校验和并不检验 IP 数据包的内容，因此不能保证经过它传输的 ICMP 报文不产生差错。接下来的 4 字节的内容与 ICMP 的类型有关。最后面是数据字段，其长度取决于 ICMP 的类型。ICMP 报文详细格式参见 RFC 777、RFC 792 规范。

1. ICMP 报文的种类

ICMP 报文的种类有两种，即 **ICMP 差错报告报文**和 **ICMP 询问报文**。ICMP 差错报告报文主要用来向主机或路由器报告差错情况。ICMP 询问报文是向主机和路由器发出特定询问，比如时间戳、可达性等。

ICMP 标准在不断更新。已不再使用的 ICMP 报文有“信息请求与回答报文”、“地址掩码请求与回答报文”、“路由器请求与通告报文”以及“源点抑制报文”(RFC 6633)。表 6-11 给出了常用的 ICMP 报文类型。

表 6-11　几种常用的 ICMP 报文类型

ICMP 报文种类	类　型　值	代　　码	ICMP 报文的类型
差错报告报文	3 终点不可达	0	网络不可达
		1	主机不可达
		2	协议不可达
		3	端口不可达
	11 超时	0	TTL＝0
		1	分片重组超时
	12 参数问题	0	字段的值不正确
		1	缺少必要的选项
	5 重定向	0	对网络重定向
		1	对主机重定向

续表

ICMP 报文种类	类 型 值	代 码	ICMP 报文的类型
询问报文	8	0	回送(Echo)请求(ping 请求)
	0	0	回送应答(ping 应答)
	13	0	时间戳(Timestamp)请求
	14	0	时间戳应答

常用的差错报告报文包括以下 4 种：

(1) **终点不可达**,类型值为 3。当路由器或主机不能找到目的端的交付路径,不能正确交付数据包时,就向源点发送终点不可达报文。包括网络不可达(代码 0)、主机不可达(代码 1)、协议不可达(代码 2)、端口不可达(代码 3)等多种形式。

(2) **超时**,类型值为 11。在 6.3.2 节中讲到,当路由器收到 IP 数据包后,TTL 值减 1 后为零的数据包,直接丢弃,并向源点发送超时报文(代码 0)。当终点在预先规定的时间内只收到一个数据包的部分数据包片,不能重组出原来的数据包时,就把已收到的数据包片都丢弃,并向源点发送时间超过报文(代码 1)。

(3) **参数问题**,类型值为 12。当路由器或目的主机收到数据包,但数据包首部中有的字段的值不正确(代码 0),或缺少必要的选项时(代码 1),也要丢弃该数据包,并向源点发送参数问题报文。

(4) **重定向(改变路由)**,类型值为 5。路由器把改变路由报文发送给主机,让主机知道下次应将数据包发送给另外的路由器或主机,可获得更好的路由。

ICMP 差错报告报文主要用于通报错误的 IP 数据包,因此,要包含该 IP 数据包中的重要信息。ICMP 差错报告由确定的前 8 字节和数据字段构成。ICMP 差错报告报文中的数据字段都具有同样的格式(见图 6-24),包含需要进行差错报告的 IP 数据包的首部和数据字段的前 8 字节。IP 数据包的数据字段前 8 字节是为了得到高层协议信息,比如传输层的端口号(对于 TCP 和 UDP)以及传输层报文的发送序号(对 TCP)等。这些信息便于源点通知高层协议。整个 ICMP 报文作为 IP 数据包的数据字段发送给源点。

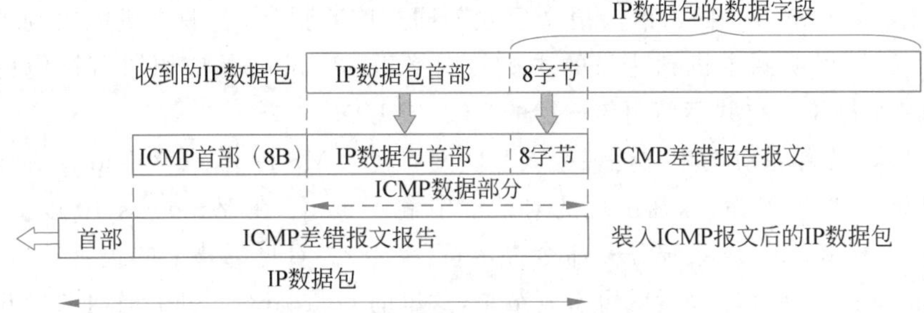

图 6-24 ICMP 差错报告报文的数据部分

比如,ICMP 超时报文如图 6-25 所示,类型为 11,代码为 0,校验和后面的 4 字节未使用,全为 0。数据部分为该 IP 数据包的首部和数据部分的前 8 字节。

下面是不发送 ICMP 差错报告报文的几种情况。

(1) 对出错的 ICMP 差错报告报文,不再发送 ICMP 差错报告报文。

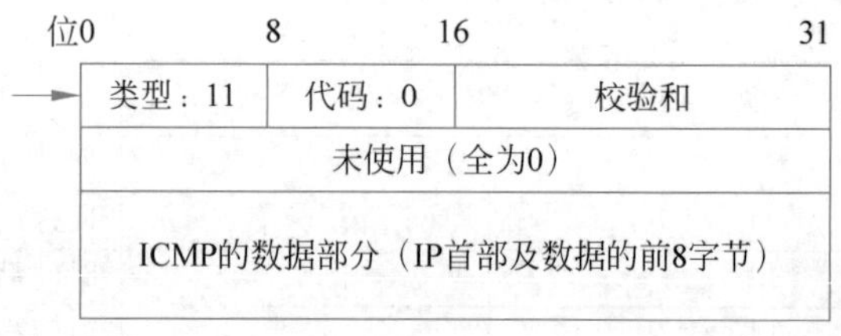

图 6-25　超时报文

(2) 对除第一个分片的所有后续数据包片，都不发送 ICMP 差错报告报文。

(3) 对多播或广播的数据包，都不发送 ICMP 差错报告报文。

(4) 对具有特殊地址（如 127.0.0.0 或 0.0.0.0）的数据包，不发送 ICMP 差错报告报文。

常用的 ICMP 询问报文有两种，即

(1) **回送请求和回答**。回送请求报文是由主机或路由器向特定的目的主机发出的询问（类型为 8）。该目的主机收到回送请求报文之后，必须给源主机或路由器发送 ICMP 回送回答报文（类型为 0）。这种询问报文主要用来测试目的站是否可达以及了解其有关状态。

(2) **时间戳请求和回答**。时间戳请求报文是请某台主机或路由器回答当前的日期和时间（类型为 13），请求报文中会包含发送时间戳。在 ICMP 时间戳回答报文（类型为 14）中填写接收时间戳。时间戳请求与回答可用于时钟同步和时间测量等。

2. *ICMP 应用举例*

ICMP 应用在许多网络管理命令中，下面以分组网间探测（Packet InterNet Groper，ping）和 tracert（UNIX 操作系统下为 traceroute）命令为例详细介绍 ICMP 的应用。

1) ping 命令使用 ICMP 回送请求和应答报文

ICMP 的一个重要应用就是 ping 命令，用来测试两台主机之间的连通性，或网络可达性。ping 命令主要用到 ICMP 回送请求和应答报文。源主机发送 ICMP 回送请求报文，目的主机收到 ICMP 回送请求报文后立刻回送应答报文，若源主机能收到 ICMP 回送应答报文，则说明源主机到达目的主机的网络正常。ping 是应用层直接使用网络层 ICMP 的一个例子。它并不使用传输层的 TCP 或 UDP。

Windows 操作系统的用户可在接入互联网后转入 MS DOS 或 Windows 命令提示符（单击“开始”→“运行”命令，在出现的对话框中输入 cmd；在 Windows 10 以上系统中，单击“开始”→“Windows 系统”→“命令提示符”命令）。看见屏幕上的提示符后，就输入“ping hostname”，按回车键后就可看到结果，这里的 hostname 是进行连通性测试的主机名或它的 IP 地址。

图 6-26 给出了从重庆的一台 PC 到中国互联网络信息中心（www.cnnic.net.cn）的连通性测试结果。该 PC 一共发出 4 个 ICMP 回送请求报文，且收到 4 个 ICMP 回送回答报文。由于往返的 ICMP 报文上都有时间戳，因此能得到 PC 和 CNNIC 服务器之间的往返时间。最后显示出的是统计结果，发送到服务器的 IPv6 地址为 2001:dc7:5d0c:0:

42:83:144:13,发送的分组数为4,收到的分组数为4,丢失的分组数为0,以及往返时间的最长为36ms,最短为36ms,平均为36ms。从得到的结果可以看出,没有分组丢失。

```
C:\Users\win10>ping www.cnnic.net.cn

正在 Ping www.cnnic.cn [2001:dc7:5d0c:0:42:83:144:13] 具有 32 字节的数据:
来自 2001:dc7:5d0c:0:42:83:144:13 的回复: 时间=36ms
来自 2001:dc7:5d0c:0:42:83:144:13 的回复: 时间=36ms
来自 2001:dc7:5d0c:0:42:83:144:13 的回复: 时间=36ms
来自 2001:dc7:5d0c:0:42:83:144:13 的回复: 时间=36ms

2001:dc7:5d0c:0:42:83:144:13 的 Ping 统计信息:
    数据包: 已发送 = 4, 已接收 = 4, 丢失 = 0 (0% 丢失),
往返行程的估计时间(以毫秒为单位):
    最短 = 36ms, 最长 = 36ms, 平均 = 36ms
```

图6-26　用ping命令测试主机的连通性

感兴趣的读者可以自己测试一下与其他主机或服务器的连通性。某些主机或服务器出于安全考虑,可能会不回应这种报文。另外,对同一服务器的测试可能会有不同的结果,请试着分析一下原因。

2）路由分析诊断程序tracert

路由分析诊断程序用来跟踪一个分组从源点到终点经过了哪些节点。通过执行一个tracert命令,返回数据包到达目的主机所经历路由器的详细信息,并显示到达每个路由器所消耗的时间。下面简单介绍这个程序的工作原理。

tracert通过向目标发送不同TTL值的ICMP回送请求和回答报文,确定到目标主机所经历的路径。当数据包上的TTL值减为0时,路由器就将**ICMP超时**差错报告报文回送给源主机源。

第一个数据包P_1的生存时间TTL设置为1。当P_1到达路径上的第一个路由器R_1时,路由器R_1先收下它,接着把TTL的值减1。由于TTL等于0,所以R_1就把P_1丢弃了,并向源主机发送一个ICMP超时差错报告报文。

源主机接着发送第二个数据包P_2,并把TTL设置为2。P_2先到达路由器R_2,R_1收下后把TTL减1再转发给路由器R_2。R_2收到P_2时TTL为1,减1后TTL变为零了,R_2就丢弃P_2,并向源主机发送一个ICMP超时差错报告报文。以此类推。当最后一个数据包刚刚到达目的主机时,数据包的TTL是1。主机不转发数据包,也不把TTL值减1。但因IP数据包中封装了ICMP回送请求报文,因此目的主机要向源主机发送ICMP回送应答报文。

因为这些路由器和目的主机发来的ICMP报文正好给出了源主机想知道的路由信息,即到达目的主机所经过的路由器的IP地址,以及到达其中的每个路由器的往返时间。图6-27是从重庆的一台PC向中国互联网络信息中心(www.cnnic.net.cn)发出tracert命令后所获得的结果。图6-27中每一行有3个时间,是因为对应于每一个TTL值,源主机要发送3次同样的IP数据包。

从原则上讲,IP数据包经过的路由器越多,所花费的时间也会越多。但从图6-27中可以看出,有时并不一定。这是因为互联网的拥塞程度随时都在变化。此外,还看到图6-27中有请求超时的情况,有可能是哪一跳路由器禁止tracert,或者不对TTL超时做响应处理,直接丢弃。

```
C:\Users\win10>tracert www.cnnic.net.cn

通过最多 30 个跃点跟踪
到 www.cnnic.cn [2001:dc7:cd1a:0:182:131:26:231] 的路由:

  1     3 ms     4 ms     2 ms  2409:8760:1ebf:ffff::102
  2    38 ms    15 ms    28 ms  2409:8760:1ebf:ffff::101
  3     3 ms     3 ms     3 ms  2409:8060:ea:11::8d
  4     4 ms     4 ms     9 ms  2409:8060:ea:11::8c
  5     4 ms     4 ms     4 ms  2409:8080:0:2:1803:1871::
  6    10 ms    10 ms    10 ms  2409:8080:0:1:805:1803::
  7     *       10 ms    10 ms  2409:8080:0:1:803:8e1:0:1
  8     *        *        *     请求超时。
  9    10 ms    10 ms    10 ms  240e::d:4:8100:302
 10    10 ms    10 ms    10 ms  240e:16:b000:2a5::3
 11    12 ms    12 ms    12 ms  240e:16:b000:1531::3
 12    11 ms    11 ms    11 ms  240e:16:b204:204::3
 13    11 ms    11 ms    11 ms  2001:dc7:cd00:1::100
 14    10 ms    10 ms    10 ms  2001:dc7:cd1a:0:182:131:26:231

跟踪完成。
```

图 6-27 用 tracert 命令获得到目的主机的路由信息

6.5 路由与路由协议

在网络中，源节点和目的节点之间可能存在多条传输路径。那么应该选择哪一条或几条路径作为数据包传送的路径呢？这就是路由选择协议（简称路由协议）要回答的问题。

视频

6.5.1 路由协议的基本概念

所谓“路由”，是指把数据从一个地方传送到另一个地方的行为和动作。而路由器正是执行这种行为动作的设备。路由协议（Routing Protocol）是一种指定数据包传送方式的网上协议，主要运行在路由器上，用来进行路径选择。

为了完成“路由”工作，路由器中存储着与传输路径相关的数据——路由表，用于在路由选择时使用。

路由协议的核心是路由算法，即怎么计算出路由表中的表项。在设计路由算法时，总是希望找出“最佳”路由，如路径最短、时延最小、吞吐量最大等。在不同情况下，“最佳”的定义也不一样。

不幸的是，在实际网络中，路由选择是很复杂的问题，因为网络规模庞大，所有节点都在独立工作，网络拓扑常常因节点掉线或拥塞等原因而发生动态变化，要将网络拓扑的动态变化快速传递到所有节点几乎不可能，因此，节点没办法做出最佳路由判断。事实上，最佳路由往往是短期或相对的。

1. *路由算法*

按照路由信息是否动态更新，路由算法可以分为静态路由算法和动态路由算法。

静态路由算法不用动态测量网络数据，无需网络拓扑信息，这种协议按某种固定规则进行路由选择。静态路由算法还可分为洪泛路由选择、固定路由选择和随机路由选择3种算法。

(1) 洪泛路由选择法：这是一种最简单的路由算法。一个网络节点从某条线路收到一个分组后，向除该条线路外的所有线路重复发送收到的分组。结果，最先到达目的节点的一个或若干个分组肯定经过了最短的路线，而且所有可能的路径都被同时尝试过。

这种方法可用于健壮性要求很高的场合，即使有的网络节点遭到破坏，只要源节点和目的节点间有一条路径存在，则洪泛路由选择仍能保证数据的可靠传送。另外，这种方法也可用于将一个分组从数据源传送到所有其他节点的广播式数据交换中，它还可用来进行网络的最短传输延迟的测试。简单来讲，洪泛路由选择法就是采用广播方式获取最短路径。它的缺点是会传输很多冗余信息。

(2) 固定路由选择：这是一种使用较多的简单算法。每个网络节点存储一张预先配置好的固定表项(也称为路由表)，记录到目的节点的路由信息，该表项不会动态更新。当一个分组到达节点时，根据分组的地址信息，该节点便可从固定的表项中查出对应目的节点的下一跳。固定路由选择法的优点是简便易行，在负载稳定、拓扑结构变化不大的网络中运行效果很好。它的缺点是灵活性差，无法应对网络中发生的阻塞和故障。早期的语音电话网络就是采用这种方式。

(3) 随机路由选择：在这种方法中，收到分组的节点，在所有与之相邻的节点中为分组随机选择一个出路节点。方法虽然简单，也较可靠，但所选路由不是最佳路由，增加了不必要的负担，而且分组传输延迟也不可预测，故此法应用不广。

根据网络当前的状态信息来决定节点的路由选择，这种方式称为**动态路由算法**。这种协议能较好地适应网络流量、拓扑结构的变化，有利于改善网络的性能。动态路由选择协议又分为独立路由选择、集中式路由选择和分布式路由选择。

(1) 独立路由选择：在这类路由算法中，节点仅根据自己搜到的有关信息做出路由选择的决定，与其他节点不交换路由选择信息，虽然不能准确确定到目的节点较好的路径，但能较好地适应网络流量和拓扑结构的变化。一种简单的独立路由选择算法是Baran在1964年提出的热土豆(Hot Potato)算法。当一个分组到来时，节点必须尽快将其放到输出列最短的方向上排队，而不管该方向通向何方。

(2) 集中式路由选择：集中路由选择也像固定路由选择一样，每个节点不自己计算路由信息。不同的是，固定路由选择算法中的节点路由采用人工方式配置，而在集中路由选择算法中，节点路由信息由路由控制中心(Routing Control Center，RCC)根据网络状态定期计算、生成路由信息，并分送至各相应节点。由于RCC得到了整个网络的信息，所以计算出来的路由选择是接近完美的，同时减轻了各节点计算路由选择的负担。但控制中心的负担很重。现在的软件定义网络(Software-Defined Networking，SDN)就是集中式路由。

(3) 分布式路由选择：采用分布路由选择算法的网络，所有节点定期地与网络其他节点交换信息，可以是拓扑信息、路由选择信息等。每个节点根据收到的信息，自行计算自己的路由。所谓分布式路由选择，就是指每个节点自行进行路由决策，不需要统一计算路由。比如，后面要讲到的RIP和OSPF协议都属于这一类。当前互联网采用的路由选择协议主要是动态的、分布式路由选择协议。

2. 路由选择协议

由于以下两个原因，互联网采用分层次的路由选择协议：

(1) 互联网的规模非常大。如果让所有的路由器知道所有的网络节点应怎样到达，那么这种路由表将非常庞大,处理起来也太花时间。而所有这些路由器之间相互交换路由信息,也会造成通信链路带宽浪费。

(2) 许多单位出于安全和隐私的考虑,不希望外界了解自己内部的布局和协议内容,但同时又希望连接到互联网上。

为此,可以把整个互联网划分为许多较小的自治系统(Autonomous System,AS)。每个 AS 是在单一技术管理下的许多网络,而这些网络使用相同的度量方式,构建自治系统内部的统一的路由选择协议。在目前的互联网中,一个大的 ISP 就是一个自治系统。

这样,互联网就把路由选择协议又划分为两大类,即

(1) 内部网关协议(Interior Gateway Protocol,IGP)。

某个自治系统内部使用的路由选择协议,与互联网中的其他自治系统的路由选择协议无关,也称为域内路由选择(intra-domain routing),目前这类路由选择协议使用最多的是 RIP 和 OSPF 协议。

(2) 外部网关协议(External Gateway Protocol,EGP)。

不同自治系统中的主机要进行通信时,就需要用到自治系统之间的路由选择协议,这样的路由协议就是外部网关协议,也称为域间路由选择(inter-domain routing)。目前使用最多的外部网关协议是 BGP 的版本 4(BGP-4)。

图 6-28 是划分 AS 之后的路由选择协议示例。每个自治系统自己决定本自治系统内运行哪个内部路由选择协议。例如,自治系统 A 采用 RIP,自治系统 B 采用 OSPF,自治系统 C 采用 ISIS。而自治系统之间统一采用 BGP-4。用于自治系统之间相连的路由器不仅要运行自己内部的网关协议,还要运行自治系统之间的路由选择协议,比如图 6-28 中的路由器 R_1、R_2 和 R_3。

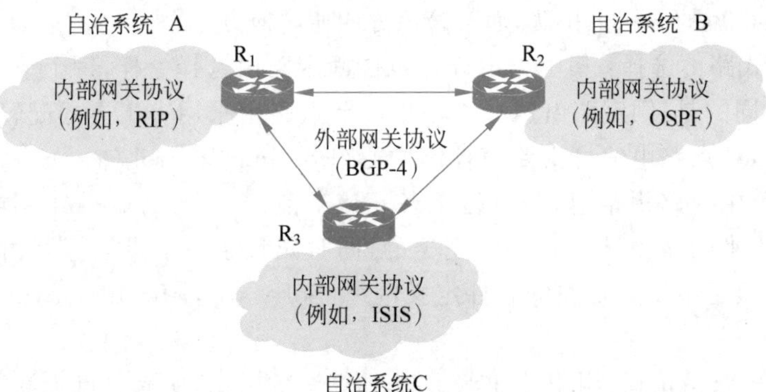

图 6-28 分层次的路由选择协议

对于比较大的自治系统,还可以再次划分层次,在后面的 OSPF 中会看到。

3. 路由表

网络中路由表(routing table)也称为路由信息库(Routing Information Base,RIB),用于记录到特定网络地址的路由信息,这些路由信息由路由选择协议得出,通常以电子表格(文件)或类数据库的形式存储在路由器或者联网计算机中。路由表的主要作用是:在收到 IP 数据包时,指导路由器怎么进行转发。

6.2.3 节曾提到，路由表中的每个表项最少必须包括下面两个项目：

（目的地址，下一跳地址）

- 目的地址——这是数据包最终到达的节点网络地址。路由器可能会有多条路径到达相同的地址，或者是，对相同 IP 地址，有一组等长或变长的子网。因此，对同一个目的地址，可能会有多个匹配的表项。
- 下一跳地址——它指向路由器的直连目标网络，或指向直连网络内的另一台路由器地址，总之，是更接近目的地址的下一跳。

另外，路由器将会尽量地进行最精确的匹配。因此，路由表中还可能会包含以下项目：

- 网络掩码——与目的地址一起标识目的节点所在网络的网络号。
- 优先级——标识每条路由在路由表中的优先级。因为到达一个目的地址可能有多条路径，通常会选择优先级更高的路径进行数据转发。
- 路由开销——当到达一个目的节点的多条路由优先级相同时，路由开销最小的路由就成了最佳路由。
- 输出接口——说明 IP 数据包将从该路由器的哪个接口转发出去。
- 默认网关——是最不明确的下一跳地址，只有当所有匹配都失败时才被使用。

除了这些之外，每个 AS 还可以根据自己的需求，添加必要的路由表项目。

要注意“转发”和“路由”是有区别的。在互联网中，路由涉及很多路由器的协同工作，按照复杂的路由算法，动态地改变到各个目的网络的路径，并根据路由计算结果构造出整个路由表。而“转发”就是节点根据转发表把收到的 IP 数据包从合适的接口发送出去。“转发”仅涉及单个路由器。转发表从路由表得到，另外还必须包含完成转发功能所必需的信息，比如输出端口和 MAC 地址等。转发表和路由表采用不同的数据结构实现，转发表的结构应当使查找过程最优化，但路由表则需要感应拓扑的动态变化，使路由的计算最优化。路由表一般用软件实现，但转发表则可用特殊的硬件来实现。注意，在讨论路由选择原理时，往往不区分转发表和路由表，可以笼统地都使用路由表这一名称。

总的来说，路由选择协议决定路由表中的表项，路由表再指导路由器进行分组转发。当前最典型的路由选择协议有 RIP、OSPF、ISIS 和 BGP。

6.5.2 RIP

视频

1. RIP 工作原理

路由信息协议（Routing Information Protocol，RIP）是内部网关协议 IGP 中最先得到广泛使用的互联网标准路由协议，标准为 RFC 1058，其最大优点就是简单。使用 RIP 的路由器需要维护到所有目的网络的距离，并且以向量（距离，方向）的方式保存或通告出去，这被称为距离向量（Distance-Vector，D-V）。

RIP 协议以跳数作为网络距离度量方式。如果一个路由器与网络直连，那么跳数（或距离）为 1。如果两个节点（或节点与网络）之间通过其他路由器间接连接，那么每经过一个路由器，距离就要加 1。比如在图 6-29 中，路由器 R_1 到网络 1 或网络 2 的距离都是 1（直接连接），而到网络 3 的距离是 2，到网络 4 的距离是 3。路由器 R_1 到路由器 R_2

的距离为 1，到路由器 R_3 的距离为 2。

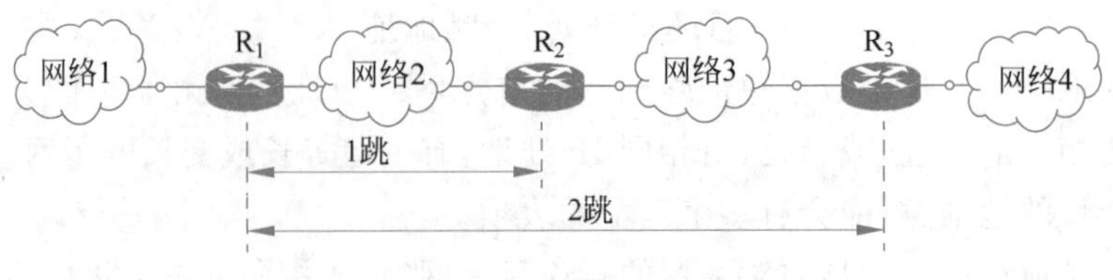

图 6-29 跳数示例

需要注意的是，路由器到直接连接的网络的距离也可以定义为 0，因为中间不需要经过其他的路由器，既然每经过一个路由器都要将距离加 1，那么不再经过路由器的距离就应当为 0。这两种定义的区别就在于：所有的距离是否加上直连的最后一跳。对 RIP 的实现没有实质影响，得到的最短路由都一样。

RIP 认为跳数少的路由才比较好，它允许一条路径上最多包含 15 个路由器。因此，距离等于 16 时就相当于不可达。可见 RIP 只适合用于小型网络。

RIP 只能为每个目的网络选择一条具有最短跳数的路径（即具有最少路由器的路径），哪怕还存在另一条高速（低时延）但路由器较多的路径。因此，它不能在两个网络之间同时使用多条路径。

接下来要讨论的 RIP、OSPF 和 ISIS 协议，都是分布式路由选择协议。正如 6.5.1 节中提到的，分布式路由选择协议的特点是：每一个路由器都要不断地与其他路由器交换信息，路由器根据收到的这些信息做自己的路由决策。因此，对每个分布式路由选择协议都必须要回答以下 3 个问题：

(1) 和谁交换信息？

(2) 交换什么信息？

(3) 在什么时候交换信息？

RIP 协议针对这 3 个问题所采取的措施如下：

(1) **仅和邻居路由器交换信息**。如果两个路由器之间可以直接通信，不需要经过其他路由器，那么这两个路由器就互为邻居路由器。如在图 6-29 中，R_2 是 R_1 的邻居路由器，R_3 不是 R_1 的邻居路由器。

(2) **路由器交换的信息是当前路由器的路由表**，即交换的信息是当前本路由器所知道的全部信息。因为 RIP 是域内路由协议，所以交换的信息也是域内路由信息。也就是说，交换的信息是，路由器到本自治系统中每个网络的最短距离，以及应该经过的下一跳路由器，即（目的网络，距离，下一跳地址），这也是 RIP 中路由表最重要的信息。

(3) **定期交换路由信息**，比如，每隔 30 秒。当网络拓扑发生变化时，路由器也能及时向邻居路由器通告拓扑变化后的路由信息。

路由器根据定期收到的邻居距离向量路由信息，结合自己的路由表，根据最短距离原则，更新路由表，因此，RIP 的更新算法又称为距离向量算法。

还要注意路由表的建立问题。在初始化时，路由器的路由表是空的。通过与邻居交换信息，可以得到更多的路由信息，经过多轮更新之后，所有路由器的路由表都会有完整的、正确的路由信息，这也就是RIP协议的收敛过程。一般情况下，RIP收敛速度很快。

2. 距离向量算法

在RIP使用的距离向量算法中，路由器会根据邻居路由器发过来的RIP报文，结合自己的路由表，更新路由信息，如图6-30所示。如果一段时间内（通常为3分钟）没有收到某个邻居路由器A的RIP报文，则说明此邻居路由器已经不可达。因此，把到该邻居的距离置为16。如果收到邻居路由器A发送过来的RIP报文，则依次执行以下步骤：

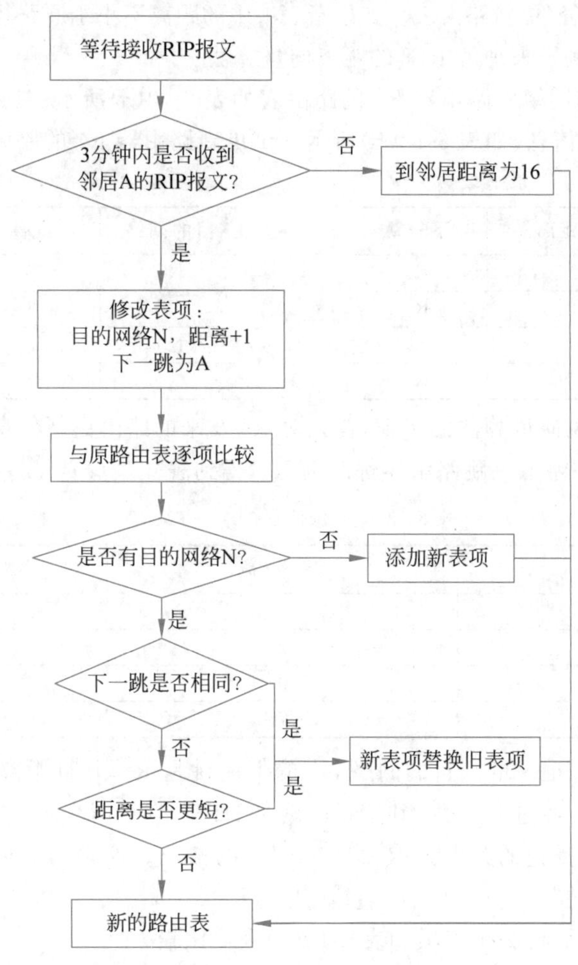

图6-30 RIP路由更新过程

(1) 修改RIP报文中的路由信息。每一个路由项目都有3个关键数据，即目的网络N、距离是d、下一跳路由器H。说明邻居A通过路由器H到目的网络N，且距离为d。修改此报文中所有项目的下一跳地址和距离字段：把“下一跳地址”字段中的地址都改为A，并把所有的“距离”字段的值加1，因为如果本路由器要通过路由器A到达目的网络，则需要加上路由器A这一跳。修改后的项目中的3个关键数据就变成了：目的网络N，距离是$d+1$，下一跳路由器是A。

(2) 将修改后的每条路由表项（目的网络N，距离$d+1$，下一跳路由器A）与原路由表项进行比较。

若原来的路由表中没有目的网络 N，则表明这是一个新网络，应当将之加入路由表中。

否则，原路由表中有目的网络 N，检查下一跳路由器地址是否为 A，如果是，则说明网络路径有更新的消息，应当以新消息为准（距离可能增大，也可以减小），用新收到的项目替换原路由表中的项目。

否则，原路由表中到目的网络 N 的下一跳路由器不是 A，这时就需要根据最短路径原则，选择更短的路径，更新路由表。如果新表项中的距离不小于原路径，则不更改路由表。

下面通过一个例子来理解 RIP 的距离向量算法。

【例 6-6】 已知网络中路由器 R_1 的路由表如表 6-12(a)所示。现在收到邻居路由器 R_2 发来的路由更新信息，如表 6-12(b)所示。试更新路由器 R_1 的路由表。

表 6-12(a) R_1 的路由表

目的网络	距离	下一跳
N1	5	R_3
N2	2	R_4
N3	4	R_2
N5	6	R_5

表 6-12(b) R_2 的路由更新信息

目的网络	距离	下一跳
N1	3	R_1
N2	1	直接交付
N3	8	R_4
N4	6	R_3

【解】 根据距离向量算法的步骤，首先对 R_2 发来的路由更新信息表 6-12(b)进行修改，将距离都加 1，并将下一跳路由器都改为 R_2，得到表 6-12(c)。

表 6-12(c) 修改后的表 6-12(b)

目 的 网 络	距 离	下 一 跳
N1	4	R_2
N2	2	R_2
N3	9	R_2
N4	7	R_2

这里要注意，R_2 记录的到目的网络 N1 的下一跳是 R_1，并且距离为 3。但是进行变换之后，R_1 得到的是经过 R_2 可以到达目的网络 N1，并且距离为 4。如果最后 R_1 选择了这条路由，则存在数据包的路由为 R_1-> R_2-> R_1 的情况。这也是后面要讲的"RIP 协议坏消息传得慢的问题"。

把表 6-12(c)中的每一个表项和表 6-12(a)进行比较。

对第一行，目的网络 N1 在表 6-12(a)中存在，且下一跳路由器是 R_3，表 6-12(c)中下一跳路由器是 R_2，因此，下一跳路由器不一样。根据距离更小的原则进行选择，在这里，表 6-12(c)中到目的网络 N1 的距离为 4，小于表 6-12(a)中的距离 5，因此，用新的值替代表 6-12(a)中的表项，结果为（目的网络 N1，距离 4，下一跳 R_2），这时距离减小。

对第二行，目的网络 N2 在表 6-12(a)中存在，下一跳路由器不一样，且距离也相等，因此，保留表 6-12(a)中的表项，即（目的网络 N2，距离 2，下一跳 R_4）。

对第三行，目的网络 N3 在表 6-12(a)中存在，则下一跳都为 R_2，因此，需要用新的表项替代表 6-12(a)中的表项，结果为（目的网络 N3，距离 9，下一跳 R_2），距离增大了。

对第四行，目的网络 N4 在表 6-12(a)中不存在，则直接添加(目的网络 N4，距离 7，下一跳 R_2)到路由表中。

R_1 的原路由表中未被更新的项目继续保留。

因此，R_1 更新后的路由表如表 6-12(d)所示。

表 6-12(d) 更新后的路由表

目的网络	距离	下一跳
N1	4	R_2
N2	2	R_4
N3	9	R_2
N4	7	R_2
N5	6	R_5

RIP 收敛后，所有路由器都有整个自治系统的完整路由信息，但是因为路由器在网络中的位置不同，每个路由器上的路由表自然也不一样。

3. RIP 的报文格式

现在用的 RIP2 版本，标准为 RFC 2453，于 1998 年 11 月公布。与 RIP1 相比，RIP2 在性能上有部分改进，首先，RIP2 不仅支持分类 IP，还支持 CIDR；其次，RIP1 只支持广播方式发送路由信息，而 RIP2 支持多播和广播两种方式；另外，RIP2 还提供简单的安全鉴别功能。

图 6-31 是 RIP2 的报文格式。可以看出，RIP 使用传输层的用户数据包 UDP 进行传送，使用 UDP 的端口 520(端口的含义将在传输层详细讲解)。

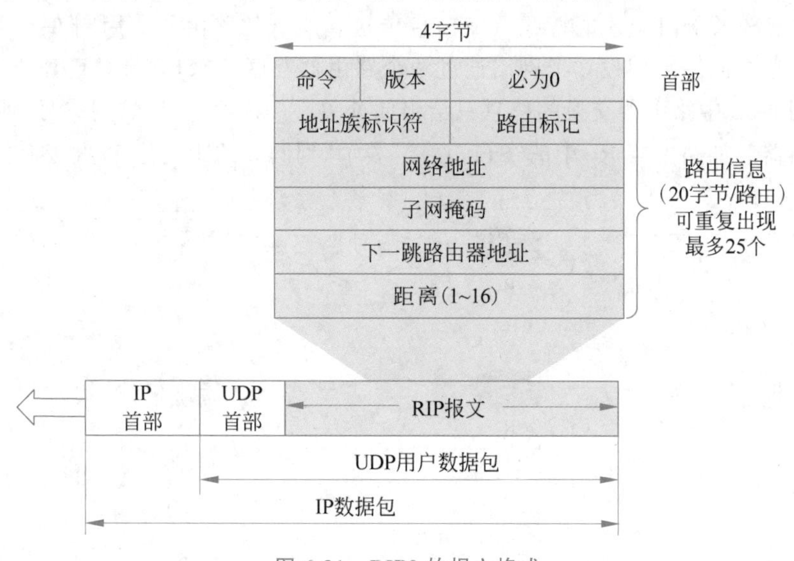

图 6-31 RIP2 的报文格式

RIP 报文由首部和路由信息两部分组成。

RIP 的首部占 4 字节，其中的命令字段占 1 字节，指出报文的类型。例如，1 表示请求路由信息，2 表示对请求路由信息的响应或未被请求而发出的路由更新报文。版本占

1 字节，表示当前使用的是 RIP1 还是 RIP2。首部后面的“必为 0”是为了 4 字节对齐。

RIP2 报文中的路由部分可以包含最多 25 条路由信息。每条路由信息由 20 字节构成。因此，RIP 报文的最大长度是 504 字节(4＋20×25)。如果超过这个长度，必须再用一个 RIP 报文来传送。

• 地址族标识符(又称为地址类别)字段标志所使用的地址协议。最初设计的时候，考虑网络可能会同时存在 TCP/IP 协议和其他非 TCP/IP 协议，因此设计此字段来区别。如果采用 IP 地址，那么这个字段的值就为 2。
• 路由标记用来标记外部路由或重分配到 RIPv2 协议中的路由。如果路由器收到外部自治系统发送过来的路由信息，则路由标记字段就是自治系统号(Autonomous System Number，ASN)。虽然 RIP 协议自己并不使用这个字段，但是在和某个 RIP 域相连的外部路由中，可能需要使用这个路由标记字段通过 RIP 域来交换路由信息。
• 网络地址为路由的目的地址。这一项可以是主网络地址、子网地址或者主机路由地址。
• 子网掩码是用于确认上面网络地址的网络和子网部分的 32 位的掩码。

若使用 RIP2 的鉴别功能，则将原来写入第一个路由信息(20 字节)的位置用作鉴别。这时应将地址族标识符置为全 1(即 0xFFFF)，而路由标记写入鉴别类型，剩下的 16 字节为鉴别数据。在鉴别数据之后才可写入路由信息，所以这时最多只能再放入 24 个路由信息。

接下来分析例 6-6 中就提到过 RIP“坏消息传播得慢”的问题。当网络出现故障时，RIP 要经过比较长的时间才能将此故障信息传送到所有的路由器。用图 6-32 中的简单例子来说明这个问题。假设 3 个网络通过两个路由器互联起来，并且都已建立了各自的路由表。图 6-32 中路由器交换的信息只给出此处关心的内容：“目的网络号，所需距离，下一跳路由器”，如路由器 R_2 中的“3，1，直接”表示“到网 3 的距离是 1，直接交付”。

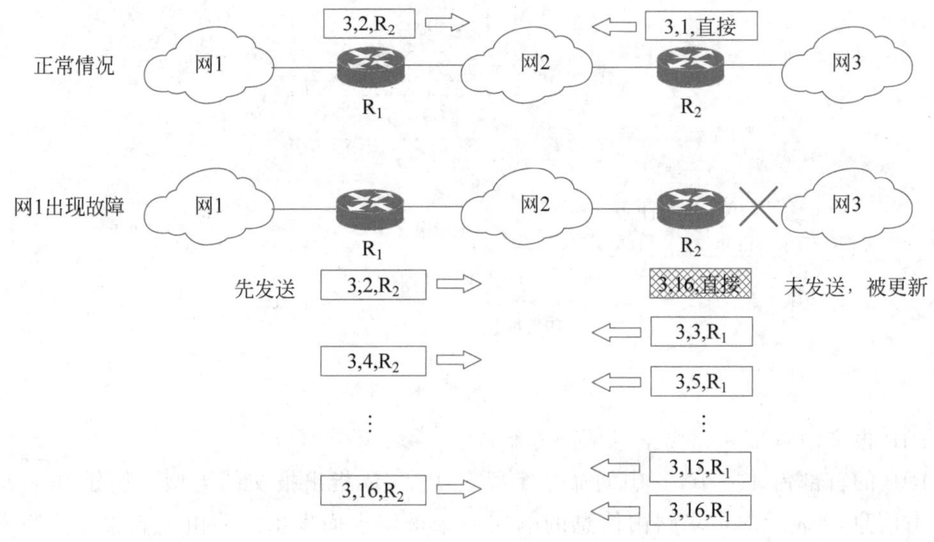

图 6-32　RIP 的缺点(坏消息传得慢)

现在假定路由器 R_2 到网 3 的链路出了故障，R_2 就无法到达网 3，于是路由器 R_2 在自己的路由表中把到网 3 的距离改为 16(表示到网 3 不可达)，路由表中的相应项目变为“3,16,直接”。但是，由于 RIP 是周期性地交换信息，因此，这个消息不会立即就发送出去，很可能要经过一段时间后，R_2 才把更新信息发送给 R_1。然而如果 R_1 已经先把自己的路由表发送给了 R_2，其中关于网 3 的表项是“3,2,R_2”，这时会出现什么问题呢？

R_2 收到 R_1 的更新报文后，误认为可经过 R_1 可以到达网 3，于是把收到的路由信息“3,2,R_2”修改为“3,3,R_1”，表明“我到网 3 的距离是 3，下一跳经过 R_1”，并把更新后的信息发送给 R_1。同理，R_1 接着又更新自己的路由表为“3,4,R_2”，以为“我到网 3 距离是 4，下一跳经过 R_2”。

这样的更新一直继续下去，直到 R_1 和 R_2 到网 3 的距离都增大到 16 时，R_1 和 R_2 才知道原来网 3 是不可达的。这就是 RIP 的一个主要缺点：好消息传播得快，而坏消息传播得慢。也就是，网络出故障的传播时间往往需要较长的时间(例如，数分钟)。但如果一个路由器发现了更短的路由，那么这种更新信息就传播得很快。

那如何克服这个缺点呢？有多种加速坏消息传播的措施。例如，让路由器记录收到某特定路由信息的接口，而不让同一路由信息再通过此接口向反方向传送。如在上面的例子中，R_1 不再将“3,2,R_2”这条路由信息传给 R_2，因为本条路由信息本来就是 R_2 传送给 R_1 的，不再反向传递。再比如，当路由器发现链路出错时，就立即将不可达信息传播出去。

RIP 最大的优点就是简单、开销小。但 RIP 的缺点也很明显。首先，RIP 不能用于大规模网络，因为它能使用的最大距离为 15(16 表示不可达)。其次，路由器之间需要交换完整的路由表信息，随着网络规模的扩大，路由表变大，开销也就增加。最后，“坏消息传播得慢”，使更新过程的收敛速度偏慢。因此，规模较大的网络最好使用 6.5.3 节介绍的 OSPF 协议。而目前在规模较小的网络中，使用 RIP 的仍占多数。

6.5.3 OSPF 协议

视频

1. OSPF 基本特点

开放最短路径优先(Open Shortest Path First，OSPF)协议创建于 1989 年，主要为了克服 RIP 网络规模小、交换信息过多、坏消息传得慢的缺点。其主要的思路是：既然 RIP 的这些缺点是源于借鉴别人的路由结果，那么就想办法搜集完整拓扑，自行计算路由信息，不再采用别人的结果。OSPF 的原理很简单，但实现起来较复杂。

这里的“开放”表明 OSPF 协议不受具体厂商限制，而是公开的。“最短路径优先”是因为使用了 Dijkstra 最短路径算法。当前使用的是 OSPF 的第二个版本 OSPF2，它已成为互联网标准协议，标准号为 RFC 2328。请注意：OSPF 只是一个协议的名字，并不表示其他的路由选择协议不是“最短路径优先”。实际上，自治系统内部使用的路由选择协议(包括 RIP 协议)都是要寻找最短路径。

OSPF 仍然是分布式路由选择协议，需要回答同样的 3 个问题：和哪些路由器交换信息？交换什么信息？在什么时候交换信息？同时也从这 3 方面与 RIP 进行比较。

(1) **与所有路由器交换信息**。每个路由器采用洪泛方式向本自治系统中所有路由器发送信息,即路由器通过所有输出端口向所有邻居路由器发送信息。收到消息的路由器又将此信息再发往除了发送路由器之外的其所有的邻居路由器。这样,最终整个自治区域内所有的路由器就都得到了这个信息的一个副本。而在 RIP 中,路由器仅与邻居路由器交换信息。

(2) **只交换邻居路由器的链路状态信息**。交换的信息只是本路由器与所有邻居路由器的链路状态信息。OSPF 是基于链路状态的协议,这是 OSPF 最重要的特征。所谓“链路状态”,就是说明本路由器都和哪些路由器存在直连关系(中间不经过其他路由器),以及该直连链路的“度量”(metric)或代价。OSPF 中的“度量”可以表示为费用、距离、时延、带宽等。由于路由器的端口有限、邻居路由器有限,因此,发送的链路状态信息也就有限。而对于 RIP,路由器发送的信息是自己的整个路由表,包含到所有网络的路径信息。

(3) **有变化时才交换信息**。只有在链路状态发生变化时,或隔较长时间(如 30 分钟),路由器才会洪泛链路状态信息。因此,虽然链路状态信息发送的范围较大,但报文数量不多。而在 RIP 中,不管网络拓扑是否发生变化,邻居路由器之间都要定期交换整个路由表的信息。

从上述 3 方面可以看出,OSPF 与 RIP 在这 3 个问题的处理方法上刚好相反。这也是由于它们面向的对象不一样,所以采取的措施不一样。RIP 只能应用于较小规模的网络,而 OSPF 可以应用于较大规模的网络。

由于各路由器之间频繁地交换链路状态信息,最终所有的路由器都能建立一个链路状态数据库(link-state database),也就是全网的拓扑结构图。这个拓扑结构图在全网范围内是一致的,这称为链路状态数据库的同步。这时,路由器就可以基于链路状态数据库,使用 Dijkstra 最短路径算法,计算出到目的网络的最短路径,构造自己的路由表。应该注意到,RIP 的每一个路由器虽然知道到所有的网络的距离以及下一跳路由器,但不知道全网的拓扑结构。

只要链路状态发生变化,路由器就会立即通告更新消息,因此,OSPF 的链路状态数据库也能较快地进行更新,使各个路由器能及时更新其路由表。更新过程收敛快也是 OSPF 最重要的优点。

2. OSPF 分层路由

为了使 OSPF 能够更好地应用于规模很大的网络,OSPF 再次利用分层的思想(类似互联网划分不同自治系统的方式),将自治系统划分为若干更小的区域(area)。划分区域的好处就是把链路状态信息洪泛的范围局限于每一个区域,而不是整个自治系统,从而减少整个网络的通信量。由于要使用洪泛方式交换链路状态信息,因此,每个区域的规模不能太大。

如图 6-33 所示,将一个自治系统划分为 3 个区域。每一个区域都有一个 32 位的区域标识符,也用点分十进制表示,如区域 0.0.0.1。为了使每一个区域能够和本区域以外的区域或其他自治系统进行通信,OSPF 使用层次结构的区域划分。上层的区域称为主干区域(backbone area),标识符规定为 0.0.0.0。主要作用是连通其他下层的区域,并且与其他自治系统连通。在主干区域内的路由器称为主干路由器(backbone router),如图 6-33 中的 R_3、R_4、R_5、R_6 和 R_7。在一个区域内部的路由器只知道本区域的完整网络拓扑,而不知道其他区域的网络拓扑的情况。从其他区域来的信息都要由区域边界路由器(area border router)进行整理和总结。图 6-33 中的路由器 R_3 和 R_7 都是区域边界路由器。显然,每一个区域至少应当有一个区域边界路由器。一个主干路由器可以同时是区域边界路由器,如 R_3 和 R_7。在主干区域内至少还要有一个路由器专门和本自治系统外的其他自治系统交换路由信息,这样的路由器叫作自治系统边界路由器,如图 6-33 中的 R_6。

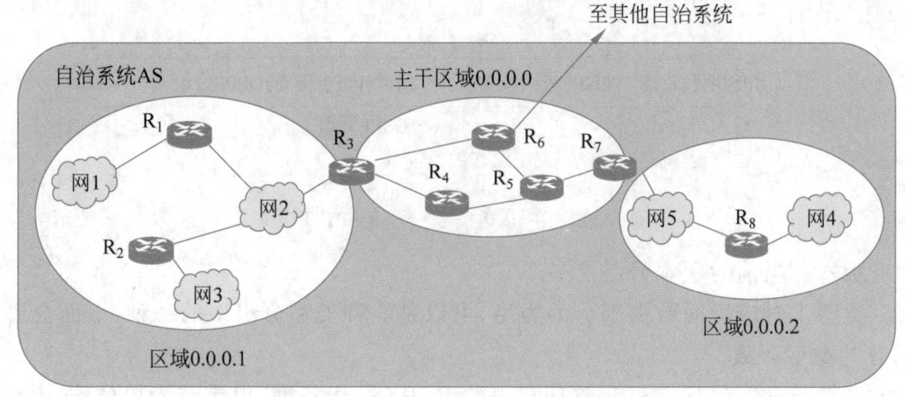

图 6-33　OSPF 划分为两个不同的区域

采用分层次划分区域使 OSPF 协议能够应用于规模很大的自治系统。因此,划分层次的优越性在网络设计中再一次得到体现。

除了以上的基本特点外,OSPF 还具有下列特点:

(1) OSPF 允许管理员为每条链路指派不同的代价。针对不同类型的业务和网络应用场景,灵活地指派链路代价,可以计算出不同的路由。RIP 不支持灵活的代价指派。

(2) 支持流量工程。由于 OSPF 支持到同一个目的网络有多条相同代价的路径,那么可以将通信量分配到这几条路径上,避免部分节点负担过重或网络拥塞的情况。RIP 却只能找出到某个网络的一条路径。

(3) OSPF 分组具有鉴别功能,从报文格式中就能看到,可以保证链路状态信息仅在可信赖的路由器之间进行交换。

(4) OSPF 支持可变长度的子网划分和无分类的编址 CIDR。

(5) 用序号表示链路状态的新旧程度。网络中的链路状态可能经常发生变化,OSPF 为每一个链路状态都带上 32 位的序号,序号越大,表示状态越新。OSPF 规定,链路状态序号增长的速率不得超过每 5 秒 1 次。

3. OSPF 报文格式

RIP 使用 UDP 进行传送,而 OSPF 协议直接用 IP 数据包传送,这时,IP 数据包首部的协议字段值为 89。

OSPF 报文格式如图 6-34 所示。OSPF 报文仍然是由首部和数据部分构成。首部长度为 24 字节,包括以下一些字段:

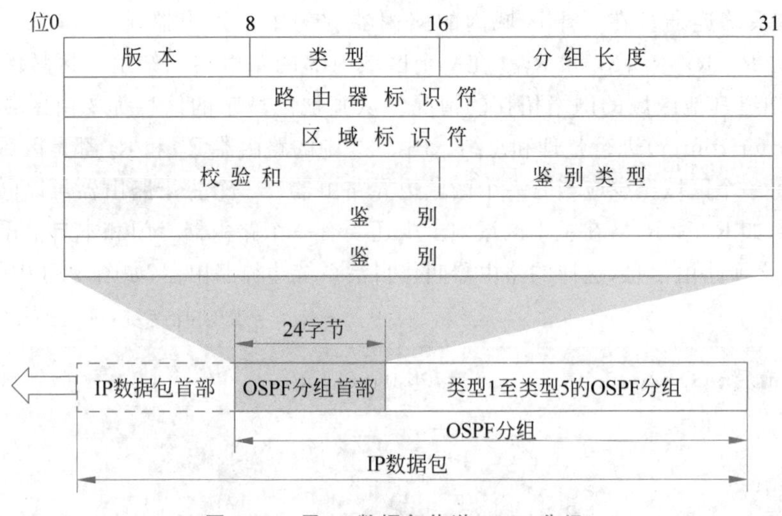

图 6-34　用 IP 数据包传送 OSPF 分组

(1) **版本**。当前的版本号是 2。

(2) **类型**。对应后面数据部分的类型,可以是 5 种类型分组中的一种(下面会讲到),数据部分与类型一致。

(3) **分组长度**。包括 OSPF 首部在内的 OSPF 分组长度,以字节为单位。

(4) **路由器标识符**。发送该分组的源路由器的 IP 地址。

(5) **区域标识符**。标识源路由器所在的区域位置。

(6) **校验和**。用来检测分组中的差错。

(7) **鉴别类型**。目前只有两种:0(不用)和 1(口令)。

(8) **鉴别**。如果鉴别类型为 0 时就填入 0,不用鉴别。如果鉴别类型为 1,则填入 8 个字符的口令。

OSPF 协议构成的数据包都很短,这样既可以减少路由信息的通信量,又可以避免数据包分片传送。分片传送的数据包只要丢失一个,就无法组装成原来的数据包,整个数据包就必须重传。

4. OSPF 的 5 种分组类型

OSPF 共有以下 5 种分组类型:

类型 1,问候(Hello)分组,用来建立和维护与邻居路由器的可达性。

类型 2,数据库描述(Database Description)分组,简要描述本地链路状态数据库的情况,可以看成是链路数据库的摘要信息。

类型 3,链路状态请求(Link State Request)分组,向对方请求某些链路状态项目的详细信息。

类型 4,链路状态更新(Link State Update)分组,采用洪泛方式对全网进行链路状态更新通告,也可以采用单播方式发送给指定路由器(回复链路状态请求)。这种分组是最复杂的,也是 OSPF 协议最核心的部分。路由器使用这种分组将其链路状态通知给其他路由器。链路状态更新分组共有 5 种不同的链路状态,请自行查阅 RFC 2328。

类型 5，链路状态确认(Link State Acknowledgment)分组，对链路状态更新分组的确认。

OSPF 规定，两个邻居路由器每隔 10 秒要交换一次问候分组。这样，相互之间就能确定邻居关系。只有可达的邻居路由器，才能将链路状态信息存入链路状态数据库，构成拓扑结构，最终计算出路由。正常情况下，网络中传送的绝大多数 OSPF 分组都是问候分组。若有 40 秒没有收到某个邻居路由器发来的问候分组，则可认为该邻居路由器已经不可达，应立即修改链路状态数据库，并重新计算路由表。同时还需要洪泛链路状态更新信息。

其他的 4 种分组都是用来保证链路状态数据库的一致性(也就是同步)。两个同步的邻居路由器叫作"完全邻接的(fully adjacent)"路由器。两个物理上相邻，但链路状态数据库不一致的路由器为不完全邻接的路由器。

在路由器初始化时，链路状态数据库和路由表都是空的，只能通过问候分组得到它与邻居路由器的链路状态信息。如果该路由器为了获得全网拓扑，而要求所有的路由器都把自己的本地链路状态信息向全网进行广播，这显然不合理，因为开销太大，所以 OSPF 合理利用数据库描述分组来降低通信量，具体步骤如图 6-35 所示。

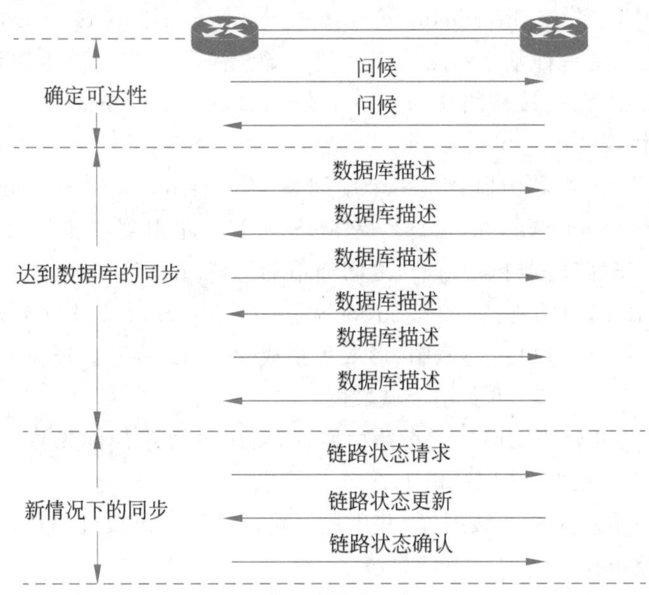

图 6-35　OSPF 基本操作

每个路由器用数据库描述分组用来与邻居路由器交换自己数据库中的链路状态摘要信息。如果对方有自己需要的链路状态信息(比如缺少的项目)，路由器就使用链路状态请求分组，向对方请求这些链路状态项目的详细信息。收到链路状态请求分组的邻居路由器则回复链路状态更新信息。发起请求的路由器再发送链路状态确认信息对该更新信息进行确认。通过一系列的这种分组交换，全网同步的链路数据库就建立了。由此可见，新加入的路由器可以通过向邻居路由器交换信息来构建链路数据库，而不需要向全网路由器都索要。

在网络运行的过程中，只要路由器的任一链路状态发生变化，该路由器就要使用链路状态更新分组向全网广播链路状态更新。OSPF 使用的是可靠的洪泛法，其要点有二：一是消息不回传（不向接收到分组的端口转发该分组），二是进行分组确认（重复分组只转发和确认一次）。假设路由器 R 采用洪泛法发出链路状态更新分组。第一次先发给相邻的几个路由器。这几个路由器将收到的分组再进行转发时，不回传给上游路由器 R，按照这种方式将分组传下去。路由器在收到更新分组后要发送确认，重复的更新分组只需要发送一次确认。

OSPF 规定每隔一段时间（如 30 分钟）刷新一次链路状态信息，保证各路由器上链路状态数据库同步。

当互联网规模很大时，OSPF 协议要比 RIP 好得多。由于 OSPF 没有“坏消息传播得慢”的问题，据统计，OSPF 收敛的时间比 RIP 少 100ms。

6.5.4 IS-IS 协议

1. IS-IS 协议基本特点

中间系统到中间系统（Intermediate System to Intermediate System，IS-IS）协议是一种内部网关协议，也是一种基于链路状态并使用最短路径优先的路由协议。最初是 ISO（国际标准化组织）为无连接网络协议（Connection Less Network Protocol，CLNP）设计的一种动态路由协议。

在 ISO 规范中，一个路由器就是一个中间系统（Intermediate System，IS），一个主机就是一个末端系统（End System，ES）。提供 IS 和 ES（路由器和主机）之间的协议就是 ES-IS，提供 IS 和 IS（路由器和路由器）之间通信的协议就是 IS-IS 协议。

为了提供对 IP 路由的支持，RFC 1195 等标准对 IS-IS 协议进行扩充和修改。使它能同时应用在 TCP/IP 和 OSI 环境中，形成了集成化 IS-IS 协议。现在提到的 IS-IS 协议都是指集成化的 IS-IS 协议，主要用于城域网。

IS-IS 协议是一种分级的链接状态路由协议，使用最短路径优先算法进行路由计算，思想上与 OSPF 非常相似，体现在以下方面。

（1）都维护一个链路状态数据库，并用最短路径算法得出最佳路径。

（2）都交换路由器的链路状态信息。

（3）都是在链路状态发生变化的情况下，才广播该链路状态更新信息。

（4）都用问候分组查找和维护邻居关系。

（5）都使用分区域的方式支持大规模网络。

（6）区域之间都使用路由汇聚方式，减少路由器的负担。

（7）都有认证功能。

但 IS-IS 与 OSPF 的实现细节完全不一样。

2. IS-IS 分级路由

为了支持大规模的路由网络，IS-IS 在自治系统内采用骨干区域与非骨干区域的两级分层结构，在这一点上和 OSPF 一样，但是，细节不完全一样。

IS-IS 路由器可以分为以下 3 种类型。

1）Level-1 路由器

Level-1 路由器位于非骨干区域，负责区域内的路由，它只与属于同一区域的 Level-1 和 Level-1-2 路由器形成邻居关系，属于不同区域的 Level-1 路由器不能形成邻居关系。Level-1 路由器只负责维护 Level-1 的链路状态数据库（Link State Data Base，LSDB），该 LSDB 包含本区域的路由信息，到本区域外的报文转发给最近的 Level-1-2 路由器。

2）Level-2 路由器

Level-2 路由器位于骨干区域，负责非骨干区域间的路由，它可以与同一区域或者不同区域的 Level-2 路由器或者其他区域的 Level-1-2 路由器形成邻居关系。Level-2 路由器维护一个 Level-2 的 LSDB，该 LSDB 包含区域间的路由信息。

所有 Level-2 级别（即形成 Level-2 邻居关系）的路由器组成路由域的骨干网，负责在不同区域间通信。路由域中 Level-2 级别的路由器必须是物理相连的，以保证骨干网的连通性。只有 Level-2 级别的路由器才能直接与区域外的路由器交换数据包文或路由信息。

3）Level-1-2 路由器

同时属于 Level-1 和 Level-2 的路由器称为 Level-1-2 路由器，它可以与同一区域的 Level-1 和 Level-1-2 路由器形成 Level-1 邻居关系，也可以与其他区域的 Level-2 和 Level-1-2 路由器形成 Level-2 的邻居关系。Level-1 路由器必须通过 Level-1-2 路由器才能连接至其他区域。

Level-1-2 路由器维护两个 LSDB：Level-1 的 LSDB 用于区域内路由，Level-2 的 LSDB 用于区域间路由。

如图 6-36 所示为一个运行 IS-IS 协议的网络，它与 OSPF 的多区域网络拓扑结构非常相似。整个骨干区域不仅包括区域 1 中的所有路由器，还包括其他区域的 Level-1-2 路由器。

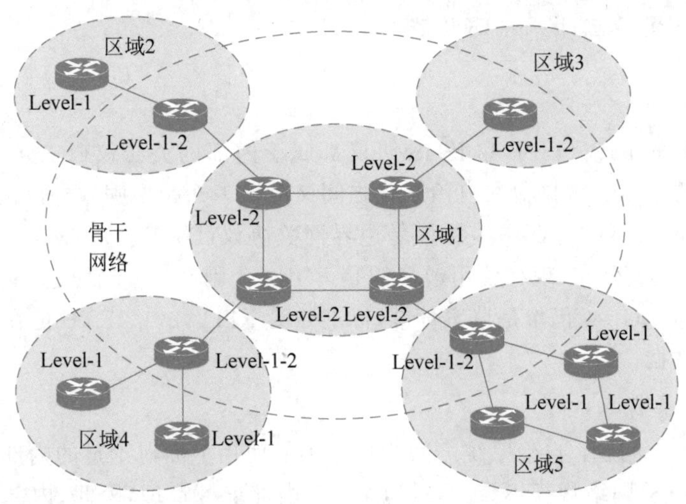

图 6-36　运行 IS-IS 协议的网络

通过图 6-36 可以看出 IS-IS 协议与 OSPF 的不同点：

- IS-IS 协议的区域边界是在链路上，而 OSPF 协议的区域边界是以路由器为准。
- 在 IS-IS 协议中，每个路由器都只属于一个区域；而在 OSPF 中，一个路由器的不同接口可以属于不同的区域。
- 在 IS-IS 协议中，Level-1 和 Level-2 级别的路由都采用 SPF 算法，分别生成最短路径树(Shortest Path Tree，SPT)；而在 OSPF 中，只有在同一个区域内才使用 SPF 算法，区域之间的路由需要通过骨干区域来转发。

3. IS-IS 的报文类型

IS-IS 报文有以下几种类型：问候分组、链路状态分组和序列号分组。

(1) 问候分组，用于建立和维持邻居关系。

(2) 链路状态分组，用于交换链路状态信息。

每一台路由器都会生成链路状态分组，它包含了该路由器所有使能 IS-IS 协议接口的链路状态信息。

链路状态分组分为两种：Level-1 链路状态分组和 Level-2 链路状态分组。

Level-1 链路状态分组由 Level-1 路由器传送，Level-2 链路状态分组由 Level-2 路由器传送，Level-1-2 路由器则可传送以上两种链路状态分组。

(3) 序列号分组(SNP)，通过描述全部或部分数据库中的链路状态报文来同步各链路状态数据库，从而维护各链路状态数据库的完整与同步。

序列号报文包括全序列号分组(CSNP)和部分序列号分组(PSNP)，全序列号分组包括链路状态数据库中所有链路状态分组的摘要信息，从而可以在邻居路由器间保持链路状态数据库的同步，进一步又可分为 Level-1 CSNP、Level-2 CSNP、Level-1 PSNP 和 Level-2 PSNP。

IS-IS 路由器通过跟相邻设备建立 IS-IS 邻接关系，互相更新本地设备的链路状态数据库，然后可以使得整个 IS-IS 网络链路状态数据库实现同步。最后，路由器根据链路状态数据库运用 SPF 算法计算出 IS-IS 路由。

视频

6.5.5 BGP

前面所讨论的 RIP、OSPF 和 IS-IS 协议都属于内部网关协议(IGP)，实现了自治系统内部数据包的路由。数据包在自治系统之间又应该怎么路由呢？外部网关协议(EGP)解决了这个问题，典型的外部网关协议是边界网关协议(Border Gateway Protocol，BGP)，BGP 于 1989 年正式公布，现在使用最多的是 BGP-4。因此，为了简便，后面把 BGP-4 简写为 BGP。目前 BGP-4 仍然是草案标准，标准号为 RFC 4271，IETF 也在陆续发布一些 BGP-4 的更新文档。

1. BGP 基本特点

首先思考一个问题：自治系统之间为什么不能使用上面讨论过的内部网关协议呢？

自治系统(AS)网络规模不太大，且每个 AS 内部统一管理，因此，内部网关协议可以在度量一致的情况下，尽可能找到最佳路由，传送数据包。然而外部网关协议使用的环

境却不同,主要体现在以下3方面:

第一,互联网的规模太大。对任意有效的IP地址,互联网上的主干路由器都要知道怎么找到目的网络,怎么转发数据包。目前在互联网的主干网路由器中,每个路由表的项目数早已超过了50万条。前面提到RIP不适合大规模网络。如果使用OSPF协议,则每一个路由器都必须维护一个很大的全球链路状态数据库。每次拓扑发生变化,都要用最短路径算法计算路径,耗时费力。

第二,统一度量太难。每个自治系统AS可以从自身的业务和网络特点出发,统一内部链路度量方式(比如,距离、带宽、费用、能耗等)。因此,不同AS有不同的度量方式,当一条路径通过几个不同AS时,要想对路径中的所有链路给出统一和有意义的代价(或度量)是不太可能的。

第三,其他相关策略。这些策略包括政治、安全、经济等多方面的因素。比如,某些AS不希望经过不安全或收费较高的路径。因此,自治系统之间的路由选择协议应当允许使用不同的路由选择策略。

基于上述特殊性考虑,外部网关协议比较合理的做法是在自治系统之间传递"可达性"信息(即"可到达"或"不可到达"),例如,告诉邻居路由器"到达目的网络N可经过哪些自治系统AS"。

边界网关协议(BGP)只能力求寻找一条能够到达目的网络,且比较好的路由(不能绕圈圈),而并非要找到一条最佳路由。BGP采用路径向量(path vector)路由选择协议,就是会告诉某个AS要到其他AS所需要经过的完整路径。它与距离向量协议(如RIP)和链路状态协议(如OSPF)都有很大的区别。

BGP也是分布式路由选择协议,仍然需要解决以下3个问题:

- 和谁交换信息?
- 交换什么信息?
- 在什么时候交换信息?

(1) AS的BGP发言人之间交换信息。

在配置BGP时,每一个自治系统的管理员至少要选择一个路由器作为该自治系统的"BGP发言人",如图6-37所示。一般情况下,相邻两个AS的BGP发言人都是通过一个共享网络连接在一起的,而BGP发言人可以是BGP边界路由器,也可以不是BGP边界路由器。

一个BGP发言人与其他AS的BGP发言人要交换路由信息,先要建立TCP连接(端口号为179),然后才能在此连接上交换BGP报文以建立BGP会话,最后利用BGP会话交换路由信息。当路由信息发生变化时,就要交换路由信息,如增加了新的路由,或撤销过时的路由,以及报告出差错的情况等。TCP连接能提供可靠的服务,使用TCP连接交换路由信息的两个BGP发言人,彼此成为对方的邻站或对等站。

(2) 交换网络可达性信息。

边界网关协议(BGP)所交换的是网络可达性的信息,就是要到达某个网络(用网络前缀表示)所要经过的一系列有序的自治系统,代表要到达目的网络,需要依次经过这些自治系统，如图 6-37 所示，AS_1 的 BGP 发言人向外通告“到达 AS_6，需要经过 AS_1 和 AS_4”。

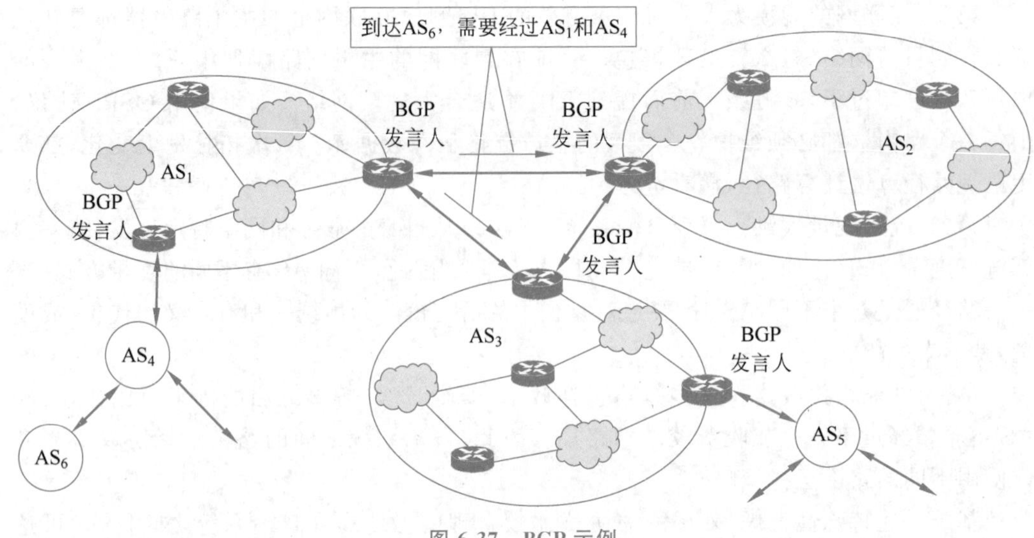

图 6-37 BGP 示例

当 BGP 发言人互相交换了网络可达性的信息后，各 BGP 发言人就根据所采用的不同策略从收到的路由信息中找出到达各自治系统的较好路由。

BGP 协议交换路由信息的节点数量与自治系统个数的量级一致，这要比这些自治系统中的网络总数少很多。要在许多自治系统之间寻找一条较好的路径，就是要寻找正确的 BGP 发言人，而在每一个自治系统中，BGP 发言人的数目是很少的。因此，自治系统之间的路由选择不至于过分复杂。

BGP 支持无分类域间路由选择 CIDR，因此 BGP 的路由表也应当包括目的网络前缀、下一跳路由器以及到达目的网络所要经过的自治系统序列。由于 BGP 使用路径向量信息，因此可以避免产生兜圈子的路由。如果一个 BGP 发言人收到了其他 BGP 发言人发来的路径通知，它就要先检查一下自己是否在此路径中。如果在这条路径中，则不能采用这条路径，因为会兜圈子。

(3) 在 BGP 刚刚运行时，BGP 的邻站之间要交换整个的 BGP 路由表。但之后只有在路由发生变化时，才交换有变化的部分路由。这样做可以节省网络带宽，减少路由器的处理开销。

2. BGP 报文类型

在 RFC 4271 中规定了 BGP-4 的 4 种报文：

(1) OPEN(打开)报文，与相邻的 BGP 发言人建立连接关系，完成通信初始化。

(2) UPDATE(更新)报文，通告路由更新信息，可以增加一条路由，也可以撤销多条路由。

(3) KEEPALIVE(保活)报文，周期性地证实与邻站的连通性。

(4) NOTIFICATION(通知)报文，发送检测到的差错。

假定两个邻站(S 和 T)属于不同 AS，如果 S 想与 T 之间定期地交换路由信息，则应当先用 OPEN 报文进行协商，确定双方都愿意确定连接关系。因为很可能对方路由器的负荷已经很重，因而不愿意再加重负担。因此，一开始 S 要向邻站 T 发送 OPEN 报文。如果邻站 T 接受这种连接关系，则用 KEEPALIVE 报文响应。这样，两个 BGP 发言人的邻站关系就建立了。

建立邻站关系之后，就要继续定期(一般每隔 30 秒)用 KEEPALIVE 维持这种关系。双方中的每一方都需要确信对方是存在的，且一直保持这种邻站关系。KEEPALIVE 报文只有 19 字节长(只用 BGP 报文的通用首部，见图 6-38)，因此不会造成网络上太大的开销。

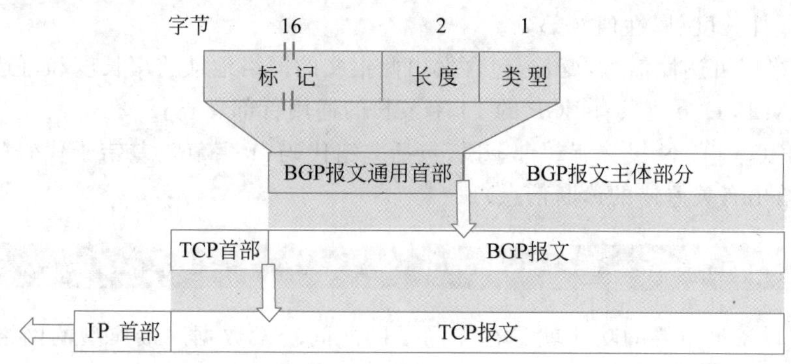

图 6-38 BGP 报文格式

BGP 协议的核心内容是 UPDATE 报文。BGP 发言人可以用 UPDATE 报文通告路由更新信息，可以撤销以前曾经通知过的路由，也可以宣布增加新的路由。需要注意的是，可以一次性撤销许多条路由，但每个更新报文只能增加一条新路由。

由于 BGP 发言人可以从多个邻站获得路由信息，因此，当网络中出现故障时，比如某个路由器或链路出故障，BGP 发言人就很容易使用另一条路由。

BGP 报文的格式如图 6-38 所示。4 种类型的 BGP 报文具有同样的通用首部，其长度为 19 字节，包括 3 个字段：标记(marker)字段，占 16 字节，用来鉴别收到的 BGP 报文(这是假定将来有人会发明出合理的鉴别方案)，当不使用鉴别时，标记字段置为全 1；长度字段，占 2 字节，指出包括通用首部在内的整个 BGP 报文以字节为单位的长度，最小值是 19(仅包含首部时)，最大值是 4096；类型字段，占 1 字节，值为 1～4 时，分别对应上述 4 种 BGP 报文。

除了共同的通用首部外，每种 BGP 报文有不同的主体部分。

OPEN 报文主体部分共有 5 个字段，分别为：

(1) 版本，1 字节，现在的值是 4。

(2) 本自治系统号，2 字节，使用由 ICANN 地区登记机构分配的全球唯一 16 位自治系统号。

(3) 保持时间，2 字节，保持为邻站关系的时间(以秒为单位)。

(4) BGP 标识符，4 字节，通常就是该 BGP 路由器(发言人)的 IP 地址。

(5) 可选参数长度，1 字节，如果为 0，表示没有可选参数。可选参数，请自行参考 RFC 3392。

UPDATE 报文共有 5 个字段，分别为：

(1) 撤销路由的长度，2 字节，指明下一个字段撤销路由的长度。其值为 0，表示没有被撤销的路由。

(2) 撤销的路由，变长，列出所有要撤销的路由列表，列表中的每个单元包含 1 字节的长度域和可变长度的前缀域。

(3) 路径属性总长度，2 字节，指明路径属性和网络层可达性信息的总长度。

(4) 路径属性，变长，定义在这个报文中增加的路径属性列表，每一个属性单元包括属性类型、属性长度、属性值 3 部分。

(5) 网络层可达性信息，变长，包含发出此报文的网络地址前缀长度和可达性信息。

KEEPALIVE 报文只有 BGP 的 19 字节长的通用首部。

NOTIFICATION 报文有 3 个字段，包括差错代码(1 字节)、差错子代码(1 字节)和差错数据(给出有关差错的诊断信息)。

6.6 网络层设备

网络层设备最主要的功能就是在不同子网之间转发数据。最典型的网络层设备有路由器和三层交换机。

视频

6.6.1 路由器的功能

路由器是一种具有多个输入端口和多个输出端口的专用计算机，其主要任务是转发分组。从路由器某个输入端口收到的分组，根据分组要去的目的地(即目的网络)，把该分组从路由器的某个合适的输出端口转发给下一跳路由器。同样，之后的路由器也按照这种方法处理分组，直到该分组到达终点为止。路由器转发分组正是网络层的主要工作。

路由器的主要功能就是在不同的子网之间传递数据。具体功能有：

(1) 网络互联。将不同的局域网连接在一起，形成更大的网络。

(2) 适应子网。屏蔽不同子网间的下层协议差异，实现不同子网之间数据交互。

(3) 路由选择与分组转发：这是网络层的主要工作。使用路由协议(如 OSPF、BGP 等)来交换路由信息，建立和维护路由表，根据目的 IP 地址选择数据包的转发的最佳路径，实现分组转发。

(4) 自适应拓扑。网络拓扑发生变化时，动态计算路由信息，更新路由表项，完成数据包的成功转发。

(5) 网络管理和系统支持功能。在收发数据包时，可以根据网络管理要求，对数据包进行处理，如对数据的分组过滤、复用、加密、压缩功能。

6.6.2 路由器的结构

图 6-39 是典型的路由器构成框图。可以看出，整个路由器结构可划分为两部分：由软件实现的路由选择部分和由硬件组成的分组转发部分。

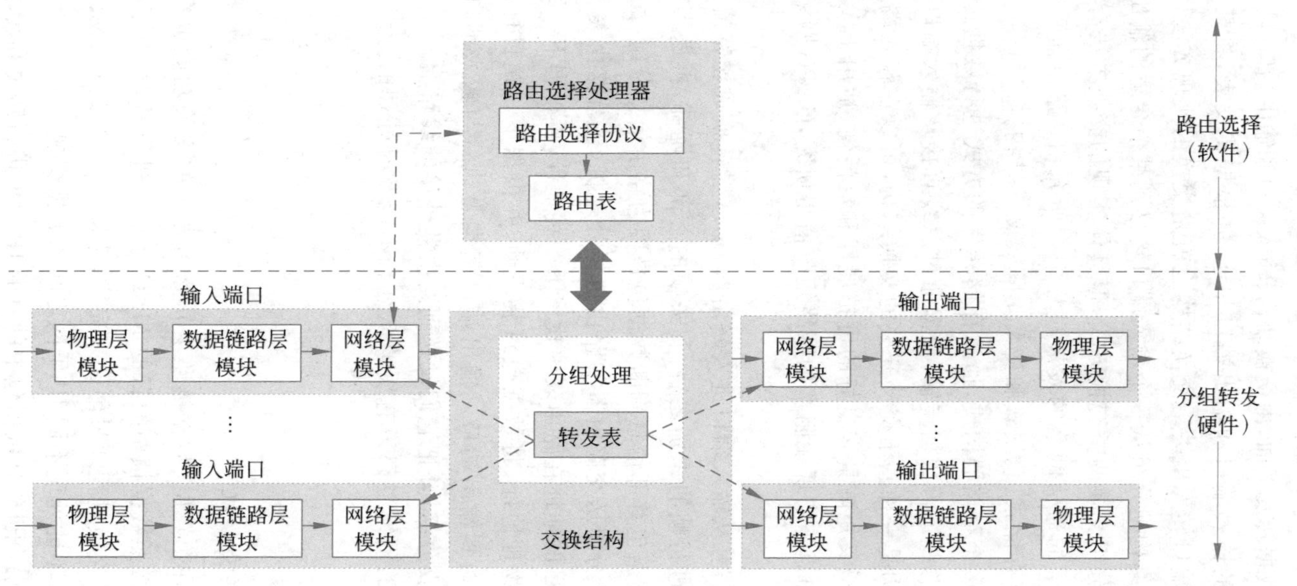

图 6-39　典型的路由器结构

路由选择部分也叫作管理控制部分，由路由选择处理器构成。主要任务是根据所选定的路由选择协议构造路由表，并经常或定期地交换信息，更新和维护路由表。另外，路由选择部分还要指导转发表的构成。

分组转发部分也叫数据转发平面，由交换结构、输入端口和输出端口(硬件接口)构成。

交换结构将路由器的输入端口和输出端口相连，并根据转发表，将某个输入端口进入的分组从适合的输出端口转发出去。交换结构也就是交换的实现方法，它是路由器的关键构件，正是这个交换结构把分组从一个输入端口转移到某个合适的输出端口。3.3 节重点讲解了电路交换和分组交换两类交换方式，但具体实现的交换方法有很多种。电路交换的实现方法在第 2 章的通信网络的发展过程中有所介绍；路由器采用分组交换方式，最常用的交换结构有存储式、总线式和交叉矩阵式交换结构。

存储式交换结构由多个存储器构成，通过存储转发的方式进行数据传输；总线式交换结构则是通过共享的总线进行数据传输，数据通过总线直接从输入端口传输到输出端口；交叉矩阵式交换结构是一种基于交叉开关的交换结构，可以在输入端口和输出端口之间建立任意的连接。交叉矩阵具有良好的可扩展性和灵活性，适用于大规模的交换网络，但其如何通过较少的矩阵实现无阻塞的网络矩阵值得研究，CLOS 网络和 BANYAN 网络是常用的交换结构。

在图 6-39 中，物理信号从输入端口进入路由器，物理层转换成比特流后上交给数据链路层。数据链路层在进行帧的识别之后，剥去帧的首部和尾部，再送入网络层的处理模块。网络层根据 IP 数据包首部信息判断数据包是否为路由信息分组(如 RIP 或 OSPF 分组)：如果是，则把这种分组送交路由器的路由选择处理机，进行路由表更新；若不是，则按照数据包首部中的目的地址在路由表中找出下一跳地址，再根据下一跳地址在 ARP 缓存表中找到下一跳的物理地址，将数据包封装成帧，并根据下一跳目标的物理地址通过交换结构将数据包发送到输出端口。输出端口基本上执行与输入端口相反的操作。输出端口从交换结构接收分组，并把它们发送到路由器外接的线路上。

在输入和输出端口的网络层都设有缓冲队列。不能及时处理的分组都先放置在缓冲队列中等待被处理。

视频

6.6.3 三层交换机

1. 为什么需要三层交换机

以太网交换机工作在第二层(数据链路层)，路由器中的交换功能也在第二层，因此一般称二层交换机。它按照数据帧中的目的 MAC 地址来进行转发，对于网络层或者高层协议来说是透明的，其交换过程通过硬件来完成，速度相当快，这是二层交换机的显著优点。但是，二层交换机不能处理不同 IP 子网之间的数据交换。

路由器工作在第三层，根据 IP 数据包中的目的 IP 地址进行路由和转发，可以处理大量的跨越 IP 子网的数据包，但它以软件方式来控制，以数据报方式工作，每个包都需要通过软件进行网络层的路由判断，其转发效率比二层低。

二层交换机与路由器各有所长，相得益彰，但为何交换机要去抢路由器工作？

下面通过图6-40的例子说明。

在图6-40(a)中,4台主机A、B、C和D使用二层交换机连接,并划分为两个VLAN,A和B属于同一广播域,C和D属于另一广播域,4个终端从逻辑上分成不同的局域网。此时,位于同一个VLAN下的终端能直接进行数据交换,但不同VLAN的终端要进行通信时,就必须借助路由器完成路由选择功能,如图6-40(b)所示。而路由器功能多,价格昂贵,在这类局域网场景中使用路由器不仅大材小用,而且降低了局域网数据的转发效率,可谓费力不讨好。于是设计了带有第三层路由功能的交换机,因为具有第三层的功能,于是称为三层交换机。但它是交换功能和路由功能的有机结合,不是简单地把路由器设备的硬件及软件叠加在二层交换机上。使用三层交换机替换昂贵的路由器设备,能够直接完成不同VLAN之间的通信,如图6-40(c)所示。

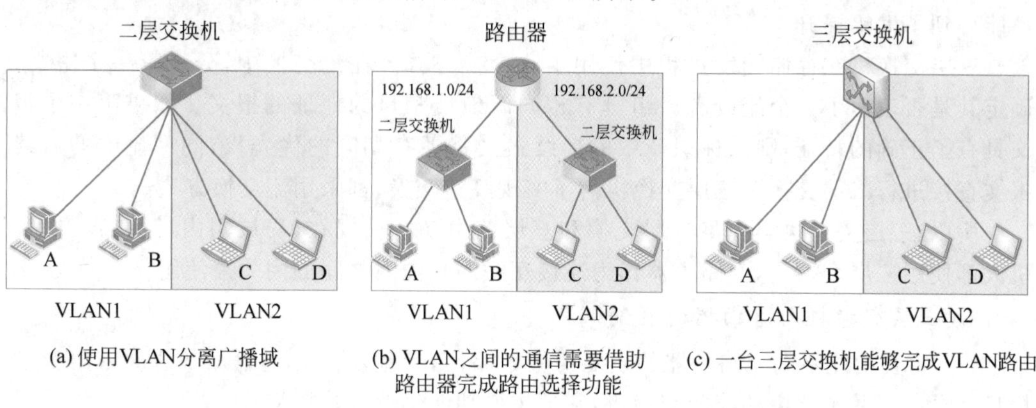

(a) 使用VLAN分离广播域　(b) VLAN之间的通信需要借助路由器完成路由选择功能　(c) 一台三层交换机能够完成VLAN路由

图6-40　二层交换机、路由器和三层交换机的使用实例

三层交换机解决了局域网中网段划分之后,网段中子网必须依赖路由器进行管理的局面,解决了传统路由器低速、复杂所造成的网络瓶颈问题。三层交换机最重要的目的是加快大型局域网内部的数据交换,对于数据包转发等规律性的过程由硬件高速实现,三层交换机的主要功能还是数据交换,路由功能相对简单。

2. 三层交换机的原理

路由器对每一个数据包都需要到第三层进行路由分析,而三层交换机只对数据流的第一个数据包进行路由,然后产生一个MAC地址与IP地址的映射表,当该数据流的后续数据包通过时,直接根据此映射表从二层进行转发而不用再次路由。因此可以做到一次路由,多次转发,从而消除了路由器进行路由选择而造成网络的延迟,提高了数据包转发的效率。

在图6-40(c)中,主机A和B通过三层交换机进行通信,主机A在开始发送数据时,通过主机B的IP地址和子网掩码取得网络地址,判断目的IP是否与自己在同一网段。如果在同一网段,但不知道转发数据所需的MAC地址,A就发送一个ARP请求,B返回其MAC地址,A用收到的MAC封装数据包并发送给交换机,这个时候交换机只使用二层交换模块,查找MAC地址表,将数据包转发到相应的端口。如果A要和C通信,但A和C不在同一网段,在MAC地址缓存条目中没有对应的MAC地址,主机A就将第一个数据包发送给三层交换机，三层交换机中的第三层路由模块接收到此数据包后，查询路由表以确定到达C的路由信息，并在二层交换模块处构造一个新的帧头，以三层交换机的MAC地址为源MAC地址，以主机C的MAC地址为目的MAC地址。之后通过一定的识别触发机制，确立主机A与C的MAC地址及转发口的对应关系，并记录到MAC缓存条目表中。然后，A向C发送的数据包便全部交给二层交换模块处理，数据得以高速交换。这就通常所说的一次路由多次转发。

三层交换技术在IP路由的基础上进行了改进，实现了简化的IP转发流程，利用专用的ASIC芯片实现硬件级转发，它使用高速缓存的方法，将经常使用的主机路由放到了硬件查找表中，只有在高速缓存中无法匹配的项目才会通过软件去转发，这样绝大多数的报文处理都可以在硬件中实现，只有极少数报文才需要使用软件转发，整个系统的转发性能得到了大幅提升。

三层交换机在存储转发过程中使用了流交换方式。在流交换中，分析第一个报文，确定其是否表示了一个流或者一组具有相同源地址和目的地址的报文。如果第一个报文具有了正确的特征，则该标识流中的后续报文将拥有相同的优先权，同一流中的后续报文直接进行二层交换。三层交换机为了实现高速交换，都采用流交换方式。

所以，三层交换机实现了二层交换和三层路由功能。现在，局域网内部的核心交换机大都使用三层交换机，而路由器作为连接互联网和内网之间的网关来使用。

3. 三层交换机与路由器的区别

(1) 主要功能不同。路由器的主要功能是路由，其他功能都是附加功能。三层交换机只是具备了基本路由功能的交换机，它的主要功能仍然是数据交换。

(2) 适用的环境不同。三层交换机主要用于局域网内部，提供快速数据交换功能，满足局域网数据交换频繁的应用特点。而路由器主要连接各种不同类型的网络，实现异构网络互连，解决好各种复杂网络的路由问题才是它的最终目的。三层交换机端口数量多于路由器，但路由器接口种类更丰富。

(3) 性能体现不同。从技术上讲，路由器和三层交换机在数据包交换操作上存在着明显区别。路由器一般由基于微处理器的软件路由引擎执行数据包交换，而三层交换机通过硬件执行数据包交换。三层交换机的路由查找是针对数据流进行的，具有“一次路由，多次转发”特性，从而消除了进行路由选择而造成网络的延迟，提高了数据包转发的效率。而路由器是针对数据包的路由转发，采用最长匹配的方式，实现复杂，通常使用软件来实现，转发效率较低。

综上所述，三层交换机主要用于局域网内的高速数据包转发，具备一定的路由功能；而路由器主要用于连接不同网络，能够实现更强大和灵活的路由功能。选择使用三层交换机还是路由器，需要根据具体的网络需求和应用场景来决定。

视频

6.7 网络层数据包通信流程

1. 数据包转发流程

至此，已了解了数据链路层和网络层的工作原理，接下来看看数据包在网络中传送的完整流程是怎样的。在此之前，先学习一下路由器上的分组转发算法，也就是路由器拿到数据之后是怎么查找路由表、怎样转发的。

6.5.1节已经介绍了路由表项，在路由表中，每一条路由最主要的是以下两个信息：

（目的网络地址，下一跳地址）

于是，每个路由器根据数据包的目的网络地址就能找到下一跳路由器的地址，并将数据传到下一跳路由器上，这样经过多段路由和转发，数据包最终可以找到目的主机所在网络上的路由器，在此期间的数据传递称为间接交付。到达最后一个目的网络路由器时，路由器直接向目的主机进行数据交付，称为直接交付。

虽然互联网大多数的分组都是基于目的主机所在的网络进行转发，但也有一些特例，对特定的目的主机指明一个路由，这种路由叫作特定主机路由。采用特定主机路由可使网络管理人员更方便地控制网络和测试网络，同时考虑某些安全问题时也可以采用这种特定主机路由。

路由器还可采用默认路由(default route)以减小路由表所占用的空间和搜索路由表所用的时间。如果在路由器中不能找到IP数据包的明确下一跳时，则使用默认路由发送该数据包。

需要注意的是，在数据包的逐跳转发中，很容易认为在每一段的IP数据包中包含每一段中的源IP地址和下一跳路由器IP地址。在6.4.1节中讲ARP时曾提过，在广域网的整个通信过程中，源IP和目的IP地址都不发生变化，在IP数据包中的IP地址是一直是源IP地址和目的IP地址，并没有下一跳路由器的IP地址。那费了九牛二虎之力找出来的下一跳路由器IP地址有何用呢？

当路由器收到一个待转发的数据包，从路由表中得出下一跳路由器的IP地址后，不将这个下一跳地址填入IP数据包，而是送交数据链路层的网络接口软件，再由网络接口软件把下一跳路由器的IP地址转换成硬件地址(使用ARP)，并将此硬件地址放在链路层的MAC帧的首部，然后根据这个硬件地址找到下一跳路由器。由此可见，当发送一连串的数据包时，将不断重复上述查找路由表、用ARP得到硬件地址、把硬件地址写入MAC帧的首部的过程。也就是说，找出下一跳路由器IP地址后，马上就转换为MAC地址了。这也正是全局地址与局部地址、逻辑地址与物理地址的精髓所在。

路由器上的分组转发算法可归纳如下：

(1) 从数据包的首部提取目的主机的IP地址D，得出目的网络地址为N。

(2) 若N就是与此路由器直接相连的某个网络地址，则进行直接交付，不需要再经过其他路由器，直接把数据包交付目的主机；否则进行间接交付，执行步骤(3)。

(3) 若路由表中有目的地址为D的特定主机路由，则把数据包传送给路由表中所指明的下一跳路由器；否则，执行步骤(4)。

(4) 若路由表中有到达网络的路由，则把数据包传送给路由表中所指明的下一跳路由器；否则，执行步骤(5)。

(5) 若路由表中有一个默认路由，则把数据包传送给路由表中所指明的默认路由器；

否则,执行步骤(6)。

(6) 报告转发分组出错。

2. 数据包转发实例

图 6-41 是由多段路由和多个路由器组成的网络,PC1 向 PC2 发送一个数据包,下面看看它是如何在各个网段和路由器中进行转发处理的。

PC1 的 IP 地址为 168.192.1.10,PC2 的 IP 地址为 168.192.4.10,因此,IP 数据包中的源 IP 地址为 168.192.1.10,目的 IP 地址为 168.192.4.10(注意,前面刚刚讲过,后续各段中,IP 数据包的目的地址一直是 168.192.4.10 不会变,否则就不是 PC2 了)。图 6-41 中从 PC1 到 PC2 经过了 R_1、R_2 和 R_3 三个路由器、四段网络。这里重点不是分析路由选择,因此为了简化图形和聚焦到数据转发的分析上,图 6-41 中未画出各个网络中的其他路由器和各个路由器的其他路径,在每次寻找路由时,想象一下还有其他路由方向,只是最终找到的是图 6-41 中的路径。

首先,PC1 根据自己的路由表判断出到 PC2 的下一跳路由器是 R_1,将数据包发送到自己所在网络的路由器 R_1 上,通过 R_1 的 IP 地址在 ARP 缓存表中找出 R_1 的 MAC 地址为 00-10,然后将 IP 数据包封装成以太网帧,在目的 MAC 字段写入 R_1 的 MAC 地址 00-10,在源 MAC 字段写入自己的 MAC 地址 0A-10,将该以太网帧发往 R_1。

如图 6-42 所示,R_1 收到 PC1 发来的以太网帧,发现目的 MAC 地址与自己的 MAC 地址相同,则接收该帧。接收后,首先剥离以太网帧首部,再提取目的 IP 地址 168.192.4.10。R_1 在路由表中查找目的 IP 地址为 168.192.4.10 对应的路由表项,得到下一跳 IP 地址为 168.192.2.2(R2),送出接口为 Fa0/1。R_1 再将 IP 数据包封装成以太网帧,根据下一跳 IP 地址,在自己的 ARP 缓存中查找出下一跳路由器的 MAC 地址为 0B-31,并将它写入发送帧的目的 MAC 地址字段,源 MAC 地址写入端口 Fa0/1 的 MAC 地址 00-20,再将以太网帧从接口 Fa0/1 发送至 R_2。

如图 6-43 所示,R_2 收到数据包的操作过程和 R_1 相似:剥离包头,提取目的 IP 地址,查找路由表,重新封装成帧。但是要注意的是,这里 R_2 和 R_3 之间不是以太网而是点到点的数据网络,采用的不是以太网协议,而是点到点的 PPP。因此,R_2 应该封装成 PPP 帧,其地址字段为 0xFF,控制字段为 0x03,协议字段为 0x0021(IP 协议)。这个数据包从 R_2 的 S0/0/0 接口发送至 R_3。

如图 6-44 所示,R_3 收到 R_2 发送过来的 PPP 帧,先剥离 PPP 帧首部,提取目的 IP 地址,再查找路由表,发现目的网络与自己直连。R_3 在自己的 ARP 缓存中,查找到 PC2 的 MAC 地址为 0B-20,并将它写入发送帧的目的 MAC 地址字段,源 MAC 地址则写入自己端口 Fa0/0 的 MAC 地址 00-22。R_3 再将封装好的以太网帧从端口 Fa0/0 发送出去。

以太网帧到达 PC2,则执行解封装的过程,每层的控制部分被剥离后,继续检测上层协议,再往上层传递。

所以,整个数据包的传输过程可以简化为如图 6-45 所示的数据流动过程,也就是前面说到的封装与解封装的过程,此处不再赘述。

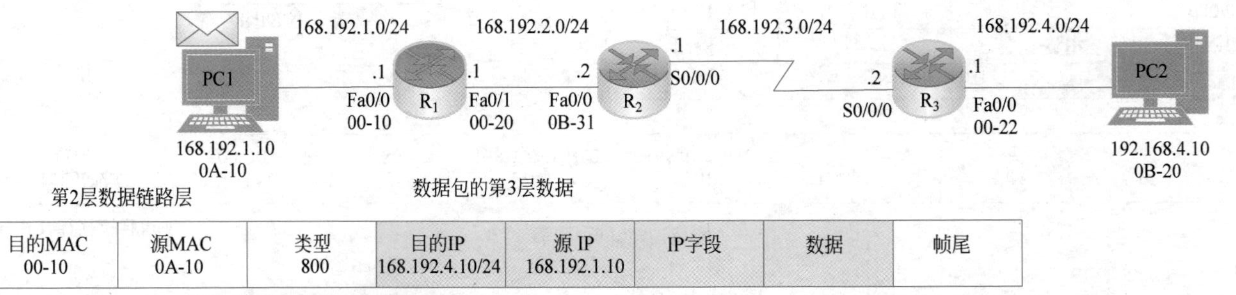

目的MAC 00-10	源MAC 0A-10	类型 800	目的IP 168.192.4.10/24	源 IP 168.192.1.10	IP字段	数据	帧尾

PC1对应于R1的ARP缓存	
IP地址	MAC地址
168.192.1.1	00-10

图 6-41 数据包转发实例—PC1 的数据包封装

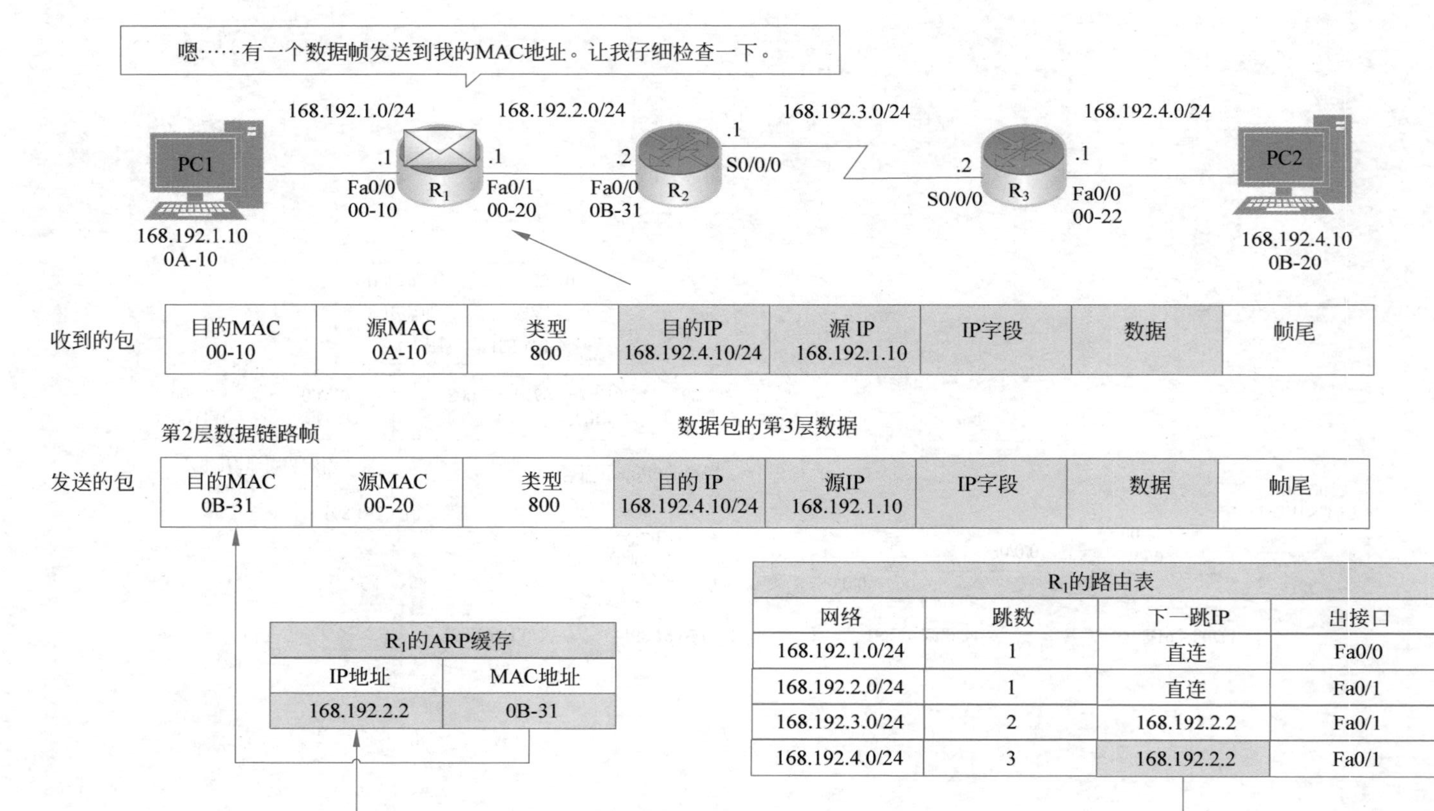

R_1的ARP缓存

IP地址	MAC地址
168.192.2.2	0B-31

R_1的路由表

网络	跳数	下一跳IP	出接口
168.192.1.0/24	1	直连	Fa0/0
168.192.2.0/24	1	直连	Fa0/1
168.192.3.0/24	2	168.192.2.2	Fa0/1
168.192.4.0/24	3	168.192.2.2	Fa0/1

图 6-42　数据包转发实例—路由器 R_1 的操作过程

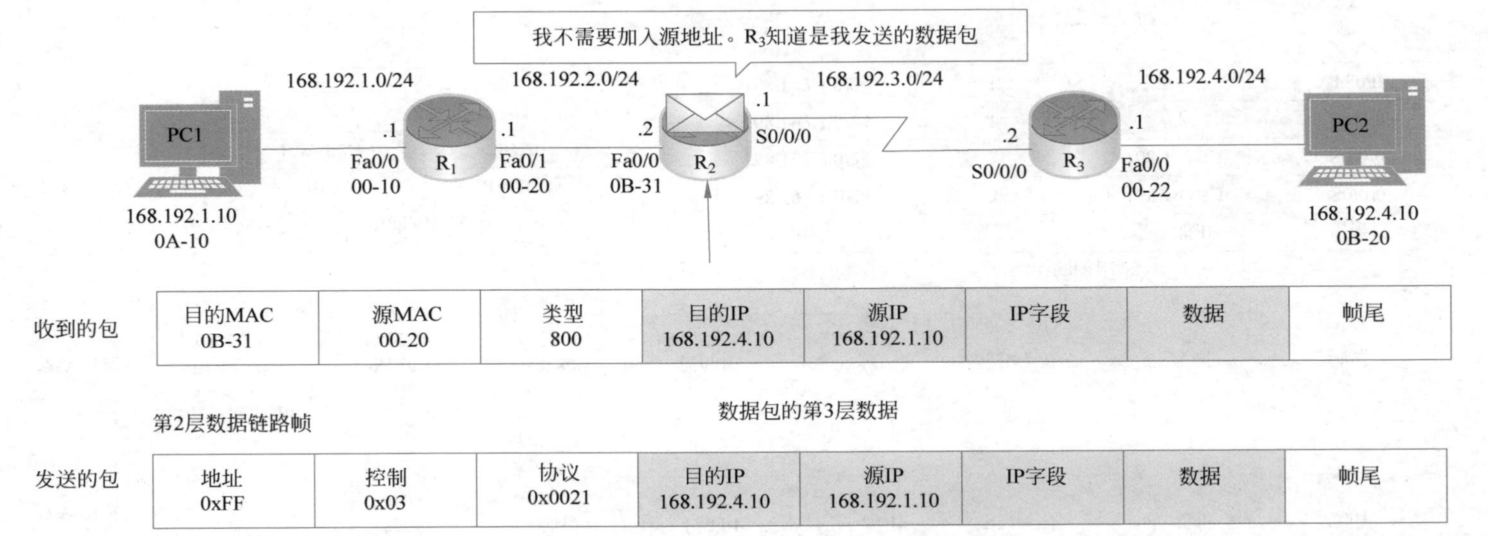

R_2的路由表			
网络	跳数	下一跳IP	出接口
168.192.1.0/24	2	168.192.2.1	Fa0/0
168.192.2.0/24	1	直连	Fa0/0
168.192.3.0/24	1	直连	S0/0/0
168.192.4.0/24	2	168.192.3.2	S0/0/0

图 6-43　数据包转发实例—路由器 R_2 的操作过程

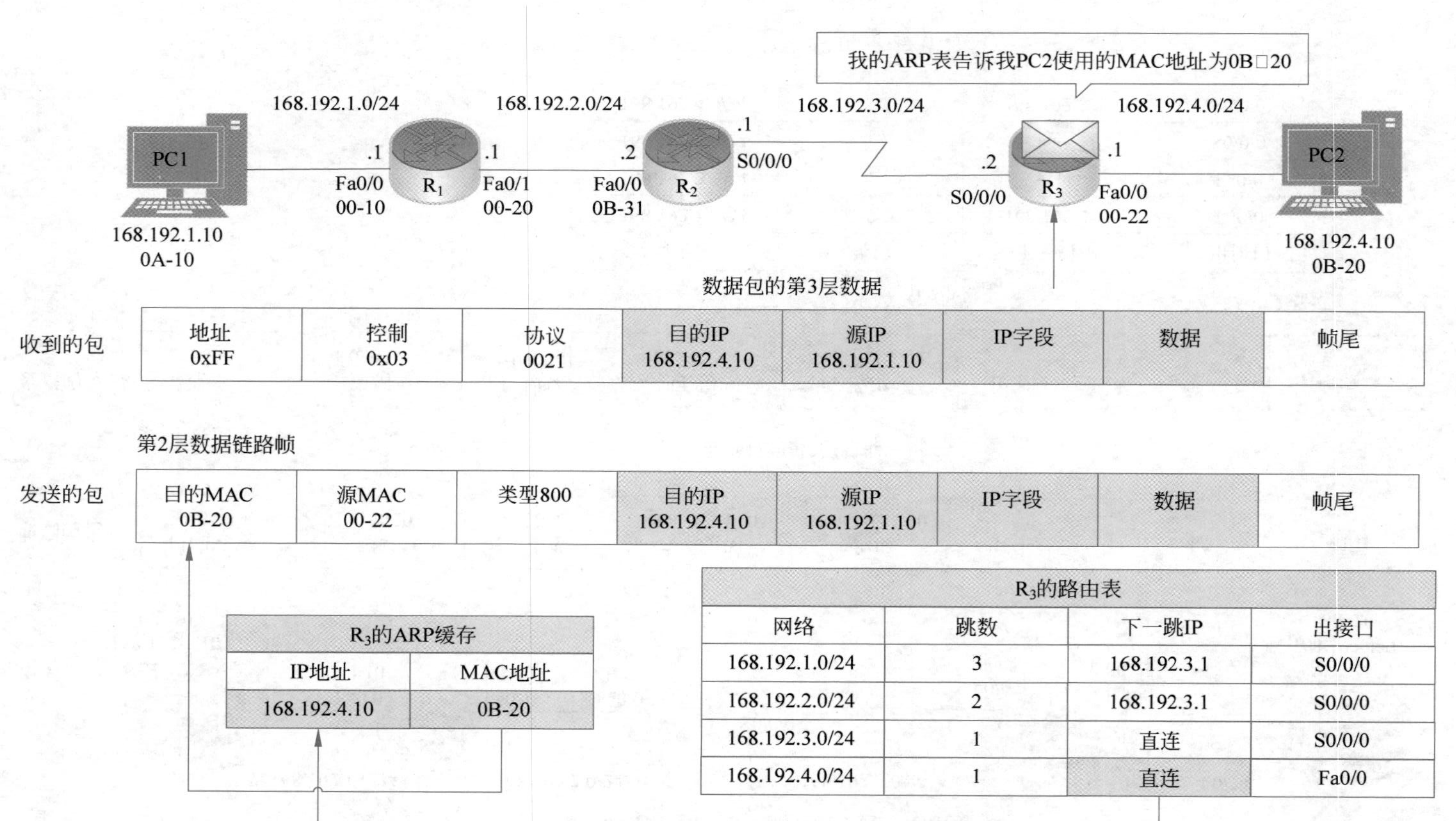

图 6-44 数据包转发实例—路由器 R_3 的操作过程

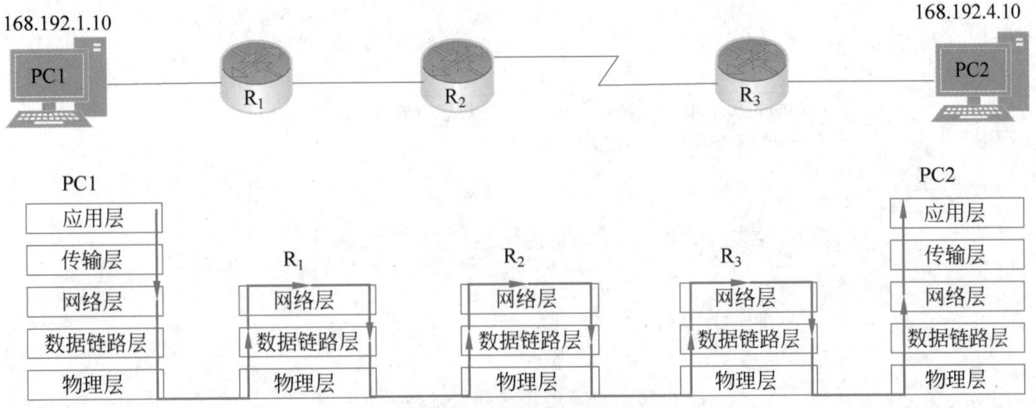

箭头指示数据在OSI各层的流向

图 6-45　数据包转发流程

6.8* 虚拟专用网

虚拟专用网(Virtual Private Network,VPN)是虚拟的专用网,因此首先弄清楚什么是专用网。回想一下 3.1.1 节中对网络的分类,按照服务对象分为公用网和专用网：公用网是通信公司建立和经营的、向社会提供有偿的通信和信息服务的网络；专用网指某个行业、机构等独立设置的网络,仅限于特定人群使用。这些用户在访问权限、管理方式、网络安全性、成本投入等方面的要求都不相同。专用网络不和其他网络共享资源,信息传输链路是专用的,可以保证信息传输的保密性和完整性,安全性好,但缺点是成本投入更大。

专用网的形式大致有 3 类。第一类是自建的网络,所有传输设备和传输链路都自己建设,与公用网无关,建设成本很高,一般只有铁路、电力、航空、气象等大型行业采用这种方式。第二类是租用运营商公用网络中的物理通信线路(光缆、卫星链路)构建的网络,该线路为企业专用,也称为专线。该方式建设时间较长、线路租金昂贵、灵活度不高,一般是大型企业,如银行、跨国公司等采用这种方式。第三类是在公用网上建立专用网,通过加密技术来保障通信的安全,这类专用网称为虚拟专用网(VPN),也就是说,不再需要为每个企业用户专门架设物理线路,而是直接在现有公用网上利用加密技术构建一条虚拟通道,具有成本低、建网灵活、使用方便的优点,在普通企业中广泛使用。通过 VPN,用户无论是在外地出差还是在家中办公,只要能上互联网就能利用 VPN 访问企业内网资源。最早的 VPN 是在运营商的 ATM 网络、帧中继网络中实现的,现在多是在 MPLS、IP 网络上实现的。这里只讲基于 IP 网络的 VPN。

VPN 通过特殊设计的硬件和软件、直接通过公用 IP 网所建立的隧道来实现。在 6.3.4 节介绍过使用隧道技术实现在 IPv4 网络中传送 IPv6 数据包,这里可以使用相同的隧道技术实现虚拟专用网,如图 6-46 所示。

假设某个机构的两个部门(部门 1 和部门 2)在两个相隔较远的地方,其网络地址分别为 172.18.0.0/16 和 172.30.0.0/16。各部门内部进行通信时,都不需要经过互联网。

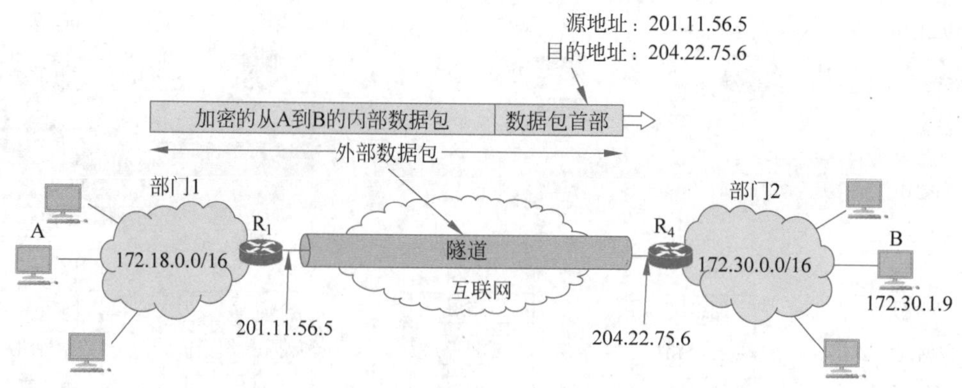

图 6-46　用隧道技术实现虚拟专用网

现在这两个部门之间要交换数据，需要通过互联网构成 VPN 来完成。

显然，每个部门至少要有一个合法的全球 IP 地址，才能利用互联网进行通信。如图 6-46 中的路由器 R_1 和 R_4 的全球 IP 地址分别为 201.11.56.5 和 204.22.75.6。如果部门 1 的主机 A(IP 地址为 172.18.0.8)向部门 2 的主机 B(IP 地址为 172.30.1.9)发送 IP 数据包，当数据包从主机 A 发送到与公用网相连的路由器 R_1 时，路由器 R_1 发现数据包的目的网络必须通过互联网才能到达，且必须要保证内部数据安全，这时 R_1 首先需要把整个数据包进行加密，然后重新加上新的外部首部，封装成能在外部网络发送的新的数据包。外部数据包首部中的源地址是路由器 R_1 的全球地址 201.11.56.5，而目的地址是路由器 R_4 的全球地址 204.22.75.6。互联网的路由器会将该数据包作为普通互联网数据包进行处理，并不关心(也不能知道)里面是什么数据。路由器 R_4 收到数据包后，才能进行解封装，将其数据部分取出来，再进行解密，恢复出原来的内部数据包，根据目的地址 172.30.1.9，再交付给主机 B。可见，虽然 A 向 B 发送的数据包是经过了互联网中的多个路由器，但在效果上，R_1 和 R_4 之间就像有一条直通的点对点链路(隧道)，数据包就好像是在本地的专用网上传送一样。如果主机 B 要向 A 发送数据包，也进行类似的步骤。

此外，还有一种远程接入VPN(remote access VPN)。比如，学生在家里想要访问学校网站资源，就需要用到远程接入VPN。学生接入互联网后，通过 VPN 软件登录自己的账号信息，建立自己设备与学校网站资源之间的 VPN 隧道，就可以访问这些资源。因而，通过远程接入 VPN，在家里也可以像在学校里一样使用校园网络。

可见，VPN 技术具有如下优点：

(1) 成本低。这也是 VPN 技术战胜租用专线网络的关键。它与专线网络相比，开销主要节约在以下几方面：移动通信费用、专线费用、设备投资费用、支持和管理费用。

(2) 安全性高。通过在隧道上建立一个点对点的逻辑链路，并在隧道上利用相关的加密技术对隧道的安全性进行保障，保证使用者的私密性、稳定性和安全性。目前 VPN 主要采用 4 项技术来保证数据通信安全：隧道技术、加解密技术、密钥管理技术、身份认证技术。

(3) 可管理性强。主要指机构可以利用 ISP 的设施和服务，掌握自己网络的控制权，通过对用户、运营等的监控，可以从设备、安全、配置等角度进行分析管理。

VPN以其更低的网络运营成本实现更加灵活、更加自由的专网延伸，它与租用专线网络方式相比，在成本、性能上都具有无可替代的优势，因此应用很广。

6.9* 面向连接的MPLS

视频

多协议标签交换(Multi-Protocol Label Switch，MPLS)起源于1997年，由于IPv4路由数量的快速增加，路由查找时间逐渐变长，数据转发遇到瓶颈，MPLS设计之初是为了提高转发速度，其核心技术可扩展到多种网络协议，包括IPv6、IPX(Internet Packet Exchange，互联网报文交换)和CLNP(Connectionless Network Protocol，无连接网络协议)等。MPLS技术在无连接的IP网络中引入面向连接的标签交换概念，将第三层路由技术和第二层交换技术结合起来，充分体现了IP路由的灵活性和二层交换的简捷性。

6.9.1 MPLS的目标

传统的IP转发采用面向非连接的逐跳转发方式。分组每到达一台路由器，都要按照最长前缀匹配的原则查找下一跳。当网络规模很大，且网络前缀长度不固定时，查找大容量的转发表需要浪费很多时间。

MPLS的目标是，把面向非连接的逐跳转发方式变成了面向连接的虚电路转发模式，利用标签实现数据分组高效传送。MPLS在非连接的网络中引入连接模式，将面向非连接的IP业务转换为面向连接的标签交换业务，实现路由选择层面与数据转发层面的分离，提高转发效率，提供更好的端到端服务。MPLS具有以下优点：

(1) 高效性。在MPLS网络中，设备根据短而定长的标签转发报文，省去了通过软件查找IP路由的烦琐过程，为数据包传输提供了一种高速、高效的方式。

(2) 兼容性。MPLS位于链路层和网络层之间，它可以建立在各种链路层协议(如PPP、ATM、帧中继、以太网等)之上，为各种网络层(IPv4、IPv6、IPX等)提供面向连接的服务，并兼容现有各种主流网络技术。

(3) 服务质量保证。面向连接的MPLS支持多层标签，使得MPLS在VPN、流量工程、QoS等方面得到广泛应用。

(4) 扩展性。MPLS具有良好的扩展性，可以适应网络技术的发展。

6.9.2 MPLS工作原理

1. 基本工作过程

使用MPLS技术的网络区域被称为MPLS域。MPLS域内的所有路由器都支持MPLS技术，这些路由器也称为标签交换路由器(Label Switching Router，LSR)。位于MPLS域边缘、连接其他网络(如IP网络)的LSR称为边缘路由器(Label Edge Router，LER)。LSR同时具备路由选择功能和标签交换功能。LSR用路由选择功能构造转发表，用标签交换功能实现快速转发。当一个IP数据包到达MPLS域时，入口处的LSR会为该数据包打上固定长度的“标签”，然后对打上标签的IP数据包用硬件进行转发，也就是标签交换。“交换”也表示在转发时不再上升到第三层查找转发表，而是根据标签在第二层（链路层）用硬件进行转发。

MPLS 的基本工作过程如图 6-47 所示，主要包括以下 5 个步骤。

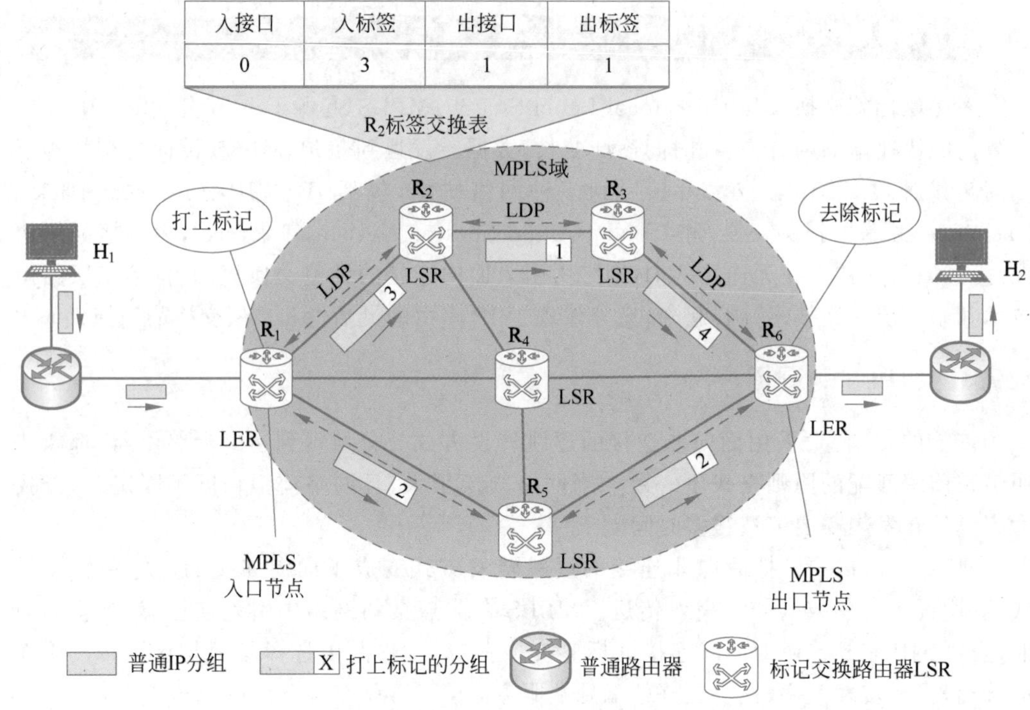

图 6-47　MPLS 协议的基本原理

(1) 构建转发表。MPLS 域中的 LSR 之间使用标签分配协议（Label Distribution Protocol，LDP）交换报文，确定特定标签的标签交换路径（Label Switched Path，LSP）。例如，图 6-47 中的路径 $R_1 \to R_2 \to R_3 \to R_6$ 和 $R_1 \to R_5 \to R_6$ 分别为两条标签交换路径。各 LSR 根据路径信息构造出标签转发表。需要注意的是，对特定标签，第一个 LSR 就会根据 IP 数据包的初始标签确定整个标签交换路径，就像建立了一条虚连接一样，所以，MPLS 是面向连接的。

(2) 标签分配。由于每个节点可能属于多条不同的 LSP，并且每个报文也会经过多个 LSR，因此在全网内为每条路径统一分配全局标签数值很困难。分配标签时，只需要保证两个相邻标签交换路由器 LSR 之间的标签一致。因此，标签仅在两个 LSR 之间才有意义。比如，图 6-47 中上面一条路径 $R_1 \to R_2 \to R_3 \to R_6$，它们在每条链路上的标签都不一样，$R_1$ 和 R_2 之间使用标签 3，而 R_2 和 R_3 之间使用标签 1。而下面一条路径 $R_1 \to R_5 \to R_6$ 的标签又很巧合地完全一致，都为 2。但是，一定要注意，同一节点上为不同路径分配的标签是不一样的。

(3) 打标签。当一个 IP 数据包进入到 MPLS 域时，MPLS 入口节点（ingress node）（也就是路径上的第一个 LER，比如图 6-47 中的 R_1）就给它打上标签，其实就是插入一个 MPLS 首部，并按照转发表把它转发给下一个 LSR，以后的所有 LSR 都按照标签进行转发。

为数据包打上不同的标签，其实就是在为数据包分类。按照哪些原则为这些数据包进行分类？哪些数据包应该属于同一类呢？这就涉及MPLS中的一个重要概念——**转发等价类(Forwarding Equivalence Class，FEC)**。

转发等价类(FEC)就是路由器按照同样方式处理的IP数据包的集合。这些数据包在路由器上的标签相同，出入端口相同，并且具有相同的服务类别和优先级。FEC可以根据地址、掩码、服务质量要求等要素进行划分，FEC最典型的例子是：

① IP数据流——所有源地址和目的地址都相同的IP数据包；

② 具有某种服务质量要求的IP数据包；

③ 目的IP地址与某一特定IP地址前缀匹配的IP数据包。

总之，划分FEC的方式由网络管理员来控制，非常灵活。入口节点会为FEC中的每一个数据包指派同样的标签。

(4) 标签交换。数据包每经过一个LSR，LSR就要做两件事：一是更新标签，将入标签更换成为出标签；二是转发，将数据包从出接口转发出去。LSR完成的这两件事所需的数据都已清楚地写在转发表中。例如，图6-47中的标签交换路由器R_2的转发表所示，如果R_2从入接口0收到入标签为3的IP数据包，那么查找转发表就会知道，需要把标签从入标签3改为出标签1，再从出接口1转发出去。

当IP数据包进入下一个LSR(图6-47中的R3)时，这时的入标签就是刚才得到的出标签1。因此，标签交换路由器R_3接着在转发该IP数据包时，又把入标签1更换为出标签4。

(5) 去标签。当IP数据包离开MPLS域时，MPLS出口LER就要把MPLS的标签去除，其实就是剥离MPLS首部，再交付给非MPLS的主机或路由器，之后就按照普通的转发方法进行转发。

上述这种"由入口LSR确定MPLS域转发路径"的方法称为显式路由选择(explicit routing)，它和互联网中通常使用的"逐跳路由"有很大的区别。

2. MPLS格式

从分层角度来看，MPLS首部位于第二层和第三层之间，这是因为IP数据包首部没有多余的位置存放MPLS首部，因此，只好采用封装技术，在把IP数据包封装成以太帧之前，加入MPLS首部。可见，"给IP数据包打上标签"其实就是在以太网的帧首部和IP数据包的首部之间加入MPLS首部，如图6-48所示。

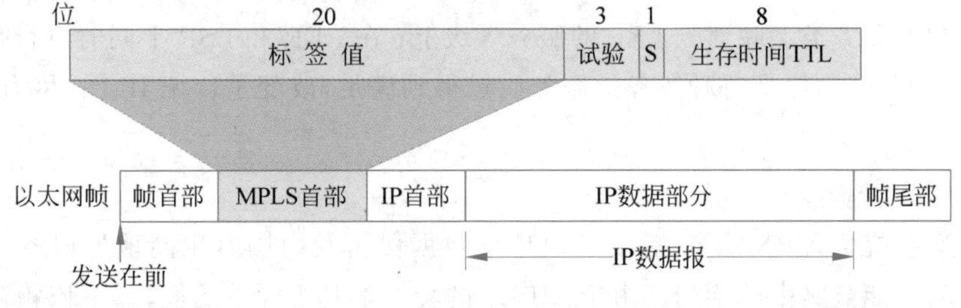

图6-48　MPLS首部格式

MPLS 首部一共 32 位，包括以下 4 个字段：

(1) **标签值**(20 位)。理论上，可以同时容纳 2^{20} 个 FEC(即 1 048 576 个 FEC)。但是，因为 MPLS 需要网络管理员人工管理和设置每条交换路径，所以，通常 MPLS 实例中都不会有这么多 FEC。

(2) **试验**(3 位)。目前保留用于试验，便于以后扩展。

(3) **栈 S**(1 位)。表示栈(stack)。由于 MPLS 支持多层标签，或标签嵌套，即标签栈。S 值为 1，表示为标签栈的最底层标签。

(4) **生存时间 TTL**(8 位)。与 IPv4 和 IPv6 中的 TTL 类似，用于防止 MPLS 分组在 MPLS 域内一直兜圈子。

6.9.3 MPLS 的应用

在大型网络中，MPLS 的应用主要有流量工程(Traffic Engineering)、服务等级(Class of Service，CoS)、虚拟专网(VPN)3 种。

1. 流量工程

随着网络资源快速增长、网络应用需求扩大以及市场竞争日趋激烈等，MPLS 要根据网络的实际情况，为数据流确定合适的 LSP，避免负载不均衡而导致网络拥塞，这就是 MPLS 流量工程。传统 IP 网络中选路时通常遵循最短路径原则，实现流量工程十分困难。在 MPLS 中，流量工程能够将业务流从最短路径转移到网络中可能的、无阻塞的路径上去，通过控制 IP 数据包在网络中所走过的路径，避免业务流向已经拥塞的节点，从而实现网络资源的合理利用。

在图 6-47 中，如果 R_1 要向 R_6 传送两条流的数据包，那么按照最短路径原则，都会选择路径 $R_1 \rightarrow R_5 \rightarrow R_6$，造成 R_5 业务量过大，而其他路径空闲。使用 MPLS，则可以为两条流的数据包分别选择路径 $R_1 \rightarrow R_5 \rightarrow R_6$ 和 $R_1 \rightarrow R_2 \rightarrow R_3 \rightarrow R_6$，这样可使网络的负载较为均衡。

MPLS 的流量管理机制主要包括路径选择、负载均衡、路径备份、故障恢复等。

2. 服务等级

Internet 上传输的业务流包括文件传输、对延迟敏感的语音及视频业务等。为满足客户需求，ISP 不仅需要流量工程技术，还需要业务的服务等级技术。

MPLS 通过合理地划分转发等价类 FEC，为不同 FEC 提供不同的 LSP，满足不同客户的 CoS 要求。MPLS 的 CoS 是由 LER 和 LSR 共同实现的：在 LER 上对 IP 包进行分类，将 IP 包的业务类型映射到 LSP 的服务等级上；在 LER 和 LSR 上同时进行带宽管理和业务量控制，从而保证每种业务的服务质量得到满足，改变了传统 IP 网“尽力而为”的状况。

3. 虚拟专网

要为客户提供 VPN 服务，就要解决地址数据保密及内网专用网地址(IPv4)和本地地址(IPv6)不能被路由的问题。由于 MPLS 的转发是基于标签的值，并不依赖于分组报头内所包含的目的地址,因此有效地解决了这两个问题。使用 MPLS 的标签堆栈机制灵活地构建 VPN。通常采用两级标签结构:每个 VPN 子网分配一个独一无二的标签,用在堆栈的底层,指明数据流属于哪个 VPN;而高层标签则用于指明数据流的路径或其他应用。

【本章实验】

视频

视频

视频

在网络仿真软件中构建如图 6-49 所示的网络拓扑,PC1～PC4 分别设定处于不同的网段号。实验内容如下:

(1) 进行基于静态路由的设定,实现网络中任意用户之间的连通性测试,观察 R1 和 L3LSW 的路由表。

(2) 进行基于动态路由的设定,实现网络中任意用户之间的连通性测试,观察 R1 和 L3LSW 的路由表以及动态路由是否生效,如果动态路由生效,为什么要求(1)中配置的静态路由会失效?

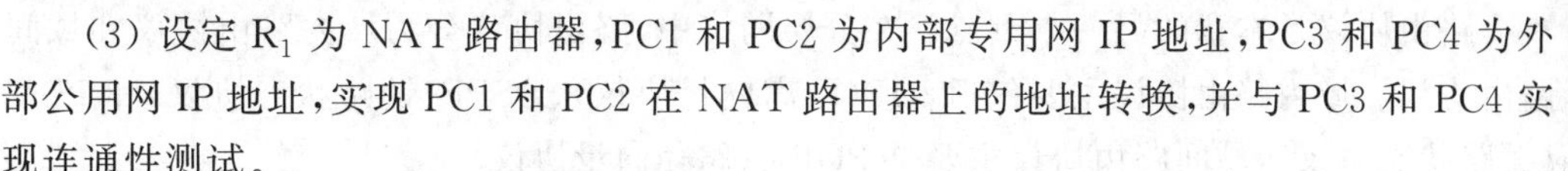

(3) 设定 R_1 为 NAT 路由器,PC1 和 PC2 为内部专用网 IP 地址,PC3 和 PC4 为外部公用网 IP 地址,实现 PC1 和 PC2 在 NAT 路由器上的地址转换,并与 PC3 和 PC4 实现连通性测试。

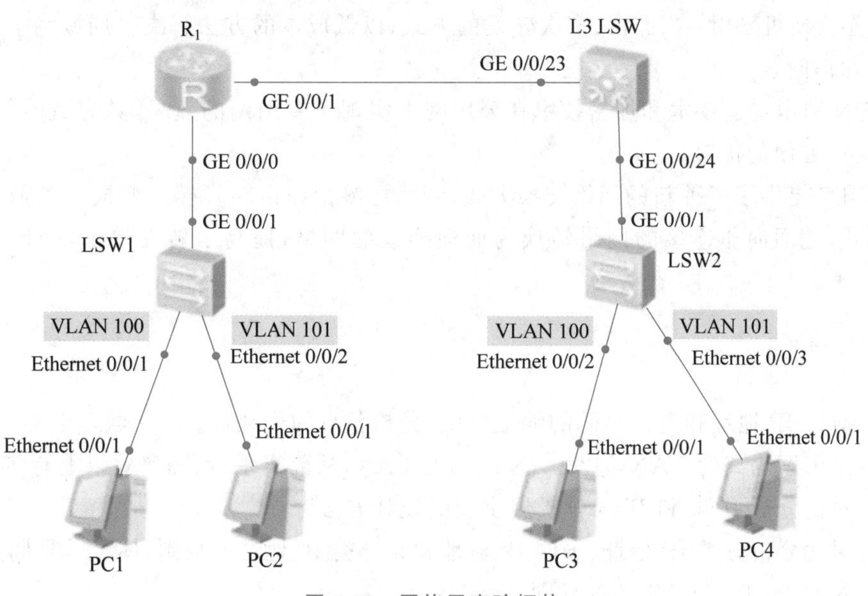

图 6-49 网络层实验拓扑

【本章小结】

网络层实现异构网络的互联,并以全网视角为目的节点选择路由,路由是网络层最核心的目标任务。IP 网络的网络层选用数据包工作方式,提供尽力而为的不可靠服务,把可靠性任务转由终端来完成。

IP 地址用来标识互联网中的节点，是本章的重点之一。IP 地址经历了分类 IP 地址、划分子网和 CIDR 三个阶段。分类 IP 地址的网络号长度是固定的，且以 8 位为步长进行变化，使得不同类网络的大小差距太大（256 倍），造成地址浪费很大。划分子网把部分主机地址变换为子网地址，解决了把大网划分为小网的问题，提高了 IP 地址的利用率。CIDR 解决了多个小网聚合形成超网的问题，并把整个 IP 地址的网络号步长变为最小步长（1 位），使网络分配更灵活，进一步提高了 IP 地址的利用率。

设立专用网地址，可以重用 IP 地址，变相地扩大了 IPv4 的地址数量，但使用专用网地址的主机需要通过 NAT 技术实现与外网的通信。

IPv4 地址是 32 位，用点分十进制表示；IPv6 地址是 128 位，用冒号十六进制表示。IPv4 和 IPv6 的数据包格式有很大区别。在从 IPv4 向 IPv6 过渡的过程中，通常会使用双协议栈和隧道技术。

地址解析协议（ARP）负责从 IP 地址到硬件地址的映射。互联网控制报文协议（ICMP）用于在网络节点之间传递差错控制消息，常用的 ping 和 trancert 命令都属于 ICMP 协议。

路由协议是本章的另一个重点。在分层网络中，路由协议分为域内路由协议和域间路由协议。域内路由协议主要包括 RIP（距离向量协议）、OSPF（链路状态协议）和 IS-IS（链路状态协议），域间路由协议主要是 BGP-4（路径向量协议）。

三层交换机采用一次路由、多次转发的方式，以低成本的方法解决了局域网中 VLAN 之间的通信问题。

VPN 利用隧道技术和加密技术在公用网上实现了专用网的效果，具有成本低、建网灵活、使用方便的优势。

MPLS 提供了一种新的网络交换方式，利用标签把路由转发模式变成了类似交换的转发模式，把面向非连接的网络转换为面向连接的网络，提高了转发效率，降低了网络时延。

【知识对接】

1. 对比 IP 地址和电话号码的编址规则，分析各自的优缺点。
2. 路由器隔离的 LAN 与 VLAN 隔离的 LAN，从隔离手段、隔离效果上有何区别？
3. 对比分析 IPv6 和 IPv4 帧扩展字段的设计方法。
4. 对比分析分类 IP 地址、子网 IP 地址和无分类 IP 地址的规则，体会其异同。
5. 对比 MPLS 与 ATM 的异同。

【扩展阅读】

ATM 与 IP：

http://www.kepu.net/vmuseum/technology/telecom/switch/swtg00.html

https://blog.csdn.net/WBMcurry/article/details/130274662

https://blog.csdn.net/m0_51371693/article/details/125122708

https://zhuanlan.zhihu.com/p/470493698

https://blog.csdn.net/swadian2008/article/details/109080680

https://blog.csdn.net/weixin_37878740/article/details/121514605

https://blog.csdn.net/weixin_42617262/article/details/88837430

【思考题】

1. 网络层的难点在哪里？

2. 计算机网络是为数据传输设计的，可靠性要求高，为什么网络层反而选择不可靠传输方式？

3. 为什么 RIP 采用 UDP 传输，BGP 采用 TCP 传输？

4. MPLS 与 ATM 都是面向连接的方式，为何市场应用最广的是 MPLS？

5. 为什么要分配专用网地址？

【习题】

1. 网络层的主要作用和功能是什么？为什么需要网络层？

2. 试从特点、用途及地址结构的物理意义等方面说明 IP 地址与物理地址的区别。为什么要使用这两种不同的地址？

3. 网络层收到 TCP 报文长度为 3000 字节，IP 协议加上 32 字节的首部后成为数据包。下面的互联网由两个局域网通过路由器连接起来，但第二个局域网所能传送的最长数据帧中的数据部分只有 1100 比特，因此数据包必须在路由器处进行分片。请问，第二个局域网向其上层要传送多少字节数据(这里的"数据"是指数据帧中承载的净负荷)？

4. 简述 MPLS 的基本原理。

5. 比较集线器、二层交换机、路由器的作用和特点。

6. 某企业申请到一个分类 IP 网络地址块 130.180.0.0，该公司共有 6 个部门，请求解以下问题：

(1) 说明该分类地址属于哪一类？其默认的子网掩码是多少？

(2) 如果所有部门的规模一样，且每个部门都有自己的子网，请为每个部门分配一个合理的地址块。

(3) 如果只要求划成两个子网，且主机数分别是 180 台和 450 台，请写出采用可变长子网掩码 VLSM 的情况下，两个子网最合适的子网掩码，以及具体的分配方案。

7. 假定网络中路由器 A 的路由表如表 6-13 所示，现在 A 收到从路由器 C 发来的路由信息表如表 6-14 所示，请画出路由器 A 更新后的路由表，并说明理由。

表 6-13 路由器 A 的路由表

目的网络	距离	下一跳路由器
N1	6	B
N2	2	C

续表

目的网络	距　离	下一跳路由器
N5	6	E
N7	3	F
N8	4	E

表 6-14　路由器 C 发来的路由信息

目的网络	距　离
N2	3
N3	8
N5	4
N8	3
N9	10

8. 已知 Internet 上某路由器 R_0 的路由表如表 6-15 所示。

表 6-15　R_0 的路由表

目的网络	地址掩码	下一跳地址	路由器 R0 的转发接口
123.61.0.0	/16	—	0
80.196.0.0	/16	—	2
170.96.0.0	/16	—	1
20.22.192.0	/16	80.196.121.1	2
182.136.122.0	/16	123.61.45.1	0
默认	/16	170.96.123.3	1

(1) 请根据表 6-15 中的各条路由信息画出各自的网络及必要的路由器连接拓扑图，标注出必要的 IP 地址和接口，对不能确定的情况加以说明；

(2) 若路由器 R_0 收到一个分组，其目的地址为 20.22.199.129，试计算其下一跳（要求写出计算过程）；

(3) 说明使用默认路由的好处。

9. 请将下面地址块进行最大可能的聚合：

122.65.92.0/24

122.65.93.0/24

122.65.94.0/24

122.65.95.0/24

10. 试比较 RIP、OSPF 和 BGP 的区别。

11. 什么是 VPN？请用自己的语言描述在什么情况下会用到 VPN，以及你身边的 VPN。

12. 为什么会用到 NAT？NAT 和 NAPT 的区别是什么？

13. 试从地址和协议的角度比较 IPv6 和 IPv4 的区别，说明为什么有这些改变。

14. 在 IPv4 和 IPv6 共存的情况下，应该使用什么样的方法使网络互通？

15. 如图 6-50 所示，网络 145.13.0.0/16 划分为 4 个子网 N1、N2、N3 和 N4，这 4 个子网与路由器 R 连接的接口分别是 m0、m1、m2 和 m3，路由器 R 的第五个接口 m4 连接到互联网。请依据下一跳的接口顺序填写如下路由器 R 的路由表(请用点分十进制表示)。

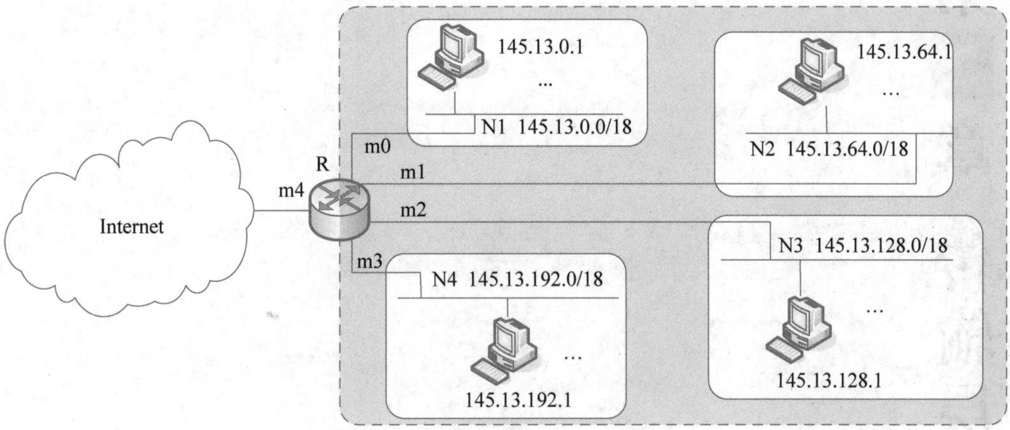

图 6-50 145.13.0.0/16 网络结构

目的网络地址	网络掩码	下一跳
		m0
		m1
		m2
		m3
		m4

第7章 传输层

【带着问题学习】

1. 为什么需要传输层?
2. 传输层主要解决什么问题?
3. 为了解决这些问题,传输层主要采取了哪些措施?
4. 这些措施之间是什么关系?它们的具体做法是什么?

【学习目标】

1. 理解传输层的位置和作用。
2. 掌握传输层地址的概念和作用。
3. 掌握 UDP、TCP、SCTP 协议的作用和特点。
4. 理解 UDP 数据报、TCP 报文段格式及其各字段的含义。
5. 理解 TCP 协议中可靠传输的几大措施。
6. 掌握 TCP 连接管理、差错控制、流量控制、拥塞控制的方法。
7. 能在实际工程中合理应用 TCP 和 UDP。
8. 了解 SCTP 协议中的"多宿主、端点、偶联、流"等概念,以及连接控制、平滑关闭的方法。

【本章关键术语】

传输层,端口号,UDP,TCP,SCTP,伪首部,可靠传输,连接管理,流量控制,拥塞控制,字节流,RTT,RTO,窗口法,慢启动,加法增大,乘法减小,多宿主,端点,偶联

7.1 传输层的作用与功能

视频

物理层解决了传输介质上比特流的传输问题,数据链路层解决了相邻通信实体之间不同用户信息的复用与信息的传输问题,网络层解决了全网范围内主机之间的信息传输问题,为什么还需要传输层?【信息到达主机后,还有哪些事情要做,先思考,再看书。】

从网络层看,根据 IP 地址,信息传输到主机,但此时的信息还不能呈现出来,还需送到主机中的各种软件,如邮件系统,FTP 传输系统,手机上的 QQ、微信等。为了区别于实体主机,常将各种软件系统称为进程,也就是说,通信的两端实际是两个软件进程。至此,有以下两个问题需要解决:

(1) 到达主机的信息,如何区分主机上的各个软件进程,然后将信息传递给软件进程?

(2) 不同业务对信息传输的指标要求不一样,如语音、数据的通信指标要求不同,语音业务对时延要求很高,差错率要求不高;数据业务反之,对时延要求不高,差错率要求很高。若传输来的数据有错,是统一做纠错处理,还是针对语音和数据业务区别对待?

为了解决这两大问题,OSI 与 TCP/IP 模型设置传输层来解决。分工合作,专业的事由专业的层来做,符合 OSI 与 TCP/IP 分层模型的设计初衷。

7.1.1 传输层的作用

传输层位于 OSI 模型的第四层,是承上启下的关键层,如图 7-1 所示。从数据通信的角度看,传输层属于数据通信的最高层;从用户角度看,传输层是用户功能中的最低

层，是用户与通信子网的界面和桥梁。在TCP模型中，传输层位于网络层和应用层之间。

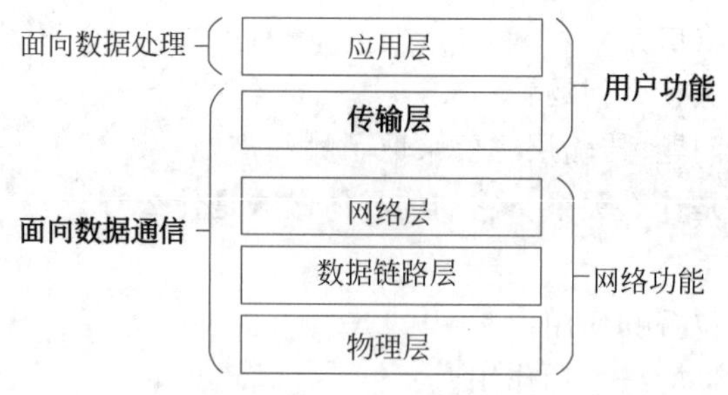

图7-1 传输层的位置

传输层的作用是在网络层提供的点到点服务基础之上，向应用层提供通信服务，为运行在不同主机上的进程之间的通信提供支持，它将网络层提供的不同主机之间的通信服务扩展到不同主机上的进程之间。网络层提供主机之间的通信服务，传输层进一步为不同主机上的应用进程之间提供通信功能。

传输层建立在网络层之上，因而传输层所能提供的服务要受到网络层所提供服务的限制，比如，如果网络层不能提供带宽和时延保证，那么传输层也无法提供该服务。但是传输层也能够提供网络层所不能提供的某些服务，比如IP层提供不可靠的服务，但是传输层仍能提供可靠服务。

在路由器等网络设备中不需要传输层，传输层只运行在主机上(即终端系统)。其基本通信过程为：

在发送方，传输层接收到来自应用进程的报文，并将其转换为传输层分组，Internet中称为传输层报文段，然后传输层将分组交给网络层，网络层将其交付到目的主机。

在接收方，网络层从数据包中提取传输层报文段，并将其提交给传输层，传输层再提交给应用层中对应的应用进程。

7.1.2 传输层的协议

根据不同的业务要求，可以设计不同的传输层协议，本书介绍具有代表性的3种传输层协议，如图7-2所示。

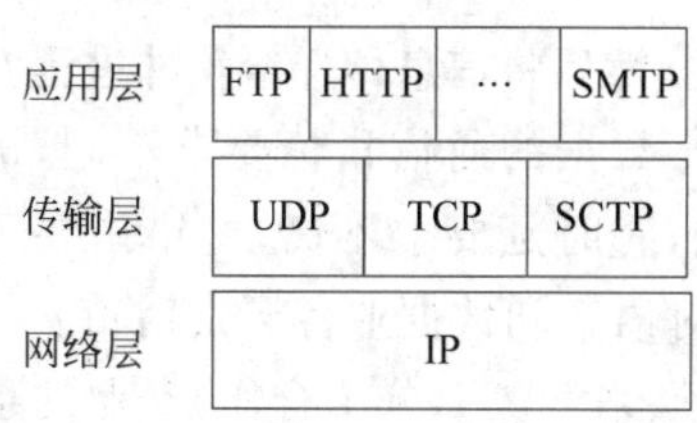

图7-2 传输层协议的种类及其位置

用户数据报协议(User Datagram Protocol，UDP)为应用程序提供一种不可靠的、无连接的服务。它为实时性要求高、可靠性要求不高的业务提供端到端的逻辑通信服务，如语音业务。UDP提供不可靠传输，其控制非常简单，不做连接管理和差错控制等，因此其传输效率比较高。

传输控制协议(Transmission Control Protocol，TCP)为应用程序提供可靠的面向连接的服务。它为可靠性要求高的业务提供端到端的逻辑通信服务，如数据业务、文件传输业务。TCP提供可靠传输服务，需要增加很多措施，如连接管理、差错控制、流量控制、拥塞控制等。传输中增加了很多处理过程，牺牲一些效率，换来了更高的可靠性。

流控制传输协议(Stream Control Transmission Protocol,SCTP)为应用程序提供可靠的面向连接的服务。它为可靠性要求极高的业务提供端到端的逻辑通信服务,如通信信令传输业务。SCTP是在TCP与UDP的基础上发展起来的,它综合了TCP与UDP的优点,克服了TCP和UDP在运行中暴露出来的一些缺点。SCTP支持多宿主(Multi-homing)和多流(Multi-streaming)等技术,在两个端点之间提供稳定、有序的数据传递服务,并且可以保护数据消息边界。

7.2 传输层端口

7.2.1 传输层端口概念

前面分析了传输层首先要解决的一个问题就是区分各个应用进程。那具体如何做呢?

回想一下,数据链路层用MAC地址来区分各个链路节点,网络层用IP地址来区分各个主机节点。不同的物理节点用地址来区分,与生活中的概念一致,很好理解。软件进程在同一个物理节点里,用地址不好理解,换一个与生活中类似的术语:端口号(port number),即在同一个物理节点上用不同的端口号来区分不同的连接内容。地址、端口号是具体的名称,其本质是一样的,都是用编址(也是编号)来区分网络中的通信节点,不管这个节点是物理的还是逻辑的,原理都是一样的。因此,采用端口号作为传输层的地址,用它来区分各个应用进程。端口号通常简称为端口。

TCP模型的传输层端口号用16b来编码,可标识65 536个不同的端口号。端口号只具有本地意义,它只是为了标记本计算机应用层中的各个进程在和传输层交互时的层间接口。在不同计算机中,相同的端口号是没有关联的。

7.2.2 传输层常用端口

有了端口号,就可以区分同一个主机中的不同软件进程了,因此,两个计算机中的进程互相通信时,不仅要知道对方的IP地址(为了找到对方的计算机),还要知道对方的端口号(为了找到对方计算机中的应用进程)。

计算机网络的通信采用客户-服务器方式,通信都由客户端主动发起。客户端在发起通信请求时,必须先知道对方服务器的IP地址和端口号。因此传输层的端口号分为服务器端端口号和客户端端口号两大类。

1. 服务器端端口号

由于业务种类的不断发展,服务器端口号又分为熟知端口号和登记端口号两类。

1) 熟知端口号

熟知端口号又称为系统端口号,数值为0～1023,由互联网数字分配机构(The Internet Assigned Numbers Authority,IANA)统一进行分配,指派给已经成熟的应用层程序,编号相对固定,让所有的用户都知道,不用每次都去询问对方的端口号。这些数值可在网址www.iana.org查到。表7-1给出了一些常用的熟知端口号。

表 7-1　常用的熟知端口号

端口号	服务进程	说明
20/21	FTP	文件传输协议
22	SSH	安全外壳协议
23	TELNET	远程登录协议
25	SMTP	简单邮件传输协议
110	POP3	邮局协议版本 3
143	IMAP	Internet 消息访问协议
53	DNS	域名服务器
67/68	DHCP	动态主机配置协议
80	HTTP	超文本传输协议
443	HTTPS	安全超文本传输协议
520	RIP	基于距离向量算法的路由协议
179	BGP	边界网关协议
161/162	SNMP	简单网络管理协议
389	LDAP	（轻量目录访问协议）
123	NTP	网络时间协议

2）登记端口号

登记端口号数值为 1024～49 151。这类端口号是为没有熟知端口号的应用程序使用的。使用这类端口号必须在 IANA 按照规定的手续登记，以防止重复。

2. 客户端端口号

客户端端口号数值为 49 152～65 535。这类端口号留给客户进程选择暂时使用。当服务器进程收到客户进程的报文时，就知道了客户进程所使用的端口号，因而可以把数据发送给客户进程。通信结束后，刚才已使用过的客户端端口号就不再使用，这个端口号就可以供其他客户进程使用了。因此它又叫作短暂端口号。

视频

7.3 UDP

7.3.1 UDP 的目标与特点

1. UDP 的目标

UDP 的目标是针对可靠性要求不高、传输效率要求高、传输灵活性要求高的业务，协议尽量简单，以最小的协议开销为应用层提供数据报传输服务。

2. UDP 的特点

UDP 的目标是用最小的开销提供服务，因此它提供无连接的、面向报文的不可靠传输服务。UDP 只在 IP 的数据报服务之上增加了很少的功能，也不对应用层传来的数据做任何处理，只是简单地加上传输层的封装（UDP 的协议头）。其主要特点如下：

（1）UDP 是**无连接的**，即发送数据之前不需要建立连接，它不提供报文到达确认、排序等功能，因此减少了开销和发送数据之前的时延。

(2) UDP 只使用**"尽最大努力"交付**，即不保证可靠传输，不对信息做差错检测，更不做差错控制。由于通信双方不做连接管理，因此主机也不需要维持复杂的连接状态表。如果用户对数据有更高的可靠性要求，则由应用层对数据进行差错控制。

(3) UDP **不提供流量控制、拥塞控制**。一方面使 UDP 的协议开销小、时延小；另一方面，当网络出现轻度拥塞时，UDP 不进行控制，用户可继续发送数据，有利于提高传输的实时性；反过来，如果数据流量过大，则更容易使网络发生严重拥塞，甚至网络瘫痪。因此 UDP 的传输时延小，但在网络条件不佳时其时延抖动大。

(4) UDP 是**面向报文的**。面向报文就是采用报文传输方式，不对用户报文进行任何处理，不做拆分、合并等，因此一次只发送一个报文。

发送方的 UDP 对应用程序交下来的报文，在添加首部后就向下交付 IP 层。接收方的 UDP，将 IP 层交上来的 UDP 数据报去除首部后就原封不动地交付给上层的应用进程。也就是说，UDP 一次交付一个完整的报文。因此，应用程序必须选择合适大小的报文。若报文太长，则 UDP 把它交给 IP 层后，IP 层在传送时可能要进行分片，这会降低 IP 层的效率；反之，若报文太短，则 UDP 把它交给 IP 层后，会使 IP 数据包的首部的相对长度偏大，这会降低 IP 层的效率。

(5) UDP **支持一对一、一对多、多对一和多对多的交互通信**。

(6) UDP 的**首部开销小**，只有 8 字节，是常见协议中首部最短的。

7.3.2 UDP 数据报格式

根据 UDP 的目标定位进行分析，可以自己先思考 UDP 数据报的格式，应该包含哪些字段。首先为了区分应用层的进程，地址字段是必需的，传输层的地址就是 16 位的端口号，所以有 2 字节的源端口号和 2 字节的目的端口号。其次，UDP 数据报的长度不是固定的，需由长度字段指定。当然，还有数据字段肯定是必需的，用来装载 UDP 用户的信息。

此外，UDP 还具有一个 2 字节的"校验和"字段，尽管这个字段早期规定是可选的，但在实际应用中，一直都在使用。其出发点是，虽然 UDP 不提供可靠传输，不对用户数据进行差错校正，但如果端口号、数据报长度、数据有错，该 UDP 数据报就失去了价值，因此 UDP 提供简单的校验功能，需要校验和字段，只是其校验和字段不是放在数据报的尾部，而是放在数据报的头部。综上，UDP 数据报格式如图 7-3 所示。

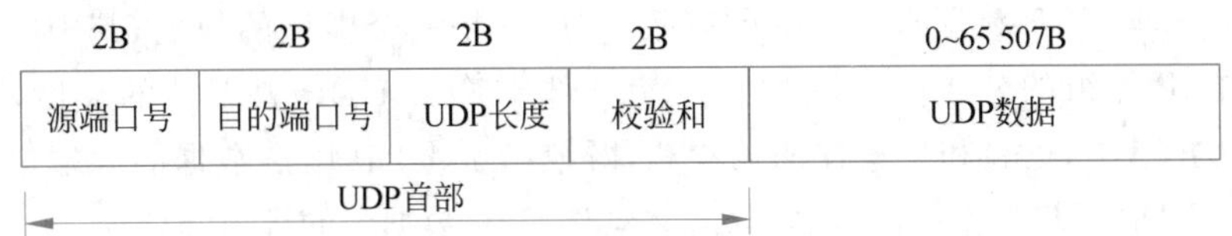

图 7-3 UDP 数据报格式

其中，UDP 长度是指整个 UDP 数据报的长度。

值得说明的是 UDP 数据部分的长度问题。UDP 协议是面向报文的，应用进程送来的数据全部装入 UDP 的数据域，加上 UDP 首部，再封装成一个 IP 数据包，如图 7-4 所示。IP 数据包的总长度最大为 65 535，对封装的 UDP 数据报而言，IP 首部占 20 字节（不包含可变长度的首部），UDP 首部占 8 字节，留给 UDP 数据部分还有 65 507 字节。当然，实际网络中，考虑到网络的 MTU 长度（见第 5 章）实际要比这个小很多。因为在传输过程中，网络层必须关心网络中的最短 MTU 的长度（称为路径 MTU，RFC 1191 描述了路径 MTU 的发现机制，利用 ICMP 报文来实现），如果 IP 数据包超过网络的路径 MTU，那么网络层就要对 IP 数据包进行分片。

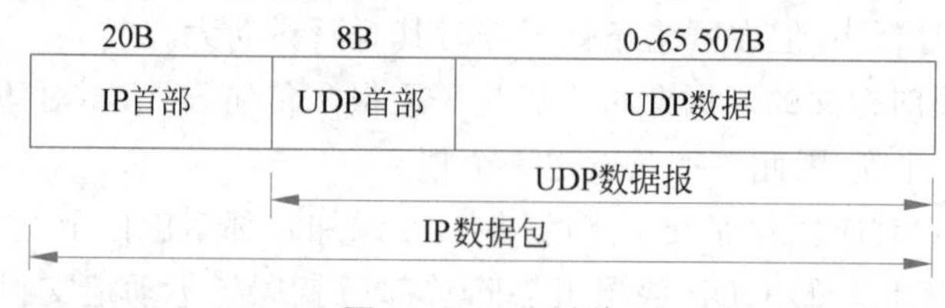

图 7-4　UDP 封装

7.3.3　UDP 的伪首部与校验和

1. UDP 的伪首部

伪首部是 UDP（TCP 也如此）在计算校验和时人为添加的 12 字节虚拟字段，放在 UDP 首部的前面。这样做的目的是保障数据报到达正确的主机和正确的端口。

12 字节的伪首部，包括源 IP 地址（4 字节）、目的 IP 地址（4 字节）、协议（2 字节，第一个字节补 0，第二个字节为协议类型，UDP 编号为 17）和 UDP 长度（2 字节），如图 7-5 所示。

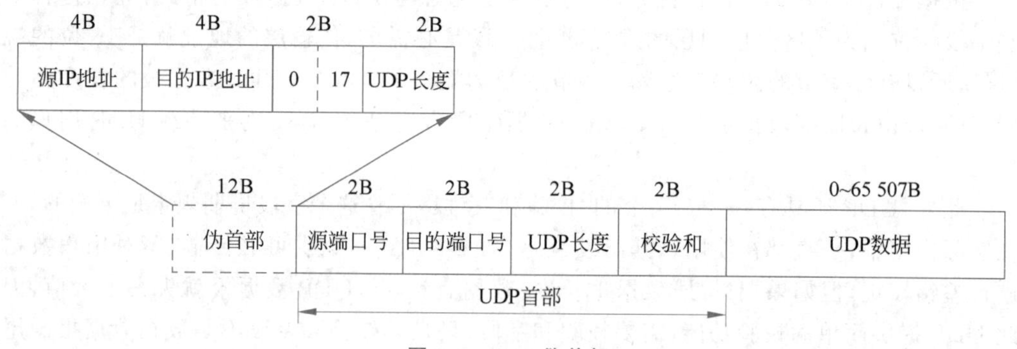

图 7-5　UDP 伪首部

伪首部并非 UDP 数据报中实际的有效成分，只是一个虚拟的数据，其中的信息是从数据报所在 IP 分组的分组头中提取的。伪首部不算入 UDP 数据帧的长度，也不会传输，仅仅是为了计算校验和。这样的校验和，既校验了 UDP 用户数据的源端口号和目的端口号以及 UDP 用户数据报的数据部分，又检验了 IP 数据包的源 IP 地址和目的 IP 地址。

2. 校验和计算范围与方法

UDP 的校验和是对伪首部、UDP 首部和 UDP 数据全部进行计算，如图 7-6 所示。具体的计算方法见 RFC 1071。计算步骤是：首先将校验和字段置为 0；然后将整个

UDP 数据报每 16b 相加(相加结果如果有进位,则需将进位加到最低位);最后将相加的结果取反即可。

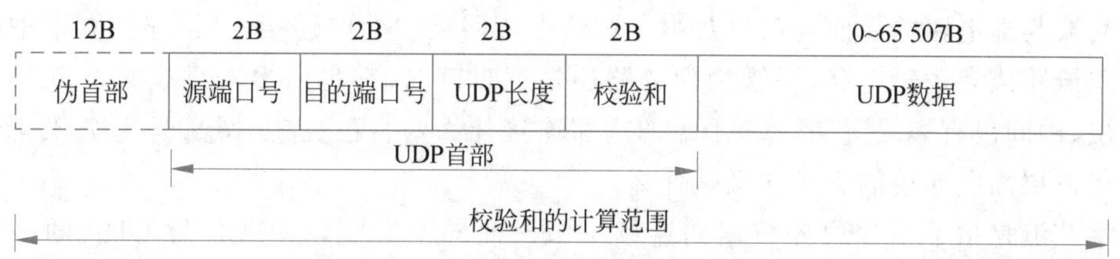

图 7-6 UDP 校验和的计算范围

UDP 数据报的长度为奇数字节时,不满足 16b 要求,则在最后增加填充字节 0(填充字节只作计算校验和用,不被传送)。

7.3.4 UDP 的应用

UDP 和 TCP 是传输层提供的两类互补的协议,TCP 提供可靠服务但传输时延大(特别是网络拥塞时),UDP 提供不可靠服务但传输时延小。因此在选用具体协议时,应该根据通信数据的要求而决定。

应用 UDP 的场景如下:

(1) 对实时性要求高或高速传输的场合下使用 UDP(需要传输大量数据且对可靠性要求高的情况下应该使用 TCP)。

(2) 在可靠性要求较低,追求效率的情况下应该使用 UDP。

(3) 若通信数据的实时性强于数据的完整性,则应该选用 UDP 协议(如视频传输、实时通信等)。在传送音频、视频时,即使偶尔丢失一两个数据包,也不会对接收结果产生太大影响(反之,则使用 TCP 协议,如文件传输、重要状态的更新等)。

(4) 以恒定的速率发送数据,并且允许在网络发生拥塞时丢失一些数据,但不允许数据有太大的时延,选用 UDP 协议。比如 IP 电话或者实时视频会议。

(5) 在路由器之间传输路由表更新信息、传输网络管理和监控数据等,DNS 也是使用 UDP 协议进行域名转换。

(6) UDP 是用于分发信息的一个理想协议。例如,在屏幕上报告股票市场、显示航空信息等,RIP 路由协议也使用 UDP 来传输路由信息。因为在这些应用场合中,如果有一个消息丢失,很短时间后另一个新的消息就会替换它。

7.4 TCP

7.4.1 TCP 的目标与特点

TCP 的目标与 UDP 相反,提供与 UDP 完全不同的服务,TCP 向应用层提供一种可靠传输、面向连接的字节流传输服务。可靠传输是 TCP 的核心目标,面向连接和面向字节流,是其实现可靠传输的手段。

可靠传输的含义是,接收方完整、准确地接收发送方发来的信息,信息无丢失、无差错、不重复、不失序。

面向连接的含义值得注意，是否与前面第 3 章、第 5 章的面向连接含义相同？第 3 章电路交换与虚电路的面向连接以及第 5 章数据链路层的面向连接，是指连接网络中的多段物理链路或者逻辑链路，不管物理链路还是逻辑链路，都是由多段组成的。TCP 位于传输层，中间没有多段链路，参见图 3-27，那连接什么？自己先想一想，学完 7.4.4 节后再看传输层面向连接的真正含义是什么。

字节流是指不包含边界数据的连续字节。面向字节流，是 TCP 与 UDP 的一大区别。UDP 是把应用层传下来的数据包作为一个完整的整体，而 TCP 把应用层传下来的数据仅仅当作无含义无边界的连续字节，TCP 不对字节流的内容作任何解释，也不关心字节流是二进制数据，还是字符数据。在字节流方式下，接收方收到的数据包个数与发送方发出的数据包个数没有任何关系，如发送方依次发 30 字节、40 字节、50 字节的 3 个数据包，TCP 并不一定按照其对应大小封装数据，而是根据流量控制和拥塞控制的窗口值来决定每个包传多少个数据，比如分成 6 个包、每个包 20 字节来发送，也可能是其他组合，甚至是一个 120 字节的包来发送。这很像旅游景区的内部旅游车，它不关心游客是哪个团的，只按照景区车的座位数来决定从排队人流中分配多少人上车。

TCP 的主要特点如下：

(1) 是面向连接的传输协议。

(2) 提供可靠传输服务。

(3) 仅支持一对一通信。

(4) 全双工通信。

(5) 仅有一种 TPDU 格式。

(6) TCP 连接是基于字节流的。

(7) 传输单位为报文段。

(8) TCP 报文段大小和报文段数都是可变的。

7.4.2 TCP 实现可靠传输的措施

所有底层通信信道都无法做到绝对可靠，否则上层的可靠传输就很简单。在计算机网络中，网络层的 IP 数据包以数据报方式进行通信，会出现不同时延的数据包，出现失序等，进一步加大了上层可靠传输的难度。因此，TCP 的可靠传输是网络中最难的问题之一，实现比较复杂，必须采取很多措施，才能保障收发双方的数据无丢失、无差错、不重复、不失序。

TCP 层的可靠传输是对应用层而言的，也就是要为应用层提供可靠的数据传输服务。回想前面的 UDP，是对应用层提供不可靠的数据传输服务，它只做了本层最基本的报文段封装，不做其他任何处理。而 TCP 要对应用层提供可靠的数据传输，则必须做两方面的事情：一是对数据进行控制，尽量不让数据丢失或出错；二是如果数据出现丢失或出错，TCP 要想法予以解决，而不是推给应用层去解决。

首先，为了提高数据传输的可靠性，TCP 在传输数据之前，先对收发两端建立好连接关系，协商一些参数，有利于可靠传输；同时对所收到的数据进行检测、判断错误，如果出现数据错误，还需请求重传，以保证可靠传输；由于任何接收方的缓存器总是有限的，为了避免因为接收缓存溢出造成丢包，需要对发送方进行流量控制；从全网角度看，由于网络层的 IP 包是采用统计复用的数据报工作方式，数据量过大会造成网络拥塞，导致网络死锁，因此还需做网络拥塞控制。

归纳起来，TCP 主要采取了四大控制措施来保障可靠传输，分别是：

(1) 连接管理——三次握手、四次挥手。

(2) 差错控制——ARQ 反馈重发纠错。

(3) 流量控制——窗口法。

(4) 拥塞控制——慢启动、拥塞避免；快速重传、快速恢复。

7.4.3 TCP 报文段格式

TCP 同 UDP 一样，报文段被封装在一个 IP 数据包中，如图 7-7 所示。

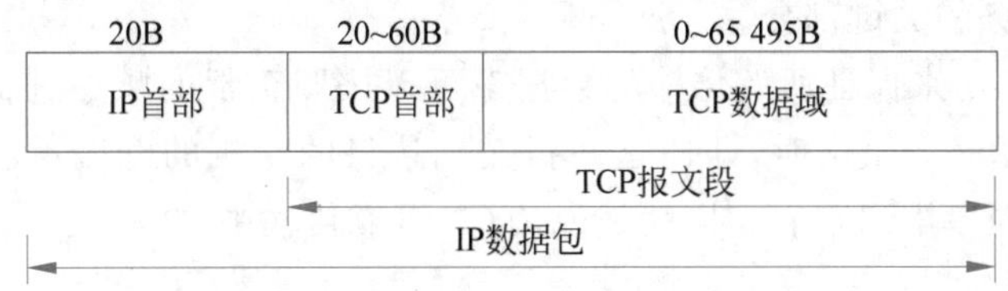

图 7-7 TCP 数据在 IP 数据包中的封装

由于 TCP 提供可靠传输服务，因此需要采取很多措施。协议要实现的功能很多，其首部的字段也就很多。先想一想，根据前面分析的功能任务，其对应的 TCP 报文头需要增加哪些内容？

TCP 首部包含 20 个固定字节和最大 40 个可变字节，如图 7-8 所示。

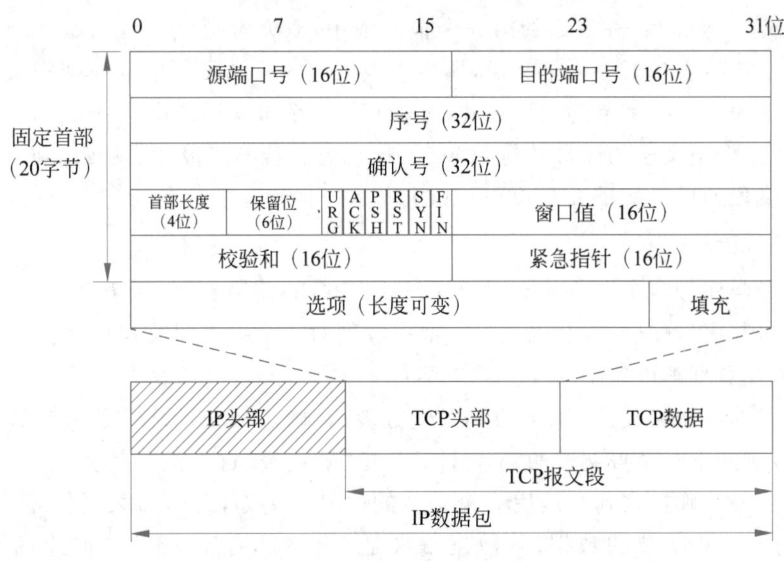

图 7-8 TCP 报文段的首部格式

理解 TCP 报文段的首部各字段的含义是理解 TCP 工作原理和过程的基础,TCP 首部有多个必备字段和可选字段,下面依次讨论各字段的含义。

1. 源端口号

源端口号的作用:用于标识发送报文的应用进程,使接收方知道应该向何处发送确认报文。它占 2 字节,每个 TCP 报文段都**必须**有源端口号。

2. 目的端口号

目的端口号的作用:用于标识接收报文的应用进程,通过它可以知道该 TCP 报文送给哪个应用进程。它占 2 字节,每个 TCP 报文段都**必须**有目的端口号。

源端口号和目的端口号加上 IP 首部中的源端 IP 地址和目的端 IP 地址唯一确定一个 TCP 连接。

3. 序号

TCP 报文段首部中两个最重要的字段就是序号字段和确认号字段,这两个字段是 TCP 可靠传输服务的关键部分。

序号的作用:用来保证所有传输的数据都可以按照正常的顺序进行重组,当源主机用多个报文段发送一个报文时,即使这些报文到达目的主机的顺序不一样,序列号也可以使目的主机按顺序排列它们。也就是说,TCP 可靠传输中的"不失序"是通过序号来保障的。

应特别注意,TCP 是面向字节流的,它把数据看成一个无结构的、有序的字节流,序号是建立在传送的字节流上,而不是建立在传送的报文段的序列之上。因此序号是对字节流中的每个字节进行顺序编号(其他一些通信协议也有类似的序号字段,但其含义是对每次的报文段进行顺序编号)。序号字段表示在这个报文段中的第一个数据字节编号,该字段占 4 字节(32b),序号到达 $2^{32}-1$ 后又从 0 开始,循环使用。

TCP 建立连接后,在发送的第一个报文段中,双方都提供一个初始序列号。若源主机使用同一连接发送下一个报文段,那么该报文段的序列号等于前一个报文段的序号与前一个报文段中数据字节的数量之和。例如,第一个报文段的序号是 500,携带 100 字节数据,则第二个报文段的序号就是 600(500+100)。若第二报文段携带 200 字节数据,则第三个报文段的序号就是 800(600+200)。

4. 确认号

确认号与序号两个字段共同用于 TCP 服务中的差错控制,保障 TCP 数据的可靠传输。确认号与序号配合使用,确认号是期望收到对方下一个报文段中数据部分的第一个字节序号(注意理解该句中的"期望"二字)。

确认号的本质含义是:接收方向发送方表示"确认号-1"之前的所有数据已正确接收,期望收到的下一个报文段的第一个字节是"确认号"这个编号的数据。所以,确认号不是代表已经正确接收到的最后一个字节的序号。例如,A 向 B 发送一个报文段,序号是 500,携带 100 字节的数据,其数据编号是 500~599,B 收到后,回应的确认号不是 599,而是 600。

确认号也占 4 字节(32b)。

5. 首部长度

首部长度字段的作用：因为 TCP 报文首部的长度是可变的,因此需要一个字段来指示实际的长度。该字段占 4b。

TCP 报文首部的固定部分为 20 字节,任选部分为 0～40 字节。因此首部长度表示的范围是 0～60 字节。首部长度字段占 4b,所能表示的最大值为 1111(转换为十进制为 15),15×4=60,所以首部长度的计数是以 4 字节为一个计数单位,若选项部分不足 4 字节的倍数,则填充空字节。首部长度也叫数据偏移,是因为首部长度实际上指示了数据区在报文段中的起始偏移值。

注：该字段在 Andrew 的 *Computer Networks* 和《TCP-IP 详解卷 1》中都表示为 header length,且首部长度更好理解,因此本书选择首部长度的称呼。

6. 保留位

保留为今后使用,目前置为 0,共有 6 位。

7. 标志位

标志位的作用：用来标识本报文段的性质或功能。各个标志位都只占 1 比特。某个标志位置 1,表明该标志位对应的功能起作用；标志位置 0,表明该标志位对应的功能不起作用。标志位也称为控制位。TCP 首部中有 6 个标志位,其含义如表 7-2 所示。

表 7-2 TCP 报文首部中的标志位

标志位名称	含 义
URG	紧急指针(urgent pointer)有效
ACK	确认序号有效
PSH	接收方应该尽快将这个数据段交给应用层
RST	重建连接
SYN	同步连接序号,用来发起一个连接
FIN	发送方完成发送任务

(1) URG：紧急标志,指出当前数据段中是否有紧急数据,置 1 时表示有紧急数据。紧急数据会优先传送,而不按照原来的排队顺序进行发送。发送方 TCP 把紧急数据插入到本报文段数据的最前面,普通数据放在紧急数据的后面。紧急数据的长度由首部中的紧急指针字段来标识。

(2) ACK：确认标志,指示 TCP 数据段中的“确认号”字段是否有效。当 ACK 位置 1 时,表示“确认号”字段有效；当 ACK 位置 0 时,表示“确认号”字段无效。

(3) PSH：推送标志,指示是否需要立即把收到的该数据段提交给应用进程。PSH 位置 1 时,要求接收方尽快把该数据段提交给应用进程,而不再等到整个缓存都填满了后再向上交付。PSH 位置 0 时没这个要求,可以把该数据段先缓存起来。

(4) RST：复位标志,用于重置、释放一个 TCP 连接(通常是该 TCP 连接出现严重错误),然后重建新的传输连接。RST 位置 1,表明需释放当前传输连接,然后再重新建立连接。

(5) SYN：同步标志,用来在建立 TCP 连接时同步传输连接序号。SYN 位置 1 时,表示这是一个连接请求或连接确认报文。当 SYN=1,ACK=0 时,表明这是一个连接请求数据段;若对方同意建立连接,则对方会返回一个 SYN=1、ACK=1 的确认报文。

(6) FIN:终止标志,用于释放一个 TCP 连接。FIN 位置 1 时,表示发送方的数据已全部发送完毕,并要求释放当前连接。注意,此时接收方仍然可以继续接收还没有接收完的数据。正常传输的报文段,该位置 0。

8. 窗口值

窗口值的作用:由于任何主机的通信缓存空间都是有限的,如果对方发送来的数据大于自己的接收缓存,则会丢失数据。因此用窗口值告知对方自己目前允许对方发送的数据量大小,它是让对方设置其发送窗口大小的依据。

例如,A 向 B 发送一个报文段,确认号是 500,窗口值是 200,则是告诉 B 端,从 500 字节算起,自己还可以接收 200 字节(500～699),让 B 端在发送数据时要考虑这个数值。

9. 校验和

校验和的作用:同其他任何协议一样,校验和字段是为了检测所接收数据的正确性。TCP 的校验和是对"数据段头""数据"和"伪首部"这 3 部分进行校验,占 16 位。"伪首部"包括源主机和目的主机的 32 位 IP 地址、TCP 协议号以及 TCP 报文段长度。TCP 的校验和运算采用代数求和的算法。

10. 紧急指针

紧急指针的作用:指出本报文段中紧急数据的字节长度(指明紧急数据的末尾在报文段中的位置),占 16 位。注意,只有当前面的 URG 标志位置 1 时它才起作用。当所有紧急数据处理完后,TCP 就会告诉应用程序恢复到正常操作。值得注意的一点是,即使当前窗口大小为 0,也可以发送紧急数据,因为紧急数据无须缓存。

11. 可选项

可选项的作用:为 TCP 报文提供一些备用选择项,不是必需项,其长度可变,最长 40 字节。它包括窗口缩放选项(Window Scale Option,WSopt)、最大数据段大小(Maximum Segment Size,MSS)选项、选择性确认(SACK)选项、时间戳(Timestamp)选项等。最常用的可选项是 MSS,它指出 TCP 报文段中的数据字段的最大长度。当没有使用任何选项时,TCP 报文首部长度是 20 字节。

12. 数据

数据部分是 TCP 报文的净负荷部分,是上层应用进程送来的数据。数据段不是必需的字段,如在连接建立和释放阶段的报文,收发双方发送的报文只有 TCP 首部。

视频

7.4.4 TCP 的连接管理

1. TCP 连接管理的目的和含义

为了数据的可靠传输,TCP 首先在收发两端建立连接关系。回想一下实电路和虚电路的连接,先思考两个问题:

(1) 面向连接的通信有哪几个步骤?

(2) TCP的连接与实电路和虚电路的连接是一回事吗?

面向连接的通信,都有3个步骤:建立连接、传输数据、释放连接。这一点与前面的实电路和虚电路是一样的。

前面的实电路和虚电路,是在OSI模型的第二层和第三层,连接的是多段网络节点之间的物理时隙或逻辑信道,确实是将收发两端通过网络中的各段链路(实链路或者虚链路)连接起来。但TCP在OSI模型的第四层,其下层IP是以数据报方式工作,并没有连接任何链路,因此传输层不可能像实电路和虚电路一样真正连接链路。由此可见,传输层的TCP连接,一定与实电路和虚电路的连接含义不同,那TCP连接的本质含义是什么呢?

TCP连接的目的是保持收发两端的会话关系,并在通信之前协商一些参数,确保后续能够正确地进行数据传输。主要有3个目的:一是确认对方的存在,并能正常工作;二是协商一些通信参数(如服务质量、窗口大小);三是通知对方做好接收数据的资源准备(如分配缓存)。

因此TCP连接的本质是建立关系,而不是连接多段链路;它不是一种连接(connect),而是一种关联(association)。从OSI模型来看,第二层和第三层的连接是逐段搭桥,最终形成收发两端之间的通路,而第四层的连接只是建立对收发两端建立通信关系。在后来的SCTP、软交换、IMS等技术中,第四层都不再称为连接(connect),更名为关联(association)了,其含义更准确。为了与传统计算机网络的名称保持一致,本书仍然称为连接,但要理解此连接非彼连接。

注:这可能是通信与计算机两个领域早期疏于沟通带来的术语混乱问题,在其他很多地方都存在类似的情况,有的双方名称一样,但实际含义不一样;有的名称不一样,但实际含义一样,在学习过程中要注意区分和理解。

2. TCP连接的表示方法

TCP的数据传输以连接为基础,那TCP连接如何表示呢?

每一条TCP连接有两个端点。这里的端点既不是主机的IP地址,也不是传输层的协议端口。TCP连接的端点叫作套接字(socket)或插口,套接字由IP地址+端口号组成,其表示方法是在IP地址后面写上端口号,中间用冒号隔开,即socket=(IP地址:端口号)。

因此,TCP连接={socket1,socket 2}={(IP地址1:端口号1),(IP地址2:端口号2)}。

同时要注意,同一个IP地址可以有多个不同的TCP连接,同一个端口号也可以用在多个不同的TCP连接中。

3. TCP连接管理的通信流程

完整的TCP连接管理分为3个大的阶段,如图7-9所示。

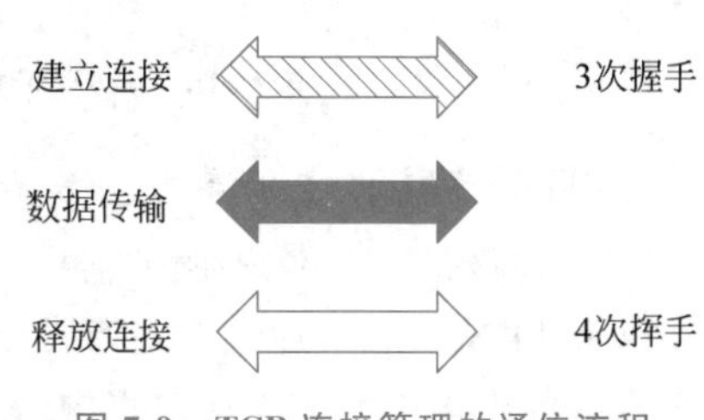

图7-9 TCP连接管理的通信流程

在建立连接时发送报文段的过程被称为握手，如同生活中，两人见面时，先握手打招呼，然后才开始谈正事。释放连接时，发送报文段的过程被称为挥手(这里的握手、挥手表明不是通信中的连接，只是建立关联关系)。

TCP 通过 3 次握手建立连接，然后双方传输数据，传输结束后，通过 4 次挥手释放连接，如图 7-10 所示。

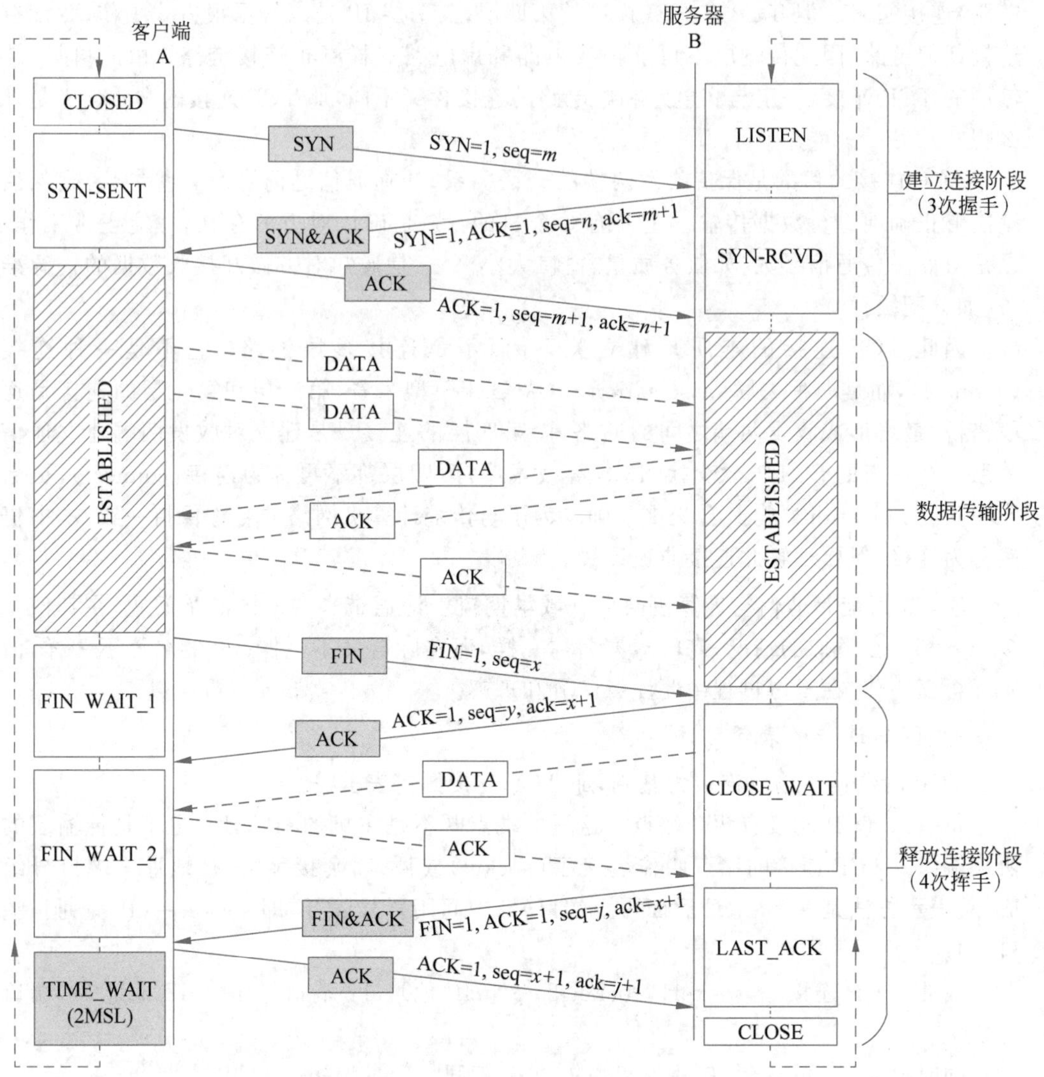

图 7-10 TCP 的 3 次握手、数据传输、4 次挥手过程

4. TCP 连接的建立流程

TCP 连接是针对客户-服务器模型的，服务器端的服务进程运行后，处于被动开启的状态(LISTEN 状态)，连接申请通常由客户端主动发起(主动发 SYN 报文)，服务器端响应客户端的连接申请。连接过程中最关键的标志位是 SYN，SYN＝1 的报文段则为连接报文。

（说明：后文中大写的SYN表示标志位，小写的seq表示报文头中的序号；大写的ACK表示标志位，小写的ack表示报文头中的确认号。）

TCP建立连接的过程设计为3次握手，如图7-10中建立连接阶段所示，下面介绍其具体过程。

第一次握手：A→B：SYN，由客户端发起连接请求，客户端向服务器发送SYN报文。客户端将标志位SYN置为1(指示该报文是建立连接的报文)，同时随机产生一个序号值(假设序号seq=m)，然后将该报文段发送给服务器，等待服务器的应答，客户端从CLOSED状态进入SYN_SENT状态。

这个报文中也可以携带客户端的MSS，与对方进行协商。当然，第一次握手发出后，客户端、服务器端都不知道这次连接能否建立成功。

第二次握手：B→A：SYN&ACK，由服务器端回应请求。服务器端收到报文段后，通过标志位SYN=1知道这是客户端请求建立连接，服务器将回应报文的标志位SYN置为1(指示该报文是建立连接的报文)，随机产生一个序号值(假设序号seq=n)，同时将ACK置为1(表示这是对第一次握手报文的应答)，确认号ack=$m+1$，然后将该报文段回送给客户端以确认连接请求，随后服务器端从LISTEN状态进入SYN_RCVD状态。这里的确认号ack=$m+1$，是因为TCP规定，SYN报文虽然不携带数据，但消耗一个序号。这个报文也可携带服务器的MSS值。

第三次握手：A→B：ACK，客户端回送确认报文。客户端收到确认后，检查ACK是否为1，ack是否为$m+1$，如果正确则将标志位ACK置为1(表示这是对第二次握手报文的应答)，确认号ack=$n+1$，然后将该报文段发送给服务器；服务器检查ACK是否为1，ack是否为$n+1$，如果是则连接建立成功，客户端和服务器都进入ESTABLISHED状态，完成3次握手。

至此，客户端和服务器端之间就可以开始传输数据了。

【知识链接】 横向对比一下，在电路交换中，通信两端的建立连接的信令只有两次握手，因为其传输信道是独占方式的实电路，其可靠性更高，也不存在失序的问题。可见，所有协议的设计都是根据其基础条件、应用场景和应用需求来综合考虑的。

5. TCP连接的释放流程

TCP连接的释放过程设计为4次挥手，可以由任一端发起(后面的分析中假设由A主动发起)。释放过程中最关键的标志位是FIN，FIN=1的报文段则为释放报文。

其他多数系统释放连接，只要两次挥手即可，如电话系统，任何一方发起释放请求，对方发送同意报文后，整个链路就全部释放了。而TCP连接的释放过程需要4次挥手，主要是因为TCP存在半关闭状态(不是因为TCP为全双工通信，需要双向分别释放)。存在半关闭状态的原因，是考虑到TCP是客户-服务器工作模式，两边的通信可能存在非同时结束的情况，如A不向B发送数据了，但B还需要向A发送数据。正因为考虑这种半关闭状态，TCP的释放对双向的通信分别进行释放，每个方向有两次挥手，全部释放需要4次挥手，其释放流程如图7-10中释放连接阶段所示。下面介绍其具体过程。

第一次挥手：A→B：FIN。若A不再发送数据，则A发起释放请求，它将TCP报文中标志位 FIN 置为 1(指示该报文是释放连接的报文),序号 seq=x(等于之前 A 端已传送过的数据的最后一个字节的序号加 1),然后将该报文段发送给 B,等待 B 端的回应,A 进入 FIN-WAIT-1 状态。

第二次挥手:B→A:ACK。B 收到连接释放报文段后,发送确认报文,确认号 ack=$x+1$(TCP 规定,FIN 报文段和 SYN 一样,即使不携带数据,它也消耗掉一个序号),序号 seq=y(等于之前 B 端已传送过的数据的最后一个字节的序号加 1),然后 B 进入 CLOSE-WAIT(关闭等待)状态。

此时从 A 到 B 这个方向的连接释放了,TCP 连接处于半关闭状态,即 A 不再发送数据,但 B 还可以发送数据,A 还可以接收数据。也就是说,A 到 B 方向关闭,B 到 A 方向还未关闭。

第三次挥手:B→A:FIN&ACK。当 B 的数据发送完毕后,B 发送 FIN=1 的报文给客服端 A,序号 seq=j(等于之前 B 端已传送过的数据的最后一个字节的序号加 1)请求释放连接。

第四次挥手:A→B:ACK。客户端 A 收到 B 发来的 FIN 报文后,发送 ACK=1 的报文以确认释放。

6. TCP 连接管理中需要注意的几个问题

弄清了 TCP 连接管理的基本流程后,还需要重点关注以下几个问题。

(1) TCP 连接管理中的报文序号。

在 TCP 的 3 次握手和 4 次挥手中,用了 SYN、SYN&ACK、FIN、FIN&ACK、ACK 五种报文。虽然 SYN、SYN&ACK、FIN、FIN&ACK 四种报文中没有用户数据,其数据序号应该不变。但 TCP 标准规定,SYN、SYN&ACK、FIN、FIN&ACK 四种报文占一个序号,因此其后的报文确认号(ack)都加 1。而 ACK 报文可以携带数据,TCP 标准规定,如果不携带数据则不消耗序号。

(2) SYN 中的初始序列号。

SYN 报文中的序号,不是每次都从 1 开始编号,而是采用随机生成算法生成初始化序号(Initial Sequence Number,ISN)。其目的一是防止接收旧 TCP 连接的数据导致数据错乱,二是从网络安全角度防止黑客攻击。

(3) TCP 释放连接时,若服务器端不需要半关闭状态,则 ACK 与 FIN 可以合并,一并发送 ACK&FIN 包,4 次挥手合并为 3 次挥手。

(4) TIME_WAIT 状态为何要维持 2MSL 时长?

一定要注意,在 TCP 连接释放中,当客户端 A 发送 ACK 确认应答后,TCP 连接并没有立即释放。必须经过 2MSL 的时间后,客户端才会进入 CLOSED 状态。

MSL(Maximum Segment Lifetime)即最长报文段寿命,是一个报文在互联网上生存的最长时间,超过这个时间将在网络中消失。MSL 在 RFC 793 和 RFC 1122 中建议是 2 分钟,而伯克利的 TCP 实现使用 30 秒,因而,TIME_WAIT 状态一般维持在 1 分钟或 4 分钟。

TIME_WAIT 状态维持 2MSL 的原因如下:

① 可靠地实现 TCP 连接的终止。

在 TCP 连接的释放过程中，最后的 ACK 是由主动关闭端（这里假设为 A）发出的，如果这个 ACK 丢失，那么处在 LAST-ACK 状态的 B 端收不到确认报文 ACK，就会在超时后重发 FIN&ACK 报文。如果此时 A 端不维持 TIME_WAIT 状态，而是发送 ACK 后直接关闭，那么就无法收到 B 重发的 FIN&ACK 报文段，也不会再发送一次 ACK 确认报文段。这样，B 就无法按照正常步骤进入 CLOSED 状态。

② 确保超时重复报文在网络中消失。

超时重复报文出现的情况是：由于 TCP 下的网络层 IP 包采用面向非连接的数据报工作方式，所以会出现失序、超时的报文，若某个报文在网络中超时，TCP 发送方会重新发送该报文，则第一个报文为超时重复报文，该报文最终还是会被送到接收方。如果在关闭一个 TCP 连接后，马上又重新建立起一个相同的 IP 地址和端口之间的 TCP 连接，那么这时前一次连接的超时重复报文到达接收方，接收方会把它当作本次连接的数据接收下来，从而造成错误。为了避免这个情况，TIME_WAIT 状态持续 2MSL，MSL 是一个报文在互联网上生存的最长时间，2MSL 足够让某个方向上的分组最多存活 MSL 即被丢弃，另一个方向上的应答最多存活 MSL 也被丢弃，这就可以保证当成功建立一个新 TCP 连接时，前一次连接的超时重复报文已经在网络中全部消失。

♥**【技术思想启发】** UDP 如同生活中逛商场，想去就去，想走就走，不用事先约定。TCP 则是生活中的绅士，非常注重礼仪，谈话之前会先打招呼，谈话结束要相互说再见。生活中也偶尔遇到有人打电话结束时，不说再见词、结束语，直接就挂机了，这是非常不礼貌的行为，也让对方感觉很不舒服。有时对方还想说另一件事，但被直接挂机了，只好再次打电话沟通。打电话别学 UDP，要学 TCP。

7.4.5 TCP 的差错控制

差错控制是对传输中产生的差错进行控制，保证接收的数据完整、准确的方法。在可靠传输的四大措施中，连接管理、流量控制、拥塞控制是保障手段，差错控制是最直接的对错误数据的处理手段。

1. 差错控制方式

差错控制的基本方法分为前向纠错和反馈重发两种。前向纠错是在信息中加入带有编码信息的冗余码，接收方通过算法找出错误码并加以纠正的技术，其核心是编码算法，因此前向纠错也称为前向纠错编码（Forward Error Correction，FEC），它以加入冗余码为代价。前向纠错主要用于物理层和链路层的差错控制，特别是在单向通信信道中，无法请求重新传输的情况。反馈重发（Automatic Repeat Queuing，ARQ）是接收方发现数据有错时，向发送方发送反馈信号通知发送方重发的一种差错控制方式。

差错控制不只是在传输层做，TCP 网络模型的各层都可以做差错控制。第 5 章介绍的链路层的差错控制侧重于局部链路质量导致的差错（如因为线路噪声所引起的差错），其解决方法重点在改善编码方式，提高抗干扰性能，可以采用前向纠错或反馈重发的方式。传输层的差错控制侧重于全局网络质量所引起的差错，它不关心底层的编码方式，多采用反馈重发的方式。

具体的差错控制方法见5.1.3节。

需要说明的是，TCP的累计确认机制实际是回退N式ARQ。细心的读者肯定发现，在图5-17中，从DATA2出错到重发DATA2经历了很长时间，中间已经传输了多个正确的报文段，反馈了多个ACK2，浪费了很多时间，效率不高，为何不及时告知发送方DATA2出错呢？这是因为TCP是只回复ACK的系统（见7.4.3节介绍的报文格式，只有ACK字段，没有NAK字段）。因此TCP在选项中增加了选择性确认（Selective Acknowledgment，SACK）机制，由接收方通知发送方哪些数据丢失或出错，让对方只发送出错或丢失的包，这种方式避免了不必要的重传，提高了传输效率。SACK是通过在TCP首部选项中设置相应字段来实现的，由于TCP是面向字节流的，因此其反馈的信息不是简单的包序号，而是字节流的首尾边界值。从广义上看，SACK可被看作是一种专用的NAK包。

2. 超时重传的时间选择

超时重传是ARQ中重要的一环，发送方每发送一个报文段就启动一个计时器，如果在规定的时间内没有收到该报文段的确认报文就要重传该报文段。

基本的超时规则是超时重传时间（Retransmission Time Out，RTO）大于往返时间（RTT）。

对于实电路和虚电路系统，其RTT波动不大，可以直接固定一个RTO值，这非常简单。但是网络层采用IP协议时，它以数据报方式工作，每个IP数据包的通信路径不固定，RTT时间则是随着网络状况不断变化的，甚至波动很大。因此不能取一个固定的RTO值，而是希望RTO与实际的RTT接近，让RTO始终保持约大于RTT的时间。由于IP网络的原因，RTT是一个动态变化的随机变量，因此RTO的选择成为TCP最复杂的问题之一。

这里涉及RTT和RTO两个数值的计算。

1）RTT的计算

因为RTT是波动变化的，TCP采取自适应的算法，将历史RTT值和当前RTT值通过加权平均算法得到一个平滑的往返时间RTT_S。在RFC 793中，RTT_S的计算公式是：

$$\text{新 }RTT_S\text{ 值}=(1-\alpha)\times\text{旧 }RTT_S\text{ 值}+\alpha\times\text{新 RTT 样本值} \tag{7-1}$$

式中，α是一个平滑因子，代表新RTT样本所占的比重，$0\leqslant\alpha<1$。若α接近0，则表示新RTT样本值影响不大，新RTT_S值与旧RTT_S值很接近；反之，若α接近1，表示新RTT样本值影响很大，新RTT_S值与旧RTT_S值变化很大。RFC 6298推荐的α值为1/8。用这种方法计算得出的各个时刻的RTT_S值更加平滑，更加接近当时的网络情况。

2）RTO的计算

计算出RTT_S值后，问题就简单了，只要RTO大于RTT_S值就行了。但问题是，RTO比RTT_S大多少才是合适的。

最初的设计是RTO=2RTTs，1988年又提出平均偏差的新算法，将RTTs与RTT

的偏差考虑进来，用 RTT_D 来表示。RFC 6298 建议：当第一次测量时，RTT_D 值取为测量到的 RTT 样本值的一半。在以后的测量中，按照下式计算加权平均的 RTT_D：

$$新\ RTT_D = (1-\beta)\times 旧\ RTT_D + \beta \times |RTT_S - 新\ RTT\ 样本值| \tag{7-2}$$

式中，β 是一个小于 1 的系数，推荐值为 1/4。

计算出 RTT_D 后，再用它来计算 RTO。RFC 6298 建议的 RTO 计算公式为：

$$RTO = RTT_S + 4\times RTT_D \tag{7-3}$$

至此，就得到了一个比较满意的 RTO 值，使超时重传的时间能动态匹配网络的变化情况。

实际上，还有一个重要问题。前面只考虑了正常的网络波动情况，没考虑 ARQ 中重传的报文段如何计算其 RTT 值。假设发送方发送了一个报文段，但在重传定时器内没有收到该报文段的确认报文，于是重新发送该报文段，经过了一段时间后，发送方收到了一个确认报文。这时问题就来了，这个确认报文到底是对第一个报文段的确认，还是对重传报文段的确认？

如果收到的确认报文段是对重传报文段的确认，但被发送方认为是对原报文段的确认，则这样计算出的 RTT_S 和 RTO 值肯定会偏大。若收到的确认是对原报文段的确认，但被当成是对重传报文段的确认，则由此计算出的 RTT_S 和 RTO 都会偏小。

其解决方法是，报文段每重传一次，就把 RTO 增大一些。

$$新\ RTO\ 值 = \gamma \times (旧\ RTO\ 值) \tag{7-4}$$

式中，系数 γ 的典型值为 2，取新的重传时间为旧的重传时间的 2 倍。

当不再发生报文段的重传时，才根据式(7-3)计算超时重传时间。

7.4.6 TCP的流量控制

视频

1. 为什么要做流量控制

前面讲过，实际的通信系统中收发双方的缓存区是有限的，如果发送方发送报文段的速度超过接收方的接收和处理速度，则缓存区很快会溢出，如果此时发送方继续发送报文段，则接收方会因为缓存区溢出而丢包。所以接收方一定要在缓冲区快满的时候通知发送方降低发送速度，这就是流量控制。其目的是让发送方根据接收方的实际接收能力来控制发送的数据量。

2. 滑动窗口

流量控制通过大小可变的滑动窗口来实现。所谓“窗口”，是限制发送量的一个形象说法，其实质是通信双方为本次 TCP 通信预留的物理缓冲区大小，窗口大小的单位是字节。TCP 根据接收方当前能够接收的最大字节数来控制对方的发送量，所以接收方的窗口又称为通知窗口。在通知窗口里写入允许对方发送的最大字节数。

TCP 在连接建立时双方分配一定的缓冲区大小来容纳相互收发的数据，并且通知对方。在通信过程中，接收方根据剩余缓冲区大小，动态地改变自己的接收窗口（可以增大，也可以减小），并通知发送方让其调整发送窗口。

发送窗口的参数有窗口大小、窗口前沿、窗口后沿、已发送窗口大小、可用窗口大小，如图 7-11 所示。TCP 是面向字节流的传输方式，因此，其窗口参数的单位都是字节，不是报文号。窗口大小是允许发送的总大小，窗口后沿是接收方期望收到的字节号，窗口前沿是后沿号加窗口大小后的值。已发送窗口大小是已发送但还没收到确认的字节数，可用窗口大小是还允许发送的字节数。

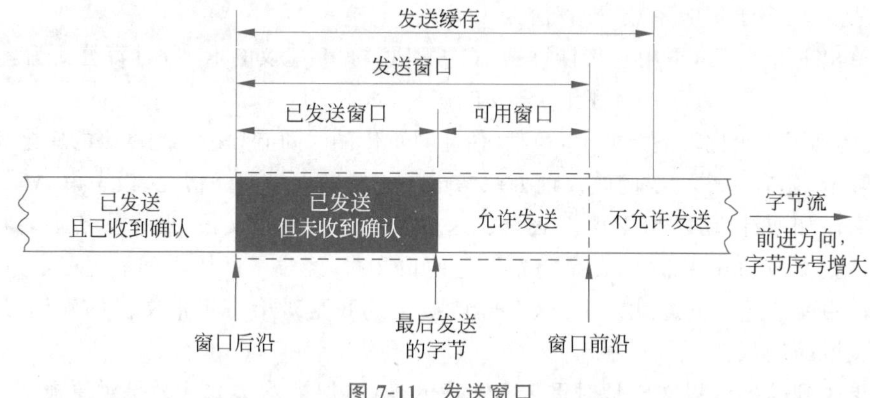

图 7-11　发送窗口

窗口滑动和窗口大小变动的情况与收到的确认字节量和新窗口值大小有关。如果收到的新窗口大小未变化，那么已发送窗口的报文段被确认后，这部分数据从缓冲区中删除，窗口后沿和前沿同步往前移动。如果收到确认字节量和新窗口大小都变化，则窗口变动情况比较复杂，但总的变化是，窗口后沿根据收到的确认字节量往前移动，移动的量等于确认字节量，窗口前沿由窗口后沿加新的窗口大小决定。

接收窗口的大小等于接收缓存容量减去已按序到达正确接收但还没交付给应用层的数据大小。窗口的后沿就是接收方下一个期望收到的字节号，该字节号在 ACK 中传输，告诉发送方，该序号以前的所有数据都接收正确。窗口前沿由缓存区大小决定。在选择重发方式时，缓存区中还暂存着未按序到达的数据，如图 7-12 所示。

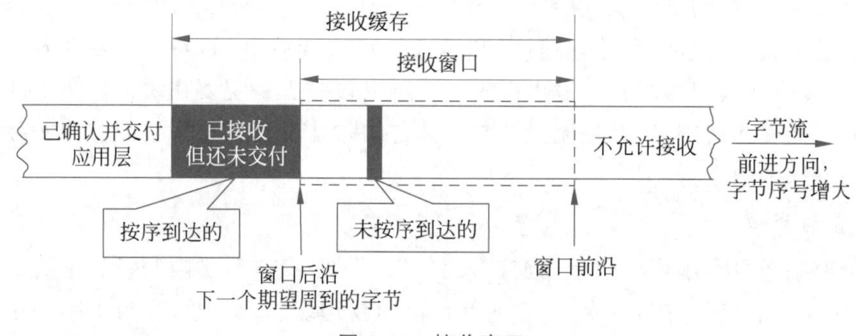

图 7-12　接收窗口

3. 流量控制的方法

TCP 利用滑动窗口方法来实现对发送方的流量控制，这里最重要的参数是发送窗口的大小。因为发送窗口大小不能超过接收方给定的允许接收窗口大小，所以发送窗口受对方接收窗口大小的限制。同时，发送窗口还要受拥塞窗口（即网络允许的最大传输值，详见 7.4.7 节）的限制。即

$$\text{发送窗口} = \text{Min}[\text{接收窗口}, \text{拥塞窗口}] \tag{7-5}$$

也就是接收窗口和拥塞窗口中最小的一个限制发送窗口大小，相当于瓶颈效应。

流量控制过程涉及窗口数值和报文序号的关系判断，描述起来不直观，不便于理解，下面以图7-13的例子来说明流量控制的工作方法。

假设发送方收到的接收窗口大小为 Rwnd＝500B，则发送方的发送窗口 Twnd≤500B。假设拥塞窗口 Cwnd＝550，则 Twnd＝Min(Rwnd，Cwnd)＝500B。设每个报文段的大小为100字节（这只是便于讨论，实际的报文段大小是变化的）。同7.4.4节一样，图7-13中的ACK表示TCP首部中的标志位，ack表示确认号。

图7-13 流量控制方法实例

TCP的初始序号是通过算法随机生成的，假设A初始序号为5201，则

①号报文段发送5201～5300B，剩余的可用窗口为400B，此时的窗口后沿是5201B，前沿是5701B。

②号报文段发送5301～5400B，剩余的可用窗口为300B。

③号报文段发送5401～5500B，剩余的可用窗口为200B。

④号报文段是A收到B发来的确认报文，包含两个信息：第一个是确认序号5401，表示5401号以前的全部数据接收正确（这里是5201～5400B的都接收正确），5401是接收方期望的下一个接收序号，也就是窗口后沿移动到5401B。第二个信息是收到新的接收窗口值 Rwnd＝400，也就是5401～5800共400B，窗口前沿变为5801B。

⑤号报文段发送5501～5600B，剩余的可用窗口为200B。但该报文段在B接收时出错，B直接丢弃。

⑥号报文段发送5601～5700B，剩余的可用窗口为100B。

⑦号报文段是A超时重传的③号报文段5401～5500B，它是已发送窗口中的数据，因此不影响可用窗口的大小。

⑧号报文段发送5701～5800B，剩余的可用窗口为0，即使此时缓存区还有数据待发送，也不允许再发送了。

⑨号报文段是A超时重传的⑤号报文段5501～5600B，它是当前窗口5400～5800B

的旧数据,可以发送。相当于在接收方是为它预留有缓存空间的,而新的数据(大于序号5800后的数据,接收方没有其缓存空间,因此不允许发送。

⑩号报文段是A收到B发来的确认报文,也包含两个信息：第一个是确认序号5801,表示5801号以前的全部数据接收正确(这里是5401～5800B的都接收正确),5801是其期望的下一个接收序号,也就是窗口后沿移动到5801B。第二个信息是收到新的接收窗口值Rwnd＝0,也就是此时确认了前400B的数据,还是不允许发送新数据,窗口前沿仍然为5801B。

图7-13的例子反映了如下几个要点：

(1) ①②③号报文的确认不是每个报文都发送确认,而是累积确认。但接收方不能过分推迟发送确认,否则会导致发送方不必要的重传。RFC 1122规定,若收到一连串具有最大长度的报文段,则必须每隔一个报文段就发送一个确认,确认推迟的时间不应超过0.5秒。

(2) 接收窗口的大小会随时发生变化,图7-13从最开始的500B变为400B,最后变为0字节,例子中是逐渐变小,当然也可以变大。

(3) ⑧号报文段值得注意,在⑦号报文段发送后,可用窗口变为0,不允许在发送新数据的情况下,⑧号报文段依然发送了,是因为它发送的超时重传的旧数据。

(4) A收到⑨号报文段发来的零窗口,不允许发送数据了。想想什么时候才能重新发送数据?

4. 零窗口死锁问题

在图7-13中,A收到零窗口的报文段,不能主动发送数据,必须等到B发来新的窗口值,才能重新发送数据。B发送零窗口的消息是因为它没有缓存空间了,等待它将缓存中的数据上交给应用层后,腾出一些缓存空间,B向A发送新的接收窗口值,如Rwnd＝500B。A收到该报文后,又可以发送5800～6300B的数据。

这是正常的情况,但通信过程总是很复杂的,设计协议时要充分考虑非正常情况。这里可能出现的非正常情况是,B向A发送Rwnd＝500B的报文在通信过程中丢失了。B认为已发送了非零窗口的通知,等待A重新发送数据,但A没有收到非零窗口的通知,一直不能发数据。双方就这样一直等待下去,进入互相等待的死锁状态。

如何解决这个问题?

想想前面超时重传的机制,也是得不到明确的报文通知信息,借用双方共有的时间量来解决。这是通信中常用的方法,在很多地方都会采用类似的方法。

TCP的设计者为TCP的每一个连接设计了一个持续计时器。当TCP连接的一方收到对方的零窗口通知,就启动持续计时器。在持续计时期间,收到非零窗口的通知,则该计时器清除。若一直没收到非零窗口通知,则持续计时器到期时,发送方主动发送一个零窗口探测报文段(仅携带1字节的数据。TCP规定,即使设置为零窗口,也必须接收以下几种报文段：零窗口探测报文段、确认报文段和携带紧急数据的报文段),接收方在确认这个探测报文段时就给出了新的窗口值。此时存在两种情况：一是新窗口仍然是零,那么发送方收到这个报文段后再次设置持续计时器；二是新窗口不是零,则退出死锁状态,进入正常通信。

7.4.7 TCP的拥塞控制

1. 为什么要做拥塞控制

有了流量控制，为何还要拥塞控制？拥塞控制与流量控制有何区别？

从位置上看，流量控制的着眼点是接收方控制发送方的通信量，是控制某个 TCP 连接两端的通信量，属于端到端的控制，它不关注整个网络的情况，其目的是让发送方根据接收方的实际接收能力来控制发送的数据量，以便接收方来得及接收和处理。拥塞控制的着眼点是整个网络，特别是网络中的全部通信链路和路由节点，其目的是防止网络中的通信链路和路由节点过载，它不关注各个终端(虽然网络流量是各个终端流量引起的)。

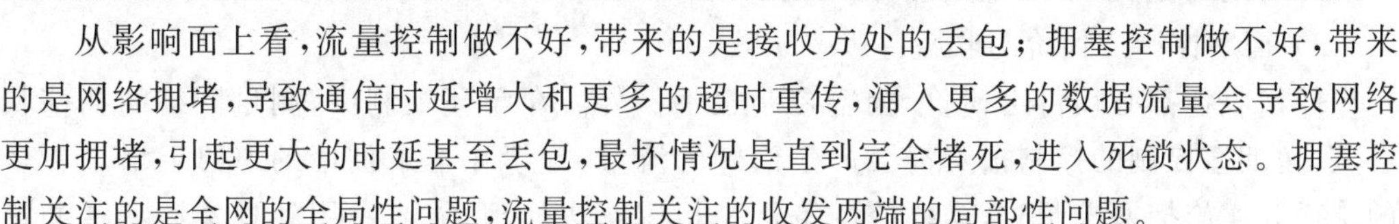

从影响面上看，流量控制做不好，带来的是接收方处的丢包；拥塞控制做不好，带来的是网络拥堵，导致通信时延增大和更多的超时重传，涌入更多的数据流量会导致网络更加拥堵，引起更大的时延甚至丢包，最坏情况是直到完全堵死，进入死锁状态。拥塞控制关注的是全网的全局性问题，流量控制关注的收发两端的局部性问题。

同时，流量控制与拥塞控制又具有密切的关系，二者共同影响网络通信的时延和丢包情况。前面讲过，发送方的发送窗口由流量控制的接收窗口和拥塞控制的拥塞窗口共同决定。

2. 拥塞控制的思路

1）出现拥塞的条件

拥塞是指用户对网络资源(包括链路带宽、节点的缓存空间和处理器处理能力等)的需求超过了网络能提供的可用资源，导致网络性能变差。拥塞是一种过载的网络状态，由于 IP 网络工作于数据报的通信方式，容易拥塞是其固有的属性。

总体来说，发生网络拥塞的原因是：用户产生的网络负载大于网络的资源容量和处理能力。

虽然说网络拥塞是因为网络的可用资源不满足用户对资源的需求造成的，但因为网络拥塞是一个涉及全局、涉及多因素、实时变化的、动态变化的系统级复杂问题，所以不能简单地通过扩充资源来解决。简单地扩充资源只是头痛医头、脚痛医脚，不能解决根本问题，反而可能进一步加剧拥塞。扩充资源是解决静态容量不足问题的方法，而不是解决网络拥塞问题的方法。

从表象上看，拥塞是因为可用资源不足造成的，但其实质是整个网络资源与用户需求不匹配、不平衡带来的。因此拥塞控制的基本思路不是不断地扩充资源，而是控制平衡，让网络有多大能力就配多大负载。

一旦网络过载，造成拥塞，就很容易进入恶性循环，进一步加剧网络拥塞。前面讲过，因为网络拥塞造成超时或丢包，则 TCP 会产生更多的超时重传报文，导致网络过载程度更高，引起更严重的拥塞。

刻画网络拥塞的主要指标有丢包率、超时重传的分组数、平均分组时延、分组时延的标准差等，这些指标越高，表明拥塞越严重。

2）拥塞控制的宏观方法

拥塞是一个全局性问题，拥塞控制就是一个全局性控制问题。从宏观控制的角度看，拥塞控制分为开环控制和闭环控制两种方法。

开环控制着眼于事前，是在设计网络时事先将有关发生拥塞的因素考虑周到，力求网络在工作时不产生拥塞。类似于城市规划，在城市建设之初从总体上规划好，可减少城市运行时的交通拥塞。

闭环控制着眼于事中，是基于实时反馈获取网络状态，再采取相应处理措施。

开环控制重在预防，闭环控制重在救治，一般而言，预防优于救治。但拥塞控制是全局性动态问题，会随着用户需求的变化而变化，即使开环控制做得非常好，也会随着时间变化而产生拥塞，因此闭环控制也十分必要。开环控制是网络规划与设计的内容，不在本书的讨论的范围，下面重点针对闭环控制来分析。

3）拥塞控制的代价与收益

任何收益都必须付出代价，拥塞控制也不例外。在闭环控制中，测量网络的拥塞状态、发送拥塞控制的控制报文都会产生额外的流量，等于在本来拥堵的道路上增加更多的流量。实施拥塞控制时，需要控制策略和相应算法处理，需要占用处理资源和缓冲资源。这些都是付出的代价，但换来的好处是，不至于让网络进入恶性循环，阻止网络性能进一步恶化。

下面通过图 7-14 来分析拥塞控制的代价和收益。图 7-14 中横坐标为网络负载量，表示单位时间内输入网络的数据流量，纵坐标为网络吞吐量，表示单位时间内从网络输出的数据流量。

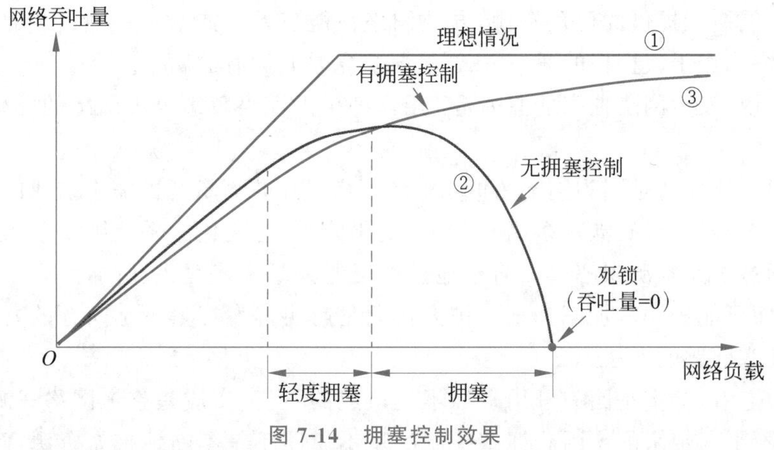

图 7-14　拥塞控制效果

图 7-14 中①号曲线是理想的拥塞控制曲线，在没达到最大吞吐量之前，有多大的负载就有多大的吞吐量，达到最大吞吐量之后，尽管负载继续增加，网络吞吐量也能保持在最大吞吐量的位置，不随负载增加而恶化。当然这只是理想情况，实际不可能达到这样的效果。

图 7-14 中②号曲线是无拥塞控制曲线，当网络负载很小时，网络吞吐量也随着网络负载增加而增加，但不再是等比例增加，网络吞吐量的增加速率会逐渐减小。表明在还未达到网络最大吞吐量时，就开始有部分负载被网络丢弃。（结合前面分组交换的特点想想为什么会出现这种情况。）随着网络负载的增加，吞吐量的增加速率继续减小，网络进入轻度拥塞状态。更重要的是，当网络负载继续增大，达到某一数值时，网络吞吐量不

升反降，网络进入拥塞状态。由于没有拥塞控制，所以网络拥塞情况会快速进入恶性循环，如果网络负载继续增加，最终网络吞吐量急剧下降直至为零，导致网络完全无法工作，进入死锁状态。

图 7-14 中③号曲线是增加了拥塞控制功能后的拥塞控制曲线，其效果是随着网络负载的增加，网络吞吐量一直在增加，即使达到了前面的拥塞甚至死锁状态下的网络负载量，其网络吞吐量仍然可以保持，而不会急剧下降。这就是增加拥塞控制后换来的收益。其代价是什么？代价是在网络负载量小时，其实际网络吞吐量低于无拥塞控制下的吞吐量。

♥**【技术思想启发】** 在图 7-14 中，①号是理想，②③号是现实，"理想很丰满，现实很骨感"。②③号从技术角度反映了"量变与质变、2/8 原则、自律与放纵"的科学规律。我们的学习、工作甚至整个人生都要努力通过自律控制朝着③号曲线去走，千万不能只顾眼前利益、贪小利、无节制，否则就会朝着②号曲线去。

3. TCP 的拥塞控制方法

TCP 具体采用的拥塞控制方法是让每一个发送方根据所感知的网络拥塞情况来限制其发送流量。其基本思路是：若发送方感知网络没有拥塞，则增加发送量；若感知网络有拥塞，则降低发送量。要达到这个目标，需要解决两个问题：一是如何感知网络的拥塞状况？二是感知到网络有拥塞时，具体用什么算法来改变发送量？

先分析思路。第一个问题，一种方式是主动发送探测包，但这样会对网络造成更多的非业务包。另一种方式是利用业务包的确认报文来判断，如果网络拥塞，会造成丢包，利用发送方的超时重传计时器可判断是否丢包，或者收到连续 3 个重复的 ACK（TCP 支持的快速重传机制，接收方连续发送 3 个重复的 ACK，通知发送方重发，后面会讲），TCP 巧妙地利用现有条件来感知网络的拥塞状况（这只是思路，具体的方法见后）。第二个问题，是需要设计一个合理的算法，既让网络不出现拥塞，又能充分利用网络的可用资源。

为便于讨论，假设接收方的缓存区足够大，以至于可以忽略接收窗口的限制，则发送窗口的大小由拥塞窗口来决定，由此将问题聚焦到拥塞控制上来。

实际的 TCP 拥塞控制算法包含 4 部分：慢启动（slow start）、拥塞避免（congestion avoidance）、快速重传（fast retransmit）、快速恢复（fast recovery）。

1）慢启动

为什么采用慢启动？因为用户不知道网络实际的可用资源大小和当前拥塞情况，因此采用试探性的方法，从小数据量开始，在收到这些报文段的确认后，再逐渐增加发送的数据量，直到达到了某个原先设定的门限值。

具体的方法是：

（1）刚建立 TCP 连接时，发送方将"拥塞窗口"设置为 1 个 MSS，Cwnd=1，也就是开始时它只发送一个大小为 MSS 的报文段。

（为了避免 TCP 报文段长度过大导致网络层会分片而降低效率，TCP 选项中设计了 MSS，它表示 TCP 传向另一端的最大数据的长度。它等于将 MTU 减去 IP 头和 TCP 头之后的大小，这样一个 MSS 刚好能装进一个 MTU 中而不会做分段处理。在建立 TCP 连接的 SYN 报文中，连接的双方都要通告各自的 MSS。）

说明：后面所有 Cwnd 的值都是表示多少个 MSS，Cwnd＝n，则表示 n 个 MSS。

(2) 若发送方在超时定时器到期前收到了该报文段的确认报文，则发送方将“拥塞窗口”大小增加一个 MSS，即 Cwnd＝2，发送 2 个 MSS 大小的报文段。

(3) 若发送方在超时定时器到期前收到了这 2 个 MSS 报文段的确认报文，则“拥塞窗口”大小再增加两个 MSS(此时相当于可连续发送 4 个 MSS)，即 Cwnd＝4，以此类推，如图 7-15 所示。图 7-15 中 M 代表 MSS，开始时，发送方的 Cwnd＝1，发送一个 MSS(M1)，发送方收到 M1 的确认报文后，Cwnd＝2，连续发送 2 个 MSS(M2 和 M3)，发送方收到 M2 和 M3 的确认报文后，Cwnd＝4，再连续发送 4 个 MSS(M4～M7)，当收到 M4～M7 的确认报文后，Cwnd＝8，连续发送 8 个 MSS(M8～M15)，以此类推。

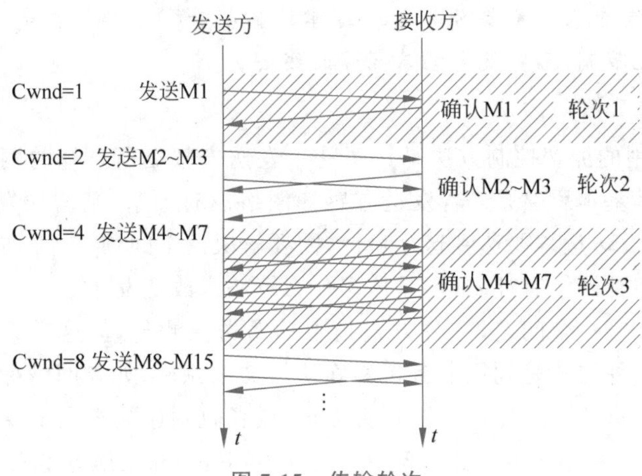

图 7-15　传输轮次

图 7-15 中使用了传输轮次的概念，一个传输轮次所经历的时间其实就是往返时间 RTT。在轮次 2 中，拥塞窗口 Cwnd 的大小是两个报文段，即在一个往返时间内，发送方连续发送了两个报文段，并收到这两个报文段的确认报文。

使用传输轮次有两个作用：一是强调在一个传输轮次内报文段的连续发送；二是在后面拥塞避免算法中作计算单位。

在慢启动中，每一轮次中，发送方每收到一个报文段的确认报文就使发送方的拥塞窗口加 1。这样每经过一个传输轮次，拥塞窗口 Cwnd 就加倍，按照二进制指数增长。

注意，从轮次的角度看，这里的“慢”容易引起误解，其实是“开始的起点低，但增长快(指数增长)”。

在慢启动阶段，报文段发送量每一轮按照二进制指数规律增长，其速度很快，但不可能这样一直增长下去，否则网络很快就会发生拥塞。为了防止拥塞窗口增长过快引起网络拥塞，需设置一个慢启动门限(Slow Start Threshold，ssthresh)，当 Cwnd≥ssthresh 时，使用拥塞避免算法。

此外，还有两种方式也可结束指数增长趋势。

第一种方式是，若在慢启动阶段出现一个**丢包事件**(即发生拥塞)，则 TCP 发送方将 ssthresh 变更为当前 Cwnd 值的一半，并将新的 Cwnd 设置为 1，重新开始慢启动过程。

第二种方式是，若发送方**收到3个重复ACK**(算上之前的一个ACK，共4个ACK)，则TCP执行快速重传并进入快速恢复状态(具体方法见后)。

总的来说，**结束慢启动阶段的指数增长共有3种方式**：Cwnd达到ssthresh门限，出现丢包超时，收到3个重复ACK。

2) 拥塞避免

拥塞避免的基本思想是减缓报文段发送量的增长速度，不再是慢启动阶段那样指数增长。当Cwnd≥ssthresh时，每一轮(每经过一个RTT)拥塞窗口Cwnd的大小仅加1(从指数增长减缓为加法增长)，即开始小步增大，去试探网络能够承受的通信流量。在这个阶段，拥塞窗口的变化过程称为**加法增大**。

在拥塞避免阶段，若出现一个丢包事件(即发生拥塞)，则TCP发送方将ssthresh变更为当前Cwnd值的一半(称为**乘法减小**，乘以0.5)，并将新的Cwnd设置为1，重新开始慢启动过程。

图7-16是"慢启动"和"拥塞避免"算法过程的一种示例。图7-16中横坐标是传输轮次，纵坐标是拥塞窗口Cwnd的大小。TCP建立连接时，ssthresh=16，Cwnd设置为1，开始慢启动过程，每轮次按照二进制指数增长。

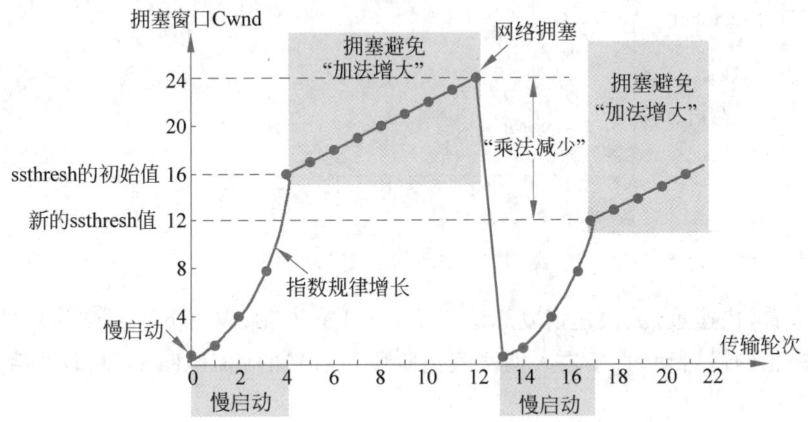

图7-16 "慢启动"和"拥塞避免"算法过程示例

经过4轮后，拥塞窗口Cwnd=16，达到ssthresh门限，转入拥塞避免阶段，每轮次Cwnd值加1，拥塞窗口做加法增大。

假设当拥塞窗口Cwnd=24，当网络出现丢包超时，判断为网络拥塞，发送方将ssthresh变更为当前Cwnd值的一半，ssthresh=12，并将新的Cwnd设置为1，重新开始新一次的慢启动过程。这是早期TCP Tahoe的做法。

3) 快速重传

若有时个别报文段在网络中丢失，但实际并没有发生拥塞，如果这时认为网络发生了拥塞，则重新开始慢启动，把拥塞窗口Cwnd又设置为1，一下子就回到最初点，则大大降低了传输效率。在TCP系统中，设计了快速重传机制，发送方只要连续收到3个重复的ACK确认报文，就立即进行重传，不用等到超时才重传，可提高一定的效率。

快速重传算法的思路是让发送方尽早知道发生了个别报文段的丢失。采取的方法是：当接收方收到一个不是按序到达的数据段时，接收方立即回送一个重复 ACK 数据段，而不用等到有数据需要发送时才进行捎带确认。发送方收到 3 个重复 ACK 确认报文后，即认为对应"确认号"字段的数据段已经丢失，不用等重传定时器超时就重传"确认号"标识的数据段。使用快速重传可以使整个网络的吞吐量提高约 20%。

4）快速恢复

TCP 在执行快速重传时，发送方收到 3 个重复的 ACK 确认报文就知道只是丢失了个别报文段，于是不执行慢启动，而是执行快速恢复算法。快速恢复算法的方法是：发送方将 ssthresh 变更为当前 Cwnd 值的一半，并将新的 Cwnd 也设置为当前 Cwnd 值的一半(不是设置为 1)，跳过慢启动过程，直接进入拥塞避免阶段的加法增大。如图 7-17 所示，Cwnd＝24 时，收到 3 个重复的 ACK 确认报文，ssthresh＝12，同时 Cwnd＝12。

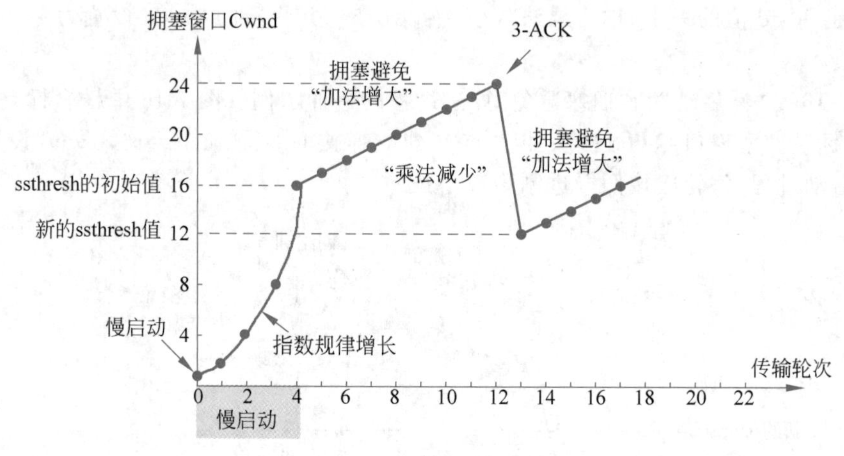

图 7-17　快速恢复算法示例

总体来看，快速重传、快速恢复算法不像"超时重传"那样一下子回到最低的起点，而是跳过新一轮的慢启动，直接进入拥塞避免阶段。后来的 TCP Reno 版本采用了这两种算法。

视频

7.5　SCTP 协议

大多数计算机网络的书籍中都讲，传输层有面向连接的 TCP 和面向非连接的 UDP 协议，容易认为所有的传输层都只有这两种协议。其实 TCP、UDP 只是常见的两种协议(对应两种服务)，实际还有其他协议。

在通信领域，TCP、UDP 提供的两种服务不满足通信的质量要求，于是又设计了一种适合通信要求的协议，称为流控制传输协议(Stream Control Transmission Protocol，SCTP)。SCTP 在早期的 SS7 信令网和现在的 4G、5G 移动网络中都有应用。

SCTP 位于无连接的网络层与 SCTP 用户层之间，无连接网络层可以是 IP 网络或者其他网络，如图 7-18 所示。SCTP 通过在两个 SCTP 端点之间建立偶联，为两个 SCTP 用户之间提供可靠的消息传送业务。

应用层	H.248、H.323、IUA、M3UA
运输层	UDP、TCP、**SCTP**
网络层	网络层
数据链路层	底层局域网或广域网技术
物理层	

图 7-18 SCTP 在网络模型中的位置

7.5.1 SCTP 的目的

TCP 和 UDP 是针对普通数据通信设计的两种协议：一个针对可靠传输服务，另一个针对实时传输服务，主要是针对终端用户设计的。但通信领域还有一种针对网络控制的信令服务，对可靠性、实时性以及安全性要求都很高，传统信令服务的传输是在面向实连接的同步时分复用链路上进行的，其可靠性和实时性都很好。但随着通信网络的全 IP 化，信令服务也必须在 IP 网络上传输，但 TCP 和 UDP 不能满足信令服务的传输要求。主要表现在：UDP 是无连接的传输协议，无法满足信令服务的可靠性要求。TCP 协议是面向连接的传输协议，其可靠性可以满足用户级的可靠，但不能满足信令级的可靠，也达不到信令的实时性要求。且 TCP 具有行头阻塞、支持多归属比较困难、易受拒绝服务攻击(DoS)等缺陷，其面向字节流的传输机制也使上层应用复杂化。因此，RFC 2960 制定了面向连接的基于分组的可靠传输协议 SCTP。

SCTP 对 TCP 的缺陷进行了完善，使得信令传输具有更高的可靠性，其设计包括适当的拥塞控制、防止泛滥和伪装攻击、更优的实时性能和多归属性支持。SCTP 作为新一代基于 IP 层的通用传输协议，也更能满足工业以太网通信的需要。

♥**【技术思想启发】** 从这里可以看到，技术是灵活的，技术也是为应用服务的，有什么应用需求，就对应设计什么技术，或者说，所有的工程技术都是有应用背景的，不是空洞无用的技术。

7.5.2 SCTP 的主要术语

1. 传输地址

传输地址是用网络层地址、传输层协议和传输层端口号定义的。当 SCTP 在 IP 上运行时，传输地址就是由 IP 地址和 SCTP 端口号的组合来定义的。SCTP 的传输地址与 TCP 的 socket 地址类似，一个 SCTP 传输地址由一个 IP 地址加一个 SCTP 端口号组成。SCTP 端口号和 TCP 端口号是一个概念，用来识别同一地址上的用户。

2. 主机和端点

主机是一个典型的物理实体，配有一个或多个 IP 地址。

端点(Endpoint)是 SCTP 的基本逻辑概念，是 SCTP 分组中逻辑的接收方或发送方，是一个典型的逻辑实体。SCTP 端点使用的传输地址必须是唯一的，由一个传输地址(IP 地址＋SCTP 端口号)唯一标识。一个 SCTP 端点使用的所有传输地址必须使用相同的端口号，但**可以使用多个 IP 地址**。因此**一个主机上可以有多个端点**。

3. 偶联(Association)

偶联是在两个 SCTP 端点间的一种对应关系，它包括了两个 SCTP 端点以及包括验证标签和传输顺序号码等信息在内的协议状态信息。

偶联是两个 SCTP 端点通过 SCTP 规定的 4 步握手机制建立起来的进行数据传递的逻辑联系。

SCTP 中的偶联类似大家熟悉的 TCP 连接，7.4.4 节中分析过，由于用“连接”存在一定的歧义，因此后来的技术都称为“关联”了，因 SCTP 的关联至少有两条通路，因此称偶联。

任何时刻两个端点之间能且仅能建立一个偶联。由于偶联由两个端点的传输地址来定义，所以通过数据配置本地 IP 地址、本地 SCTP 端口号、对端 IP 地址、对端 SCTP 端口号 4 个参数，可以唯一标识一个 SCTP 偶联。

4. 流(Stream)

“流”是一个 SCTP 偶联中，从一个端点到另一个端点的单向逻辑通道。流用来指示需要按顺序递交到高层协议的用户消息的序列，在同一个流中的消息需要按照其顺序进行递交，需要顺序提交的数据必须在一个流里面传输。一个偶联是由多个单向流组成的，可用流的数量是在建立偶联时由双方端点协商决定，而一个流只能属于一个偶联。各个流之间相对独立，使用流 ID 进行标识，每个流可以单独发送数据而不受其他流的影响。

5. 流标识符(Stream Identifier，SI)

流标识符用来区分不同的流，也就是区分两个端点之间不同的逻辑通道。

6. 通路(Path)

通路是一个端点到对端端点特定目的传输地址的路径。

7. 传输顺序号(Transmission Sequence Number，TSN)

SCTP 用 TSN 对数据块编号(TCP 是用序号对字节编号)，是一个 32 位序列号，是该数据单元在整个 SCTP 传送过程中的唯一标识。

SCTP 使用 TSN 机制实现数据的确认传输。偶联的一端为本端发送的每个数据块顺序分配一个基于初始 TSN 的 32 位顺序号，接收方将基于 TSN 对数据报文进行确认。TSN 是基于偶联进行维护的。

8. 流顺序号(Stream Sequence Number，SSN)

SSN 标识数据块在相应流中的位置，是每个流内的序号，接收方基于 SSN 来判断所接收到的数据报文顺序。SCTP 为本端在这个流中发送的每个数据块顺序分配一个 16 位 SSN，以便保证流内的顺序传递。在偶联建立后，所有流中的 SSN 都是从 0 开始。当 SSN 到达 65 535 后，则又从 0 开始循环使用。

TSN 和 SSN 的分配是相互独立的。例如，一个连接的端点 A 使用两个输出流和端点 B 相连。有数据块 A、B、C、D 要发送，发送顺序是这样的：A 走流 1，B 走流 2，C 走流 1，D 走流 2，而且 D 太长，被分成了两片（D1、D2）。这 5 个数据块的 TSN 和 SSN 如表 7-3 所示。

表 7-3 TSN 与 SSN 示例

数　据	TSN 号	SI 号	SSN 号
A	1	1	1
B	2	2	1
C	3	1	2
D1	4	2	2
D2	5	2	2

在表 7-3 中，A、B、C、D1、D2 这 5 个数据块都是一个偶联的端点 A 发出的，其 TSN 号表示其顺序号，分别为 1、2、3、4、5。A 和 C 走流 1，在流 1 中的 SSN 号分别为 1 和 2。B、D1 和 D2 走流 2，在流 2 中的序号分别为 1、2、2（D1 和 D2 又通过分段标识来区分）。

7.5.3 SCTP 的特点

SCTP 综合了 TCP 和 UDP 的优点，并克服了它们的一些缺点，最终为用户提供可靠性高、实时性好、能有序传递数据的功能，它以面向报文的方式运行，从而保留消息边界。SCTP 具有如下特点。

1. 面向连接、端到端、全双工、带有流量和拥塞控制的可靠传输协议

SCTP 提供可靠传输服务，与 TCP 一样，是面向连接的通信方式，并有流量控制和拥塞控制功能。它处于传输层，因此是端到端的逻辑通路。它也是双向同时通信的，因此工作在全双工模式。

SCTP 相对于 TCP 做了很多改进，具有许多优点：面向报文传递，无须上层实现数据定界功能，实时性好、安全性好、避免了行头阻塞、支持多宿主，它更适合对实时性、安全性、可靠性要求高的信令传输。

2. 面向报文的传输

SCTP 是一种面向报文的传输协议，从上层应用传递下来的数据以报文的形式传输。SCTP 提供报文的定界功能。在接收方，数据以报文的形式递交。采用面向报文的传输方式，避免了 TCP 面向流带来的包粘连问题。

3. 报文分段/重装与捆绑机制

SCTP 既支持报文的拆分与重装，也支持报文的捆绑传输功能。当需要发送的用户消息包比较大，使生成的 IP 包长度（包括 SCTP 分组和 IP 分组头）大于 MTU 时，则将用户消息拆分成多个数据块传输，在接收方再重装起来向上层提交。

如果用户消息长度比较小，则 SCTP 通过捆绑机制把多个数据块放在一个 SCTP 分组中来传送，只要生成的 IP 包长度小于或等于当前通路的 MTU，这样有利于节省传输带宽。

4．多宿主(Multi-homing)

多宿主(也称多归属)是SCTP非常重要的一大特征，由于信令的影响面大(一条信令链路影响上万条业务通路)，其传输可靠度比用户数据的可靠度高很多，达到了近乎苛刻的程度，因此总是想方设法在各个层次使用冗余备份的方案来防止某部分失效。

多宿主就是一种冗余备份方案，它为应用程序提供了比TCP更高的可用性。SCTP关联的每个端点都可以拥有多个网络层地址，使得单个SCTP端点能够支持多个IP地址。收发送方点之间建立偶联后，一个偶联有多个冗余的通路，每个通路又可能有各自接入Internet基础设施的连接。如果某个通路发生故障，则可以切换到该偶联的另一个地址来维持通信，如图7-19所示。

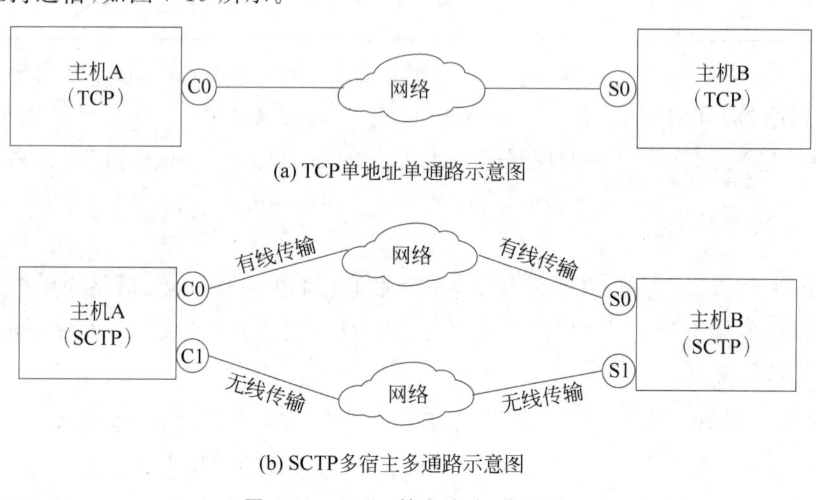

图7-19　SCTP的多宿主、多通路

图7-19(a)是TCP连接的单地址单通路示意图，如果该通路出现故障，则会造成连接中断。

图7-19(b)是SCTP的多宿主多通路示意图，它把多条路径合并到一个偶联中，数据可以在任意一个路径上传输。主机A和主机B都拥有两个网络适配器的多宿主主机，可以通过多个地址进行访问。其中一个IP地址失效、一个链路失效或者一条通路阻塞，目的主机依然能通过另外一个接口来接收数据。

SCTP规定任何时间都有一条路径作为首选路径来发送数据，其他路径作为备份路径。如果首选路径因接口故障或者网络拥塞等原因失效，那么SCTP可以自动切换到另外一条路径来发送，避免单点失效，从而提高了整个通信的可靠度。

多宿主是与TCP显著不同的地方之一，是对TCP协议的重大改进。

5．多重流(Multi-Streaming)

多重流是SCTP的另一项重要特征。流是SCTP偶联中的单向逻辑通道，用来传输数据流。最重要的是SCTP在一个偶联中支持多个流，即多个逻辑通道。在建立偶联时，SCTP端点协商需要建立的流数，在偶联的生命周期内还可以通过协商改变流的数量。SCTP消息在不同的流内传输，这也是流传输控制协议名称的由来。

在图 7-20 中，主机 A 和 B 之间的一个偶联中，A 到 B 方向建立了 3 个流（流 0～流 2），B 到 A 方向建立了一个流（流 0），不同的流通过流标志符（SI）来进行区分。在一个流内，SCTP 使用流序列号（SSN）来保证数据的顺序和可靠性。

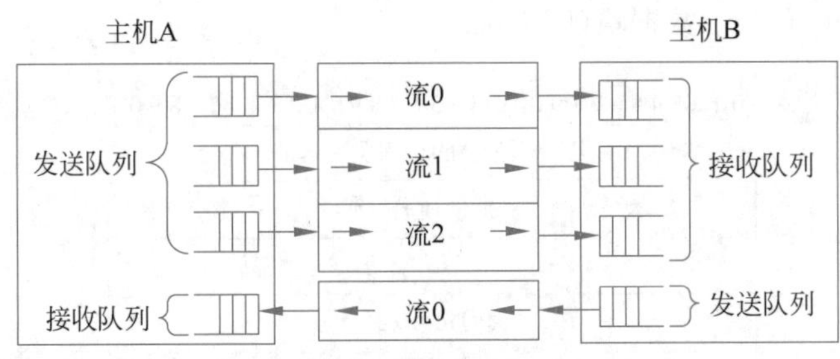

图 7-20　SCTP 的多重流

偶联中的流与流之间相互独立，都有各自的编号（流标识），各个流并行传输，在同一流内发送的消息有序，而不同流之间的消息无序，阻塞的流不会影响同一偶联中的其他流，这也是 SCTP 流区别于其他流的重要特点。如果流 0 的数据丢失了，那么在接收方只有该流会阻塞并等待重传，对于其他流的数据并不受影响，依然可以正常地送达上层。多流特性避免了 TCP 的队头阻塞（HOL）问题。在 TCP 的流中一旦有数据段丢失，后续成功传输的数据段必须在接收队列中等待丢失部分重传之后才可提交给上层，然后才可以释放缓冲区。

SCTP 流也支持流内的无序递交，可以在不同的流中使用无序的递交方式，此时，SCTP 发送方将不分配 SSN 号，接收方不经过任何排序，只要被正确接收，就直接向上层交付数据，只有在大块数据被分段时才重新组装，但是数据块和数据块之间依然没有顺序。流内的无序递交方式与 UDP 类似，灵活度高。

虽然 TCP 也是支持流的，但 SCTP 的流与 TCP 的流有很大不同，TCP 基于比特流，而 SCTP 基于用户信息流。一个 TCP 只能支持一个流，一个 SCTP 偶联可以同时支持多个流。

7.5.4　SCTP 的主要措施

SCTP 是针对信令传输服务的需求从 TCP 和 UDP 改进而来，因此其措施涉及两方面：一是继承，二是改进。

1. 继承方面

SCTP 协议继承了 TCP 的成熟技术：面向连接，利用滑动窗口的流量控制技术，采取慢启动、拥塞避免、快速重传、快速恢复的拥塞控制技术以及动态 RTO 计算方法等。

2. 改进方面

在 7.5.3 节中提到的面向报文传输、多宿主、多路径、多重流是其最大的改进措施。在偶联的建立和释放方法上，也针对 TCP 的缺点做了改进，这部分将在 7.5.4 节中讲解。

7.5.5 SCTP 分组结构

SCTP 报文段的结构如图 7-21 所示。一个 SCTP 分组含了一个公共的分组头(Common Header)和若干数据块(Chunk)。

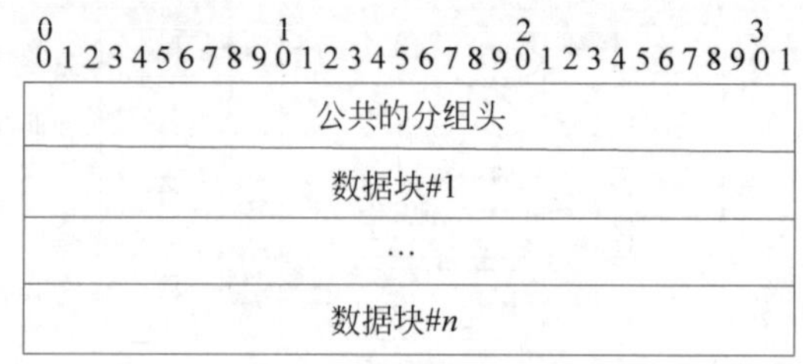

图 7-21 SCTP 分组结构

数据块是 SCTP 的基本传输单位,数据块分为两种类型:控制类数据块和业务数据块。控制类数据块中包含的是控制信息,用于 SCTP 的连接管理,包括连接的建立、关闭、传输路径的维护等。业务类数据块中包含的是用户数据,传送上层发来的用户数据,数据块既支持分段/重装,也支持捆绑机制。除了 INIT、INIT ACK 和 SHUTTDOWN COMPLETE 数据块外,其他类型的多个数据块可以捆绑在一个 SCTP 分组中,当然必须要满足 MTU 的长度限制。

1. SCTP 公共分组头的格式

SCTP 公共分组头字段的格式如图 7-22 所示。公共分组头包括源端口号(Source Port)、目的端口号(Destination Port)、验证标签(Verification Tag)和校验码(Checksum)。

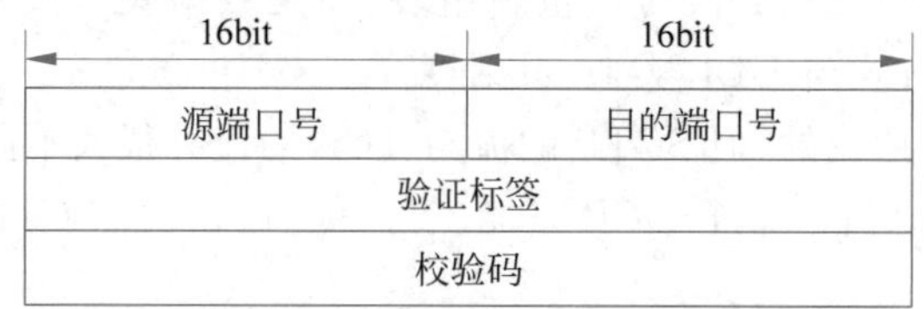

图 7-22 SCTP 公共分组头格式

(1) 源端口号(16b)。源端口号是用来识别 SCTP 发送方点的 SCTP 端口号。接收方通过源端口号和源 IP 地址、目的端口号和目的 IP 地址标识来识别该分组的所属偶联。

(2) 目的端口号(16b)。目的端口号是用来识别 SCTP 目的端点的 SCTP 端口号。接收主机利用该端口号把 SCTP 解复用到正确的端点或应用。

(3) 验证标签(32b)。验证标签是偶联建立时,本端端点为这个偶联生成一个随机标识。在偶联建立过程中,双方会交换这个标识,到了数据传递时,发送方必须在公共分组头中带上对端的这个标识,接收方使用验证标签来判别发送方 SCTP 分组的有效性。

(4) 校验码(32b)。SCTP 通过对用户数据使用 ADLER-32 算法,计算出一个 32 位的校验码,并附在 SCTP 分组中,接收方通过校验码来验证用户数据是否正确。

2. 数据块字段的格式

数据块包括了数据块类型(Chunk Type)、数据块标志位(Chunk Flags)、数据块长度

(Chunk Length)和数据块内容(Chunk Value),如图 7-23 所示。

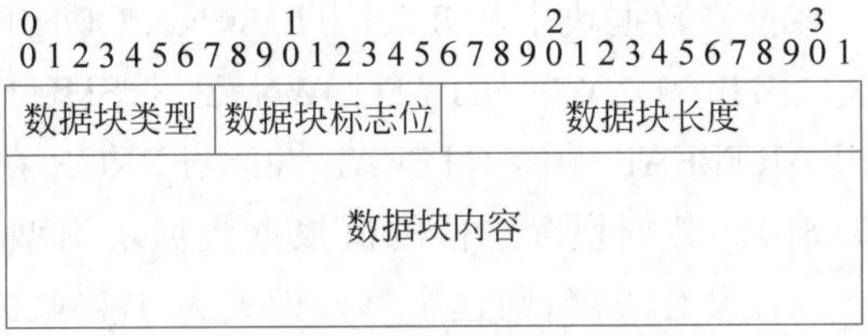

0 1 2 3 4 5 6 7	8 9 0 1 2 3 4 5	6 7 8 9 0 1 2 3 4 5 6 7 8 9 0 1
数据块类型	数据块标志位	数据块长度
数据块内容		

图 7-23 SCTP 分组中数据块字段的格式

(1) 数据块类型(8b)。数据块类型字段用来定义数据块内容中的信息类型。目前定义了 15 种数据块类型,包括 1 种业务类数据块和 14 种控制类数据块,还预留了一些数据块编号,可以定义新的数据块类型,如表 7-4 所示。

表 7-4 SCTP 数据块类型

块标识	块 类 型	作 用
0	DATA(净数据)	传输的用户数据块
1	INIT	用于发起两个端点之间的 SCTP 偶联
2	INIT ACK	用来确认 SCTP 偶联的发起消息(INIT)
3	SACK	该数据块送至对端,以确认收到 DATA 块,并且通知对端 DATA 的接收顺序间隙
4	HEARTBEAT	端点发送该数据块至对端,以检测当前偶联中定义的某一目的地址的可达性
5	HEARTBEAT ACK	响应 HEARTBEAT 消息
6	ABORT	关闭偶联
7	SHUTDOWN	偶联中的一个端点对其偶联发起一个 GRACEFUL 关闭请求
8	SHUTDOWN ACK	响应 SHUTDOWN 消息,关闭程序完成时发出
9	ERROR	通知对端,SCTP 偶联发生某种错误
10	COOKIE ECHO	仅用于偶联发起过程,它由偶联的发起者发送至对端以完成发起程序
11	COOKIE ACK	COOKIE 证实,相对于 COOKIE ECHO
12	ECNE	保留,应用于外部环境拥塞发布回声
13	CWR	保留,应用于减小拥塞窗口
14	SHUTDOWN COMPLETE	用于关闭程序完成时对 SHUTDOWN ACK 消息进行确认
15～62	reserved for IETF	IETF 保留
63	块扩展	IETF 定义块扩展使用
64～126	reserved for IETF	IETF 保留
127	块扩展	IETF 定义块扩展使用
128～190	reserved for IETF	IETF 保留
191	块扩展	IETF 定义块扩展使用
192～254	reserved for IETF	IETF 保留
255	块扩展	IETF 定义块扩展使用

其中,块标识 ID=0 的 DATA 是业务类数据块,用来传输用户的数据。块标识 ID 为 1~14 的是控制数据块。在控制数据块中,INIT、INIT ACK、COOKIE ECHO、COOKIE ACK 用于偶联的建立,ABORT、SHUTDOWN、SHUTDOWN ACK、SHUTDOWN COMPLETE 用于偶联的关闭,SACK、HEARTBEAT、HEARTBEAT ACK、ERROR 在数据传输阶段使用。

(2) 数据块标志位(8b)。数据块标志位的值根据数据块类型来决定,不同类型的数据块规定不同的标志位。若没有规定,则这个字段设置为 0,接收方点也忽略该标志。

(3) 数据块长度(16b)。数据块长度字段用来表示整个数据块的字节数,包含数据块类型、数据块标志位、数据块长度和数据块内容全部字段,但不包含数据块中最后一个参数中包含的填充字节。如果数据块内容部分的长度为 0,则该长度字段应为 4。

(4) 数据块内容(可变长度)。数据块内容字段是在该数据块中传输的用户信息。长度可变,但总长度必须是 4 字节的整数倍,如果该长度不是 4 字节的整数倍,则发送方应当向数据块中填充全 0 字节,但最后一个参数的填充部分不计入数据块总长度。

该部分的具体内容和格式由消息块类型决定,数据块类型为 DATA 的业务数据块的格式如图 7-24 所示。

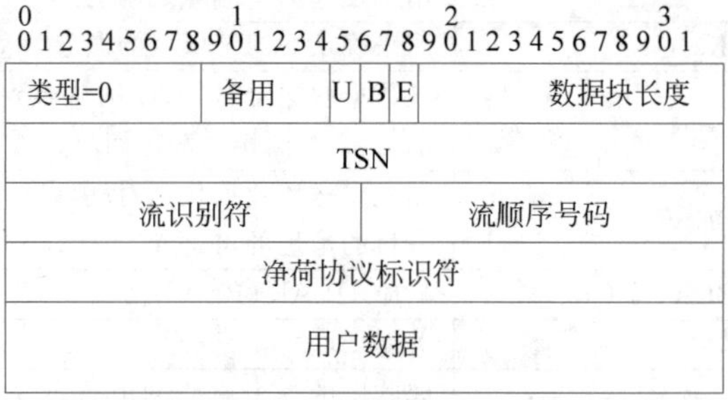

0 1 2 3
01234567890123456789012345678901

类型=0	备用	U	B	E	数据块长度
TSN					
流识别符				流顺序号码	
净荷协议标识符					
用户数据					

图 7-24 DATA 数据块格式

DATA 数据块中各字段含义如下:

(1) 数据块类型=0,表示是业务数据块。

(2) 数据块标识的 8b,其中备用 5b,全设置为 0。使用了 3b,其含义如下。

U 比特位(1b):为非顺序比特。如果该比特设置为 1,则指示这是一个非顺序的 DATA 数据块,不需要给该数据块分配流顺序号码,所有接收方必须忽略流顺序号码,不需要排序处理(如果是分段的消息,需完成重装),直接提交到上一层。

B 比特位(1b):为分段开始比特。如果该比特设置为 1,则指示这是用户消息的第一个分段。

E 比特位(1b):为分段结束比特。如果该比特设置为 1,则指示这是用户消息的最后一个分段。

BE 比特位的取值含义如表 7-5 所述。

表 7-5 BE 比特位的取值含义

B E	表示的含义
1 0	用户消息的第一个分段

续表

B E	表示的含义
0 0	用户消息的中间分段
0 1	用户消息的最后一个分段
1 1	未分段的消息

当用户消息被分段到多个数据块中，接收方需要使用 TSN 对消息进行重组，这意味着给分段的用户消息的每个分段都必须使用连续的 TSN。

(3) 长度(16b)：该字段用来指示 DATA 数据块从类型字段开始到用户数据字段结束之间的字节数，但不包含任何填充字节，如果 DATA 数据块的用户数据字段为 0，则长度字段设为 16。

(4) 传输顺序号 TSN(32b)：该字段表示该数据块的 TSN，TSN 的有效值为 $0\sim2^{32}-1$。TSN 的值达到 4 294 967 295 后又回到 0。

(5) 流标识符 SI(16b)：该字段用来识别用户数据属于的流。

(6) 流顺序号 SSN(16b)：该字段用来表示所在流中的用户数据的顺序号码。该字段的有效值为 0～65 535。当一个用户消息被 SCTP 分段后，则必须在消息的每个分段中都带有相同的流顺序号码。

(7) 净荷协议标识符(32b)：该字段表示一个应用(或上层协议)特定的协议标识符。这个值由高层协议传递到 SCTP 并发送到对等层。这个标识符不由 SCTP 使用，但可以由特定的网络实体或对等的应用来识别在 DATA 数据块中携带的信息类型。甚至在每个分段的 DATA 数据块中也应包含该字段(以确保对网络中间的代理可用)。0 表示高层未对该协议净荷规定应用标识符。

(8) 用户数据(可变长度)：它用来携带用户数据净荷。该字段必须被填充为 4 字节的整数倍，发送方填充的字节数不应超过 3 字节，接收方忽略所有的填充字节。

由于各个数据块的内容格式不一样，逐一列举比较冗长，这里从略。需要详细了解的可查阅 RFC 2960 或者中国通信行业标准 YD/T 1194—2002。

7.5.6 SCTP 的基本通信流程

1. 偶联的建立

大家很熟悉 TCP 连接的建立和释放过程，就是著名的 3 次握手与 4 次挥手过程。与 TCP 的 3 步握手(SYN、SYN&ACK、ACK)不同，SCTP 采用了 4 次握手来建立偶联。为什么要做这种改动呢？

因为 TCP 存在 SYN 攻击问题，其基本过程是：恶意攻击者发送了 SYN 给服务器后，服务器在返回 SYN&ACK 的同时，在内存中分配相关资源等待客户端的 ACK 报文，但恶意攻击者此时故意不返回 ACK 报文，让服务器的资源白白被占用。客户端不断地发送 SYN，让服务器不停地分配内存直至用完，而不能为正常用户服务。

为了避免遭受 SYN 攻击，SCTP 偶联的建立采用 4 次握手方式来解决，增加了 Cookie 机制，4 次握手分别是 INIT、INIT ACK、COOKIE ECHO、COOKIE ACK。客户端首先发送 INIT 请求，SCTP 服务器接收到 INIT 后，返回 INIT ACK，但此时并不分配任何系统资源，而是要收到客户端返回的 COOKIE ECHO 报文，并验证 Cookie 正确后才分配系统资源，同时向客户端返回 COOKIE ACK。其中加入的 Cookie 机制，可保障服务器不会受到 SYN 攻击。4 次握手过程如图 7-25 所示。

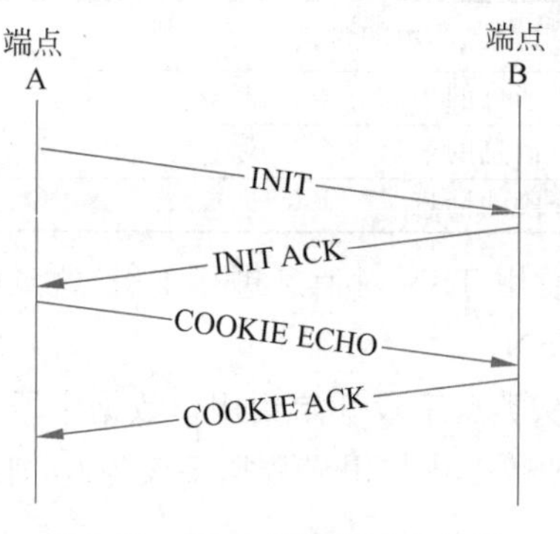

图 7-25 SCTP 偶联的建立过程

4 次握手的具体过程是：

(1) SCTP 端点 A 发出 INIT 请求报文。INIT 包括了连接发起者的 IP 地址清单、初始序列号、用于标识本偶联中所有报文的起始标记、端点 A 请求的输出流的数目以及端点 A 能够支持的输入流的数目。

(2) SCTP 端点 B 收到 INIT 后，发送 INIT ACK 报文，对 INIT 报文进行确认。INIT ACK 含有端点 B 的 IP 地址清单、初始序列号、起始标记、端点 B 请求的输出流的数目、端点 B 能够支持的输入流的数目以及一个状态 Cookie，状态 Cookie 包含端点 B 用于确信本偶联有效所需的所有状态，Cookie 是经过数字签名的，因而可以确保其有效性。最重要的是，此时端点 B 并不为本次偶联分配任何资源。

(3) 端点 A 收到端点 B 的 INIT ACK 后，将 INIT ACK 数据块中的状态 Cookie 参数原封不动地带回，发送 COOKIE ECHO 报文给端点 B。

(4) 端点 B 收到端点 A 的 COOKIE ECHO 报文后，验证 Cookie 正确后，为本次偶联分配相关资源，同时发送 COOKIE ACK 报文进行确认。

通过这 4 个步骤，就完成了 SCTP 偶联的建立。可以看出，因为端点 B 收到 INIT 请求后，不立即分配资源，所以即使端点 B 接收再多的 INIT 请求报文，也不消耗端点 B 的内存资源，从而达到了防止 SYN 攻击的目的。

2. 数据传输

偶联建立成功后，进入数据传输阶段，如图 7-26 所示。

端点 A 向端点 B 发送一个 DATA 数据块，并启动超时定时器。其中，DATA 数据块中必须包含传输顺序号 TSN、流标识符 SI、流顺序号 SSN 和用户数据。

端点 B 收到 DATA 数据块后，返回 SACK 数据块。SACK 数据块中必须包含累积证实 TSN 标签(Cumulative TSN Ack)。

在数据传输过程中，与 TCP 一样，通过滑动窗口进行流量控制，执行拥塞控制。SCTP 采用了 TCP 的超时重传、流量控制和拥塞控制技术。但又有所增强，在一些细节上有所改进。这些细节点不在这里描述。

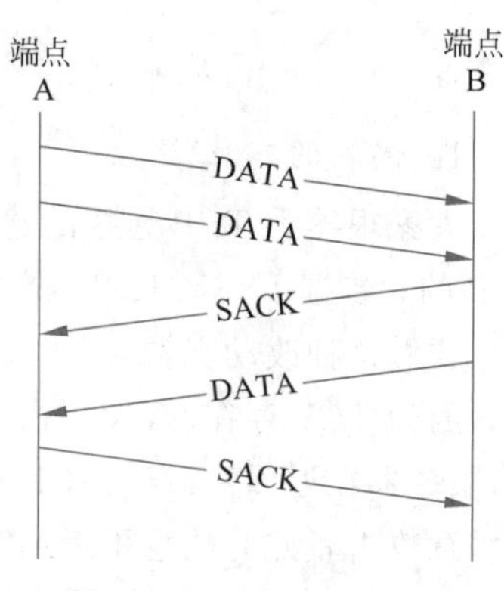

图 7-26 SCTP 数据传输

数据传输部分与 TCP 的不同之处在于：

(1) SCTP采用面向报文的方式,保留消息的边界,其传输效率更高。

(2) 在反馈重发方式上SCTP采用了选择确认(SACK)方式。

3. 偶联的关闭

TCP连接的关闭采用4次挥手来完成,是因为它存在半关闭状态。而SCTP不需要半关闭状态,因此采用3次挥手来完成偶联的关闭(SCTP的握手与挥手次数刚好与TCP相反,但其背后都有深层次的考量和原因)。无论哪个端点发起了关闭请求,通过3次挥手的报文互通后,偶联的两端都必须停止发送和接收新数据。典型的3次挥手过程如图7-27所示。

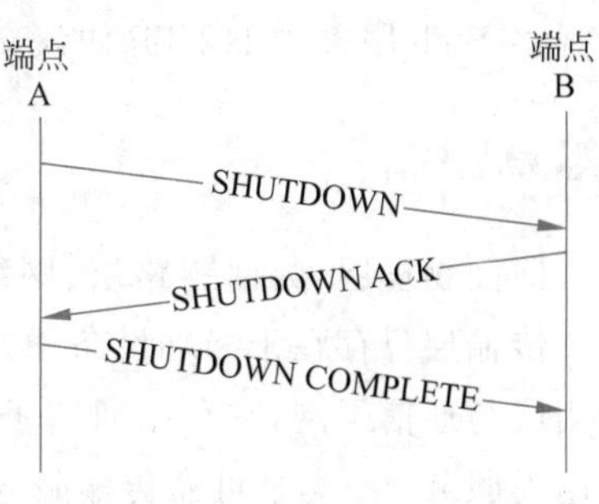

图7-27 SCTP偶联的关闭过程

偶联的正常关闭过程如下:

(1) 设主动关闭方为端点A,当端点A所有发送但未证实的数据得到端点B的证实后,则向端点B发送SHUTDOWN数据块。

(2) 端点B收到SHUTDOWN数据块后,不再接收从SCTP用户发来的新数据,并且检查数据块的累积TSN ACK字段,验证所有未完成的DATA数据块已经被端点A接收。当端点B的所有未发送数据和发送但未证实数据得到发送和证实后,发送SHUTDOWN ACK数据块。

(3) 端点A收到SHUTDOWN ACK数据块后,向端点B发送SHUTDOWN COMPLETE数据块,并清除偶联的所有记录,进入CLOSED状态。端点B收到SHUTDOWN COMPLETE数据块后,清除偶联的所有记录,进入CLOSED状态。

同TCP连接的建立与释放一样,过程中都存在一些过程状态,这里为了快速把握SCTP的基本流程,省略了对这些状态的描述。在多个状态中,也有超时计时器,若超时则会重发相应数据块。

前面讲的是偶联的正常关闭流程,还有一种非正常关闭的中止流程。偶联的中止可以在任何时候进行,偶联的两端都舍弃数据并且不提交到对端,这种方法不考虑数据的安全。偶联的中止步骤比较简单:发起端点向对端端点发送ABORT数据块,发送的SCTP分组中必须包含对端端点的验证标签,而且不在ABORT数据块中捆绑任何DATA数据;接收端点收到ABORT数据块后,检查验证标签。如果验证标签与本端验证标签相同,接收端点从记录上清除该偶联,并向SCTP用户报告偶联停止。

正常关闭的偶联,在发送或接收到SHUTDOWN数据块时,会把分组中的数据递交给SCTP用户,可以保证两端所有的未发送、发送但未证实数据得到发送和证实后再终止偶联。

总之,相对于TCP的3次握手建立连接,SCTP偶联通过4次握手建立,能够抵御拒绝服务(DoS)攻击。SCTP偶联通过3次挥手关闭,不支持类似TCP的半关闭连接,在任何一方发出关闭请求后,对方即不再发送数据。

【本章实验】

在全网路由互通的基础上，利用网络仿真软件提供的服务器，启用服务器的 Web 服务，终端采用浏览器作客户端。在浏览器客户端进行 Web 网页应用时通过抓包分析软件观察 Web 服务中 HTTP 协议交互时的 3 次握手的数据包以及运输层的端口号情况。

【本章小结】

前面物理层、数据链路层、网络层是面向网络的，存在于通信网络的多个节点设备中。传输层只存在于终端设备中，是面向用户的。传输层起到承上启下的作用，隔离了应用层与通信子网，它利用通信子网的功能为应用层提供服务。从服务类型上看，提供了两类服务：一类是可靠传输服务，另一类是不可靠传输服务，分别称为 UDP 和 TCP。

UDP 提供不可靠传输服务，牺牲了可靠性，换来了低时延，因此适合传输对时延要求高的语音类业务。

TCP 提供可靠传输服务，即提供无差错、不丢失、不重复、不失序的数据传输服务。为了可靠传输，它采用了四大措施，分别是面向连接、差错控制、流量控制、拥塞控制。为此付出了极高的代价，也增加了时延，只为实现一个目标：可靠传输。这里的面向连接不是连接网络中的链路，只是通信双方建立关联关系，即知道本次通信的对象是谁，以及双方约定一些参数，以满足后续通信的要求。差错控制采用反馈重发的方式进行，流量控制采用窗口法完成，拥塞控制属于全局性控制，难度高，主要采用慢开始、指数增长、加法增大、乘法减小几个算法。

SCTP 是为在 IP 网络中传输信令而设计的，信令对可靠性和时延的要求都很高，TCP 和 UDP 不满足其要求，SCTP 借鉴了 SS7 号信令的一些思想，改进了 TCP 在安全性和时延方面的一些弱项。

【知识对接】

1. 对接第 2 章的电路交换、报文交换、分组交换、虚电路，想想 UDP 与报文交换、TCP 与分组交换在思想上的相似之处，在操作上的不同之处。

2. 对比传输层的面向连接与第 3 章的面向连接，它们的概念含义相同吗？二者有何相同点和不同点？

3. 数据链路层已经实现了可靠传输，为什么传输层的 UDP 还是不可靠传输？为什么 TCP 还要做可靠传输？

4. SCTP 的偶联与 TCP 连接是什么关系？

5. IP 分包与链路层的 MTU、传输层的 MSS 有何关系？

6. 对比 UDP、TCP、IP 帧校验字段的计算范围与方法。

【扩展阅读】

1. UDP：https://baike.baidu.com/item/UDP/571511
2. TCP：https://baike.baidu.com/item/TCP/33012
3. 传输层：https://blog.51cto.com/u_13372349/5324454
4. TCP 的 3 次挥手：https://blog.csdn.net/DD_orz/article/details/119829700

【思考题】

1. TCP 采用面向流方式传输，具有哪些优点？哪些缺点？如何克服这些缺点？
2. 多数协议有长度字段，TCP 没有，如何确定每个报文段中有多少字节的数据？
3. 传输层的端口，也是一种地址，为何 IP 地址具有全局意义，而端口只有本地意义？
4. 为什么要设置熟知端口号？
5. TCP 为了做可靠传输，采取了哪些方法？付出了哪些代价？具有哪些优点和缺点？
6. 第 6 章 RIP 路由协议为什么用 UDP 来传输？

【习题】

1. 传输层的主要作用和功能是什么？为什么在有网络层的情况下，还需要传输层？

2. 比较 UDP 和 TCP 的区别，并结合生活中的例子，说明哪些情况下适合用 UDP，哪些情况下用 TCP 更好。

3. 试说明端口的作用和端口划分规则。

4. 为什么要使用伪首部？其作用是什么？

5. 如果一个 UDP 数据报的首部格式为 DB34 0050 0058 03AC，那么源端口号、目的端口号、用户数据报的总长度和数据长度分别是多少？这个报文是从客户端发送给服务器吗？为什么？这个 UDP 的服务器程序是什么？

6. 主机 A 向主机 B 连续发送了两个 TCP 报文段，其序号分别是 100 和 300。由此可以计算：

(1) 第一个报文段携带了多少字节的数据？主机 B 收到第一个报文段后，发回的确认报文中的确认号是多少？

(2) 如果 B 收到第二个报文段后，发回的确认报文中的确认号是 540，则 A 发送的第二个报文段中的数据是多少字节？

(3) 如果 A 发送的第一个报文段丢失了，但第二个报文段到达了 B，B 在第二个报文段到达后向 A 发送确认，这个确认号应该是多少？

7. 一个 TCP 连接总是以 2KB 的最大段长发送 TCP 报文段，发送方有足够多的数据要发送。当拥塞窗口为 12KB 时发生了超时，如果接下来时间内 TCP 段的传输都是成功的，那么，

(1) 当出现超时时，发送方在第一个到第五个 RTT(往返时间)内的拥塞窗口分别为

多少？

(2) 当进行到第七个 RTT 时，发送方收到了 3 个对同一报文段的确认，则启用什么机制，重新发送该报文段？同时发送方的拥塞窗口大小更改为多少？

8. 已知主机 A 要向主机 B 发送 10000B 报文段，在 TCP 连接建立后，A 的发送窗口大小为 1000B，接收到 B 传送的确认序号为 2001 后，A 又向 B 发送了 800B 报文段，且窗口字段为 600。试问：

(1) A 的发送窗口前沿和后沿分别是多少？

(2) B 收到此数据段检测无差错提交主机后，发出确认信息，确认序号是多少？

(3) 如果此时 B 发出的确认信息中窗口字段为 800，那么 A 收到 B 的确认消息后，发送窗口前沿和后沿分别是多少？

(4) 在(3)的基础上，此时 A 的拥塞窗口为 900B，则 A 最多可以向 B 发送多少字节？

9. 为什么 TCP 连接的建立过程需要 3 次握手？简述其过程。

10. 什么是流量控制？什么是拥塞控制？简述这两者的区别和联系。

第8章 应用层

【带着问题学习】

1. 为什么需要应用层?

2. 应用层主要解决什么问题?

【学习目标】

1. 理解应用层在网络体系结构中发挥的作用。

2. 了解 TCP/IP 体系结构中常见应用层协议和应用,以及 C/S 模型。

3. 理解 DNS(域名解析系统)、Web 服务、DHCP 服务工程原理和流程。

4. 通过一个典型的应用案例理解主流应用层协议之间的关系以及与其他层协议的关系。

【本章关键术语】

DNS,域名空间,域名服务器,递归查询,迭代查询,万维网服务(Web 服务),HTML,URL,HTTP/HTTPS,DHCP

8.1 应用层的作用

随着网络技术和应用的发展和普及,各种网络应用层出不穷,可以说网络应用是现代通信网络存在和发展的关键理由。现在的各种网络应用程序也是按照 TCP/IP 体系结构来进行程序设计的,“应用层”要解决的问题是如何为用户提供所需要的应用服务。但要注意,应用层提供的是服务而不是具体的网络应用软件,“应用层”的实体就是各种正在运行的用户网络应用进程,而且大部分网络应用服务都是基于 C/S(客户/服务器)工作模式。应用层的主要任务是通过应用进程的交互来实现特定的网络应用。

应用层作为网络体系结构的最高层,通过使用下面各层所提供的服务,可以直接向用户提供服务,是网络和用户之间“最近”的逻辑接口。和其他各层所提供的服务一样,应用层的各种服务功能也是通过具体的通信协议来实现的。应用层的网络应用服务非常多,这里不能全部讲解,只介绍几种最典型且常用的应用服务。

8.1.1 应用层协议原理

为了向用户提供有效的网络应用服务,应用层需要确立相互通信的应用程序或进程的有效性和同步性,需要提供应用程序或者进程所需要的信息交换和远程操作,需要建立错误恢复机制以保证应用层数据的一致性。研发网络应用程序的核心是写出能够运行在不同的端系统和通过网络彼此通信的程序。当研发新应用程序时,需要编写在多台端系统上运行的软件。软件可以用 C、Java 或 Python 来编写。当然这些应用程序的研发,与网络设备(路由器、交换机)上运行的软件无关。编写网络设备上的软件,也无须关心端系统上的应用程序开发。将应用软件限制在端系统中,可以促进大量网络应用的迅速研发和应用。今天的现代通信网络发展也确实如此。

OSI/RM 体系结构的应用层提供了多种不同的网络应用类型来实现不同的应用需求,但是由于 OSI/RM 体系结构只有参考模型的作用,而没有实际的网络应用是按照这些协议实现的。

在TCP/IP体系结构中，拥有许多主流应用层协议和基于这些协议实现的TCP/IP应用。TCP/IP体系结构中的应用层解决了TCP/IP网络应用存在的“与网络应用相关的支撑协议”和“应用服务”两大部分的共性问题，其中的支持协议包括DNS(域名服务系统)、DHCP(动态主机配置协议)、SNMP(简单网络管理协议)等；典型的应用服务包括Web浏览服务、E-mail服务、文件传输访问服务、远程登录服务等，此外还有一些与这些典型网络应用服务相关的协议，如HTTP(超文本传输协议)、SMTP(简单邮件传输协议)、FTP(文件传输协议)和Telnet(远程登录)等。

8.1.2 应用层的服务模式

网络应用程序在各种端系统上的组织方式和关系有：客户/服务器(Client/Server,C/S)模式和对等(Peer-to-Peer,P2P)模式。

在网络应用软件之间最常用和最重要的交互模型是C/S模型，是互联网应用程序相互交互的主要模型。这里的“客户”和“服务器”分别是指通信双方主机上安装的对应应用程序，而不是指具体的物理设备，这两种程序角色可以是在分离的不同设备中，也可以是一个物理设备同时兼备。

在C/S模式中，通信的主动发起者是客户端，服务器端处于被动守候状态，等待客户端请求的到来。服务器通过监听各个传输端口来实现时刻“守候”各种应用服务，是客户端向服务器发出对应的应用会话请求，然后服务器对客户端的会话请求做出响应，最终达成“客户端”与“服务器端”的相互交互。

在一台主机上通常可以运行多个应用服务器程序，每个服务器程序需要并发处理多个客户的请求，并将处理的结果正确地返回给各个客户。因此，服务器程序通常都比较复杂，这对运行服务器程序的主机的硬件资源及软件资源都有一定的要求；而客户端程序功能则相对简单。

在P2P模式中，没有固定的客户端和服务器端，分布在网络的资源子网中的各端系统中的应用进程都是对等的。对等方相互之间直接通信，每个对等方既是客户端，也是服务器端。特别是比较多的流量密集型应用都是P2P模式，如文件共享(如BitTorrent)、对等方协助下载加速器(如迅雷)、互联网电话和视频会议(如Skype)以及即时通信和分布式存储等。由于P2P模式的应用时服务是分散型的，所以这种方式的主要特性是可扩展性好、成本低，而且系统性能不会因为规模的扩大而降低。现在较多应用是P2P模式结合C/S模式混合应用。

注意，另一种常见的分类是C/S(Client/Server,C/S)与B/S(Brower/Server,B/S)模式，这里的C/S与前面的名称完全一样，但其含义有所区别。这里的C/S是指客户端程序是专用的程序，B/S是指客户端程序是通用的浏览器。前面的C/S与P2P是从通信角度来分的，C/S与B/S是从客户端的应用程序类型来分的。从通信角度看，后者的C/S与B/S都是前者的客户/服务器模式，只是客户端的程序类型不同。因此看到C/S时要根据其上下文的语义场景来区分其实际含义。

视频

8.2 DNS服务

域名系统(Domain Name System,DNS)服务是一种把终端主机/服务器名称解析为对应的IP地址的服务,主要由RFC 1034和RFC1035定义。

8.2.1 引入背景

从网络通信角度,DNS服务并不是必需的,因为终端之间可以直接通过IP地址进行访问。即使有DNS服务,网络通信最终也是通过IP地址来寻址的。那为什么要DNS服务呢?

首先,数字表示的IP地址位数很多,也没有任何含义,极不便于记忆,输入地址时也容易出错。因此人们想到用方便记忆的"名称"来代替服务器IP地址。在早期的ARPANet(互联网的前身)中,未引入DNS,是通过一个称为hosts.txt的文本文件把网络中各个计算机的名称与其对应IP地址一一列出,然后,各计算机通过调用这个hosts.txt文件以此实现从计算机名到IP地址的解析。这个hosts.txt文件当时是由专门的一台或多台服务器进行管理的,可以说,DNS系统是在此基础上不断改进而成的一种服务(其实,现在的主机上还有这个文件,但仅用于本地计算机的名称解析)。

其次,用DNS可以实现负载均衡。对热门网站,同时访问的用户量很大,会在不同的地理位置部署多台服务器来提供服务,若有DNS,则可以根据不同服务器的负载情况将用户的访问转发到不同的服务器,实现负载均衡。

由此,开发了基于域名的分层命名方案和分布式DNS服务。

8.2.2 DNS域名空间

DNS可实现IP地址与域名之间的对应关系,本质上它也是一种网络编址方式,只是形式上不同,把数字编址换为了具有文字意义的字符编址。IP地址的基本要求是全网的唯一性,同样域名也要求具有全网唯一性。那么,它同电话号码和IP地址的编址一样,必须有一套统一的编址方案(因为形式上不是数字地址而是域名,所以称为命名方案)。

所有编址方案的首要任务是确保编址的唯一性,电话号码的编号方案和IP地址的编址方案都是采用分级方式来实现的,对域名方案也同样采用分级的思路来实现。所以DNS命名方案是采用基于域名的分级命名方案,由互联网名称与数字地址分配机构(The Internet Corporation for Assigned Names and Numbers,ICANN)进行统一管理。

分级结构的DNS域名空间,先有一个一级域名(也称顶级域名),然后在这个顶级域名下再分配二级、三级甚至更多级别,各级域名之间以小圆点(.)分隔和连接,整体结构像一棵倒过来的树,如图8-1所示。

在一级域名之上还有个"根",但它没有名字,所以一级域名也称顶级域名。一级域名之下是二级域名,二级域名之下是三级域名,以此类推。书写时级别最低的域名写在最前面(即最左边),级别最高的写在最后面(即最右边)。其中,顶级域名和二级域名必须由对应的互联网域名管理机构颁布。在国家顶级域名下注册的二级域名均由该国家

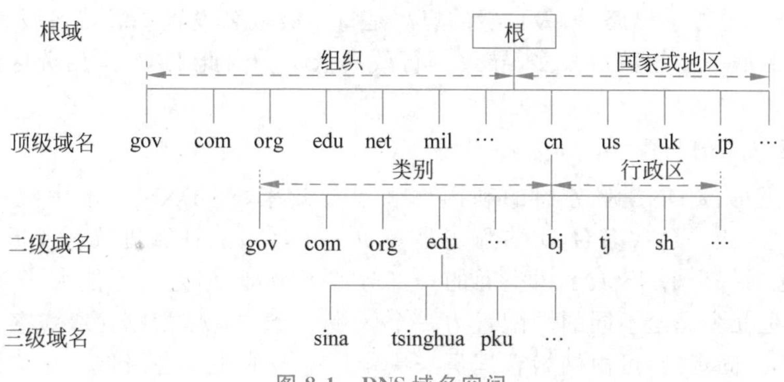

图 8-1 DNS 域名空间

自行确定,中国的域名由中国互联网络信息中心(China Internet Network Information Center,CNNIC)进行统一管理。

1. 顶级域名

该域名是根域名下面的第一级域名,它不能被用户单独分配。目前顶级域名有:国家地区类(即为每个国际或地区分配的域名,如 cn 代表中国,uk 代表英国等)、组织类(由 RFC 1591 规定,如 com 代表商业类、gov 代表政府类、edu 代表教育类、store 代表商店、firm 代表公司企业等)。

2. 二级域名

它是顶级域名之下的域名,在国家顶级域名下注册的二级域名均由该国家自行确定,我国的二级域名又可分为"类别域名"(如 edu 用于教育机构,org 用于非营利组织、com 用于工商金融企业、gov 用于政府部门、ac 用于科研机构、mil 用于国防机构、net 用于互联网络信息中心和运行中心)和"行政区域名"(如 bj、tj、sh、cq 等)两大类。

3. 三级域名

三级域名可由用户自己申请注册,其长度不能超过 20 个字符,建议申请时保持域名的清晰性和简洁性。

通常情况下,企业的互联网域名有三级就可以了,如果需要扩展,可以继续申请更多级别的域名。三级及以下级别的域名是可以自行申请注册的,只要其上一级域名下没有重复的域名即可。

无论多少级域名,要能在互联网中供用户访问,各级域名都必须向互联网域名管理机构申请、注册,才能有效使用。

8.2.3 DNS 服务器

DNS 域名解析任务是依靠域名服务器来完成,域名服务器如何设置是很重要的问题。在早期使用 hosts.txt 文件的时代,网络上的主机数量不多,一台服务器解析即可。但随着互联网的扩大,网络上的主机数量越来越大,少量的服务器难以支撑巨量的地址解析,集中部署的服务器难以支撑全球范围内的地址解析,庞大的地址数据库也带来维护和及时更新的问题。因此 DNS 服务器采用分散式、分级的方式进行部署。

有了分散、分级的思路后，最自然的想法是每一级域名设置一级域名服务器，但这样做又会使域名服务器的数量太多，导致运行效率低下。因此 DNS 采用分区的办法来平衡这个问题。

1. 分区域管理

为了提高每台 DNS 服务器的利用率和运行效率，在 DNS 技术中提出了“区域”(zone)的概念，让一台或多台 DNS 服务器负责一个区域的计算机域名解析，而这个“区域”是可以包括一个 DNS 域名树空间的一部分或者全部，但是绝不能大于一个域名树，也就是不能把几个完全不同的域配置为一个区域。至于具体把哪几级域名划分在同一个区域，这不是固定的，可由网络管理员来决定。一般取决于各级域名中应用服务器的数量和位置。通常是尽可能使各区域中服务器的数量均衡，把物理位置相近的服务器划分到同一个区域中，便于 DNS 服务器解析负荷均衡。当然，高一级别区域的域名服务器负担重一些，因为它还需要为下级区域的服务器提供解析上的支持。

2. 服务器种类

为了有效地管理互联网的域名解析工作，DNS 系统开发者设计了一个与分层的 DNS 域名结构类似的层次化 DNS 服务器结构，把 DNS 服务器从高到低分成：根域名服务器、顶级域名服务器、权限域名服务器、本地域名服务器。它们都是由互联网域名管理机构或下级 ISP 负责配置建立的，一个具体的域名服务可以由一台主服务器和多台辅助服务器共同承担，并采用分布式方式对 DNS 服务器进行部署。

(1) 根域名服务器(root name server)。由互联网管理机构配置建立，是最高层次的域名服务器，负责对互联网上所有“顶级域名服务器”进行管理，有全部的顶级域名服务器的 IP 地址和域名的映射。根域名服务器并不直接用于域名解析，并没有保存全部的互联网域名记录，它的作用是仅当用户本地域名服务器无法解析某个顶级域名时，会告诉本地域名服务器去找哪个顶级域名服务器。

(2) 顶级域名服务器(top level name server)。顶级域名服务器是各顶级域名自己的名称服务器，负责它们各自所管理的二级域名解析。无论是组织类顶级域或是国家或地区类顶级域，每一个顶级域名都有自己的域名服务器。

(3) 权限域名服务器(authoritative name server)。权限域名服务器是针对 DNS 区域提供名称解析服务而专门建立的域名服务器，每一个区设置相应的权限域名服务器，用来保存该区域中的所有主机的域名到 IP 地址的映射。互联网中每一个域名都可找到一台权限域名服务器，ISP 也可为用户的每一个 DNS 域名区域配置一台权限域名服务器。

(4) 本地域名服务器(local name server)。本地域名服务器是用户端操作系统所配置的，由本地 ISP 提供的域名服务器，是离用户最近的互联网域名服务器。用户发出的 DNS 域名解析请求，首先到达的就是本地域名服务器，因此有时也称为默认域名服务器。

如果本地域名服务器无法解析用户的 DNS 请求，那么这个本地域名服务器就会直接向所配置的根域名服务器发出解析请求，由根域名服务器告知该向哪个顶级域名服务器查询。如果顶级域名服务器还是不能解析，则顶级域名服务器告知本地域名服务器向哪个权限域名服务器发出请求，本地域名服务器继续向权限域名服务器请求解析。如果权限域名服务器还是不能解析，则这次 DNS 域名解析请求失败。

8.2.4 DNS 域名解析方式

视频

DNS 基本的解析原理是：当一个应用进程需要把主机名解析为 IP 地址时，首先是应用程序调用一个解析器，使它成为 DNS 服务的客户，将该主机名作为 DNS 的请求报文参数，以 UDP 方式发送给本地 DNS 服务器；然后，本地 DNS 服务器查找该主机名对应的 IP 地址，如果本地 DNS 服务器不能解析，那么本地 DNS 服务器就成为一个 DNS 代理角色，把这个解析工作交给本地 DNS 服务器上配置的其他相关的 DNS 服务器，然后经过多次查询，并最终将找到的 IP 地址放到响应报文中返回给解析器；解析器再将 IP 地址返回给调用解析器的应用进程，这样应用进程就得到需要的目的 IP 地址，并进行通信。

DNS 解析流程包含多次查询，其查询方式分为递归查询(Recursive Query)和迭代查询(Interative Query)两种。

迭代查询中的查询请求全由本地域名服务器根据每次从上级 DNS 服务器上查询到的信息依次向下级 DNS 服务器进行查询，本地域名服务器要发出多次的查询请求，如图 8-2 所示。

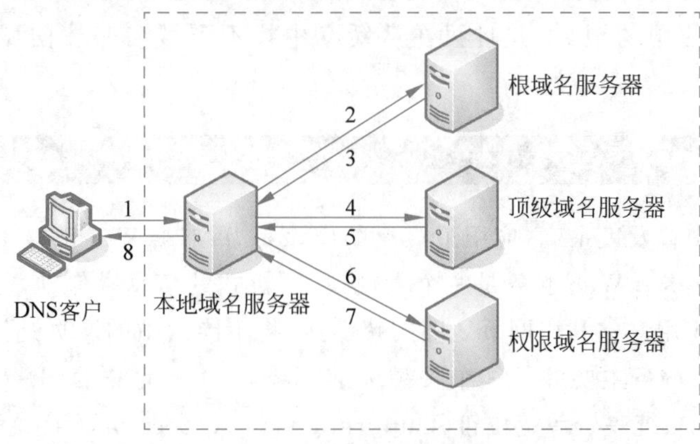

图 8-2　DNS 迭代查询

递归查询是一种代理查询方式，如果本地域名服务器不能解析，则本地域名服务器只需向根域名服务器发出一次查询请求，后面的查询由其他域名服务器自行完成，直至最终返回查询结果给本地域名服务器，如图 8-3 所示。

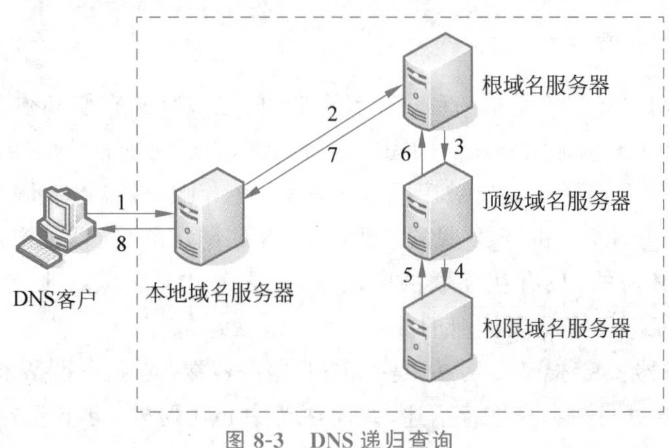

图 8-3　DNS 递归查询

这两种查询方式都是针对本地域名服务器向其地域名服务器的查询方式，对客户机而言，都是采用递归查询方式。

8.2.5 DNS缓存

为了改善DNS解析的时延性能并减少在互联网上到处传输DNS报文数量，DNS广泛使用了高速缓存技术。高速缓存用来存放最近查询过的域名以及从何处获得域名映射信息的记录。在一个DNS请求过程中，当某DNS服务器接收一个DNS回答时，它能将映射缓存在本地存储器中。但主机名与IP地址间的映射并不是永久的，为保持高速缓存中内容的准确性，DNS服务器对DNS映射记录会设置一个计时器，即在一段时间后将丢弃缓存的映射信息。（关于这一点，大家回想一下MAC地址表项的情况，是不是很类似？）

DNS高速缓存的使用，并不一定只是在DNS服务器中，也可以在用户的主机中。用户主机在启动时从本地域名服务器下载域名和IP地址的数据库，在本地高速缓存中维护存放最近使用的域名，并且只在从缓存中找不到域名时才向域名服务器进行查询。

8.3 Web服务 

当前互联网中普及度最高、应用最广泛的应该是万维网（World Wide Web，WWW）服务，或称Web服务。Web服务是一个大规模、联机式的信息存储地，是运行在互联网上的一个分布式应用。它利用网页之间的超链接，将不同网站的网页链接成一个逻辑上的信息网络。Web服务主要涉及3个关键标准，即超文本标记语言（Hyper Text Markup Language，HTML）、统一资源定位符（Uniform Resource Locator，URL）和超文本传输协议（HyperText Transfer Protocol，HTTP）。

- 超文本标记语言：用于规范网页内容和版面布局的标准。
- 统一资源定位符：用于规范网页识别符格式和含义的标准。
- 超文本传输协议：用于规范浏览器与Web服务器交互传输数据的传输协议。

8.3.1 Web服务模型

任何网络应用服务都不是单一程序或者命令可以实现的，它们必须有一个能实现服务请求、服务提供甚至包括服务注册的完整系统体系，也就是通常说的“服务模型”。

Web的服务模型包括3部分（如图8-4所示）：Web服务器（Web服务提供者）、Web客户端（Web服务请求者）和Web服务注册中心（互联网注册、管理机构）。对于Web服务注册中心不是必需的，只有在互联网中的Web服务才是需要注册的。在局域网中，Web服务注册中心就不是需要注册的。

- Web服务器：或称Web网站，是HTTP服务器端，是由一些Web服务器程序开发，除了要对网站本身进行描述，并向注册中心注册外，更重要的是为Web访问

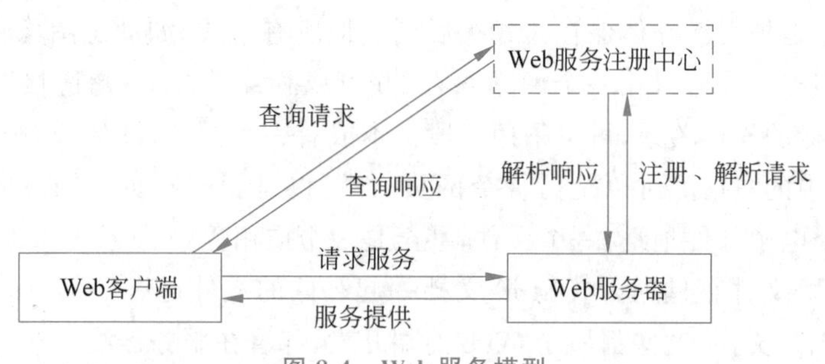

图 8-4 Web 服务模型

用户提供所需要的网页信息。

- Web 客户端：Web 用户在访问网站时所用的 HTTP 客户端程序，如各种浏览器。
- Web 服务注册中心：指互联网注册、管理中心和提供网站域名解析的 ISP，是一个可选部分。它负责互联网网站的注册和管理，并向用户提供互联网域名的 DNS 解析服务。

8.3.2 超文本标记语言

因为不同 Web 用户使用的操作系统、浏览器不尽相同，所以为了在不同用户计算机上能正确地显示万维网中的网页信息，必须为网站的信息定制全球统一的表示方法（或者说"标记"方法）。

超文本标记语言（Hyper Text Markup Language，HTML）是一种万维网的标记语言而非开发语言，用来结构化信息，如标题、段落和列表等，也可以用来在一定程度上描述文档的外观和语义，由万维网协会（World Wide Web Consortium，W3C）维护。使用 HTML 开发的网页文件扩展名为.html，其文档称为 HTML 文档，它能独立于各种操作系统平台。

HTML 使用一套标签（tag）来标记网页内容的格式并进行排版，其标记一般都是成对出现的。如标记符<html>，表明该文件是用超文本标记语言来描述的，它是文件的开头；</html>表明是该文件的结尾，<html>和</html>是文件的开始标记和结尾标记。网页中显示的实际内容则在<body>与</body>标记符之间。用<head></head>定义网页头部，<title></title>定义网页标题内容，<b></b>定义内容为粗字体，等等。

HTML 文档有"静态 HTML 文档"和"动态 HTML 文档"两种类型。静态 HTML 文档在保存后，文档内容不会改变，Web 每次打开这个文档所见的内容都是一样的，除非经过人为编辑和修改。动态 HTML 文档则不是由管理员事先制作好的网页，而是服务器应用程序或者脚本程序，根据用户当时提交的表单数据自动生成的，其显示内容是在不断变化的，如网络购物时的订单、网站的车票查询等。

在 HTML 文档中包含"超文本"（HyperText）、"超媒体"（HyperMedia）和"超链接"（HyperLink）。"超文本"是一种文本格式，只有它可以用"超链接"方法，将保存在不同位置的文档或文本信息组织在一起，构成一个相互关联的网状文本。"超媒体"是"超文本"

属性的扩展,就是把文本媒体保存格式扩展到其他所有格式,如动态图像、动画、音/视频等媒体格式,多种格式可以在一个网站共存,并可以相互链接。"超链接"是指从一个网页指向一个目标的连接关系,可以采用一段文本或者一个图片、图像、动画等媒体作为超链接对象。其中的"目标"可以是另一个网页,也可以是相同网页上的不同位置,或者是一个图片、一个电子邮件地址、一个文件,甚至是一个应用程序。

在进行网页文件存储时,与.html文档一起存储的文件还有.js、.css文档以及一些JPG和PNG图片文件,这些都属于Web前端开发,部署在服务器端。

- .css是CSS(Cascading Style Sheets,层叠样式表)文档,它是从审美的角度来描述网页的样式。
- .js是JavaScript文档。JavaScript是一种脚本语言,用来控制网页的行为。

由HTML、CSS以及JavaScript编写的万维网文档,通过浏览器内核负责解析和渲染。但不同的浏览器,其浏览器内核可能是不一样的,在不同的浏览器中呈现同一个网页时可能有不同的显示效果,所以网页编写者要在不同的内核浏览器中测试网页显示的效果。

8.3.3 万维网的全球统一标识

如果没有一个基于全球范围的唯一标识,那么要在互联网中找到需要访问的网站或者网页是非常困难的。在万维网中,存在3种全球统一标识,分别是统一资源标识符(Uniform Resource Identifier, URI)、统一资源定位符(Uniform Resource Locator, URL)和统一资源名称(Uniform Resource Name, URN)。URI是用来唯一标识资源,标识某一互联网资源名称的字符串,是一种语义上的抽象概念。URN属于一种URI,是带有名字的互联网资源,用特定命名空间的名字标识资源。URL也属于一种URI,是URI的一种具体实现方式,它不仅标识了互联网资源(这里的"资源"是指互联网上可以访问的任何对象,如文件、文档、图片、图像、音频/视频、电子邮件等),还指定了操作或获取方式,包含访问机制和网络位置。互联网上的每个文件都有唯一的URL,通过URL标识,无论网络的服务器位于哪里,用户在浏览器中输入这个网站的网址都可以很轻易访问该网站。

URL采用全球统一的格式来标识万维网上资源的访问地址,以确保每个互联网网站和网站页面在全球范围内都具有唯一的地址标识。URL的一般格式为

<协议>://<主机名>:<端口>/<路径>

(1) "协议"是指访问对象所使用的协议,如HTTP/HTTPS、FTP、File、Telnet等。注意,在协议后面必须加"://"。如果"<协议>://"未写出,则表明默认采用HTTP/HTTPS协议。

(2) "主机名"是指Web服务器名称,也是网站的域名,用来指定用户要访问的是哪台服务器主机。

(3) "端口"是指与指定访问对象建立通信连接时所用的传输层端口号。若采用常规

协议，则端口号可以省略，直接使用默认端口号，如 HTTP 默认的服务器端口号是 80，FTP 默认的服务器端口号是 21，Telnet 的默认端口号是 23。当然，常规协议所使用的端口也是可以更改的，只需保证与 Web 服务器上设置的端口一致，否则是无法访问的。端口号后面的"/"代表服务器的根目录。

(4)"路径"用来指定要访问的对象在 Web 服务器上的文件路径，以根目录(/)开始。如果要访问的是网站首页，则此部分也可以省略输入。

8.3.4 HTTP 传输 Web 文档

视频

超文本传输协议(Hyper Text Transfer Protocol，HTTP)是浏览器与 Web 服务器之间交互的主要传输协议。HTTP 是一个面向文本的应用层协议，所使用的服务端口默认是 80 端口，选用传输层的 TCP 服务。当传输层创建好 TCP 连接后，Web 服务器的应用进程会时刻监听着 80 端口的用户访问请求，当有用户 HTTP 请求报文发来时，Web 服务器会尽快给出 HTTP 响应报文，返回用户访问的页面信息，基本流程如图 8-5 所示。

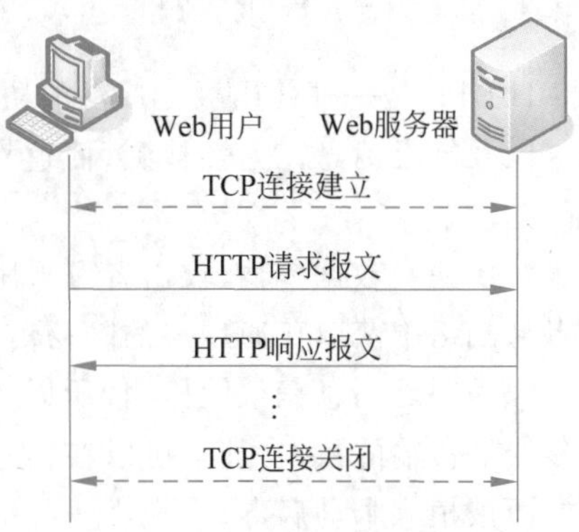

图 8-5 Web 服务器访问的基本流程

对于何时关闭 TCP 连接，则要根据使用的 HTTP 版本而定。在 HTTP/1.0 及以前版本中，使用的 HTTP 服务方式称为非持续连接(no-persistent connection)，即经历每个请求-应答过程后就会关闭所使用的 TCP 连接，单击新的链接后又会建立新的 TCP 连接；而在 HTTP/1.1 版本以后，HTTP 允许在同一个 TCP 连接基础上访问同一网站服务器上的多个不同页面，只有当用户关闭对应的网站时，对应的网站 TCP 传输连接才关闭，称为持续连接(persistent connection)。

8.3.5 HTTP 的主要特征

HTTP 由万维网协会(W3C)和 Internet 工作小组(IETF)于 1990 年合作开发，是一个属于应用层的面向对象的协议，其版本有 RFC 1945 中定义的 HTTP/1.0 版本(1997 年前使用)、RFC 2616 中定义的版本 HTTP/1.1 版本(1998 年后使用)。HTTP 规定了 Web 客户端和服务器之间的报文交互方式，其报文的每个字段都是一些 ASCII 字符串，而且各个字段的长度都是不固定的。

总的来说，HTTP 具有 C/S(客户/服务器)模式、无连接、高可靠性、无状态、简单快速等特征。

C/S(客户/服务器)模式：即 Web 客户只需要使用支持 HTTP 的客户端程序(如各种浏览器)，就可以访问由不同 Web 服务程序开发的 Web 网站。

无连接：是指进行 Web 应用时仅需要直接利用传输层为它建立好的 TCP 传输连接，而无须建立专门的 HTTP 应用层会话连接。这一点与 Telnet、SMTP、POP3 这类面向连接的应用协议有区别,它们除需要传输层的 TCP 连接外,还要建立会话连接。

高可靠性:因为 HTTP 使用了可靠的 TCP 传输层协议。

无状态:是指同一客户第二次访问同一 Web 服务器上的同一页面时,服务器给客户端的响应与第一次是一样的(假设 Web 服务器上对应页面没有更新),服务器不会记住这个客户端曾经访问过这个页面,而做出任何其他响应。

简单快速:由于 HTTP 简单,客户端只需要传送请求方法和路径,使 HTTP 服务器的程序规模小,因而通信速度快。

关于 HTTP 报文格式不在此赘述。

8.3.6 HTTP 的缺陷及改进

HTTP 是一种使用极为广泛的协议,但有不小的安全问题,主要是其数据采用明文传送以及缺乏消息完整性检测,而这对于网络支付、网络交易等电商应用中是最需关注的问题。

对于明文数据传输,攻击者可采用网络嗅探方式,从传输过程中分析出敏感的数据,或者从网络中获取普通用户的隐秘信息。

因为缺乏消息完整性检测,所以攻击者很容易发动中间人攻击,从而修改客户端与服务器端传输的数据,甚至可以在传输数据中插入恶意代码,导致客户端被引导至恶意网站而被植入木马病毒。

HTTPS(Hyper Text Transfer Protocol over Secure Socket Layer)是以安全为目标的 HTTP 通道,在 HTTP 的基础上通过传输加密和身份认证保证了传输过程的安全性。HTTPS 是在 HTTP 基础上加入 TLS/SSL 传输层安全协议构建的可进行加密传输、身份认证的网络协议,它主要通过数字证书、加密算法、非对称密钥等技术完成互联网数据传输加密,实现互联网传输安全保护,被广泛应用于互联网的安全敏感通信中。

现有互联网环境中仍有大量的网站使用 HTTP,其用户访问会存在很大的安全隐患,如信息泄露、木马植入等情况。从 HTTP 到 HTTPS 的转向可以提升用户访问的安全水平,特别是对于有敏感信息保存和提供金融交易等服务的企业更是有帮助的。

8.3.7 提升 Web 服务效率

早期的 Web 服务应用非常简单,主要是让用户查看存放在不同万维网服务器上的各种静态文档。因此,HTTP 被设计成为一种无状态的协议,以简化万维网服务器的设计。但现在许多复杂的应用,需要服务器能够识别用户的应用,如网上购物、电子商务等。为避免用户每次登录或使用相关的应用时都需要输入用户名和密码,可以使用 Cookie 在服务器上记录用户信息。在用户访问各类网站时,浏览器采用 Cookie 在万维网服务器上记录用户信息。Cookie 提供了一种机制,使万维网服务器能够“记住”用户,使用户无须主动提供用户标识信息。

万维网还可以使用缓存机制即 Web 缓存(Web Cache),以提高万维网的工作效率。该机制可用于客户机、代理服务器或“中间系统”中。Web 缓存是把最近一些请求和响应暂存在本地磁盘中。当新的请求到达时，若发现新的请求与暂存的请求相同，则返回暂存的响应，而不需要按URL的地址再去互联网访问该资源。当然这里还涉及一些具体细节，如代理服务器的暂存响应资源对象如何与“真实”服务器中的资源保持一致。关于这个问题的解决思想在现代通信网络中大量使用，请自己思考一下应如何解决。

8.4 DHCP服务

视频

动态主机配置协议(Dynamic Host Configuration Protocol，DHCP)是一种用于简化主机IP配置管理的服务。这种服务是使用DHCP服务器为网络上安装了DHCP服务客户端程序的客户进行动态IP地址分配和其他相关设置，而不需要管理员对每个客户进行一一配置，减轻了管理负担。它的目的是集中管理网络上使用的IP地址和其他相关配置，从而降低管理地址配置的复杂性。

8.4.1 DHCP的引入

在网络中，每个主机的网络参数不一样(如IP地址、子网掩码、默认网关地址、DNS服务器地址等)，网络协议在运行时，必须配合相应的网络参数才能正常工作，但手工配置这些参数很烦琐，更重要的是，这项工作对使用者提出了很高的要求，因为普通用户并不知道这些参数的含义。因此需要设计一种即插即用的自动配置方式。

为主机自动配置网络参数的方法，有早期的反向地址解析协议(Reverse Address Resolution Protocol，RARP)、早期ICMP协议版本中的地址掩码请求和路由发现报文以及自举协议(Bootstrap Protocol，BOOTP)等。BOOTP是一个基于IP和UDP的协议，最早出现在UNIX系统中，负责UNIX终端的远程启动，后来在Windows无盘网络中也得以广泛使用。它可以让无盘站点从一个中心服务器上获得IP地址，为局域网中的无盘站点分配动态IP地址，无须每个用户去设置静态IP地址。

但BOOTP有两个缺点：一是在为站点分配IP地址之前，必须在服务器上事先配置好对应站点的MAC地址，这使管理员的工作量较大；二是在站点没有重启或者关机之前，BOOTP分配的IP地址是静态的，没有租约期的概念，形成了一个一对一的静态关系，这不利于IP地址的有效使用。

DHCP是BOOTP的增强版本，也可以说是IETF对BOOTP功能的扩展，即同样是基于IP和UDP，但它弥补了BOOTP的上述不足，同时DHCP还可以通过中继代理功能，使一个DHCP服务器为多个网段的客户端自动分配IP地址。

8.4.2 DHCP服务的主要功能和好处

DHCP使任意一台主机加入新的网络时能自动获取IP地址、默认网关、DNS服务器地址等，无须人工配置，也称为即插即用网络(plug-and-play networking)功能。此外，它还可以：

- 通过MAC地址和IP地址的绑定功能实现静态IP地址的分配。
- 通过DHCP中继功能，可以使一个DHCP服务器为多段(或多个VLAN)的

DHCP 客户端分配不同地址段的 IP 地址，从而进一步简化网络中的 IP 地址配置工作。

特别对于以下情况，DHCP 服务是非常实用的。

(1) 网络规模较大，手工配置需要很大工作量，并且难以对整个网络进行集中管理；

(2) 网络中主机数量大于网络可用的 IP 地址数量，无法给每一个主机分配一个固定 IP 地址；

(3) 网络中只有少量主机需要固定 IP 地址，大部分主机没有固定 IP 地址需求。

使用 DHCP 服务功能的好处就是可以减少 TCP/IP 配置和管理的工作量、方便客户端的移动性以及配置参数的正确率。

8.4.3 DHCP 报文

DHCP 工作在 C/S 模型下，选用 UDP 传输服务。客户端和服务器使用的 UDP 端口不一样，DHCP 客户端使用 68 号端口向 DHCP 服务器发送请求报文，DHCP 服务器使用 67 号端口向 DHCP 客户端发送应答报文。

DHCP 服务器可以提供 3 种地址配置方式。

(1) 固定地址配置方式：DHCP 服务器为主机分配一个永久性的 IP 地址。

(2) 动态地址配置方式：根据需要从动态的地址池中获取一个具有时间期限(称为“租约期”)的 IP 地址。所有地址以共享方式动态使用。

(3) 手动配置方式：客户端的 IP 地址由网络管理员指定，DHCP 服务器只是将一个指定的 IP 地址告诉主机。

DHCP 共有 8 种报文，分别是 DHCP DISCOVER、DHCP OFFER、DHCP REQUEST、DHCP ACK、DHCP NAK、DHCP RELEASE、DHCP DECLINE、DHCP INFORM。

- **DHCP DISCOVER**：由于 DHCP 客户端在请求 IP 地址时不知道 DHCP 服务器的位置，因此 DHCP 客户端会在本地网络内以广播方式发送 DISCOVER 请求报文，以发现网络中的 DHCP 服务器。所有收到 DISCOVER 报文的 DHCP 服务器都会发送应答报文，由此 DHCP 客户端可以知道网络中存在的 DHCP 服务器的位置。
- **DHCP OFFER**：DHCP 服务器收到 DISCOVER 报文后，会在所配置的地址池中查找一个合适的 IP 地址，加上相应的租约期和其他配置(如网关、DNS 服务器等)，构造成一个 OFFER 报文，发送给 DHCP 客户端，以此来告知用户，该服务器可以为其提供的 IP 地址，但最终还需要客户端通过 ARP 来检测该 IP 地址是否重复。
- **DHCP REQUEST**：由于 DHCP 客户端可能会收到很多来自 DHCP 服务器的 OFFER 报文，所以必须在这些应答报文选择一个。通常是选择第一个 OFFER 应答报文的服务器作为自己的目标服务器，并向该服务器发送一个广播的 REQUEST 请求报文，通知选择的 DHCP 服务器，希望获得所分配的 IP 地址。另外，DHCP 客户端在成功获得 IP 地址后，进行地址租期续延，也会向 DHCP 服务器发送单播的或者广播的 REQUEST 请求报文以续延租约。
- **DHCP ACK**：当 DHCP 服务器收到 REQUEST 报文后，会根据 REQUEST 报文

携带的用户 MAC 地址来查找有没有相应的租约记录，如果有，则发送 ACK 应答报文，通知用户可以使用分配的 IP 地址。

- **DHCP NAK**：如果 DHCP 服务器收到 REQUEST 报文后，发现没有相应的租约记录或者因某些原因无法正常分配 IP 地址，则向 DHCP 客户端发送 NAK 应答报文，通知用户无法分配合适的 IP 地址。
- **DHCP RELEASE**：当 DHCP 客户端不再需要使用分配的 IP 地址时，就会主动向 DHCP 服务器发送 RELEASE 请求报文，告知服务器，用户不再需要分配 IP 地址，请求 DHCP 服务器释放对应的 IP 地址。
- **DHCP DECLINE**：当 DHCP 客户端收到 DHCP 服务器的 ACK 报文后，若通过地址冲突检测机制发现服务器分配的地址冲突或者因其他原因导致不能使用，则向 DHCP 服务器发送 DECLINE 请求报文，通知服务器所分配的 IP 地址是不可用的，以期获得新的 IP 地址。
- **DHCP INFORM**（目前基本不使用）：如果 DHCP 客户端需要从 DHCP 服务器端获取更为详细的配置信息，则向 DHCP 服务器发送 INFORM 请求报文；DHCP 服务器在收到该报文后，将根据租约期进行查找，当找到相应的配置信息后，向 DHCP 客户端发送 ACK 应答请求。

8.4.4 DHCP 服务工作过程

DHCP 服务包含为 DHCP 客户端提供 IP 地址自动分配过程，以及后续的 IP 地址续约和释放过程。

DHCP 客户端初次获取 IP 地址的过程涉及 4 个阶段，相当于 DHCP 客户端与服务器的 4 次握手过程，这个过程会用到 4 类报文，即 DHCP DISCOVER、DHCP OFFER、DHCP REQUEST、DHCP ACK，如图 8-6 所示。特别说明，在图 8-6 中，除了 DISCOVER 和 REQVEST 报文通常是广播方式外，其余报文类型具体应用时比较灵活，可以是广播或者单播处理方式。

图 8-6 DHCP 客户端获取 IP 地址

在 DHCP 客户端获得一个 IP 地址后，可以发送一个 ARP 请求来避免由于 DHCP 服务器地址池重叠而引发的 IP 冲突。

若采用动态 IP 地址分配策略,则 DHCP 服务器分配给客户端的 IP 地址都有一定租约期。当租约期满后,DHCP 服务器会收回分配的 IP 地址。如果 DHCP 客户端希望持续使用某地址,则需要向 DHCP 服务器提出更新 IP 地址租约期的请求,称为续约。续约步骤如下:

(1) 当 DHCP 客户端的 IP 地址租约期到达期限的 1/2 时,DHCP 客户端向 DHCP 服务器以单播方式发送 DHCP REQUEST 请求报文,请求 IP 地址租约的更新。

(2) 如果 DHCP 服务器同意续约,则向客户端以单播方式返回 DHCP ACK 报文,通知 DHCP 客户端已经获得新的 IP 租约期,并可以继续使用此 IP 地址;相反,如果 DHCP 服务器不同意续约,则 DHCP 服务器以单播方式返回 DHCP NAK 报文,通知 DHCP 客户端不能获得新的租约期,则此 IP 地址不再分配给该客户端。客户端须重新申请 IP 地址。

(3) 如果上面的续约申请失败,则 DHCP 客户端会在租约期到达期限的 7/8 时,再次以广播方式发送 DHCP REQUEST 请求报文进行续约,DHCP 服务器的处理方式同上。如果第二次续约请求还是失败,则原来租约期的 IP 地址将被释放,客户端必须重新申请 IP 地址。

8.4.5 DHCP 中继代理服务

虽然 DHCP 能通过发送 DHCP DISCOVER 广播报文来寻找服务器,但并不是每一个子网中都存在一个 DHCP 服务器,这时可以使用中继代理(Relay Agent)来转发客户与服务器之间的请求和响应报文。在中继代理方式下,子网络中需要一个 DHCP 中继代理,而且中继代理必须配置 DHCP 服务器地址。当 DHCP 服务器发出响应报文时,中继代理可以将响应报文转发给客户端,如图 8-7 所示。

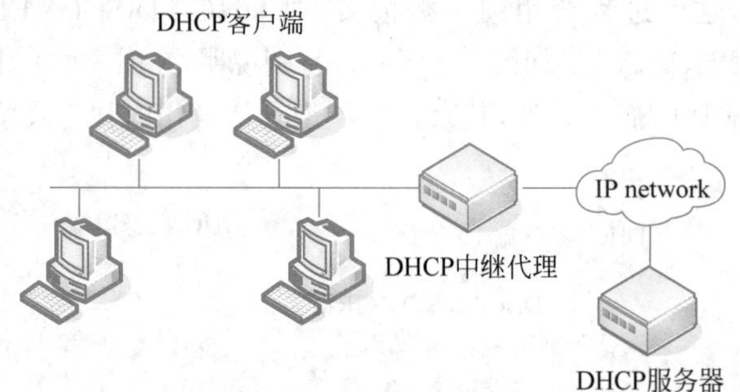

图 8-7 DHCP 中继代理的典型应用

DHCP 中继代理位于 DHCP 客户端和服务器之间,当然,一个 DHCP 中继代理可以同时连接多个子网,作为多个 DHCP 客户端子网的中继代理。这样,多个子网上的 DHCP 客户端在使用一个中继代理的同时,可以使用同一个 DHCP 服务器来自动分配 IP 地址,既节省了成本,又便于集中管理。DHCP 中继代理的基本流程如图 8-8 所示。

可以看出,该流程与不通过 DHCP 中继代理而直接从 DHCP 服务器动态获取 IP 地址的过程类似,仍然是需要经历从发现、提供,到选择和确认的 4 个阶段,所用到的报文对应是 DHCP DISCOVER、DHCP OFFER、DHCP REQUEST、DHCP ACK。只是这里的 DHCP 中继代理需要充当一个中继的角色,负责转发 DHCP 客户端与服务器之间交互的这些报文。

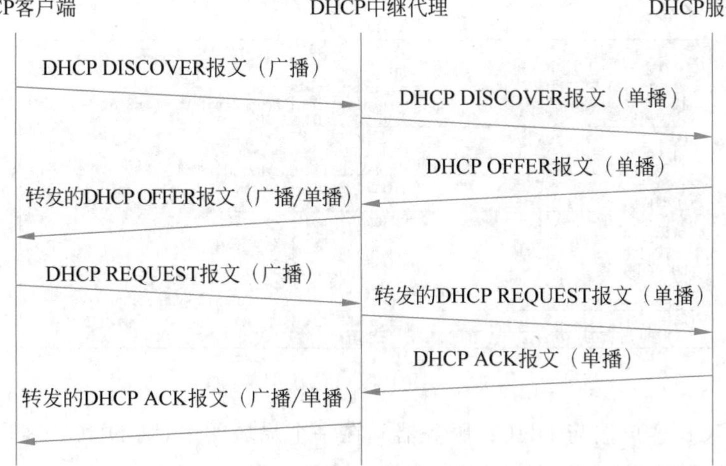

图 8-8 DHCP 中继代理流程

8.5 探究浏览网页应用的全过程

视频

网页浏览是最常用的应用,下面以一台计算机访问 www. cqupt. edu. cn 为例,梳理各层协议的综合应用以及信息的传输过程。

在上网之前,首先是配置计算机终端的网络参数,如图 8-9 所示,这里不用人工配置方式,选用 DHCP 方式进行自动配置。

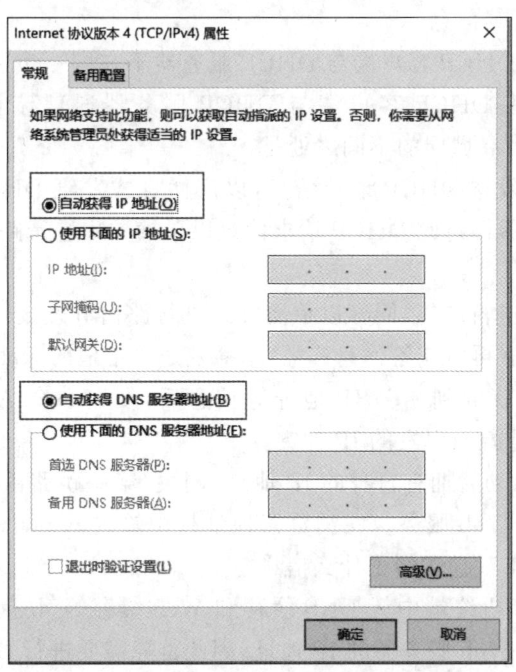

图 8-9 IPv4 属性配置

(1) 计算机开机时,计算机操作系统会自动启动自身的 DHCP 客户端程序,通过 DHCP 协议与 DHCP 服务器交互获取本机 IP 地址、默认网关和 DNS 服务器等网络参数,如图 8-10 所示。

```
无线局域网适配器 WLAN:

   连接特定的 DNS 后缀 . . . . . . . :
   描述. . . . . . . . . . . . . . . : Intel(R) Dual Band Wireless-AC 8275
   物理地址. . . . . . . . . . . . . : A8-7D-12-04-8A-9D
   DHCP 已启用 . . . . . . . . . . . : 是
   自动配置已启用. . . . . . . . . . : 是
   本地链接 IPv6 地址. . . . . . . . : fe80::41f:efd0:4082:8018%5(首选)
   IPv4 地址 . . . . . . . . . . . . : 192.168.124.11(首选)
   子网掩码  . . . . . . . . . . . . : 255.255.255.0
   获得租约的时间  . . . . . . . . . : 2023年7月23日 9:16:15
   租约过期的时间  . . . . . . . . . : 2023年7月24日 9:16:11
   默认网关. . . . . . . . . . . . . : 192.168.124.1
   DHCP 服务器 . . . . . . . . . . . : 192.168.124.1
   DHCPv6 IAID . . . . . . . . . . . : 94928146
   DHCPv6 客户端 DUID  . . . . . . . : 00-01-00-01-29-07-0D-85-00-00-00-00-11-83
   DNS 服务器  . . . . . . . . . . . : 192.168.124.1
   TCPIP 上的 NetBIOS  . . . . . . . : 已启用
```

图 8-10 DHCP 服务器获取的参数

① 若 DHCP 客户端与 DHCP 服务器同在一个局域网中,则 DHCP 客户端与 DHCP 服务器通信流程如图 8-6 所示。

- DHCP 客户端发送 DHCP 请求数据,该数据封装在 UDP 中,UDP 数据报进一步封装到 IP 分组中(包含目的 IP 地址为广播地址 255.255.255.255,源 IP 地址为 0.0.0.0,协议字段为 17),IP 分组再封装到 DIX Ⅱ 数据帧中(包含目的 MAC 为广播地址 FF:FF:FF:FF:FF:FF,源 MAC 地址为计算机物理地址,类型字段为 0x0800),以无线或有线信号形式将数据发送出去。
- 同一网络中的 DHCP 服务器进行应答,应答信息中包含服务器端端口号 67,客户端端口号为 68。该响应数据中会提供计算机客户端将使用的 IP 地址、网关信息和 DNS 服务器等信息。

② 若计算机终端 DHCP 客户端与 DHCP 服务器不在同一个局域网中,则局域网中需要 DHCP 中继代理,DHCP 客户端与 DHCP 服务器通信流程如图 8-8 所示。与 DHCP 服务器在同一个局域网的不同之处是:

- DHCP 客户端发送 DHCP 请求信息,以广播方式发给 DHCP 中继代理服务器。中继代理服务器再将此 DHCP 请求信息以单播方式进行路由寻址发送给远端的 DHCP 服务器。
- DHCP 服务器进行应答,同样以单播方式进行路由寻址发送给中继代理服务器,中继代理服务器再将应答信息广播/单播发送给本地的 DHCP 客户端。

③ DHCP 客户端获取到相关 IP 地址等信息后,发送一个 ARP 请求来避免由于 DHCP 服务器地址池重叠而引发的 IP 冲突。

(2) 计算机终端启动后拥有自身的 IP 地址、网关(第一跳路由器)和 DNS 服务器信息后,浏览器可以使用 Web 服务。在浏览器地址栏中输入 www.cqupt.edu.cn。(想一想,这个地址作为"URL",它省略了什么信息?)

(3) 假设本地计算机终端中无 DNS 缓存和 Web 缓存等,访问 www.cqupt.edu.cn 网页服务器,需要知道 Web 服务器的 IP 地址,因此首先需要进行 DNS 解析,本地计算机终端需访问本地DNS服务器。计算机终端发出的DNS请求信息封装在传输层数据中(包含服务器端端口号53,客户端端口号为临时端口号),传输层数据报进一步封装到IP分组中(包含目的IP地址为本地DNS服务器,源IP地址为计算机终端),IP分组再封装到DIX Ⅱ数据帧中(包含目的MAC为网关地址,源MAC地址为计算机物理地址)。

① 若计算机终端不知道本地网关地址的MAC地址,并且计算机终端无ARP缓存,则计算机终端将运行ARP协议,解析网关地址的物理MAC地址。计算机终端将网关IP地址进行ARP广播,若本地网络中有二层交换机,二层交换机对广播帧进行洪泛处理,本地网关进行ARP单播响应,计算机终端终将获取到网关IP地址所映射的MAC地址信息,并进行ARP缓存。完成DNS请求信息的数据帧的封装,将该数据帧发送到本地网关(第一跳路由器)。

② 若本地DNS服务器与计算机终端不在一个网络,则本地网关根据目的DNS服务器的IP地址,通过一定的路由寻路方式将DNS请求信息发送到目的DNS服务器。

③ 若本地DNS服务器中不包含www.cqupt.edu.cn对应的Web服务器IP地址,则本地DNS服务器将采用DNS解析中的迭代或者递归方式进一步查询相关信息,直至获取到www.cqupt.edu.cn映射的Web服务器IP地址,并以应答方式告知计算机终端计算机终端获取到的www.cqupt.edu.cn对应的Web服务器IP地址的映射信息,并进行DNS缓存。

(4) 计算机终端通过DNS服务器获取到www.cqupt.edu.cn的Web服务器的IP地址,向Web服务器发送HTTP请求信息,Web服务器进行HTTP的响应(显示网页)。

① 计算机终端先与Web服务器完成TCP连接的3次握手。

② 进行HTTP请求信息的发送,将HTTP请求信息封装在TCP报文段中(包含服务器端端口号为80,客户端端口号为临时端口号),TCP报文段封装在IP地址中(包含目的IP地址为Web服务器,源IP地址为计算机终端),IP分组封装在DIX Ⅱ数据帧中(包含目的MAC为网关地址,源MAC地址为计算机物理地址)。

③ 数据帧先到达本地网关,本地网关根据目的IP地址(Web服务器)进行路由寻址转发,使HTTP请求信息最终到达Web服务器。

④ Web服务器进行HTTP信息的响应,即向用户终端计算机的浏览器进行网页显示。服务器对客户端进行响应回复,同样需要经过类似前面描述的通信过程。

当然,无论传输的是DHCP、DNS还是HTTP的任何信息,在进行数据链路层的数据帧传输时,同时还要进行数据帧的差错检测甚至进行基于滑动窗口的重发操作。若用户的计算机终端是通过无线的共享信道接入家庭中的无线路由器,则在这个过程中还需要考虑CSMA/CA协议的运行。若用户是通过ISP接入互联网的,则在用户与ISP之间可以是PPP或者是PPPoE的宽带连接方式。若用户在接入运营商的接入层网络中,且运营商的接入网中有VLAN技术应用,则接入层交换机的数据转发要基于VLAN划分规则。

如果用户计算机终端处于专用网中,使用的是专用网地址,那么无论传输的是DHCP、DNS还是HTTP的任何信息,用户计算机终端发送的IP分组在到达NAT路由器后，都需要通过网络中的NAT路由器，将源IP地址是专用网地址的分组转换成满足要求的公用网地址，才能将相关数据发送到公用网上进行传输。

如果用户终端计算机要访问的服务器也处于内网之中，用户终端计算机可能需要通过VPN隧道建立远程接入VPN，进行专用网络资源的访问。

为了进行可靠的传输服务，传输层同样可能基于表5-1给出的相关可靠传输机制提供保障。当然，实际Web服务的网络情况和服务要求会比这个复杂更多，本节只是做了主要部分的相关分析与说明。

视频

【本章实验】

在基于全网路由互通的基础上，在网络仿真软件中构建并实现含有DHCP、DNS以及Web服务的网络，实验内容如下：

(1) 在模拟模式下观察DHCP、DNS数据包的交互数据；

(2) 观察启用设定Web服务时，网页页面的.html源代码文档的特点，并尝试修改.html文件。

【本章小结】

应用层是与用户最近的一层，它不是指具体的应用软件，但是为用户提供所需要的应用服务问题，其内部大部分的网络应用服务模型都是基于C/S工作模式。C/S这种非对等的工作模式能适应互联网的交互特点，并可使用迭代服务器方案和并发服务器方案。

在互联网应用中，DNS服务是一种常见的互联网应用需求，可以辅助支撑多种互联网的应用。由于数值型的主机名称不便于理解和记忆，所以需要转化为更便于记忆应用的字符型名称，DNS服务就是因为这个原因而发展起来的。DNS服务同样是一种系统性解决方案，包括命名空间和域名空间的设计、域名解析服务的分类与部署，以及域名服务器之间的工作模式。

Web服务即互联网中最广泛应用的万维网服务，关键的标准包括HTML、URL和HTTP。它们各自在Web服务中发挥特定的作用，只有它们的有机结合和发展才有了今天的万维网服务规模。

DHCP服务帮助主机获取网络配置参数自动化，简化了主机的使用和网络的管理。DHCP服务通过8种DHCP报文的交互应用，灵活地进行DHCP服务设置以及中继代理的应用，不仅可以减少TCP/IP配置和管理的工作量，还提升了客户端的移动性以及使配置更加可靠。

通过简单的Web服务应用，可以看到各层协议及各种服务功能如何相互配合共同完成一次网页浏览任务。

关于应用层的协议还有很多，如文件传输(FTP)、电子邮件、远程登录(Telnet)、网络管理(SNMP)等，在传输层主要采用面向连接的TCP协议或者无连接的UDP协议，以及在网络层采用 IP 协议处理,能很好地体现 Everything Over IP 的互联网应用模式特点,而后 IP 数据包能够在不同的网络技术中被承载传输,同样体现出了 IP Over Everything 的底层网络技术传输特性。

【知识对接】

从协议表达方式看,HTTP 协议属于 3.4.2 节中的哪一类?

【扩展阅读】

1. 电子邮件服务(E-mail)

(1) https://www.mscbsc.com/cidian/baike207

(2) https://baike.baidu.com/item/电子邮件服务器

(3) https://blog.csdn.net/tongkongyu/article/details/125148606

(4) https://blog.csdn.net/suhuaiqiang_janlay/article/details/78765613

2. 文件传输服务(FTP/TFTP)

(1) https://baike.baidu.com/item/FTP/13839

(2) https://zhuanlan.zhihu.com/p/583360140

(3) https://zhuanlan.zhihu.com/p/625945964

3. 远程登录(Telnet)

(1) https://baike.baidu.com/item/Telnet/810597

(2) https://zhidao.baidu.com/question/1674915131508789427.html

(3) https://www.qh4321.com/68170.html

【思考题】

1. DNS 使用什么协议进行传输?原因是什么?
2. DNS 的原理很简单,为何实现很复杂?
3. DNS 的域名服务器为何不与域名空间的级别一一对应?
4. HTTP 有哪些缺点?存在哪些安全隐患?

【习题】

1. 应用层的主要作用和功能是什么?

2. 简述 C/S 与 P2P 两种模型的含义,并比较其异同。

3. 什么是域名?什么是 DNS?为什么要使用 DNS?如果 DNS 系统瘫痪了,还可以上网吗?

4. 简述 DNS 的解析过程。

5. HTTP 协议是什么?它的作用是什么?当访问一个 Web 文档时,除了 HTTP,还需要用到什么应用层和传输层协议?

6. 什么时候会用到 DHCP？DHCP 可以实现什么功能？

7. 应用层中的哪些协议会使用 TCP，哪些协议会使用 UDP？为什么？

8. 根据如图 8-11 所示拓扑中的数据规划，给路由器 R1、R2 的各接口以及主机 PC1 和 PC2 都配置了 IP 地址和子网掩码。

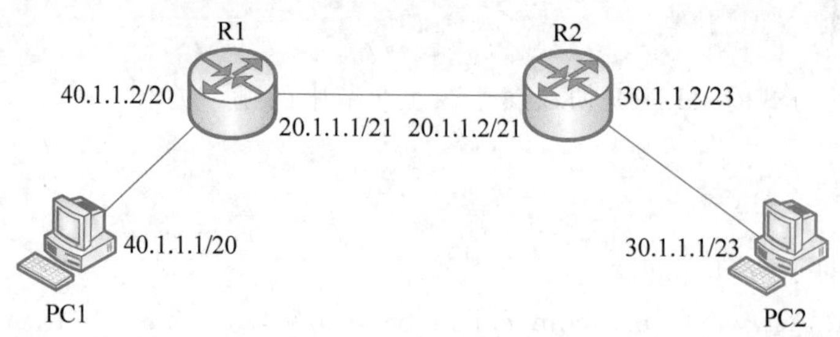

图 8-11　习题 8 的图

(1) 请问还需要做哪些数据配置，才能让 PC1 ping 通 PC2？说明理由。

(2) 在 PC1 访问 PC2 的过程中，最多需要使用几次 ARP 协议？每次 ARP 协议解决什么问题？

(3) 若 PC2 是一台 WWW 服务器，其主页 URL 为：http://www.XXX.com/index.html，在经过一系列数据配置后，PC1 可以访问该服务器上的网页。当 PC1 在其浏览器输入该 URL 后，PC1 在完成报文从上到下封装成帧的过程中：

① PC1 是如何确定每一层的目的地址标识的？

② WWW 服务器 PC2 的每一层是根据什么标识信息决定接收，并根据什么标识上交给上层哪一个实体的？

9. 已知小华的计算机 A 所连接的局域网是 1000Mb/s 的交换式以太网，现在他把自己计算机的地址信息配置好后在浏览器地址栏输入外地某网站 B 的地址 https://cc.taba.com/www/index.html，却发现无法访问，他用另外一台已经做好配置的计算机 C 访问该网站，发现可以访问。请回答以下问题：

(1) 请你帮小华分析一下无法访问该网站最可能的原因是什么。

(2) 从网站 B 的地址信息，可以直接或间接得到哪些地址标识？简要说明。

(3) 简述该交换式以太网里面完成交换功能的设备和连接外网的互联设备两者地址表的生成方式的不同。

(4) 上述(3)中两种互联设备的数据链路层分别是根据什么标识决定收下数据并处理的？

10. 试着描述查询网页时，整个网络所经历的通信过程。

第3篇

现代通信网

第9章 现代通信网结构

【带着问题学习】

1. 通信网络与计算机网络有何异同？
2. 现代通信网络的结构是什么样的？
3. 现代通信网络有哪些关键技术？
4. 现代通信网络是如何控制业务实现的？
5. 现代通信网络是如何应用计算机技术的？

【学习目标】

1. 掌握通信网络的组成结构和发展方向。
2. 理解驻地网的组网方式。
3. 理解接入网的概念和相关技术。
4. 掌握核心网的结构。
5. 掌握 IMS 的组成结构和基于 IMS 的核心网组成网元。
6. 了解 IMS 的通信控制流程。
7. 理解承载网的结构和相关技术。

【本章关键术语】

驻地网，接入网，核心网，承载网，IMS，SIP，CSCF，P-CSCF，I-CSCF，S-CSCF，HSS，AS，SLF，MRFC，MRFP，MGCF，IM-MGW，BGCF

视频

9.1 通信网络组成结构

早期的通信网络只提供语音传输功能，业务单一，整个网络采用面向连接的电路方式进行通信，网络功能局限在通话电路的控制上，对信息不做处理，网络结构相对简单。

现代通信网络不仅提供语音业务，还提供数据、视频等多种业务，随着提供的业务要求和业务种类越来越多，对网络的传输和转发控制（交换与路由）也提出了更高要求。如移动网络中对业务的控制比传统固定网络的业务控制要复杂得多；传统网络中语音和数据是在不同的网络上分开传输的，从 4G 网络开始，在同一个 IP 网中同时传输语音和数据，其难度远高于传输单一内容的网络；5G 网络更是融入物联网的需求，增加了两大场景，其业务控制和性能指标的控制更加复杂。所以网络提供的业务种类越来越多，网络功能越来越多，要求越来越高，导致网络中的网元种类越来越多，网络中使用的技术类型越来越多，技术难度越来越高，网络组成和网络结构也越来越复杂。

因此，先从宏观角度总体把握，再从细节上理解各类具体的通信网络，更有利于对通信网络的理解。现代通信网络不是简单的线状结构，可以从多个角度去看整个通信网络。

1. 从网络覆盖范围角度划分

根据网络覆盖地理范围及网络自身规模的大小，可将网络分为局域网、城域网、广域网三大类。

局域网（Local Area Network，LAN）：局域网是将较小地理范围内的计算机或数据终端设备连接在一起的通信网络。网络覆盖的地理范围比较小，跨度一般小于 10km，在几十米到几千米之间。常用于组建一个房间、一栋楼、一个企业、一个小区、一个校园的计算机网络。

城域网(Metropolitan Area Network,MAN):城域网覆盖的地理范围跨度从几千米到几十千米,可以覆盖一个城市。它将位于一个城市内不同地点的多个局域网连接起来实现资源共享。

广域网(Wide Area Network,WAN):广域网覆盖的地理范围跨度超过几千千米,可以是一个国家或多个国家,甚至覆盖全球范围。因特网(Internet)就是一种广域网。

这类划分方法只体现了网络大小,没有体现出网络结构和网络技术。

2. 从位置角度划分

从位置角度划分将通信网络分为用户驻地网、接入网和核心网三部分,如图9-1所示。用户驻地网与接入网之间的接口称为用户网络接口(User Network Interface,UNI),接入网与核心网之间的接口称为业务节点接口(Service Node Interface,SNI)。

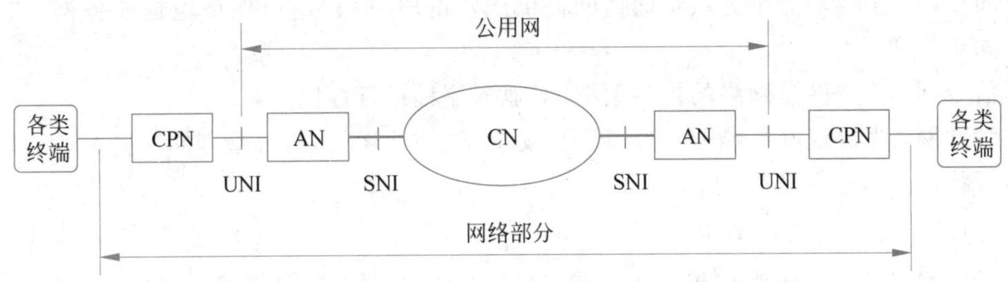

图9-1 通信网络按位置分类

用户驻地网(Customer Premises Network,CPN):是指用户终端设备(Customer Terminal Equipment,CTE)与用户网络接口(UNI)之间所包含的所有通信设备形成的网络。驻地网让用户终端能灵活方便地进入接入网。驻地网具有固定地理范围的业务区域以及一定数量的用户群等特征,它可以是一个居民小区、楼盘、工业园区,也可以是一栋或相邻的多栋楼宇。一般情况下,驻地网属于用户自有通信网,接入网和核心网属于公共电信网。局域网属于一种用户驻地网。

接入网(Access Network,AN):根据ITU-T G.902的定义,接入网是由业务节点接口(SNI)和用户网络接口(UNI)之间的一系列传送实体组成,为供给电信业务而提供所需传送承载能力的实施系统。接入网可以看成与业务和应用无关的传送网,实现业务的透明传送,主要完成交叉连接、复用和传输功能。但随着5G网络边缘计算的发展,接入网也开始融入业务和应用控制。

核心网(Core Network,CN):处于网络的核心地位,完成数据交换、转发、接续、路由等核心功能,同时提供用户管理、用户连接以及业务控制功能。核心网处理和分发全网的业务,是信息处理的中心。

3. 从功能角度划分

从功能角度上通信网络分为承载层、业务层和信息应用层,如图9-2所示。

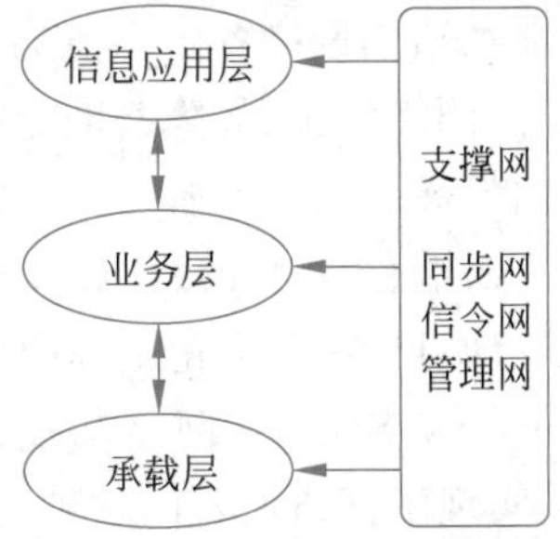

图9-2 通信网络的功能分类

承载层：指支持通信业务的传输平台及其传输技术。在语音网络时代，该层称为接入与传输层。在当前数据网络时代，在原物理传输的基础上还需要配合各种传输技术和转发技术，合称为承载。

业务层：在承载层之上，提供各种通信业务的网络，也包含提供各种信息服务的设备。如电话网、分组网、数据网、移动通信网、帧中继网、电视网等。

信息应用层：建立在各类业务网络平台之上，为用户提供各类信息应用和服务。如语音通信、数据传输、会议电视、文件传送、金融服务等。

另一种从网络功能角度划分的方法将网络分为业务网和支撑网。

完整的通信网络除了传递各种用户信息的业务网络外，还有多个起支撑作用的支撑网络，以保障和控制业务网络的运行，包括同步网、信令网、管理网，共同为整个通信网络服务。

同步网：主要功能是为数字通信网提供同步的时钟信号，以保证电信业务网中各个节点同步协调运行。

信令网：信令网是网络的控制中枢，对业务流程进行控制。

管理网：为保证网络能够有效、稳定、安全、经济地运行，需要管理网对整个业务网络的运行状态进行监测和控制。

4. 通信网络的发展方向

通信网络经过了100多年的发展，经过了多轮技术变革，完成了多代网络结构变化，经历了数字化、IP化、移动化、综合化的重大转型，同时，一直向着宽带化、智能化的方向发展。随着需求的变化和技术的发展，通信网络也会继续更新换代。当前通信网的发展方向包括宽带化、智能化、云端化、全光化、绿色化、无缝覆盖等。

宽带化：骨干网络的传输带宽从早期的几十Mb/s到现在的10Tb/s，近年在实验室实现了1Pb/s的光纤传输技术；在用户端，从早期的十几kb/s到现在5G移动网10Gb/s的用户带宽；传输网络带宽的提高，也需要交换节点同步提高带宽处理能力，才能形成端到端的全程宽带通信能力。短短几十年，通信网络的传输带宽增加了大约100万倍。6G移动通信网络还将进一步提高网络带宽，用户带宽朝着Tb/s级进发。

智能化：当计算机融入通信，实现了通信设备的程序化控制（如程控交换机）后，从20世纪90年代开始，人们就把目标瞄准到网络的智能化，从早期的智能网，到现在人工智能在通信网络各个环节的应用，都在努力提高网络的智能化水平。从网络规划、网络运行、网络维护、故障判断、传输调度、业务管理到安全防护等方方面面都在朝着智能化方向发展。

云端化：随着云计算和网络功能虚拟化技术的发展，以及网络经济性和业务灵活性的驱动，网络云端化需求越来越强烈。通信网络以软件定义网络（Software Defined Network，SDN）和网络功能虚拟化（Network Functions Virtualization，NFV）技术为核心，实现了网络设备的软硬件解耦，提高了资源共享能力、资源调度的灵活性和高效配置以及网络架构的灵活性。

全光化：由于光纤传输具有无可比拟的优越性，经过几十年的发展，骨干传输网、接入网均实现全光化，曾经难以想象的光纤到家(Fiber To The Home，FTTH)、光纤到办公室(Fiber To The Office，FTTO)也已经实现，正在向光纤到桌面(Fiber To The Desk，FTTD)方向发展。在交换节点上，网络干线传输交换节点的光化即将完成，正向城域接入网拓展。

绿色化：通信网络中核心网和无线基站的能耗占比高，5G时代采用小蜂窝网络技术，基站数量更多。绿色化成为通信行业发展的必然趋势，一方面是社会经济发展转型的要求，另一方面也是降低网络运行成本提高行业竞争力的要求。

无缝覆盖：随着6G网络的发展，除了实现更高传输速度、更广覆盖范围、更低延时、更高可靠性的通信网络外，还要利用卫星通信技术构建跨地域、跨空域、跨海域的一体化网络，实现全球无缝覆盖。

总体来说，通信网络始终朝着“有效、可靠、可控、可管、智能、灵活性好、经济性好”的目标不断发展。

9.2 驻地网

9.2.1 驻地网的概念

在计算机普及之前，通信网络主要是语音网络，语音网络的终端功能很简单，用户终端直接通过接入网连接到交换机。随着计算机以及局域网技术的普及，用户终端变为智能终端，业务种类越来越多，用户终端侧逐渐构成新的用户驻地网。

用户驻地网是指用户终端到用户网络接口(UNI)之间所包含的相关网络设施，是为了覆盖某一个特定区域内的用户而专门建设的电信业务接入平台，用户通过UNI进入驻地网。

9.2.2 驻地网的组网方式

由于用户驻地的范围大小、业务需求等差异大，导致用户驻地网的种类繁多。驻地网的组网方式有xDSL(ADSL/VDSL/SHDSL)、LAN、FTTB＋LAN、FTTH、FTTD、WLAN等方式。

1. xDSL组网方式

该方式基于电话双绞线，通过xDSL技术搭建用户驻地网，适用于为小型小区和小型企业构建用户驻地网。xDSL组网结构如图9-3所示。

2. LAN组网方式

该方式采用以太网组网，优点是网络管理相对简单，适合进行数据传输；缺点是对语音用户成本较高。该方式适用于语音用户数量少的用户驻地网。LAN组网结构如图9-4所示。

3. FTTB＋LAN组网方式

在该方式下，光缆只布设到楼道，即ONU(Optical Network Unit)终止在各个大楼。

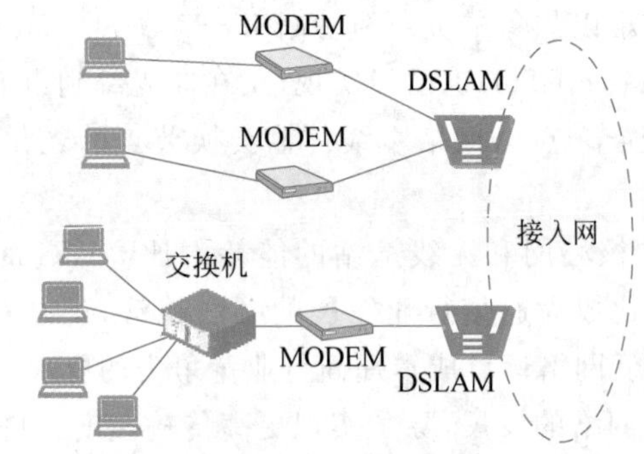

图 9-3　xDSL 组网结构

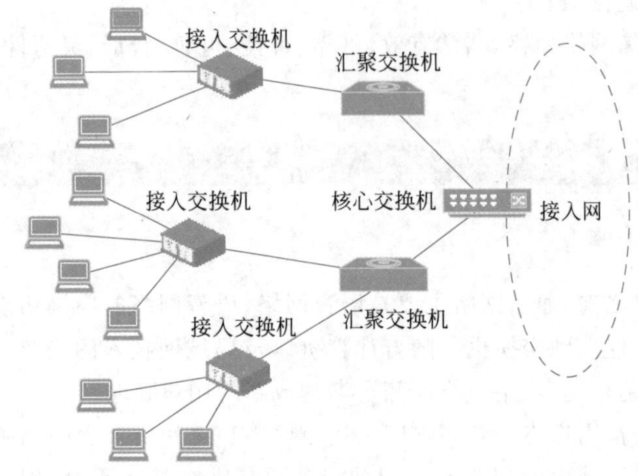

图 9-4　LAN 组网结构

ONU 之后采用局域网组网方式组网，即 ONU 到各个楼层以及到室内均采用网络线传输。FTTB+LAN 组网结构如图 9-5 所示。

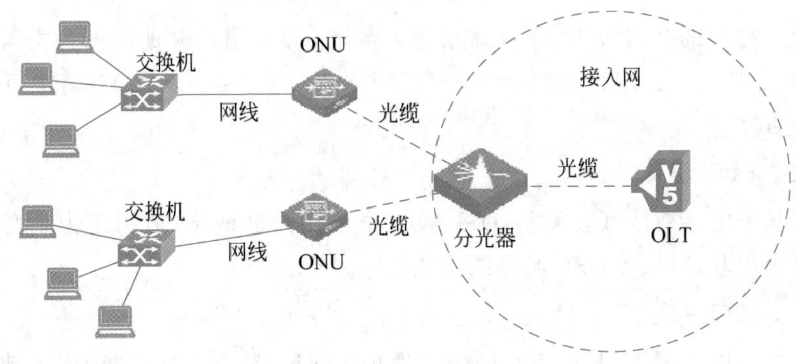

图 9-5　FTTB+LAN 组网结构

4. FTTH 组网方式

该方式直接将光缆布设到用户家，将 ONU 安装在用户室内，其优点是能提供更大的带宽，并减少安装和维护工程量。FTTH 组网结构如图 9-6 所示。

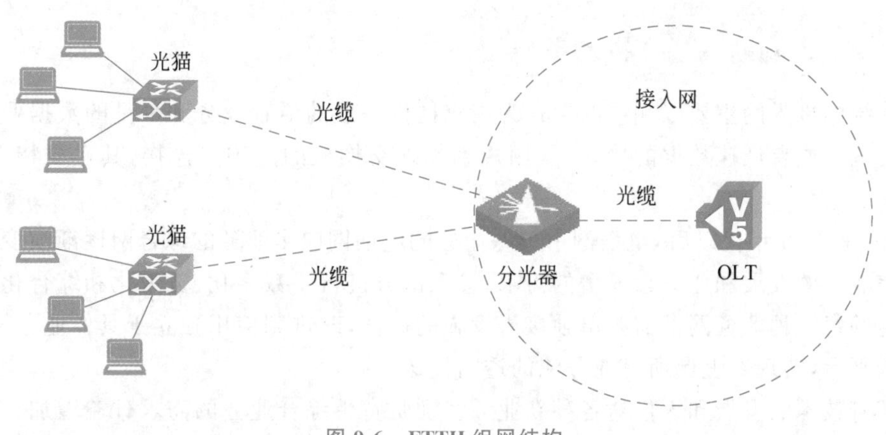

图 9-6 FTTH 组网结构

5. WLAN 组网方式

该方式采用 Wi-Fi 技术来组网，通过无线信号覆盖整个驻地区域。其优点是减少了布线工程量，同时满足全区域内无线上网的需要；缺点是覆盖距离有限，稳定性不如有线强。适合在机场、写字楼、酒店、会议中心等人员流动性较强的地方使用。WLAN 组网结构如图 9-7 所示。

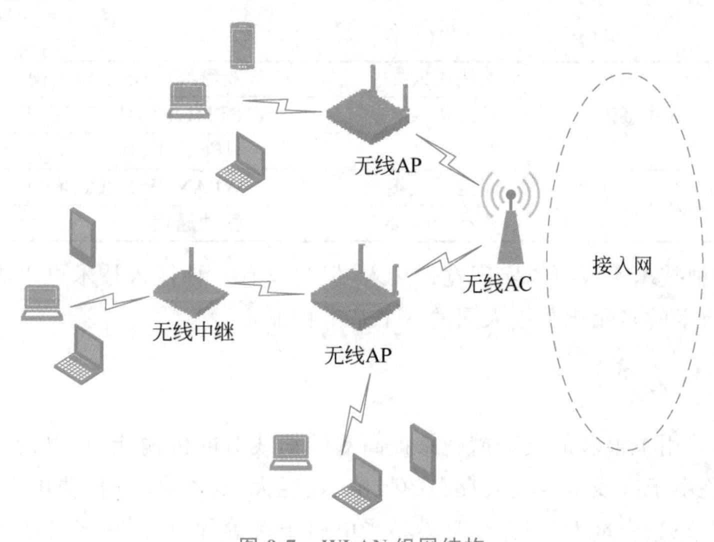

图 9-7 WLAN 组网结构

9.3 接入网

视频

接入网包括骨干传输网络到用户终端之间的所有设备，接入网的覆盖范围一般为几百米到几千米，因而被形象地称为“最后一公里”或者“最初一公里”。由于骨干传输网一般采用光纤结构，传输速度快，因此，接入网的性能便成为整个网络系统的瓶颈。为了充分利用已有的网络资源并增加业务类型，提高服务质量，“找到接入网解决方案”成为网络发展中人们最关心的焦点问题。

9.3.1 接入网的发展和技术类型

传统的接入网主要以铜缆的形式为用户提供一般的语音业务和少量的数据业务，只能解决电话或者低速数据的接入，是用户到本地交换机的点到点连接，其主要特点是业务单一。

20 世纪 90 年代以后，电信网由单一业务的电话网向多业务的综合网逐渐演变，为适应电信业务的发展和业务量速增的需求，接入部分进行了数字化、宽带化和综合化改造。从传统的每一种业务网都需要单独接入设施的做法，改进到使用独立于具体业务网的基础接入平台，实现对上层所有业务流的透明传送。

随着技术的发展和人们对各种新业务特别是宽带综合业务的需求日益增加，产生了一系列接入网技术，其中包括应用较广泛的以双绞线为基础的铜线技术、混合光纤/同轴(HFC)技术和混合光纤/无线接入技术、无线本地环路技术(WLL/DWLL)及光纤到户(FTTH)技术。

接入网的接入方式包括铜线(普通电话线)接入、光纤接入、光纤同轴电缆(有线电视电缆)混合接入(HFC)和无线接入等几种方式。接入网技术分类如表 9-1 所示，当前以 FTTH、FTTO、WLAN 和移动通信接入为主。

表 9-1 接入网技术分类

接入网	有线接入	铜线接入	双绞线(xDSL、以太网)、同轴电缆
		光纤接入	**FTTH**、**FTTO**、FTTD、FTTB
		混合接入	HFC、FTTB
	无线接入	固定无线接入	**WLAN**、WiMAX、FSO
		移动无线接入	**移动通信**

虽然有多种技术手段可以实现宽带接入，但是没有一种接入技术可以满足所有应用的需要，接入技术的多元化是接入网的一个基本特征。

9.3.2 有线接入技术

虽然早期采用了很多的改进措施来提高双绞铜线对的传输能力，以最大限度地保护现有投资，但是由于铜线本身先天存在频带窄、损耗大、成本高、维护费用高等固有缺陷，而光纤具有频带宽、容量大、损耗小且不易受电磁干扰等优点，因此光纤成为主要传输介质。同时随着技术的发展和光缆、光器件成本的下降，以及业务和市场的需求推动，近些年我国光纤普及得到了快速发展。根据工业和信息化部网站公布的数据，至 2024 年 2 月，全国宽带接入用户 6.43 亿户，其中，FTTH/O 用户 6.14 亿户，约占 95.5%。因此这里只介绍光纤接入。

光纤接入网是指采用光纤传输技术的接入网，一般指本地交换机与用户之间采用光纤或者部分采用光纤通信的接入系统。

根据不同的分类原则，光纤接入网有以下分类方式：

(1) 按照接入网室外传输设备是否包含有源设备，可分为有源光网络(Active

Optical Network,AON)和无源光网络(Passive Optical Network,PON)。

(2) 按照用户端的光网络单元(ONU)放置的位置不同,又划分为FTTH(光纤到户)、FTTB(光纤到大楼)、FTTC(光纤到路边)、FTTZ(光纤到小区)、FTTO(光纤到办公室)等多种类型,又可称为FTTx接入网。

(3) 按照接入网的网络拓扑结构不同,可分为总线型、环状、星状和树状等,也可以由几种结构组合派生多种应用形式。

AON的传输距离和容量相对于PON有很大提升,并且易于扩容,但是供电和维护成本高;而对于PON,可避免电磁和雷电影响,设备投资和维护成本低,在业务透明、易于升级和管理等方面具有优势。因此,目前以PON的应用为主。根据接入协议的不同,PON分为基于ATM的APON、基于Ethernet的以太网无源光网络(Ethernet Passive Optical Network,EPON)和基于通用封装格式(General Encapsulation Methods,GEM)的吉比特无源光网络(Gigabit Passive Optical Network,GPON)3种类型。由以太网与PON结合而产生的EPON因同时具备以太网和PON的优点,和GPON一同作为无源网络的主力应用技术。

1. 光纤接入网的参考配置

光纤接入网的参考配置如图9-8所示。

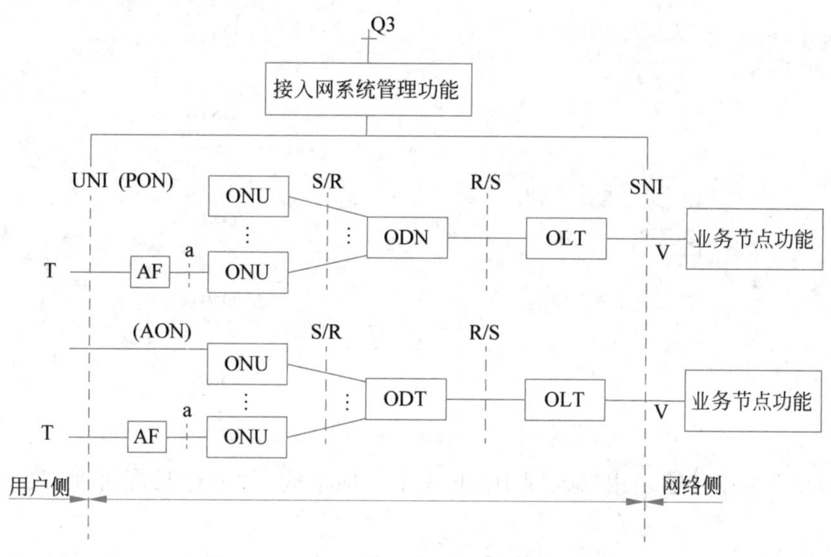

图9-8 光纤接入网的参考配置

光纤接入网一般由局端的光线路终端(Optical Line Terminal,OLT)、用户端的光网络单元(Optical Network Unit,ONU)、光配线网(Optical Distribution Network,ODN)和适配功能(Adaption Function,AF)组成;涉及5个主要参考点(即光发送参考点S、光接收参考点R、与业务节点的参考点V、与用户终端间的参考点T以及AF与ONU间的参考点a)和3个接口(即网络维护管理接口Q3、用户节点接口UNI和业务节点接口SNI)。

OLT：具有光电转换、传输复用、数字交叉连接及管理维护等功能，实现接入网到 SN 的连接。通常位于网络侧业务节点接口处，也可设置在远端。在物理上，它一般是独立设备。

ONU：具有光电转换、传输复用等功能，实现与用户端设备的连接。它的位置具有比较大的灵活性。根据 ONU 的具体位置，可以区分 FTTx 的应用类型。

ODN：通常采用树状分支结构，由若干段光缆、光纤接头、活动连接器和光分路器等组成，具有光功率分配、复用/分路、滤波等功能，为 OLT 和 ONU 提供传输手段。

AF：为 ONU 和用户设备提供适配功能，具体物理实现可包括在 ONU 内或完全独立。

综上所述，可以看出 OLT 与 ONU 之间的传输连接可以是一对一的方式，也可以是一对多的方式。

2. EPON

EPON 采用一对多的网络拓扑结构，在 PON 上传送以太网帧，利用光纤实现语音、数据和视频等多媒体全业务的接入，其原理如图 9-9 所示。

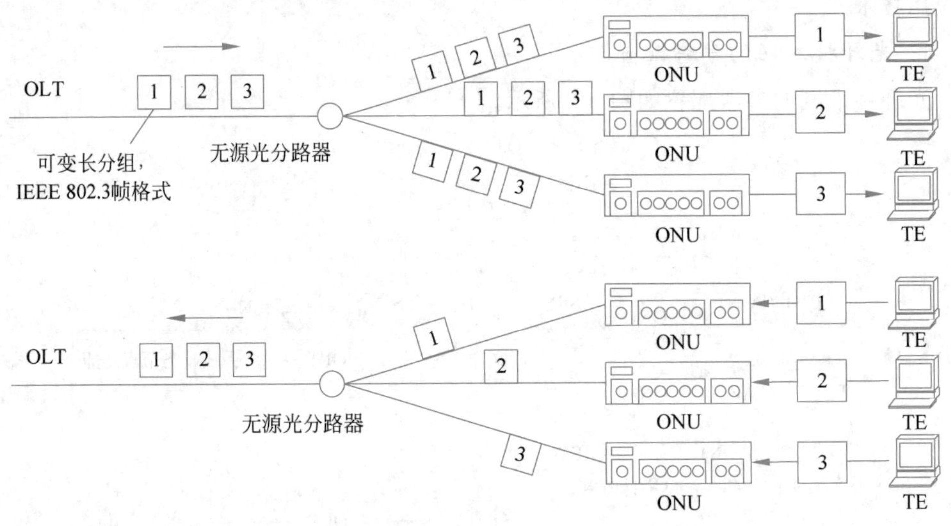

图 9-9　EPON 工作原理

EPON 中数据传输采用以太网 IEEE 802.3 帧格式，其分组长度可变，最大为 1518 字节。

EPON 采用双波长方式实现“单纤双向”通信。在 OLT 到 ONU 的下行数据流采用广播方式，OLT 将来自骨干网的数据转换成可变长的 IEEE 802.3 以太网帧格式，发往 ODN，光分路器以广播方式将所有数据帧发送给每一个 ONU，ONU 根据以太网帧头中的 ONU 标识接收属于自己的信息；在 ONU 到 OLT 的上行数据流采用 TDMA 发送，OLT 为每个 ONU 分配上行时隙。

EPON 的优势是与现有以太网的兼容性强，可实现长距离、高带宽、低成本、易维护和灵活的多业务平台特点，其涉及的关键技术包括上行带宽分配、实时业务传输质量、安全和可靠性等方面的技术。

3. GPON

由于EPON在传送实时业务和网络维护管理方面还存在一些不足,因此之后又出现了GPON。GPON具有吉比特速率、支持多业务透明传输、提供QoS保证和电信级网络维护管理。

GPON的系统结构和EPON类似,由ONU/ONT、ODN和OLT构成一对多的结构。上行是TDMA工作机制,下行是广播发送,不同之处在于GPON上行不是以太网数据帧,而是采用ATM信元或者GEM帧,其中GEM是GPON传输汇聚层的最大特色,可以实现多种变长或者定长数据的简单、高效的适配封装,并提供端口复用功能和面向连接通信,而GEM的封装功能是在GPON内部终结的,在系统外部无法看见GEM数据帧。

GPON的主要特点体现在如下方面:

(1) 采用GEM成帧协议,可对不同类型、不同速率的业务进行统一封装和传送;

(2) 覆盖网络范围广,ONU的物理距离和逻辑距离可达20km和60km;

(3) 可支持对称和不对称的各种速率,最高可达10Gb/s;

(4) 支持电信级别的网络监视和管理,可提供明确的服务级和服务质量保证。

对于GPON和EPON千兆级别的方案,其技术参数对比如表9-2所示。

表9-2 GPON和EPON的技术参数对比

	GPON	EPON
下行线路速率/Mb · s^{-1}	1244/2488	1250
上行线路速率/Mb · s^{-1}	155/622/1244/2488	1250
线路编码	NRZ	8B/10B
分路比	64～128	32～64
最大传输距离/km	60	20
TDM支持能力	TDM over ATM/GEM	TDM over Ethernet
上行可用带宽/Mb · s^{-1}(传输IP业务)	1100(在上行1244Mb/s速率情况下)	760～860
封装开销	约为5.8%	约为7.4%
OAM	有	有
下行数据加密	ASE加密	ASE加密

从表9-2可以看出,GPON的综合指标是优于EPON方案的,但是EPON的实现简单、成本低廉和对IP数据友好等优势,使目前两种方式都有实际应用。而对于10Gb/s的演进版本,GPON和EPON各自对应于XG-PON和10GEPON。

9.3.3 无线接入技术

由于无线接入方便、灵活,近些年呈现出高速发展的态势。无线接入网是指用户终端到业务节点之间部分或全部采用无线传输的接入方式。无线接入分为固定无线接入(Fixed Wireless Access,FWA)和移动无线接入(Mobile Wireless Access,MWA)两种方式。固定无线接入只提供有限的终端可移动性,如用户步行,主要面向固定终端,不支持越区切换,包含 Wi-Fi、WiMAX、NB-IoT、蓝牙、ZigBee、Lora、红外通信、LiFi、FSO 等技术。移动无线接入支持终端的移动性,最典型的是手机,5G 时代已支持 350km/h 的移动速度,支持越区切换,包含蜂窝移动通信、卫星通信。

1. Wi-Fi

Wi-Fi 是 Wireless Fidelity 的缩写,是人们最熟悉的无线接入方式之一,通过无线信号传输数据,为各种设备提供网络连接。在智能手机、笔记本、平板电脑、打印机,甚至门锁、空调、洗衣机、电灯等家居产品中都有 Wi-Fi 通信功能。Wi-Fi 使用 2.4GHz 和 5GHz 频段,采用 CSMA/CA 技术进行介质访问控制。Wi-Fi 标准为 IEEE 802.11 系列,经历了多个版本的迭代,如 IEEE 802.11a/b/g/n/ac/ax 等,每个版本都带来了更高的传输速率、更广的覆盖范围和更好的稳定性。目前已发展到 Wi-Fi 7 版本,最高速率从最早的 2Mb/s 发展到 30Gb/s。

Wi-Fi 使用的频段主要包括 2.4GHz 和 5GHz 两个频段,其中 2.4GHz 频段覆盖范围广但传输速率相对较低,而 5GHz 频段传输速率更高但覆盖范围较窄。Wi-Fi 采用不同的调制方式,如 OFDM(正交频分复用)、MIMO(多输入多输出)等,以提高传输速率和信号稳定性。为保护用户数据安全,Wi-Fi 支持加密技术,如 WEP、WPA、WPA2 等,确保数据传输过程中的安全性和私密性。Wi-Fi 使用 CSMA/CA(载波侦听多路访问/冲突避免)技术,通过监听信道状态和避免碰撞,提供更高的传输效率和可靠性。

2. WiMAX

全球微波接入互操作性(World Interoperability for Microwave Access,WiMAX)的标准为 IEEE 802.16。WiMAX 是一项无线宽带接入技术,能提供面向互联网的高速连接,数据传输距离最远可达 50km,因此它是一种无线城域网技术,可实现无线宽带接入。但它不支持移动服务,属于固定无线接入技术。曾经有一段时间 WiMAX 受到热捧,但随着 Wi-Fi 和光纤的普及,它逐步失去了竞争力。

3. ZigBee

随着物联网的发展,短距离无线通信的需求大量涌现,于是出现了大量的短距离无线通信技术,ZigBee、Lora、NB-IOT、Bluetooth Mesh 是当前应用较广的几种技术。

ZigBee 协议属于高级通信协议,同样采用与 OSI 类似的分层结构,分为 4 层结构,分别是物理层、MAC 层、网络层和应用层。其中,物理层和 MAC 层由 IEEE 802.15.4 协议定义,网络层和应用层由 ZigBee 联盟定义。

(1) 物理层:定义物理无线信道和 MAC 子层之间的接口,提供物理层数据服务和物理层管理服务。

(2) MAC 层:负责处理所有的物理无线信道访问,并产生网络信号、同步信号;提供两个对等 MAC 实体之间可靠的链路。MAC 层数据服务:保证 MAC 协议数据单元在物理层数据服务中正确收发。MAC 层管理服务:维护一个存储 MAC 层协议状态相关信息的数据库。

(3) 网络层:ZigBee 协议栈的核心部分,主要实现节点加入或离开网络、设备入网或退网、路由查找及传送数据等功能，支持 Cluster-Tree、AODVjr 等多种路由算法，支持星状(Star)、树状(Tree)、网格(Mesh)等多种拓扑结构。

(4) 应用层：根据设计目的和需求在多个器件之间进行通信。ZigBee 应用层框架包括应用支持层(APS)、ZigBee 设备对象(ZDO)和制造商所定义的应用对象。应用支持层的功能包括：维持绑定表、在绑定的设备之间传送消息。

4. LoRa

LoRa 是 Long Range Radio 的缩写，是 Semtech 公司开发的一种低功耗局域网无线标准，其目的是解决功耗与传输覆盖距离之间的矛盾问题。其最大特点就是在同样的功耗条件下比其他无线方式传播的距离更远，实现了低功耗和远距离的统一。LoRa 主要在 ISM 频段运行，包括 433MHz、868MHz、915MHz 等，数据传输速率范围为 0.3～37.5kb/s。

LoRa 是一种基于扩频技术的远距离无线传输技术，具有前向纠错能力，保持了与 FSK 调制相同的低功耗特性，在相同的功耗下具有更长的传输距离，且抗干扰能力强。这一方案为用户提供了一种简单的能实现远距离、低功耗无线通信的手段，具有传输距离远(可达 2～5km，郊区可达 15km)、容量大(一个 LoRa 网关可以连接上千上万个 LoRa 节点)的特点。

LoRa 网络由 LoRa 终端、网关、云端数据服务器 3 部分组成，既可独立组网形成局域网，也可以通过网关接入广域网。

5. NB-IoT

随着物联网应用的快速发展，传统的移动通信网络无法满足大规模连接、低功耗、低数据率设备的需求。因此，为了支持物联网应用的广泛部署，窄带物联网技术(Narrow Band Internet of Things，NB-IoT)技术应运而生，成为物联网领域的重要解决方案。NB-IoT 技术是在现有的 LTE 网络基础上进行优化和扩展而来的，支持低功耗设备在广域网的蜂窝数据连接，也称为低功耗广域网(LPWAN)。NB-IoT 采用窄带调制技术，将带宽限制在 200kHz 以下，实现了低功耗和长距离传输；同时引入了节能模式(Power Saving Mode，PSM)技术，使得设备可以进入休眠状态，在不需要进行通信时降低功耗。NB-IoT 具有低成本、低功耗、低时延、低速率、广覆盖(同样的频段下覆盖区域的能力提升了 100 倍)、大连接(一个扇区能够支持 10 万个连接)等特点。

2016 年，3GPP(第三代合作伙伴计划)发布了 NB-IoT 的标准 3GPP R13，将 NB-IoT 纳入 LTE(Long Term Evolution)技术标准框架。随后，NB-IoT 开始在全球范围内商用推广，并得到了运营商、设备厂商和应用开发者的广泛支持。在后续的 3GPP 版本(3GPP R14/15)中，NB-IoT 标准进行了进一步的改进和完善，以提高其性能和功能。

NB-IoT 构建于蜂窝网络，可直接部署于 GSM 网络、UMTS 网络或 LTE 网络，以降低部署成本、实现平滑升级；可采取带内、保护带或独立载波 3 种部署方式，与现有网络共存。NB-IoT 是运营商主推的物联网接入技术。

6. 蓝牙

除了蜂窝移动通信和 Wi-Fi 外，蓝牙是最常见的无线接入技术，目前绝大多数的手机都有这3种无线接入技术。蓝牙技术是一种无线数据和语音通信开放的全球规范,是低成本的近距离无线连接技术。

蓝牙技术是爱立信公司在1994年开发的。1997年,推出了蓝牙技术的最初规范。1998年,成立了蓝牙特别兴趣小组(Bluetooth SIG),以推广和发展蓝牙技术,蓝牙技术标准从最早的1.0版本逐步发展到2023年的5.4版本。其中,4.0版本之前的版本是经典蓝牙,从4.0版本开始,低功耗蓝牙诞生了,简称BLE,它与之前的蓝牙设备最显著的区别是功耗更低。

蓝牙1.0:1999年发布,它是蓝牙技术的首个商用版本。蓝牙1.0提供了基本的无线连接和数据传输功能,支持最高传输速率为1Mb/s。然而,该版本存在一些兼容性和安全性方面的问题。

蓝牙2.0:2004年发布,是蓝牙1.0的改进版本。蓝牙2.0引入了增强的数据传输速率(最高2.1Mb/s)、加密认证以及自适应频率跳跃(AFH)等新特性。该版本还引入了蓝牙配对过程中使用的PIN码。

蓝牙2.1:2007年发布,着重改善了蓝牙在配对和连接方面的用户体验。蓝牙2.1引入了简化配对流程、增强安全性等新特性。

蓝牙3.0:2009年发布,引入了高速模式,实现了与Wi-Fi的连接。在这种模式下,蓝牙可以利用Wi-Fi的高速传输能力来传输大量数据,提高了数据传输速率和效率。

蓝牙4.0:2010年发布,是一个重要的里程碑,引入了低功耗蓝牙(Bluetooth Low Energy,BLE)技术。BLE技术使得蓝牙在物联网和传感器设备方面得到广泛应用,具有低功耗、简单连接和较长的电池寿命等特点。低功耗蓝牙的出现,使蓝牙在物联网应用中提升了竞争力。

蓝牙4.1:2013年发布,主要改进了设备之间的连接和数据传输方式。蓝牙4.1支持多主机模式,可以同时连接多个蓝牙设备,并提供更灵活的数据传输控制和能效管理功能。

蓝牙4.2:2014年发布,引入了许多新功能和改进。蓝牙4.2增强了安全性、提高了数据传输速率,支持IPv6连接,还引入了低功耗蓝牙音频(Bluetooth Low Energy Audio)等新功能。

蓝牙5.0:2016年发布,是当前应用最广泛的版本。蓝牙5.0提供了更高的传输速率(最高24Mb/s)和更远的传输距离,同时降低了功耗。该版本还引入了Mesh网络支持,使得大规模设备互联成为可能。蓝牙Mesh的推出,使得网状网络可以实现成千上万个设备的互联,极大地扩展了蓝牙的应用范围。

蓝牙5.1:2019年发布,引入了方向查找(Direction Finding)功能,使得蓝牙设备可以实现更准确的位置定位。

蓝牙5.2:2020年发布,重点改进了音频传输和连接稳定性。蓝牙5.2引入了低功耗音频广播(LE Audio)、增强数据传输(Enhanced Attribute Protocol)和数据包错误校验(Packet Error Check)等功能。

蓝牙5.3:2021年发布,主要改进了蓝牙在物联网领域的应用。蓝牙5.3提供了更大的网络容量、更灵活的频道管理、更快的连接速度以及更好的功耗优化能力。

蓝牙5.4：2023年发布，是目前最新的版本。蓝牙5.4引入了带响应的周期性广播，支持广播模式的编码方式选择，支持可加密的广播数据，新增安全等级分类，并在传输速率、传输距离、功耗管理等方面做了优化。

总体而言，从蓝牙1.0到蓝牙5.4，蓝牙技术在传输速率、功耗、安全性、连接方式、音频传输和物联网等方面都在不断改进和增强，以满足不同应用场景的需求。

7. 红外通信

红外通信一般采用红外波段内的近红外线，波长为0.7～25μm。为了建立一个统一的红外数据通信的标准，1993年，由HP、COMPAQ、INTEL等20多家公司发起成立了红外数据协会（Infrared Data Association，IrDA），以建立统一的红外数据通信标准。1994年发表了IrDA 1.0规范。

IrDA 1.0：定义了最初的红外物理层和数据链路层标准，数据传输速率为2400b/s，采用基于脉冲宽度调制（PWM）的编码方式。

IrDA 1.1：对数据传输速率进行了扩展，支持4Mb/s的高速传输，引入了新的编码方式，如4PPM（四脉冲位置调制）和16PPM。

IrDA 1.2：引入了多种新的数据传输速率选项，包括9.6kb/s、19.2kb/s、38.4kb/s、57.6kb/s等，引入了快速红外（FIR）模式，支持4Mb/s的高速传输，采用了更复杂的编码方式，如8位/10位编码和16位脉冲间距调制。

IrDA 1.3：引入了多个新的数据传输速率，如115.2kb/s、1.152Mb/s等，引入了红外设备识别（ID）功能，可以自动识别红外设备并进行通信配置。

IrDA 1.4：引入了高速红外（SIR）模式，支持4Mb/s的高速传输，提供了新的红外控制传输协议（CIRP），用于远程控制应用。

IrSimple：引入了IrSimple技术，允许与IrDA兼容设备和非IrDA设备之间进行兼容性通信。

总体而言，随着时间的推移，IrDA规范标准不断演进，提供了更高的数据传输速率、更多的编码方式以及更丰富的功能。这些标准的发展使得红外通信能够适应不同场景下的需求，并与其他技术进行兼容。红外信号要求视距传输，方向性强，因此具有干扰性、保密性好的特点。

8. FSO

FSO（Free Space Optics）技术是一种基于光的无线通信技术，通过空气中的可见光或红外光进行数据传输。20世纪60年代，科学家首次尝试使用激光光束进行光通信。20世纪90年代，随着激光器和光接收器技术的进步，FSO技术开始应用于长距离无线通信和光纤补充传输等领域。随后，随着技术的不断改进，FSO技术逐渐变得更加成熟和可靠，应用于城市间网络互联、无线接入等场景。

FSO具有如下特点：

(1) 高带宽。FSO技术提供高达几十吉比特每秒的数据传输速率，可满足高带宽应用的需求。

(2) 无线传输。FSO 技术不需要使用电缆或光纤进行传输，完全依赖空气中的光线进行通信。

(3) 免费频谱。由于使用的是光信号，所以 FSO 技术不需要使用有线电信号所需的频段，不受频谱管理的限制。

(4) 抗干扰性强。FSO 技术使用窄束光进行传输，具有较强的抗干扰能力，能够抵御电磁干扰和射频干扰。

总的来说，FSO 技术以其高带宽、无线传输、抗干扰性强等特点，逐渐成为城市间网络互联、无线接入等领域的重要解决方案。然而，FSO 技术在长距离传输、透过大气层等方面还存在挑战，需要进一步的研究和发展来提高其性能和可靠性。

9. LiFi

LiFi 是一种基于可见光通信的无线传输技术。2011 年，苏格兰爱丁堡大学的哈罗德·豪格曼教授首次提出了可见光通信(Visible Light Communications, VLC)的概念，即使用 LED 灯进行数据传输。随后的几年，研究人员陆续推出了多种 LiFi 技术方案，如使用红外光、紫外光等光谱范围的光源进行数据传输，以及通过使用多个 LED 模块进行数据传输等。可见光的频率高，范围为 400THz(波长 780nm)～800THz(波长 375nm)，具备高速传输的特性，LiFi 技术可以实现的数据传输速度高达数十吉比特每秒，远远超过 Wi-Fi 等现有无线通信技术，可以满足高带宽数据传输的需求。传输距离远，通常为 1～2km。由于光信号不穿透墙壁等物体，因此 LiFi 通信具有很高的安全性和隐私性。LED 灯具有节能、环保的特点，可以减少电费和碳排放。

总的来说，LiFi 技术以其高速传输、高安全性、环保节能等特点，具有广阔的应用前景，可以用于室内定位、无线局域网(WLAN)、车联网等多个领域，是未来无线通信技术发展的重要方向之一。

截至目前，LiFi 技术还没有正式的国际标准。然而，有一些组织和机构正在推动和制定相关的标准和规范，以促进 LiFi 技术的发展和应用。

10. 蜂窝移动通信

蜂窝移动通信技术是应用最广泛的无线接入技术，它将覆盖区域划分为多个蜂窝状的小区，配合核心网的控制，实现用户之间的无缝漫游和通信，支持用户长距离的移动。

第一代(1G)：20 世纪 80 年代，模拟语音传输的 AMPS(Advanced Mobile Phone System)。

第二代(2G)：20 世纪 90 年代中期，数字通信技术，如 GSM(Global System for Mobile Communications)、CDMA(Code Division Multiple Access)等。

第三代(3G)：21 世纪初，支持更高的数据速率和多媒体功能，如 WCDMA(Wideband Code Division Multiple Access)、CDMA2000 等。

第四代(4G)：2010 年左右，提供更大的带宽和更高的数据传输速率，如 LTE(Long-Term Evolution)等。

第五代(5G)：2019 年开始商用，具有更高的数据传输速率、低延迟、大容量和广连接等特点。

移动通信网络按照功能和层次可分为以下几部分：

(1) 用户终端——包括手机、平板电脑、物联网设备等，用于与网络进行通信。

(2) 基站系统——由基站和网络控制节点组成，负责无线信号的传输和数据的交换。

(3) 核心网——包括多个核心节点，提供用户身份验证、呼叫控制、数据路由等核心业务功能。

(4) 业务支撑系统——提供计费、用户管理、内容分发等支持业务的功能。

移动通信网络具有如下特点：

(1) 高速率。蜂窝移动通信技术不断进步，从2G到5G，数据速率得到了显著提升，满足了人们对快速数据传输的需求。

(2) 大容量。通过将覆盖区域划分为多个小区，蜂窝移动通信技术能够支持大量用户同时接入网络的需求，提供更大的容量。

(3) 易于漫游。多个蜂窝之间的无缝漫游是蜂窝移动通信的重要特点，用户可以在不同的蜂窝间自由切换而不中断通信。

(4) 灵活性。蜂窝移动通信技术的基站可以根据用户的需求和覆盖范围进行灵活部署，实现定制化的网络覆盖。

总的来说，蜂窝移动通信技术以其高速率、大容量、易于漫游和灵活性等特点，成为现代无线通信的主流技术。随着5G的商用推广和未来通信技术的发展，蜂窝移动通信技术将继续演进，为人们提供更快、更可靠的通信体验。

11. 卫星通信

卫星通信技术是一种利用人造卫星进行通信传输的技术，具有全球覆盖、广域传输和抗干扰能力强、独立性强等特点。

(1) 全球覆盖。卫星通信技术可以实现全球范围的通信覆盖，无论用户位于哪个地区都能够接收和发送信号。

(2) 广域传输。卫星通信技术能够传输大容量的数据，适用于广播、电视、互联网、远程通信等多种应用场景。

(3) 抗干扰能力强。卫星通信技术在传输过程中受到地面环境的影响较小，抗干扰性能更强，能够保证较稳定的通信质量。

(4) 独立性强：卫星通信相对于地面通信来说更加独立。即使地面通信基础设施受到灾害、战争或其他因素的破坏，卫星通信仍然可以继续运行，提供通信服务。这使得卫星通信在紧急情况下具有重要的应急通信功能。

卫星通信的种类很多，有多种分类方法。

(1) 按照卫星轨道类型分类。

① 地球同步轨道(Geostationary Orbit, GEO)：卫星位于地球赤道平面上，高度约为35 786km，与地球自转同步，提供全球范围的覆盖。

② 中轨道(Medium Earth Orbit, MEO)：卫星位于地球同步轨道和低地球轨道之间，高度为2000～36 000km。MEO卫星通常用于导航和定位系统。

③ 低轨道(Low Earth Orbit, LEO)：卫星位于地球表面之上，高度一般在400～

2000km。LEO 卫星通常用于提供互联网接入、地球观测和科学研究等应用。

(2) 按照用途分类。

① 通信卫星：主要用于提供语音、数据和视频通信服务，包括广播、电视转播、电话和互联网接入等。

② 导航卫星：用于提供全球定位系统（如 GPS、GLONASS、Beidou 等）服务，实现精确定位和导航功能。

③ 气象卫星：用于观测地球气象现象，收集大气、云图等数据，提供天气预报和气候研究等服务。

④ 科学研究卫星：用于进行空间科学研究，如天体观测、宇宙物理学实验、地球探测等。

(3) 按照用途分类。

① 单星系统：由单颗卫星组成的通信系统，如一些直播卫星电视系统。

② 多星系统：由多颗卫星组成的通信系统，可以提供更广泛的覆盖范围和更高的可靠性。例如，全球移动通信系统（如 Iridium、Globalstar 等）就采用了多星系统架构。

(4) 按照通信卫星使用的业务频段分类。

① 单频段卫星：通信卫星采用 UHF、L、S、C、X、Ku、Ka 等固定的频段。

② 多频段综合卫星：采用两种频段或两种以上频段的通信卫星。

随着技术的不断发展，卫星通信将进一步提升传输速率、降低延迟，并广泛应用于航空、海洋、农业、灾害救援等领域。2023 年，华为发布了全球首款支持卫星通信的智能机 Mate6Pro，开启了卫星通信进入大众市场的大门。

9.4 核心网

9.4.1 核心网的作用及发展

1. 核心网的作用

通信与计算机一直紧密结合，相生相依。在具体的技术方面，二者形成了你中有我、我中有你的深度融合格局，但传统通信网络与计算机网络的设计理念不同。计算机网络的设计理念是免费、开放，提供尽力而为（也就是不保证质量）的服务。传统通信网络的设计理念是收费、可管可控，提供有 QoS 保障的服务。由于理念不同，出发点不同，导致在网络结构、控制方式等方面存在很大差异。例如，核心网对于通信网络非常重要，是各类通信业务的基础保障。

从网络业务角度看，核心网是通信网络最核心的部分，是所有业务的控制中心，相当于网络的大脑中枢。所有通信业务的实现方法、实现逻辑、实现过程都由核心网统一控制、统一管理。核心网是整个网络的调度中心，负责对整个网络进行管理和控制，承担路由、交换和传输数据的功能，并提供安全性、质量控制等服务，保证网络的稳定性和可靠性。

在不同的技术时代，因不同的技术、不同的业务功能，核心网的具体功能各不相同。

但抽象角度看，核心网的功能是大同小异的，主要有用户管理、数据分析、承载控制、呼叫处理、业务控制几大类。用户管理包括用户基础信息、位置管理、用户认证、用户鉴权、用户记账、通信记录等。数据分析包括用户权限分析、用户业务分析。承载控制包括地址分析、资源调度、路由和交换等。呼叫处理包括移动性管理、信令处理、话路连接等。业务控制包括业务参数分析、业务流程分析、业务质量分析和控制等。

2. 核心网的发展

在以语音通信为主的PSTN语音时代，核心网的控制功能分散在各个交换机中，业务控制与呼叫处理和承载控制集成在一起，核心网的功能和网络结构相对简单。

随着计算机的普及和移动通信的发展，数据业务和移动通信业务在通信网络中成为主体业务，核心网增加了很多功能，网络结构也逐渐变得复杂。相比以往的核心网，当前核心网最显著的变化是实现了**两大分离和一大集中**：业务控制与呼叫处理分离、呼叫处理与承载分离，用户数据实现了集中统一管理。

由于分离思想的应用，核心网呈现出网元分离化、接口多样化、业务灵活化的特点。网元分离化是核心功能细化后将不同的功能网元分离出来，实现专业化发展，也为快速提供业务服务提供了便利条件。同时，网元分离必然会带来更多的通信接口，以满足不同网元之间的通信需求；网元分离也为业务的灵活生成提供了有利条件，也可以说，网元分离是业务灵活化所推动的结果。

9.4.2 核心网结构

随着通信技术的发展以及业务需求的变化，核心网一直处于快速演变之中。

1. 固定电话网络的核心网

以语音为主的PSTN网，通过模拟电路或TDM数字电路建立双方通话的电路，核心网的主要任务是号码分析、寻找合适的路由并建立物理电路，由各个交换机根据被叫号码和路由表来建立各段的电路，最终形成一个主叫到被叫的物理电路。整个电路的建立不是集中控制的，而是由网络中各个交换机相互配合来完成，因此各个交换机是核心网的主体。由于网络中的交换机节点数量太多，所以整个网络采用分级方式进行管理，如图9-10所示。

2. 移动通信网络的核心网

1）第一代移动通信系统(1G)的核心网

第一代移动通信系统只支持语音电话，采用模拟信号传输，采用FDMA技术，有美国的AMPS和英国TACS制式。其核心网与PSTN固定电话网络一样，电路交换机是其核心网的主要网元。移动核心网通过MSC(移动交换中心)与PSTN网络相连，MSC负责基站之间的通信。在通话过程中，移动台与基站建立联系，通过基站连接至MSC，最终接入PSTN网络。1G时代的核心网与PSTN网络的差别只在于移动核心网引入了对移动台的位置进行记录管理的功能实体，可提供用户在移动状态下的电话通信服务。

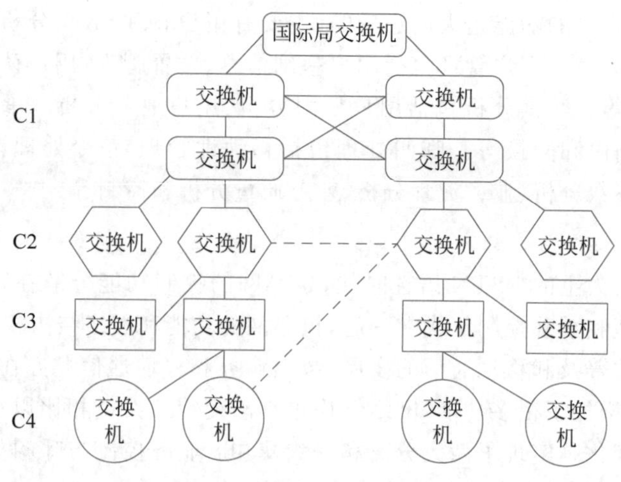

图 9-10　PSTN 核心网

2）第二代移动通信系统(2G)的核心网

第二代移动通信系统仍然只是传递语音信息，但采用数字信号方式来传输，提高了保密性和频谱利用率，后来增加了发送短信的功能。其核心网仍然是以 MSC 为网络核心，其网络结构如图 9-11 所示。

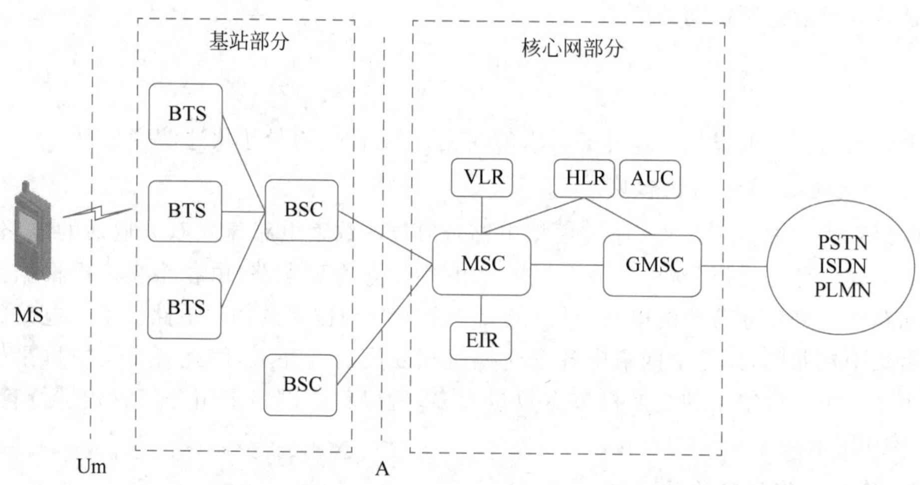

图 9-11　2G 移动通信核心网

2G 网络以 MSC 为核心，它负责移动用户的呼叫控制。配套的辅助网元有：归属位置寄存器(Home Location Register，HLR)，负责管理移动用户的基本信息；访问者位置寄存器(Visitor Location Register，VLR)，负责管理移动用户的位置信息；认证中心(Authentication Center，AuC)，负责移动用户的认证；设备标识寄存器(Equipment Identity Register，EIR)，负责管理移动用户的设备信息；关口移动交换中心(Gateway MSC，GMSC)提供移动网络与有线网的互联互通；基站部分的基站控制器(Base Station Control，BSC)，在基站子系统中起控制器和话务集中器的作用，向下管理多个基站收发台(Base Transceiver Station，BTS)。

为了实现数据业务，在2G之后，出现了通用分组无线服务(General Packet Radio Service,GPRS)网络，称为2.5G。其核心网有了一个重大变化，开始支持数据分组交换(Packet Switch,PS)，这是后来4G、5G核心网全面PS化的起点。

为了实现数据业务，GPRS网络中增加了两个网元实体：一个是服务GPRS支持节点(Serving GPRS Support Node,SGSN)，另一个是网关GPRS支持节点(Gateway GPRS Support Node,GGSN)。GGSN的主要功能是提供PS域与外部IP分组数据网络的连接，承担网关或路由器的功能。SGSN主要实现分组数据包的路由转发、移动性管理、会话管理、逻辑链路管理、鉴权和加密、话单产生和输出等功能。SGSN和GGSN构成了数据交换网的核心部分。

核心网增加SGSN和GGSN网元后，2.5G移动通信网络可以提供端到端的数据通信服务，移动终端通过GPRS网络可以与IP数据网络进行通信。这也是移动通信网数据业务的开端，后续3G、4G、5G的数据业务都是以GGSN和SGSN为基础演进的，其网络结构如图9-12所示。

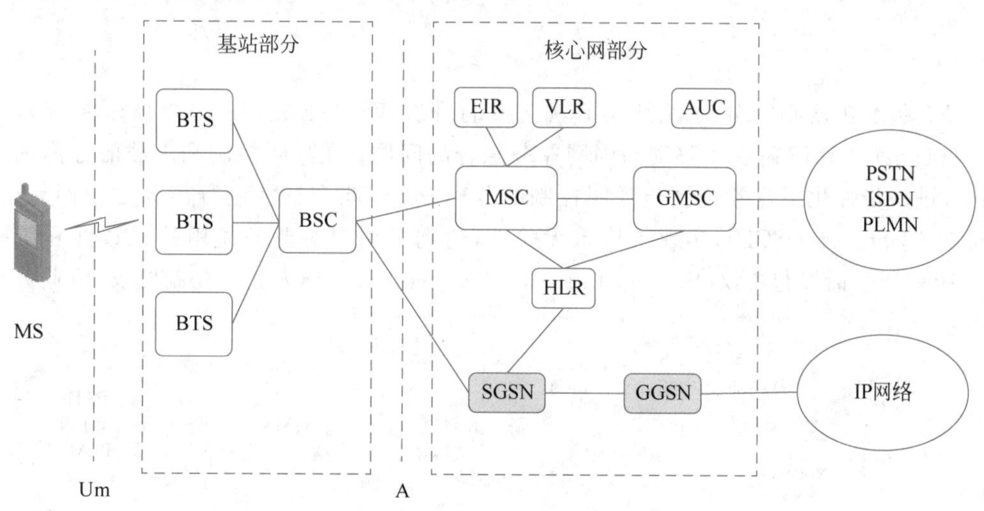

图9-12　2.5G移动通信核心网

3) 第三代移动通信系统(3G)的核心网

在核心网方面，1G、2G变化不大，3G核心网与之前的移动核心网相比，则发生了显著变化，并由此开启了核心网大变化的时代。

3G核心网分为电路交换域(Circuit Switched Domain,CS域)和分组交换域(Packet Switched Domain,PS域)，如图9-13所示。CS域为用户提供“电路型业务”及“信令连接路由”；PS域为用户提供“分组型数据业务”。

针对3G网络标准，3GPP演进了R99、R4、R5、R6、R7等多个版本。

R99在核心网电路域的语音编码上采用了自适应多速率(Adaptive Multi-Rate,AMR)语音编码方式，智能地解决了信源和信道编码的速率分配问题。

R4版本在核心网电路域引入了软交换(软交换技术最早是针对固定电话网的)，实现了呼叫控制和承载的分离，在核心网的历史上，这是一次巨大的变革，由此开启了核心网网元分离化的步伐。

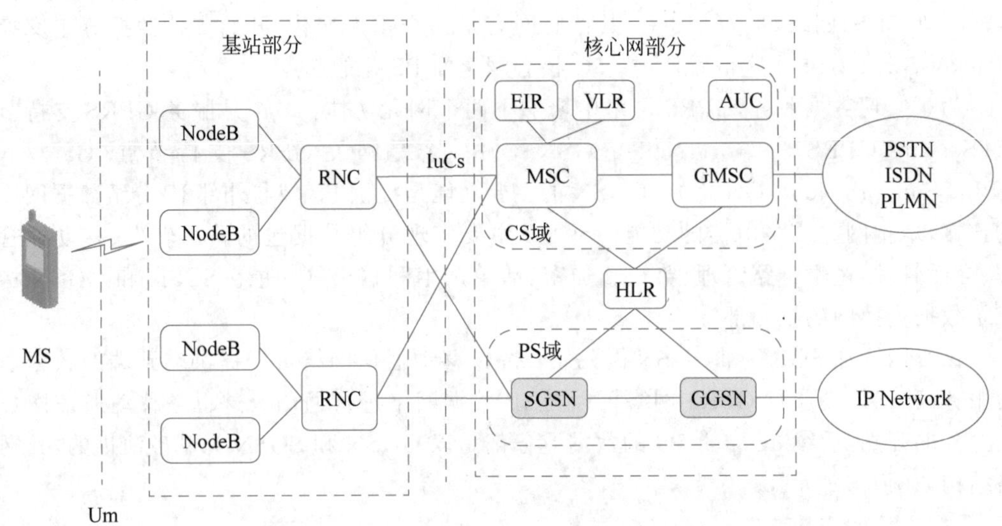

图 9-13　3G 移动通信核心网

R5 版本在核心网分组域引入了软交换的升级版——IMS(IP 多媒体子系统)，如图 9-14 所示。IMS 解决了移动与固网业务融合的问题；在呼叫控制和承载的分离的基础上，进一步强化了业务控制与呼叫控制的分离；将呼叫会话控制分离为 3 个网元(P-CSCF、I-CSCF、S-CSCF)，实现了接入无关性，达到了用户对业务使用的一致性和统一性；统一用会话发起协议(Session Initiation Protocol，SIP)作为业务控制协议，将业务承

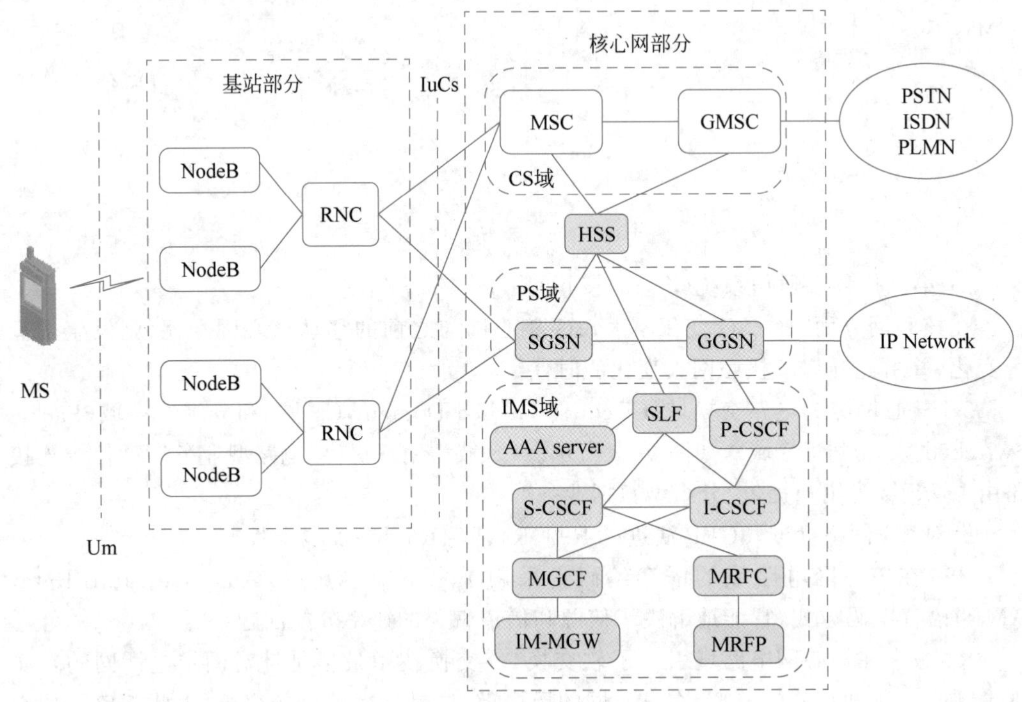

图 9-14　增加 IMS 的 3G 移动通信核心网

载统一为 IP 承载。通过这些措施形成了无线接入网络和核心全部基于 IP(ALL IP)的网络架构,为转向全 IP 网络奠定了基础。IMS 依然是当前 4G、5G 核心网的控制系统,9.5 节将重点讲解。

R6 版本进一步优化了 IMS 系统,完成 IMS 与其他 IP 网络的互操作性、IMS 与 CS 网络的互操作性、提供基于 WLAN 的 IMS 语音与 GSM 网络的电路域的互通等。

R7 版本,增加了 xDSL 和 Cable Modem 等接入方式。

由此可以看出,3G 网络虽然在商业上没有 4G 那么成功,但在技术发展道路上起到了关键的开创性作用。

4) 第四代移动通信系统(4G)的核心网

4G 网络继续进行了重大变革,一是无线接入网的变革,大幅提升了用户可感知的数据传输速率,二是对核心网也进行了大幅改进。

首先,4G 核心网取消了适合传输语音的电路域、只保留适合数据传输的分组域,实现了纯 IP 的单一网络。其次,4G 核心网对原 GGSN 和 SGSN 进行了重新划分,将 GGSN 分成服务网关(Serving Gateway,S-GW)和分组数据网关(Packet Data Network Gateway,P-GW),将 SGSN 的移动性管理等控制面功能划分给了移动管理实体(Mobility Management Entity,MME),将 SGSN 的路由管理等用户面功能划分给了 S-GW。同时,在 4G 接入网部分,基站 eNodeB 合并了部分 RNC 的功能,还有一部分功能分给了核心网。最后,4G 核心网引入 NFV 功能,实现了核心网硬件设备的软件化,深度融合 IT 技术,用 IT 的方式来重构电信网络。由此带来了两大好处:一是降低网络成本,二是能提高网络灵活性。网络结构如图 9-15 所示。

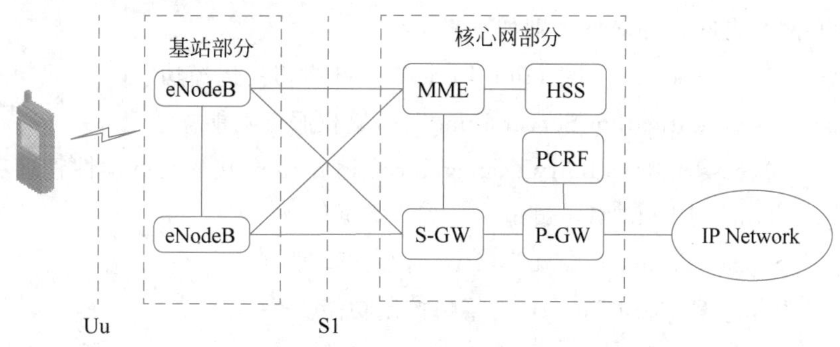

图 9-15 4G 移动通信核心网

4G 网络采用全互联网协议,结构缩减为两层,包括基站(eNodeB)和核心网,4G 核心网称为演进分组核心网(Evolved Packet Core,EPC)。EPC 的主要组成部分包括 MME、归属用户服务器(Home Subscriber Server,HSS)、S-GW 和 P-GW。MME 主要负责移动性管理和控制,包含用户的鉴权、寻呼、位置更新和切换等。S-GW 是用户面接入服务网关,主要负责手机上下文会话的管理和数据包的路由和转发;P-GW 主要负责连接到外部网络,包括会话和承载管理、用户 IP 地址分配、计费等。策略与计费规则功能单元(Policy and Charging Rules Function,PCRF)是新增的策略控制网元,是业务数据流和 IP 承载资源的策略与计费控制策略决策点。

5）第五代移动通信系统(5G)的核心网

与4G核心网相比，5G核心网(5G Core，5GC)通过引入IT技术实现了核心网架构更大幅度的变革。4G网络只是在业务层面深入融合IT技术，形成纯IP的网络通路，5G则在整个网络架构上深度融合IT思想和IT技术。5G核心网引入了SDN、NFV、云端化、微服务、基于服务的架构(Service-based Architecture，SBA)、控制平面与用户平面分离、网络切片、边缘计算等多项技术。

5G核心网将网络功能划分为可重用的若干"服务"，"服务"之间使用轻量化接口通信，实现了软件定义网络功能，原有网元重构为5G的虚拟网元功能，这些网络功能相互之间解耦，具备独立升级和独立弹性能力，同时具备与其他网络功能服务互通的标准接口。这种基于服务的网络架构是5G核心网基础的设计思想。使得5G网络能够提供更泛在的接入、更灵活的控制和转发功能。5G核心网结构如图9-16所示。

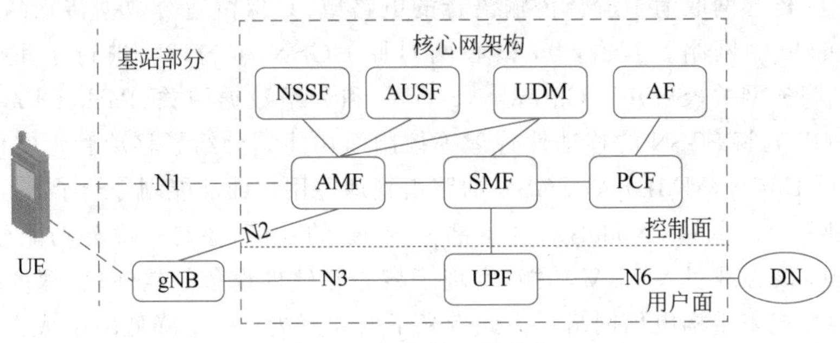

图9-16　5G核心网结构

5G核心网八大网元的名称分别如下：

NSSF——Network Slice Selection Function，网络切片选择功能。

AUSF——Authentication Server Function，鉴权服务功能。

AMF——Access and Mobility Management Function，接入与移动性管理功能。

UDM——Unified Data Management，统一数据管理。

SMF——Session Management Function，会话管理功能。

PCF——Policy Control Function，策略控制功能。

AF——Application Function，应用功能。

UPF——User Plane Function，用户平面功能。

另外还有基站和终端以及其他数据网络分别如下：

gNB——gNodeB，5G无线基站。

UE——User Equipment，用户终端。

DN——Data Network，数据网络。

5G核心网分为控制面和用户面：控制面网元包括NSSF、AUSF、AMF、SMF、PCF、UDM、AF，用户面网元为UPF，其各自的功能分别如下：

NSSF——负责选择网络切片实例，根据UE的切片选择辅助信息、签约信息等确定

UE 允许接入的网络切片实例。

AUSF——负责接入鉴权，用于接收 AMF 对 UE 进行身份验证的请求，通过向 UDM 请求密钥，再将 UDM 下发的密钥转发给 AMF 进行鉴权处理。

AMF——可以类比于 4G 的 MME 实体，主要负责用户的接入管理以及移动性管理，如注册、接入、移动性、鉴权、透传短信等功能。

UDM——相当于 HSS 数据单元。存储和管理 5G 系统的永久性用户 ID，产生鉴权证书/鉴权参数，进行 SMS 管理、订阅信息管理和用户的服务网元注册管理。

SMF——可看成 MME 承载管理部分以及 SGW 和 PGW 的控制面功能的组合。主要负责会话的建立、修改、释放，为一个会话选择和控制 UPF，决定一个会话的模式，UE IP 的分配管理，DHCP 功能，计费数据的收集以及支持计费接口。

UPF——相当于 SGW 和 PGW 用户面功能的集合。负责数据包的路由转发、QoS 流映射及流量使用上报。

PCF——相当于 4G 的 PCRF，提供策略规则给网络实体去实施执行，支持统一的策略框架去管理网络行为，访问统一数据仓库的订阅信息。

AF——指应用层的各种服务，可以是运营商内部的应用，也可以是第三方的应用。

9.5 核心网技术——IMS

IMS 即 IP 多媒体子系统（IP Multimedia Subsystem），是第三代移动通信合作伙伴项目（3GPP）提出的一种体系架构，用于实现对 IP 多媒体业务的控制。虽然 IMS 最初是移动通信领域提出的，但是其拥有的与接入无关的特性使得 IMS 可以成为融合移动网络与固定网络的一种手段，它将蜂窝移动通信网技术和互联网技术有机结合起来，形成一个具有电信级 QoS 保证、能够对业务进行有效而灵活的计费、提供各类融合网络业务的 IP 多媒体子系统。IMS 的第一个版本基于 GPRS/UMTS 网络，随后发布的版本与接入无关，可基于 WLAN 或以 xDSL、Cable Modem 等方式接入。

9.5.1 IMS 网络结构

视频

IMS 体系架构借鉴了软交换的架构和技术，并结合移动业务需求进行了优化，采用了业务功能与呼叫控制功能分离、呼叫控制功能与承载能力（媒体传输）分离的分层体系架构，是一种对接入层、传输层、应用层提供相应控制的、独立于各种接入技术的支持多媒体业务的体系架构。IMS 的网络结构如图 9-17 所示。

接入层：支持各种接入技术的用户终端，都以 IP 的形式接入传送层。

传输层：以 IP 网络为核心，实现业务的承载。

控制层：IMS 的核心层，完成呼叫控制、安全管理、业务触发、资源控制、网络互通等核心功能。

业务/应用层：提供各种业务实现。

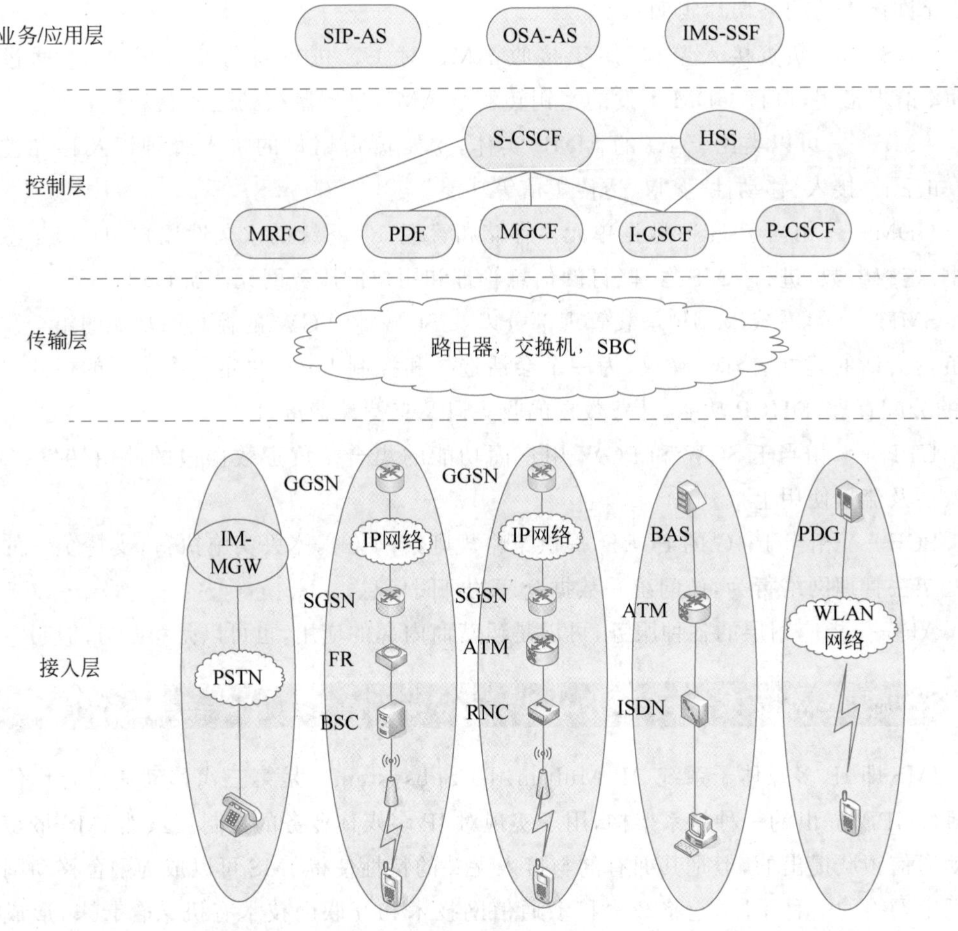

图 9-17　IMS 的网络结构

9.5.2　IMS 的网元设备

IMS 的功能实体简称网元，由于 IMS 采用分离的体系架构，其网元很多，为便于理解，按类别来进行梳理。IMS 的主要网元包括呼叫控制类、用户数据管理类、业务控制类、媒体资源类、网络互通类和其他网元六大类，如表 9-3 所示。

表 9-3　IMS 主要网元类型及名称

类　　型	IMS 网元
呼叫控制类	P-CSCF、I-CSCF、S-CSCF
用户数据管理类	HSS、SLF
业务控制类	SIPAS、IMS-SSF、OSA-SCS
媒体资源类	MRFC、MRFP
网络互通类	BGCF、MGCF、IM-MGW
其他网元	PDF、DNS、ENUM、NAT/ALG

呼叫控制类主要是呼叫会话控制功能(Call Session Control Function,CSCF)。CSCF按功能又细分为3个逻辑实体,分别是代理CSCF(Proxy-CSCF,P-CSCF)、查询CSCF(Interrogating-CSCF,I-CSCF)和服务CSCF(Serving-CSCF,S-CSCF)。

用户数据管理类包含归属用户服务器(Home Subscriber Server,HSS)、签约定位器功能(Subscription Locator Function,SLF)。

业务控制类包含SIP应用服务器(SIP Application Server,SIP AS)、IP多媒体域业务交换功能(IP Multimedia Service Switching Function,IM-SSF)、业务能力服务器(Open Service Access-Service Capability Server,OSA-SCS)。

媒体资源类包含媒体网关控制功能(Media Gateway Control Function,MGCF)、出口网关控制功能(Breakout Gateway Control Function,BGCF)和IP多媒体网关(IP Multimedia Media Gateway,IM-MGW)等。

网络互通类包含出口网关控制功能(Breakout Gateway Control Function,BGCF)、媒体网关控制功能(Media Gateway Control Function,MGCF)、媒体网关(Media Gateway,MGW)等。

其他网元包含策略决策功能(Policy Decision Function,PDF)、域名系统(Domain Name System,DNS)、电话号码映射(E.164 Number URI Mapping,ENUM)、网络地址转换(Network Address Translation,NAT)、应用层网关(Application Level Gateway,ALG)等。

1. 呼叫控制类网元

IMS的核心处理部件是CSCF,CSCF主要负责对多媒体会话进行处理,其功能包括多媒体会话控制、地址翻译以及对业务协商进行服务转换等。

S-CSCF是IMS的核心,位于归属网络,在IMS核心网中处于核心控制地位,主要完成会话控制、用户的认证、注册、业务授权、业务触发、业务路由、计费等功能。

P-CSCF是IMS系统中用户的第一个接触点,它主要实现用户IMS业务的代理功能、信令的安全性功能、承载的授权功能、计费策略下载功能。P-CSCF实现了用户终端及接入网络和IMS核心网络的隔离,使用户终端和接入网络无法直接了解IMS网络的内部结构,即使某个P-CSCF受到攻击也不会影响网络的正常工作。它还可以进一步提供信令的NAT穿越、协议转换等由网络外围设备完成的附加功能。

在用户设备(UE)获得IMS服务时,P-CSCF是首先要联系的第一个节点。所有的SIP信令,无论是来自UE,还是发给UE的,都必须经过P-CSCF。UE通过一个"本地CSCF发现"流程来得到P-CSCF的地址。P-CSCF的作用就像一个代理服务器,它把收到的请求和服务进行处理或转发。另外,P-CSCF的引入了使得业务的接入和控制得到分离,使得归属业务控制成为可能。

I-CSCF与IMS的关口节点类似,提供到归属网络的入口,将归属网络的拓扑隐藏起来,并可通过归属用户服务器(HSS)灵活选择S-CSCF,并将SIP信令路由到S-CSCF,提供本域用户服务节点分配、路由查询以及IMS域间拓扑隐藏功能。

I-CSCF 的主要功能包括：为发起 SIP 注册请求的用户分配或指派一个 S-CSCF；将从其他网络来的 SIP 请求路由到 S-CSCF 或提供 S-CSCF 的地址；计费记录生成；网间拓扑结构隐藏等。I-CSCF 实现了不同运营商之间 IMS 网络的隔离，在保证网络互通的同时使运营商之间无法了解对方的网络结构和资源情况，保证了网络的安全。一个运营商的网络中可以有多个 I-CSCF。

2. 用户数据管理类网元

HSS 与移动网络的 HLR 类似，它是 IMS 中所有与用户和服务相关的数据的主要存储器。存储在 HSS 中的数据主要包括用户身份（用户标识、号码和地址信息等）、注册信息、位置信息、签约业务、接入参数、服务触发等信息。主要功能包括移动性管理、呼叫和会话建立、用户安全和接入授权、业务定制、业务应用等。

SLF 用于多个 HSS 的选择定位，I-CSCF 或 S-CSCF 在登记注册及事务建立过程中，通过查询 SLF，获得用户签约数据所在的 HSS 的域名。在单 HSS 的 IMS 系统中，是不需要 SLF 的，在多 HSS 的情况下，SLF 也可与 HSS 合设。

3. 业务控制类网元

IMS 的业务应用服务器包括 SIP AS、IM-SSF、OSA-SCS 等。

SIP AS 是业务的存放及执行者。IM、Presence、PoC 等业务都可以通过 SIP AS 实现，SIP AS 可以基于业务影响一个 SIP 会话。

IM-SSF 是一种特殊类型的 AS，用来负责基于 CAMEL 智能网的特性（如触发 DP 点、CAMEL 服务交换的有限状态机等），它提供一个 CAP 接口。

OSA-SCS 是开放业务接入的业务能力服务器，负责为第三方 AS 提供接口，并为第三方安全接入 IMS 网络提供标准方式。OSA 参考架构定义了一个 OSA AS，它通过 OSA API 为客户端的应用提供一个逻辑执行环境。

4. 媒体资源类网元

MRFC 位于 IMS 控制面，负责接收来自 AS 或者 S-CSCF 的 SIP 控制命令并控制 MRFP 上的媒体资源，支持增强的媒体控制；控制 MRFP 中的媒体资源，包括输入媒体流的混合（如多媒体会议）、媒体流接收的处理（如音频的编解码）；生成 MRFP 资源使用的相关计费信息，并传达到 CCF。

MRFP 作为网络公共资源，控制与其他 IMS 终端或 IM-MGW 之间的 IP 用户面承载连接，在 MRFC 控制下提供资源服务。包括支持媒体流混合（多方会议）、多媒体信息播放（放音、流媒体）、媒体内容解析处理（码变换、语音识别）等功能。

5. 网络互通类网元

该类网元实现 IMS 网络与其他网络之间的通信。

MGCF 实现 IMS 与 PSTN 或电路域 CS 的控制面交互，通过 H.248 控制 IM-MGW 完成 PSTN 或 CS TDM 承载与 IMS 域用户面的实时转换。

IM-MGW 完成 IMS 与 PSTN 及 CS 域用户面宽窄带承载互通及必要的编解码变换。

BGCF 用于选择与 PSTN(或 CS 域)接口点相连的网络。如果 BGCF 发现自己所在的网络与接口点相连,那么 BGCF 就选择一个 MGCF,该 MGCF 负责与 PSTN(或 CS 域)的交互。如果接口点在另一个网络,那么 BGCF 就把会话信令转发给另一个网络的 BGCF。

6. IMS 网络的其他网元

(1) **PDF**。PDF 根据应用层相关信息进行承载资源的授权决策,将其映射到 IP QoS 参数传递给 GGSN 中的策略执行点(Policy Enforcement Point,PEP),完成 QoS 资源的控制处理,为 IMS 业务提供 QoS 保证。

(2) **DNS**。DNS 服务器负责 URL 地址到 IP 地址的解析。SIP URL 是通过 SIP 呼叫他人的 SIP 地址方案,换句话说,一个 SIP URL 就是一个用户的 SIP 电话号码,SIP URL 格式与电子邮件地址一样。

(3) **ENUM**。ENUM 服务器负责电话号码到 URL 的转换。

(4) **NAT/ALG**。对于企业 IP 专用网内的 SIP 终端,进一步要求 NAT 和防火墙设备具备 ALG 功能,以对 IMS SIP 信令地址及 SIP 信令所包含的 SDP 地址信息进行解析,从而实现 SIP 控制面 UDP/IP 公(专)用网地址及相应承载面 RTP/IP 公(专)用网地址的转换。

9.5.3 IMS 的特点

IMS 的主要技术特点是采用水平体系结构组网,业务功能与控制功能分离、控制功能与承载能力分离,基于 SIP 的会话控制,通信与接入方式无关,提供丰富的、一致的归属业务等。

(1) 水平体系结构。对于运营商而言,在 IMS 之前,实现一种新业务都为特定应用建设单独的网络,如语音网、数据网、电视网,从接入层到业务控制都是分离的,使用垂直的"烟囱"方式来部署,IMS 采用水平体系结构,打通了各层的壁垒,实现了接入无关性。通过水平体系结构进一步推动了分层体系结构的发展,业务功能和公共功能都可以重新用于其他多种应用,还特别对互操作性和漫游做了规定,并提出 QoS 控制、计费和安全管理等功能。从而消除昂贵复杂的传统网络结构在计费管理、状态属性管理、组群和列表管理、路由和监控管理方面的重叠功能。

(2) 业务功能与控制功能分离、控制功能与承载能力分离。IMS 将保留的业务放在了业务层的应用服务器中,做到了呼叫控制和业务的彻底分离。也实现了会话呼叫控制与媒体网关控制的分离。IMS 中基于 SIP 的会话呼叫控制由 CSCF 提供,完成整个网络的信令路由和呼叫控制;基于 H.248/MEGACO/MGCP 的媒体网关控制由 MGCF 提供,存在于 IMS 网络与传统网络互通的边界点上。

(3) 基于 SIP 的会话控制。为了实现接入的独立性与 INTERNET 互操作的平滑性,IMS 尽量采用与 IETF 一致的 Internet 标准,采用 SIP 协议的会话控制能力,并进行了移动特性方面的扩展。IMS 网络的终端与网络都支持 SIP,SIP 成为 IMS 域唯一的会话控制协议。这一特点实现了端到端的 SIP 信令互通,同时也顺应了终端智能化的网络发展趋势，使网络的业务提供和发布具有更大的灵活性。

(4) 接入无关性。IMS 网络的通信终端与网络通过 IP 连通，只要是 IP 接入，不管是固定还是无线方式，都可以使用 IMS 业务。正是这种端到端的 IP 连通性，使得 IMS 真正与接入无关，不再承担媒体控制器的角色，不需要通过控制综合接入设备(IAD)、接入网关(AG)等实现对不同类型终端的接入适配和媒体控制。IMS 网络并不关心底层接入技术的差异性。

(5) 提供一致的归属业务。用户不管漫游到何地，都有一致的业务体验，由归属地统一触发业务。即 IMS 所有业务处理信令都要回到归属网络，业务环境由归属网络提供。IMS 向用户提供了虚拟归属业务环境(Virtual Home Environment，VHE)，采用集中式的 HSS 数据库，实现用户一致的注册和业务触发功能，终端无论是漫游还是通过其他运营商的网络都能通过访问 P-CSCF 接入 IMS 中，从而建立用户终端与其归属 HSS 及 S-CSCF 的信令通路，由归属地的 S-CSCF 控制用户业务并根据用户签约数据将业务触发到本网 AS 或第三方的应用上，保障了业务的一致性、简单性，使用户无论在何处接入，采用何种接入方式均可得到与在归属地一样的业务感受。

9.5.4 IMS 典型协议

IMS 中主要用到了 SIP 协议、Diameter 协议、COPS 协议(Common Open Policy Service)和 H.248 协议。

(1) SIP 协议。SIP 是 IETF 提出的在 IP 网络上进行多媒体通信的应用层控制协议。SIP 协议具有简单、易于扩展、便于实现等诸多优点。

SIP 是应用层的协议，可以建立、修改或者中止多媒体会话或者呼叫。它有两种类型的 SIP 消息：请求和响应。请求消息从客户机发到服务器，响应消息从服务器发到客户机。SIP 请求消息包含 3 个元素：请求行、消息头、消息体。SIP 响应消息也包含 3 个元素：状态行、消息头、消息体。请求行和消息头根据业务、地址和协议特征定义了呼叫的基本信息，消息体独立于 SIP 协议并且可包含任何内容，如 SDP 或 ISUP。

(2) Diameter 协议。AAA 是指 Authentication(鉴别)、Authorization(授权)、Accounting(计费)，认证、授权和计费体制是网络运营的基础。Diameter 协议是由 IETF 开发的，基于 RADIUS 构建的 AAA 协议。Diameter 协议包括基本协议、NAS(网络接入服务)协议、EAP(可扩展鉴别)协议、MIP(移动 IP)协议、CMS(密码消息语法)协议等。Diameter 协议支持移动 IP、NAS 请求和移动代理的认证、授权和计费工作，协议的实现与 RADIUS 类似。

(3) COPS 协议。COPS(Common Open Policy Service)协议是 IETF 开发的一种简单的查询和响应协议，其主要用于在策略服务器(策略决策点 PDP)与其客户机(策略执行点 PEP)之间交换策略信息。

IMS QoS 体系架构基于业务的策略控制机制实现，提供 QoS 动态控制。IMS QoS 支持机制用于保证 IP 传输层中的 QoS 参数，如带宽、传输速率、端到端时延、端到端抖动以及误码率能够提前得到保证并可以进行测量。

(4) H.248协议。H.248协议是IETE、ITU-T制定的媒体网关控制协议,用于媒体网关控制器MGC和媒体网关MG之间的通信,是实现MGC对MG的控制的一个非对等协议。

9.5.5 SIP协议

SIP采用的是模块化结构,采用请求/应答模式,基于文本方式。由于SIP的简单、升级方便、扩展灵活等特性,使得3GPP在WCDMA R5中采用了SIP作为IMS的会话控制协议。它由SIP基本协议和一系列针对移动业务的SIP扩展组成。SIP基本协议由IETF的RFC 3261定义,SIP扩展则由一系列其他RFC文档组成,主要包括RFC 3455、RFC 3311、RFC 3262、RFC 3325等多个文档。

1. SIP的网络结构及成员功能

SIP采用客户/服务器(C/S)的工作方式,SIP网络包含两类成员:用户代理(User Agent)和网络服务器(Network Server),如图9-18所示。

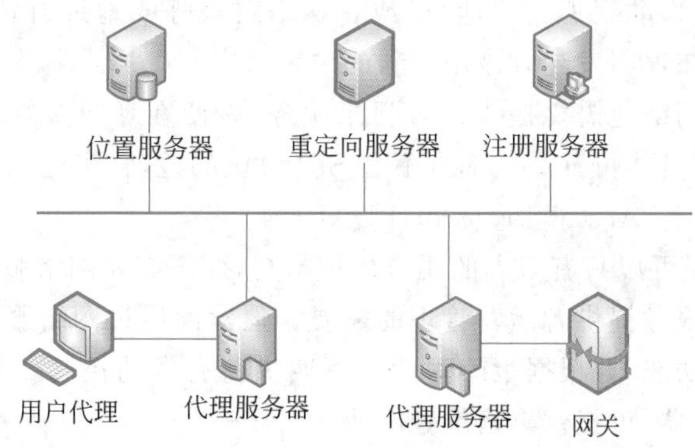

图9-18 SIP的网络架构

用户代理是直接和用户发生交互作用的功能实体,它能够代理用户的所有请求或响应。从C/S的角度,用户代理(User Agent,UA)在逻辑上分为两部分:

- 用户代理客户端(User Agent Client,UAC),负责发起呼叫;
- 用户代理服务器(User Agent Server,UAS),负责接收呼叫并做出响应。

UAS和UAC组成UA存在于用户终端中。在主叫端,UA作为UAC,在被叫端,UA作为UAS。用户代理按照是否保存状态可分为有状态代理、有部分状态用户代理和无状态用户代理。

网络服务器包括代理服务器、重定向服务器、注册服务器和位置服务器。

- 代理服务器:负责接收用户代理发来的请求,根据网络策略将请求转发给相应的服务器,并根据收到的应答对用户做出响应。代理服务器在转发请求之前可能解释、改写和翻译原请求消息中的内容,主要功能是路由、认证鉴权、计费监控、呼叫控制和业务提供等。
- 重定向服务器:接收用户请求,把请求中的原地址映射为零个或多个地址,返回给客户端,客户端根据此地址重新发送请求。用于在需要时将用户新的位置返回给呼叫方,呼叫方可以根据得到的新位置重新呼叫。

- 注册服务器：用于接收和处理用户端的注册请求，完成用户地址的注册和用户鉴权。注册服务器一般配置在代理服务器和重定向服务器之中，并且一般配有位置服务器的功能。
- 位置服务器：该服务器可以不使用SIP协议，其他SIP服务器可以通过任何非SIP协议(如SQL、DAP和CORBA等)来连接位置服务器。位置服务器的主要功能是提供位置查询服务，主要是由代理服务器或重定向服务器来查询被叫的地址信息。

SIP服务器是纯软件实现的，以上几种服务器均为逻辑概念，可以根据需要运行于各种工作站或专用设备中。具体实现时，这些功能可共存于一个物理设备，也可以分布在不同的物理实体中。在一个具体呼叫事件中，UAC、UAS、代理服务器、重定向服务器扮演不同的角色，但这样的角色不是固定不变的。一个用户终端在会话建立时扮演UAS，而在主动发起拆除连接时，则扮演UAC。一个服务器在正常呼叫时作为代理服务器，而如果其所管理的用户移动到了其他地方，或者网络对被呼叫地址有特别策略，则它将扮演重定向服务器，告知呼叫发起方该用户新的位置。

除了以上功能，网络还需要提供位置目录服务，以便在呼叫接续过程中定位被叫方(服务器或用户端)的具体位置。这部分不是SIP协议的范畴，可选用轻量目录访问协议(Lightweight Directory Access Protocol，LDAP)等。

理论上，SIP呼叫可以只有双方的用户代理参与，而不需要网络服务器。之所以设置网络服务器，主要是服务提供者运营管理的需要。运营商通过网络服务器可以实现用户认证、管理和计费等功能，并根据策略对用户呼叫进行有效的控制。另外，SIP网络中引入了一系列应用服务器，可提供丰富的智能业务。

在网络服务器的分工方面：位于网络核心的服务器，负责处理请求、重定向等工作，这些工作是无状态的，它个别地处理每个消息，而不必跟踪记录一个会话的全过程；处于网络边缘的服务器，负责处理局部有限数量的用户呼叫，并对每个会话进行管理和计费，这些工作是有状态的，需要跟踪一个会话的全过程。这样的协调工作，既保证了对用户和会话的可管理性，又使网络核心负担大大减轻，实现了可伸缩性，基本可以接入无限量用户。SIP网络具有很强的重路由选择能力，具有很好的弹性和健壮性。

在IMS中的用户代理为用户设备(UE)。IMS中的代理服务器和注册服务器即为呼叫会话控制功能(CSCF)的网络实体。

2. SIP消息格式

SIP协议采用基于文本格式的客户/服务器方式，以文本形式表示消息的语法、语义和编码，客户机发起请求，服务器进行响应。SIP独立于底层协议，可基于TCP、UDP或SCTP，采用自己的应用层可靠性机制来保证消息的可靠传送。

SIP消息有两种：客户机到服务器的请求消息(Request)，服务器到客户机的响应消息(Response)。

SIP消息由一个起始行(start-line)、由一个或多个字段(field)组成的消息头以及可选消息体(message body)组成。其中，在消息头(message header)中，用来描述消息体的头称为实体头(entity header)。SIP 消息的格式如图 9-19 所示,图中 CRLF 表示空行。

按照请求消息和响应消息之分,起始行也分为请求行(Request-Line)和状态行(Status-Line)两种,其中请求行是请求消息的起始行,状态行是响应消息的起始行。

消息头分通用头(general-header)、请求头(request-header)、响应头(response-header)和实体头(entity-header)4 种。请求消息的消息头包括通用头、请求头、实体头 3 种;而响应消息的消息头包括通用头、响应头和实体头 3 种。消息头给出了关于请求或响应的更多信息,一般包括消息的来源、消息接收方,另外还包括一些其他方面的重要信息。

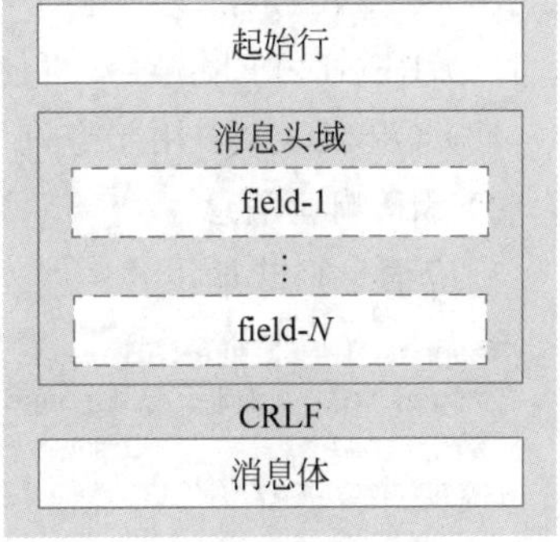

图 9-19 SIP 的消息结构

消息体(message body)通常描述将要建立会话的类型和对所交换媒体的描述。对于一个既定的呼叫,消息体可以指出呼叫方使用何种编码方式,如使用 G.729 进行语音编码,或使用 H.263 进行视频编码。但需要注意的是,SIP 并不具体定义消息体的内容或结构,其结构或内容使用另外一个协议来描述,如会话描述协议(SDP)或 ISUP 协议等。SIP 不关心消息体的确切内容,它只关心消息体能否从一方传递到另一方,消息体只在会话的两端检查。因此,可以将消息体看作一个封装,SIP 只负责将其从一方传递到另一方,而并不检查里面的具体内容。

3. 消息类型

1) SIP 请求消息

SIP 请求消息是由客户端发往服务器端的消息,通过一个请求行作为起始行。

请求消息的格式如下:

```
Request = Request - Line
 * (general - header|request - header | entity - header)
CRLF
[message body]
```

请求行(Request-Line)包括 3 部分内容:方法(method)、Request-URI 和协议版本(SIP-Version),最后以回车键结束,各个元素间用空格字符间隔。除了在最后的 CRLF 序列中,这一行的其他地方不许使用回车或换行字符。

```
Request - Line = Method  SP  Request - URI  SP  SIP - Version CRLF  (SP 表示空格)
```

SIP 用关键字 Method 来对说明部分加以描述,Method 标识是区分大小写的。

```
Method = "INVITE"|"ACK"|"OPTIONS"|"BYE"|"CANCEL"|REGISTER"
```

请求方法(Method)共定义了 6 类:INVITE、ACK、BYE、CANCEL、REGISTER、OPTIONS。

(1) INVITE:通过邀请用户参与来发起一次呼叫。

(2) ACK:请求用于证实 UAC 已收到对于 INVITE 请求的最终响应,和 INVITE 消息配套使用。

(3) BYE：用户代理用此方法指示释放呼叫。

(4) CANCEL：该方法用于取消一个尚未完成的请求，对于已完成的请求则无影响。

(5) REGISTER：客户机使用该方法在服务器上登记列于 To 字段中的地址。

(6) OPTIONS：用于查询 SIP 服务器提供的能力。

2) SIP 响应消息

响应消息格式如下：

```
Response = Status - Line
 * (general - header |response - header |entity - header)
CRLF
[message - body]
```

状态行(Status-Line)也包括 3 部分内容：协议版本、状态码(Status-Code)及相关的文本说明，以回车键结束，各个元素间用空格字符间隔。

```
Status - Line = SIP - version SP Status - Code SP Reason - Phrase CRLF
```

SIP 协议中用 3 位整数的状态码(Status-code)和原因短语(Reason-Phrase)来表示对请求做出的回答。状态码用于机器识别操作，原因短语是对状态码的简单文字描述，用于人工识别操作。其格式如下：

```
Status - Code = 1xx(Informational)
                2xx(Success)
                3xx(Redirection)
                4xx(Client Error)
                5xx(Server Error)
                6xx(Global Failure)
```

状态码的第一个数字定义响应的类别，在 SIP/2.0 中为 100～699，定义如下：

(1) 1xx——请求已经收到，继续处理请求。

(2) 2xx——行动已经成功地收到，能理解和接受。

(3) 3xx——为完成呼叫请求，还须采取进一步的动作。

(4) 4xx——请求有语法错误或不能被服务器执行，客户机需修改请求，然后再重发请求。

(5) 5xx——服务器出错，不能执行合法请求。

(6) 6xx——任何服务器都不能执行请求。

其中，1xx 响应为暂时响应(provisional response)，其他响应为最终响应(final response)。

4. 头部格式与主要的 SIP 字段

SIP 协议的消息头与 HTTP 在语法规则和定义上很相似。首先是字段名(field name)，字段名不分大小写，后面是冒号，然后是字段值，字段值与冒号间可有多个前导空格(LWS)。其格式如下：

```
message - header = field - name":"[field - value]CRLF
field - name     = token
field - value    = * (field - content|LWS)
```

SIP 协议的主要消息头字段有：

1) From

所有请求和响应消息都必须包含此字段,以指示请求的发起者。服务器将此字段从请求消息复制到响应消息。

该字段的一般格式为

```
From:显示名<SIP URL>;tag = xxx
From 字段的示例有:
From:"A.G.Bell"<sip:agb@bell - telephone.com>
```

2) To

该字段指明请求的接收者,其格式与 From 相同,仅第一个关键词代之以 To。所有请求和响应都必须包含此字段。

3) Call ID

该字段用来唯一标识一个特定的邀请或标识某一客户的所有登记。用户可能会收到数个参加同一会议或呼叫的邀请,其 Call ID 各不相同,用户可以利用会话描述中的标识[例如,SDP 中的 O(源)字段的会话标识和版本号]判定这些邀请的重复性。

该字段的一般格式为

```
Call ID: 本地标识@主机
```

其中,主机应为全局定义域名或全局可选路 IP 地址。

Call ID 的示例可为

```
Call ID:f81d4fae - 7dec - 11d0 - a765 - 00a0c91e6bf6@foo.bar.com
```

4) Cseq

该字段为命令序号,客户在每个请求中应加入此字段,它由请求方法和一个十进制序号组成。序号初值可为任意值,其后具有相同的 Call ID 值,但不同请求方法、头部或消息体的请求,其 Cseq 序号应加 1。重发请求的序号保持不变。ACK 和 CANCEL 请求的 Cseq 值与对应的 INVITE 请求相同,BYE 请求的 Cseq 值应大于 INVITE 请求,由代理服务器并行分发的请求,其 Cseq 值相同。服务器将请求中的 Cseq 值复制到响应消息中去。

Cseq 的示例为

```
Cseq:4711 INVITE
```

5) Via

该字段用于指示请求经历的路径。它可以防止请求消息传送产生环路,并确保响应和请求的消息选择同样的路径。

该字段的一般格式为

```
Via:发送协议 发送方;参数
```

其中,发送协议的格式为:

```
协议名/协议版本/传输层
```

发送方为发送方主机和端口号。

Via 字段的示例可为

```
Via:SIP/2.0/UDP first.example.com:4000
```

6）Contact

该字段用于 INVITE、ACK 和 REGISTER 请求以及成功响应、呼叫进展响应和重定向响应消息，其作用是给出其后和用户直接通信的地址。

该字段的一般格式为

```
Contact:地址;参数
```

其中，Contact 字段中给定的地址不限于 SIP URL，也可以是电话、传真等 URL 或 mailto：URL。其示例可为

```
Contact:"Mr. Watson" <sip:waston@worcester.bell-telephone.com>
```

以上头字段共同提供了大部分的关键路由信息，因此在所有的 SIP 请求消息中都是必选头字段。下面看一个 SIP 协议消息头示例：

```
Request:        INVITE sip:0755526778086@10.41.6.1 SIP/2.0
Via:            SIP/2.0/UDP 10.66.74.136:5060;branch=z9hG4bK06e576dd265b
To:             "0755526778086"<sip:0755526778086@10.41.6.1>
From:  "#0*109316"<sip:"#0*109316@10.41.6.1>;tag=884a420a-2394757326332659
Call-ID:        244b577919265a-884a420a@10.66.74136
Cseq:           23939 INVITE
Contact:        <sip:#0*109316@10.66.74.136:5060>
Max-Forwards:   70
User-Agent:     ZTE MULTIMEDIA SIPPHONE/V1.0 04-01-10
Content-Type:   application/sdp
Content-Length: 288
```

视频

9.5.6 IMS 通信流程

下面通过 3 种典型的通信流程来分析 IMS 中各个实体的协作过程。在图 9-20 和图 9-21 中，虚线表示控制信令，实线表示 IP 承载的媒体流。

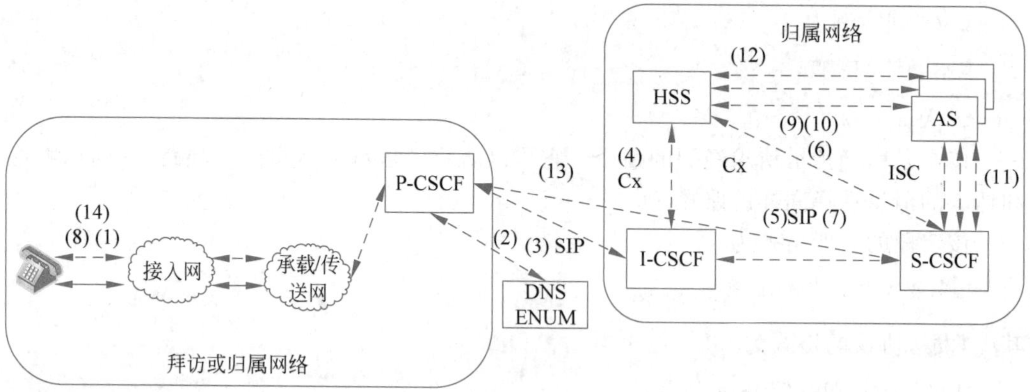

图 9-20 IMS 用户注册流程图

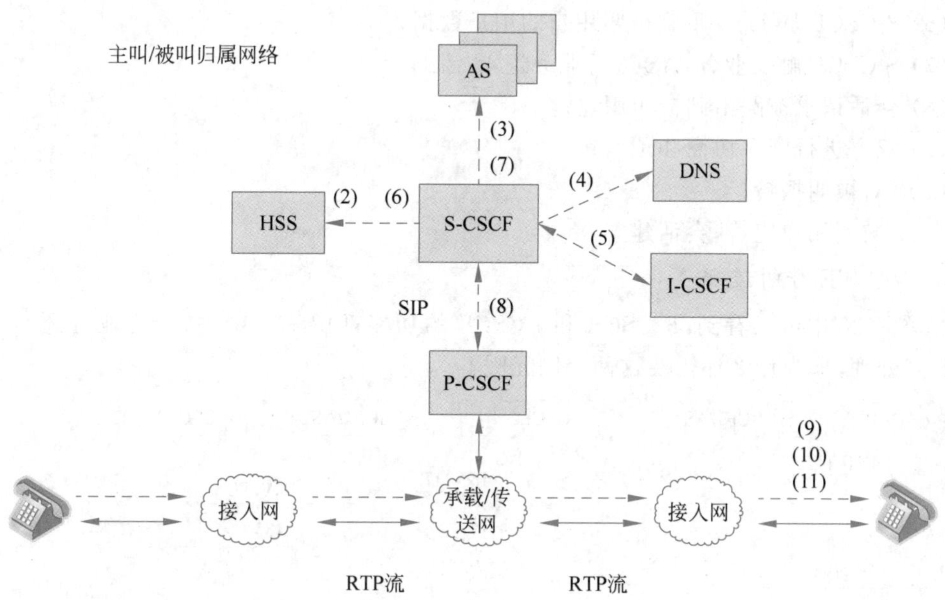

图 9-21 IMS 基本会话流程图

1. IMS 用户注册流程

(1) IMS 用户发出注册请求消息；
(2) P-CSCF 通过 DNS 得到用户归属网的 I-CSCF；
(3) P-CSCF 把注册消息转到 I-CSCF；
(4) I-CSCF 查询 HSS，为用户另外选择一个 S-CSCF；
(5) I-CSCF 将消息转到 S-CSCF；
(6) S-CSCF 从 HSS 得到用户的认证信息；
(7) S-CSCF 通知用户重新认证；
(8) 用户重新发起注册(执行第(1)～(5)步)；
(9) 通过认证，S-CSCF 通知 HSS；
(10) S-CSCF 从 HSS 下载用户数据；
(11) S-CSCF 通知 AS 进行第三方注册；
(12) AS 从 HSS 得到用户数据(可选)；
(13) P-CSCF 向 S-CSCF 订阅注册事件通知；
(14) 用户向 S-CSCF 订阅注册事件通知。

2. IMS 基本会话流程

(1) 用户发起会话请求，消息到达 S-CSCF；
(2) S-CSCF 从 HSS 下载用户数据(可选)；
(3) S-CSCF 触发业务，AS 进行业务逻辑控制；
(4) S-CSCF 通过 DNS 得到被叫所在 IMS 域的 I-CSCF；
(5) I-CSCF 通过 HSS 查询得到被叫用户注册的 S-CSCF；

(6) S-CSCF 从 HSS 得到被叫用户的用户数据；

(7) S-CSCF 触发业务，AS 进行业务逻辑控制；

(8) 会话请求被路由到被叫用户；

(9) 双方进行资源协商和预留；

(10) 对被叫振铃；

(11) 被叫用户应答，会话建立。

3. VoLTE 呼叫流程

从图 9-22 中可以看到，P-CSCF 和 I-CSCF 的功能都像一个网关，最终业务还是 S-CSCF 来处理，那为什么还需要这两个网元呢？

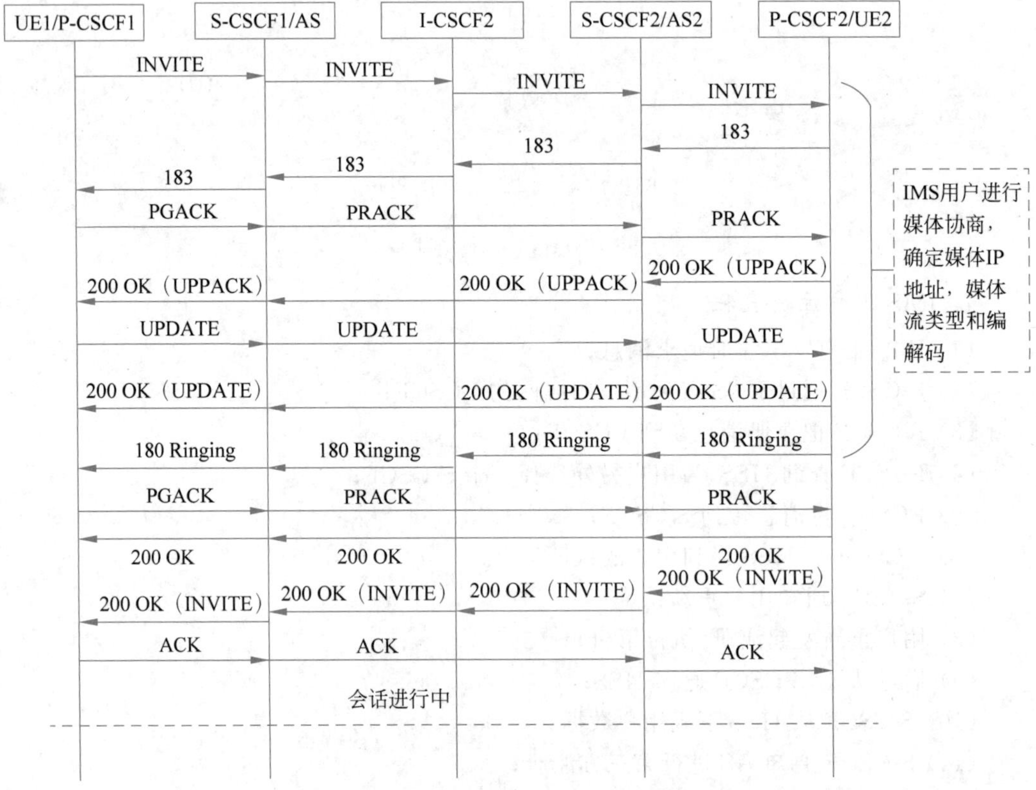

图 9-22　VoLTE 呼叫处理流程

这要从号码归属地和漫游说起。因为号码的开户、鉴权等信息都存放在号码归属地的 HSS，手机在使用地完成网络接入，在归属地完成业务处理。就呼叫来说，手机呼叫时的过程是：

(1) 手机把呼叫请求发给接入地的代理服务器；

(2) 接入地代理服务器找到归属地代理服务器并转发呼叫请求；

(3) 归属地代理服务器找到呼叫控制服务器并转发呼叫请求；

(4) 呼叫控制服务器与 HSS 交互，处理呼叫业务。

这里的P-CSCF就是本地代理服务器，I-CSCF就是归属地代理服务器，S-CSCF就是归属地呼叫控制服务器。S-CSCF可以有多个实现，那这时候I-CSCF还有负载均衡的作用。

当确认了这次呼叫的S-CSCF之后，以后的信令就可以直接从S-CSCF到S-CSCF处理了。

手机要上网或呼叫都需要先接入本地网络，因此第一关必须是本地代理服务器。如果手机没有漫游，那么P-CSCF和S-CSCF在物理上可以部署在一起。

9.6 承载网

在早期的语音通信网络中没有承载网的概念，因为语音网络采用面向连接的TDM（Time Division Multiplexing，时分复用）方式进行交换和传输，通信网络不对信息进行分析和处理，只进行透明传输，因此只有传输网的概念。但随着数据通信的出现，采用面向数据包的分组传输方式，通信网络要对数据包进行分析和处理，且不同的业务其数据包的处理方式不一样，传输网络也不再只是透明地传递信息，需要针对不同的业务提供不同的传输技术来进行处理。因此，不同的业务将用不同的传输技术来承载，然后再到物理介质上进行传输。因此传输介质加上不同的传输技术就形成了具有承载不同业务功能的承载网。

如果将传输网络理解为物理层，则承载网络有点像数据链路层。随着IP承载成为主流，传输网与承载网实现了深度融合。人们逐渐将传统的传输网与IP承载网一起，统称为“大承载网”，即现在通常所说的承载网。

因此，**承载网是运用各种传输技术为各类业务提供信息承载的传输网络**，负责收集和聚合来自多个接入网的流量，通过交换机、路由器等设备实现流量的汇聚和转发，以提供高效的数据传输和处理能力。除了为上层业务提供信息传输外，还包含网络自身的控制、管理、操作和维护功能。

注意，有时**把介于接入网和核心网之间的传输网络称为承载网，实际上是不严谨的**。严格地说，承载网也包括接入网、核心网内部连接的传输部分。

9.6.1 承载网的结构

承载网涉及的范围广、技术多，又进一步细分为接入层、汇聚层、核心层、骨干层，如图9-23所示。

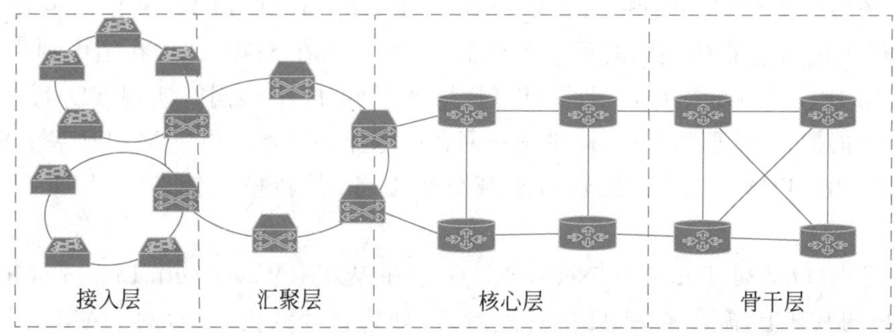

图9-23 承载网分层结构

1. 接入层

接入层通常指网络中直接面向用户连接的部分。接入层利用光纤、双绞线、同轴电缆、无线接入等传输介质,实现与用户连接,并进行业务和带宽的分配。接入层传输设备具有低成本和高端口密度等特性。相对而言,接入层的传输速率比较低。

2. 汇聚层

汇聚层在接入层之上,将多个接入层连接在一起,汇聚从接入层传来的用户数据,经过分析处理后进行本地路由或者转发到核心层。接入层来的业务数据在进入核心层前应先做汇聚,以减轻核心层设备的负荷。由于需要处理来自接入层设备的所有通信量,并提供到核心层的上行链路,汇聚层传输设备与接入层相比,需要更高的性能以及更高的传输速率。此外,出于对安全性、稳定性的考虑,运营商的网络控制功能一般在汇聚层而非核心层实施,汇聚层具有本地路由、流量均衡、QoS 优先级管理,以及安全控制、IP 地址转换、地址过滤、流量整形等多种功能。最后将处理结果转发到核心层或直接进行本地路由处理。

3. 核心层

核心层在汇聚层之上,是流量的最终承载者和聚合者,传输大容量的数据,因此核心层网络设备的要求以及它的设计都非常严格。核心层的传输速率更高。

4. 骨干层

不同核心网之间的通信通过骨干网完成,一般是省内远距离干线或省际干线。骨干层支撑的流量更大,影响的范围更大,因此必须具备高可靠性、灵活性和可扩展性,以及合理的 QoS 规划。

9.6.2 承载网的传输技术

承载网中涉及的技术比较多,并随着技术发展不断演进。典型的承载网技术有 SDH、MSTP、ASON、OTN、IPRAN、PTN、SPN 等。

同步数字系列(Synchronous Digital Hierarchy,SDH)是早期的传输技术,相对于更早的 PDH(Plesiochronous Digital Hierarchy,准同步数字系列),SDH 具有块状帧结构、丰富的 OAM 开销、灵活的业务调度、完善的保护功能等特点。SDH 最早出现时是为承载 TDM 业务,因此以 TDM 为基础进行电路调度。

多业务传送平台(Multi-Service Transport Platform,MSTP)是在以太网业务兴起后,为了解决 IP 业务在传送网的承载问题而产生的,它在 SDH 的块状帧中划出部分信道专门传输 IP、ATM 数据包。因此 MSTP 是基于 SDH 平台同时实现 TDM、ATM、以太网等业务的接入、处理和传送,提供统一网管的多业务节点。由于 MSTP 基于 SDH 技术,底层仍然是 TDM,采用刚性管道承载分组业务,其转换开销较大,因此复用效率不高。

光传送网(Optical Transport Network,OTN)在 WDM(Wavelength Division Multiplex,波分复用)的基础上,融合了 SDH 的一些特点,如块状帧结构、丰富的 OAM 开销、灵活

的业务调度、完善的保护方式。解决了 WDM 缺乏 OAM,调度不够灵活,保护不够完善等缺点。OTN 相当于 WDM 与 SDH 的结合。

自动交换光网络(Automatically Switched Optical Network,ASON)是一种融交换、传送于一体的自动交换传送网。它是在 SDH/MSTP 的基础上产生的,它使得网络具有智能,能够自动寻找路由。

分组传送网(Packet Transport Network,PTN)技术以分组作为传送单元,其帧结构不再是标准的块状结构,而是可变化长度的。PTN 承载电信级以太网业务为主,兼容 TDM、ATM 等业务的综合传送,满足高可靠、可灵活扩展、严格 QoS 和完善的 OAM 等基本属性。解决了 SDH/MSTP 对数据业务深度扩展能力方面的限制,克服了传统以太网技术在电信级性能方面存在的缺陷。

IP 无线接入网(IP Radio Access Network,IPRAN)是基于 IP 的无线接入网,IP 指网际协议,RAN 指无线接入网。在 PTN 纯二层技术的基础上增加了三层路由的功能。IPRAN 组网比起 PTN 和路由器联合组网的方案,可以节省路由器的投资,实现网络资源的全局优化。还可以依赖 IP 化分组传送的优势,提供比 PTN 方式更灵活、更可靠的网络。

切片分组网(Slice Packet Network,SPN)是 PTN 的演进,是为 5G 传输网量身打造的。5G 网络需要满足更加多样化的场景,对业务的带宽、时延、可靠性等有着更高的要求,需要用同一网络来承载大带宽、低时延、多连接、多业务等多种不同要求的业务,网络需要端到端的切片来保障业务的差异化承载以及业务流量的隔离。而 PTN 技术无法实现切片,由此产生了 SPN 技术。它在传输层面进行传输业务的切片划分,不同的业务用不同的传输切片网络来传输,通过通道层与段层技术,结合成熟的二层技术、三层技术、基于 SDN 的管控技术,实现传输切片划分,满足 5G 对承载网的需求。

9.7 骨干网

9.7.1 定义

骨干网是连接多个较大规模网络(如接入网、其他骨干网等)的高速、大容量网络,承担大量的数据传输和流量,负责跨越广域范围并承载大量的数据传输,如图 9-24 中的彩色部分所示。它提供高容量和高带宽的网络服务,通过光纤、卫星链路、专线等方式连接各个节点。骨干网在整个网络体系中起到承载和转发数据流量的作用,实现不同地区或机构之间的互联互通。

9.7.2 PSTN 时代的骨干网

在语音网络时代,骨干网指本地网之上的长途骨干网,由 C1、C2、C3 级长途交换机之间长途传输干线组成,传输介质主要是光纤和卫星,我国建成了“八纵八横”光缆干线网,传输技术主要是 SDH 技术。在数据网络时代,光缆干线网依然是骨干网的核心传输网络,只是传输技术不再是 SDH,而是 IP 技术,如 OTN、PTN 等。

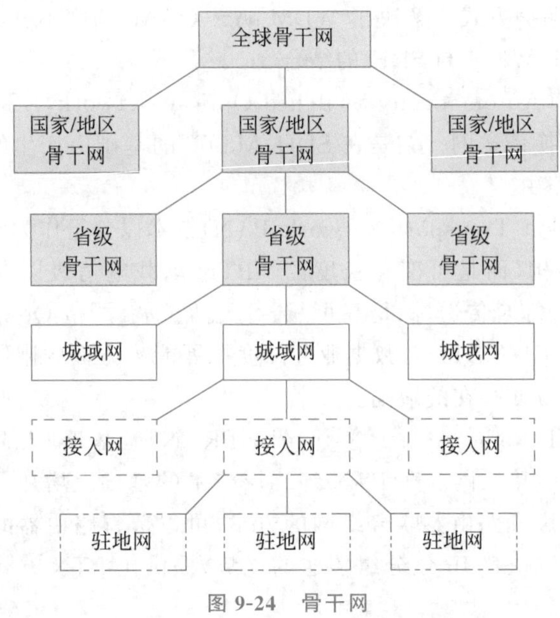

图 9-24　骨干网

9.7.3　数据网络时代的骨干网

进入数据网络时代后，我国由多家单位建设了多张数据骨干网，至今形成了 ChinaNet、UNINet、CMNet、CNCNet、CERNet、CSNet、CSTNet10、ChinaGBN 等骨干网，由多家运营商和其他部门运营。其中大家最熟悉的是中国电信运营的 ChinaNet 网、中国移动运营的 CMNet 网、中国联通运营的 UNINet 网。

【本章小结】

对于通信工程专业，只学习计算机网络的结构和各层的协议还远远不够，熟悉掌握通信网络才是本专业的目标和看家本领。首先要掌握通信网络的结构，熟悉通信网络的几大部分：驻地网、接入网、核心网、承载网，并能将计算机网络技术应用到通信网络中，构建灵活的、组网成本和维护成本低的通信网络。

驻地网是整个通信网络的末端网络，是用户与通信网络的接口界面，是用户最能感知到的网络部分，其数量大、类型多、技术复杂，目前主要的组网方式有xDSL、LAN、FTTB+LAN、FTTH、WLAN 五种方式。

接入网是驻地网与核心网之间的网络，负责将用户接入核心网，起到用户与核心网之间的连接作用。当前主要技术是基于光纤的 EPON 和 GPON 技术。

核心网相当于网络的大脑中枢，处于整个网络的顶端，是通信网络最核心的部分。它是所有通信业务的控制中心，用户终端的所有通信业务功能都由核心网统一控制，负责全网的 QoS 管理，对移动用户，还负责用户的漫游等移动性管理。核心网的技术也在不断变化，IMS 是当前核心网的业务控制技术，负责在 IP 网络上传输具有 QoS 保证的语音信息，其显著的特点是业务功能与控制功能相分离、控制功能与承载能力相分离，统一采用 SIP 协议作为呼叫会话控制协议，提供与接入无关的一致性业务管理。

【知识对接】

(1) 对比第 2 章，通信网络组成结构，有哪些变化的内容？又有哪些不变的内容？

(2) 对比第 2 章的通信网络，IMS 网络带来了哪些好处？

(3) 结合第 6～8 章的内容，看看 IMS 中应用了哪些技术，这些技术在 IMS 中起到什么作用？

(4) SIP 协议与 HTTP 有何关联？

【扩展阅读】

(1) IMS：https://baike.baidu.com/item/IMS/12003646

(2) VoLTE：https://tj.jiuquan.cc/a-2051065.html

(3) 核心网：https://zhuanlan.zhihu.com/p/398889627

【思考题】

(1) 核心网的难点在哪里？

(2) 核心网的网元为何越来越多？这带来了哪些优点和缺点？

(3) IMS 的核心目的是什么？

(4) IMS 与微信语音通话有何区别？

【习题】

1. 什么是驻地网？其组网方式有哪些？
2. 什么是接入网？它包含哪些接入技术？
3. 核心网的作用是什么？有哪些结构？
4. 简要说明传统电信网络与互联网各自的特点。
5. 简述 IMS 的体系结构，简述各个层次的主要功能。
6. 简述 IMS 的网络结构、组成实体及作用。
7. 什么是承载网？其中包含哪些传输技术？

第10章 主流网络技术

【带着问题学习】

1. 在前面介绍的传统技术之上，还有哪些网络热门技术？

2. 网络发展方向是什么？

【学习目标】

1. 了解当前热门的网络技术。

2. 了解物联网概念和体系结构。

3. 理解4G/5G的区别。

4. 了解6G发展趋势。

【本章关键术语】

SDN/NFV，物联网，4G，5G，6G，通感一体网络，触觉网络，车联网，量子信息技术

10.1 NFV

视频

网络功能虚拟化（Network Functions Virtualization，NFV）的概念于2012年由欧洲电信标准化协会（European Telecommunications Standards Institute，ETSI）提出，旨在改变传统的网络架构，通过IT虚拟化技术将网络节点功能虚拟为软件模块的网络架构，这些软件模块可以按照业务流连接起来，共同为企业提供通信服务。NFV能够带来更高的灵活性、更好的可扩展性、更低的成本，它正在极大程度上影响着网络世界，改变了网络的设计、部署和管理方式，使得网络产业向更加接近虚拟化、远离定制的硬件和预装软件的方式进行转变。

1. NFV基本概念

网络功能虚拟化利用虚拟化技术，将网络节点各阶层的功能分割成几个功能区块，分别以软件方式实现，不再局限于硬件架构。网络功能虚拟化技术的目标是在标准服务器上提供网络功能，而不是在定制设备上。

网络功能虚拟化（NFV）的核心是虚拟网络功能，是将传统的网络功能（如路由器、防火墙、负载均衡器）从专用硬件中解耦出来，通过软件的方式来实现这些功能，使其能够在通用的服务器上以虚拟化的形式运行。

NFV的主要作用是提供更灵活、可扩展和经济高效的网络服务。其关键作用主要体现在如下方面：

(1) **资源共享和灵活部署**。通过将网络功能虚拟化，可以将不同的网络功能部署在一组共享的服务器上，实现资源的共享和灵活的部署，提高资源利用率和灵活性。

(2) **动态可扩展性**。NFV使得网络功能可以根据需求进行动态伸缩，提供灵活的扩展能力，从而满足流量的变化和增长需求。

(3) **网络服务的快速部署和升级**。通过软件化的方式，网络功能可以更快速地部署和升级，减少了硬件升级和更换的复杂性和成本，并且提供了更灵活的网络服务管理。

(4) **降低成本**。NFV的引入使得网络功能的运行不再依赖专用硬件设备，而是利用通用的服务器和虚拟化技术，可以大大降低硬件设备和维护的成本。

（5）**创新和快速服务交付**。通过软件化的网络功能，可以更加容易地实现新的网络服务和应用的创新，并可以更快速地将这些服务交付给用户。

通过 NFV，网络功能就可以在任何通用的硬件上实现，提供基本的计算、存储和数据传输服务。图 10-1 展示了从传统网络设备向 NFV 的过渡。在传统的网络架构中，网络设备是为具体的网络功能开发、定制和部署的专用设备，这些设备的功能都是通过硬件和软件的紧密集成而实现的。在虚拟化的网络功能环境中，NFV 实现了软件与硬件的解耦，并拥有使用任何商用硬件来实现特定的网络功能虚拟化功能的能力。网络虚拟化为网络的部署和管理带来了新的可能性，NFV 带来的灵活性、敏捷性、运营成本的节约以及可扩展性，为创新、设计样式和进入全新的网络架构时代提供了可能。

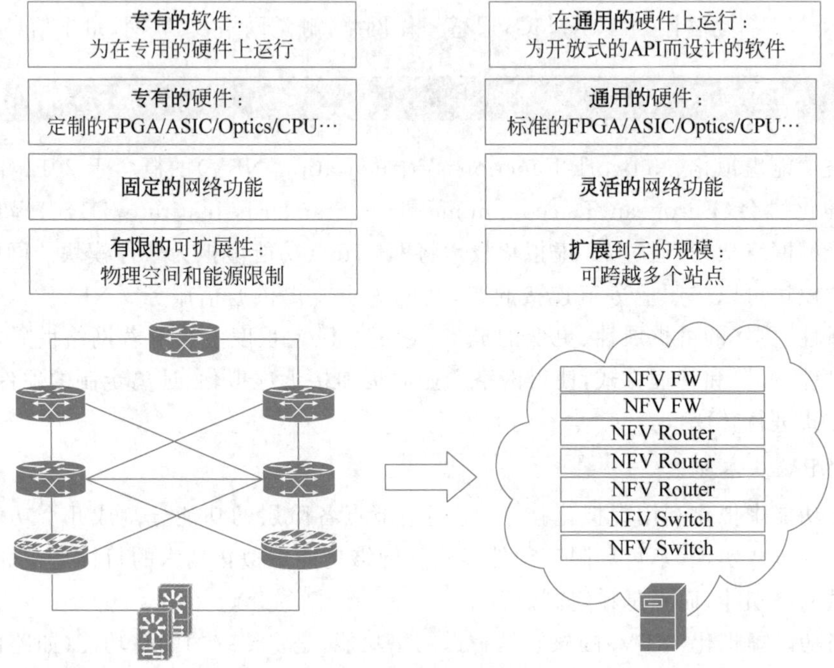

图 10-1　传统网络设备向 NFV 的过渡

NFV 与传统网络设备的比较如表 10-1 所示。

表 10-1　NFV 与传统网络设备的比较

对比类别	NFV	传统网络设备
采用通信硬件	是	否，通用性差
软硬件解耦	是	否，软硬件紧耦合
开放性	开放性高，采用标准化接口，有利于构建开放的生态系统	封闭程度高
网络弹性	弹性高，可按需动态调整	专用设备，无弹性伸缩
功能升级	升级方便，更新周期短	更新困难，更新周期长
自动化运维	运维自动化、智能化	预先规划，手动或半自动配置

2. NFV 架构

ETSI 作为网络领域中具有影响力的标准化组织,很早就意识到现有网络存在的缺陷,并注意到软件技术对网络的巨大影响。出于降低运营商网络成本等方面的考虑,ETSI 于 2012 年 11 月成立了专门用于讨论 NFV 架构和技术的行业规范组(Industry Specification Group,ISG),其目标是基于软件实现网络功能并使之运行在种类广泛的业界标准设备上。ETSI NFV 的整体架构如图 10-2 所示。

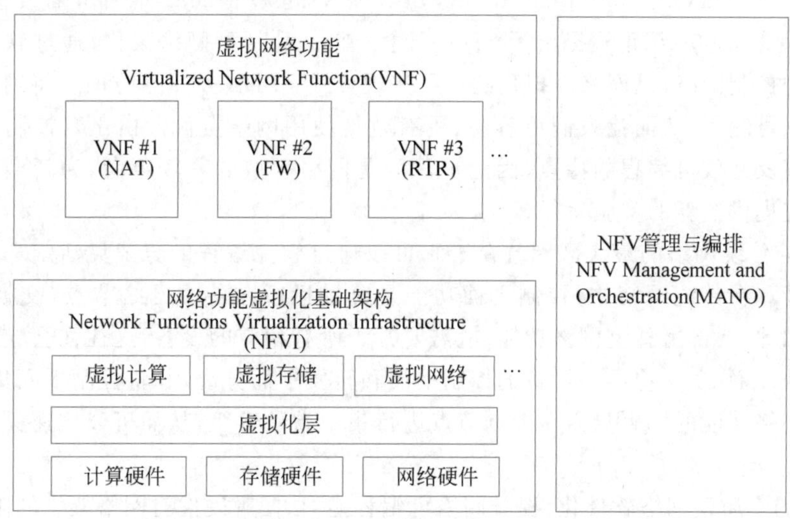

图 10-2 ETSI NFV 的整体架构

NFV 架构是标准化和技术开发的基础,从整体上看,它包含了 VNF 的管理、相互关系与相互依赖、VNF 的数据流和资源分配。ETSI ISG 将这些角色归类为 3 个主要的模块,即基础架构模块、虚拟网络功能模块和管理模块。根据 ETSI 的定义,这些模块的正式名称定义如下。

1) 网络功能虚拟化基础设施(Network Functions Virtualization Infrastructure, NFVI)模块

该模块是整体架构的基础。把一系列计算(服务器)、存储、网络的基础设施硬件资源通过虚拟化的技术形成计算、存储、网络的资源池,即将通用的硬件资源虚拟化成资源池。

2) 虚拟网功能(Virtualized Network Function,VNF)模块

网络功能的软件实现,部署在网络功能虚拟化基础设施(NFVI)上。VNF 模块的作用是提供特定的网络服务或功能,如路由器、防火墙、负载均衡器、虚拟专用网络(VPN)等。它们可以在虚拟化平台上实例化为虚拟机或容器,与其他 VNF 模块进行彼此之间的协作和通信,以提供灵活、弹性和可编程的网络服务。

3) 管理和编排(NFV Management and Orchestration,MANO)模块

MANO 被定义为一个单独的模块,与 NFVI、VNF 模块交互。NFV 架构授权 MANO 层去管理所有基础架构层的资源,并可以分配给其管理的 VNF 进行资源的创建、删除和管理。

网络功能虚拟化(NFV)和软件定义网络(SDN)都是近些年网络界的热点技术,NFV

负责各种网元的虚拟化，而SDN负责网络本身的虚拟化(比如，网络节点和节点之间的相互连接)，接下来了解SDN。

视频

10.2 SDN

1. SDN基本概念

软件定义网络(Software Defined Network，SDN)起源于2006年斯坦福大学的Clean Slate研究课题，2009年正式提出了SDN概念。它一种新型网络架构，通过软件编程的形式定义和控制网络，是网络虚拟化的一种实现方式。SDN从垂直方向上将网络变得开放、标准化、可编程，从而让人们更容易、更有效地使用网络资源。由于其控制平面和转发平面分离及开放可编程的特点，因此被认为是网络领域的一场革命，为新型互联网体系结构研究提供了新的实验途径。

SDN与传统网络的最大区别就在于它可以通过软件编程的方式灵活定义网络设备的转发功能。在传统网络中，控制平面功能是分散运行在各个网络节点(交换机、路由器)中的，因此，要部署新型网络功能，就需要升级所有相应的设备，这往往会导致网络创新难以落地。而SDN将网络设备的控制平面和转发平面分离，并将控制平面集中实现，这样新型网络功能的部署只需在控制节点进行集中软件升级，从而可以快速灵活地定制网络功能。

SDN的本质是网络软件化，提升网络可编程能力，摆脱硬件对网络架构的限制，可以更快、更好、更简单地满足用户需求。

2. SDN架构

SDN是对传统网络架构的一次重构，由原来分布式网络架构重构为集中控制的网络架构。SDN的整体架构由下到上(由南到北)分为转发平面、控制平面和应用平面，如图10-3所示。SDN采用集中式的控制平面和分布式的转发平面，两个平面相互分离，控制平面利用南向接口对转发平面上的网络设备进行集中式控制，并提供灵活的可编程能力。

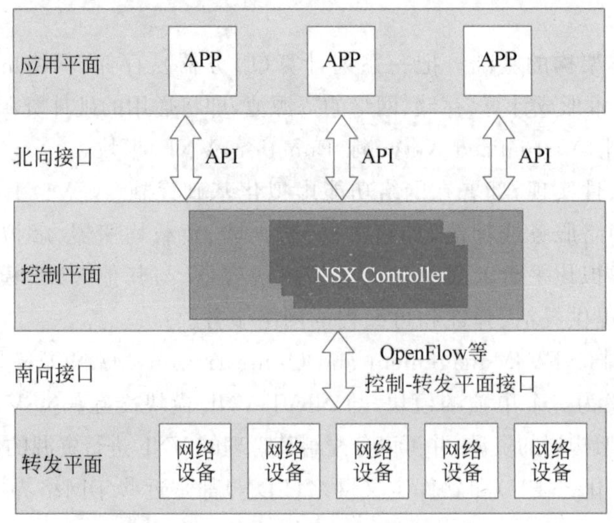

图10-3 SDN网络体系架构的三层模型

下面介绍各个平面以及接口的作用。

1) 应用平面

这一平面主要是体现用户意图的各种应用程序,典型的应用包括 OSS(Operation Support System,运营支撑系统)、Openstack 等。

2) 控制平面

控制平面是系统的控制中心,负责网络的内部交换路径和边界业务路由的生成,并负责处理网络状态变化事件。

3) 转发平面

转发平面主要由转发器和连接器的线路构成基础转发网络,这一平面负责执行用户数据的转发,转发过程中所需要的转发表项是由控制平面生成的。

4) 北向接口

北向接口是应用平面和控制平面通信的接口,应用平面通过控制开放的 API,控制设备转发功能。

5) 南向接口

南向接口是控制平面和转发平面通信的接口,控制器通过 OpenFlow 或其他协议下发流表(Flow Table)。

SDN 中的接口具有开放性,以控制器为逻辑中心,南向接口负责与数据平面进行通信,北向接口负责与应用平面进行通信,东西向接口负责多控制器之间的通信。最主流的南向接口采用 OpenFlow 协议。OpenFlow 最基本的特点是基于流(Flow)的概念来匹配转发规则。每一个交换机都维护一个流表,依据流表中的转发规则进行转发,而流表的建立、维护和下发都是由控制器完成的。针对北向接口,应用程序通过北向接口编程来调用所需的各种网络资源,实现对网络的快速配置和部署。东西向接口使控制器具有可扩展性,为负载均衡和性能提升提供了技术保障。

此外,SDN 架构具有以下特点:

- **转发平面和控制平面分离**。SDN 通过可编程的集中控制器控制底层硬件,能按需调配网络资源,解耦合的架构消除了底层网络设备的差异。
- **逻辑集中控制**。SDN 域由集中统一的控制单元实施管理,在一个控制点完成网络的部署、运维和管理,这样能够合理地调用网络资源,进一步优化网络利用效率。
- **开放的接口和网络可编程性**。SDN 的控制平面是一个开放性可编程环境,企业、用户能通过可控的软件来部署相关功能、按需定制服务和应用。

3. SDN 的优势

SDN 是当前网络领域最热门和最具发展前途的技术之一。鉴于 SDN 巨大的发展潜力,学术界深入研究了数据平面及控制平面的关键技术,并将 SDN 成功地应用到企业网和数据中心等领域。

传统网络的层次结构是互联网取得巨大成功的关键。然而,随着网络规模的不断扩大,封闭的网络设备中内置了许多的复杂协议,增加了运营商定制优化网络的难度,科研人员无法在真实环境中规模部署新协议。同时,互联网流量的快速增长,用户对流量的需求不断扩大,各种新型服务不断出现,增加了网络运维成本。传统架构中的网络在根据业务需求部署上线以后,由于传统网络设备的固件是由设备制造商锁定和控制的,如果业务需求发生变动,重新修改相应网络设备上的配置是一件非常烦琐的事情。因此,SDN 将网络控制与物理网络拓扑分离,从而摆脱硬件对网络架构的限制。

SDN 所做的事是将网络设备上的控制权分离出来,由集中的控制器管理,无须依赖底层网络设备,屏蔽了底层网络设备的差异。而控制权是完全开放的,用户可以自定义任何想实现的网络路由和传输规则策略,从而更加灵活和智能。进行 SDN 改造后,无须对网络中每个节点的路由器反复进行配置,网络中的设备本身就是自动连通的,只需要在使用时定义好简单的网络规则即可。因此,如果路由器自身内置的协议不符合用户的需求,可以通过编程的方式对其进行修改,以实现更好的数据交换性能。这样,网络设备用户便可以像升级软件一样对网络架构进行修改,满足用户对整个网络架构进行调整、扩容或升级的需求,而底层的交换机、路由器等硬件设备则无须替换,在节省大量成本的同时,网络架构的迭代周期也将大大缩短。

总之,SDN 具有传统网络无法比拟的优势:首先,数据控制解耦合使得应用升级与设备更新换代相互独立,加快了新应用的快速部署;其次,网络抽象简化了网络模型,将运营商从繁杂的网络管理中解放出来,能够更加灵活地控制网络;最后,控制的逻辑中心化使用户和运营商等可以通过控制器获取全局网络信息,从而优化网络,提升网络性能。

4. SDN/NFV 区别与联系

谈到 NFV 技术时,通常都无法避免地谈及 SDN 技术。虽然 SDN 与 NFV 技术自成体系,互不依赖,但是它们又是互补的技术。SDN 和 NFV 的关系如图 10-4 所示。

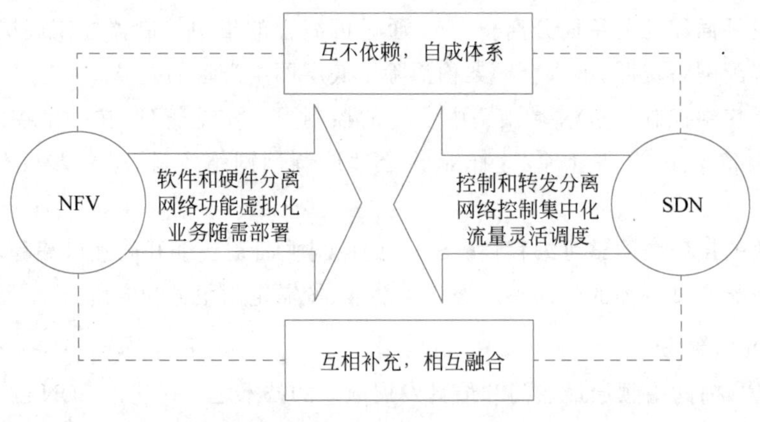

图 10-4 SDN 和 NFV 关系示意图

SDN 技术主要分离网络中交换设备的数据平面和控制平面，数据平面变得灵活可编程，控制平面的功能为控制可编程的数据平面。NFV 技术主要将网络功能设备的功能从专用硬件中解耦出来，并利用软件在通用平台上实现这些功能。NFV 负责的是网络中 OSI 七层网络模型中的 L4～L7，而 SDN 负责网络中的 OSI 七层网络模型中的 L1～L3。

SDN 和 NFV 都采用了控制与转发分离的思想，并都试图通过软件定义的形式实现基本控制功能。SDN 通过控制和转发分离，实现网络控制集中化、流量灵活调度，更侧重于网络连接控制，在传统网络设备和 NFV 设备上都可以部署。NFV 源自运营商需求，通过软硬件分离，实现网络功能虚拟化、业务随需部署，可以在非 SDN 的环境中部署，更侧重于网元功能实现。两者最基本的区别及关联体现在以下几方面。

(1) SDN 的核心是软件定义网络，NFV 的核心是网元功能的虚拟化。也就是说，SDN 的落脚点体现在 IP 网络策略及路由转发的软件集中控制上，而 NFV 的落脚点体现在传统网络网元功能实现的变革上。

(2) NFV 与 SDN 没有直接关系，两者的着眼点不相同，其应用场景在很大程度上是不重合的，只是在部分应用上有交集，也就是说，两者有高度的互补性，但并不相互依赖。如 SDN 的控制器可以部署在 NFV 架构上，可以通过 SDN 控制 NFV 架构中各虚拟网元之间的 IP 数据分组转发的集中控制。

(3) NFV 可以不依赖于 SDN 部署，SDN 技术不是 NFV 架构中必须部署的技术。但对于规模不断扩展的云数据中心，可以采用 SDN 技术控制和均衡各虚拟机资源，以便更好地连接和控制这些虚拟机，最终使数据中心更加可控。

(4) 针对 IP 网络，如果逐步采用 SDN 架构，那么其相应的 SDN 控制器也可以设置在 NFV 架构的云平台上。

总之，SDN 和 NFV 两种技术之间没有直接相互依存的关系，但 SDN 和 NFV 有很强的互补性。NFV 增加了功能部署的灵活性，SDN 可进一步推动 NFV 功能部署的灵活性和方便性，如利用 SDN 将控制平面和数据平面分离，使现有的部署进一步简化，减轻运营和维护的负担。同时，NFV 能为 SDN 的运行提供新基础架构的支持，如将控制平面和数据平面的功能直接运行在标准服务器上，简化 SDN 的部署。NFV 和 SDN 紧密结合，能够产生更大的价值，最大限度地满足用户对服务速度、业务能力和操作简便的要求。

10.3 物联网技术

10.3.1 物联网的概念

物联网(Internet of Things，IoT)是指通过各种信息传感器、射频识别技术、全球定位系统、红外感应器、激光扫描器等装置与技术，对任何需要监控、连接、互动的物体，实时采集其声、光、热、电、力学、化学、生物、位置等各种信息。通过多种网络接入方式，实现物与物、物与人的泛在连接，实现对物品和过程的智能化感知、识别和管理。它是一种“万物沟通”、全面感知、可靠传送、智能处理、连接物理世界的网络，可实现任何时间、任何地点及任何物体的连接，使人类可以用更加精细和动态的方式管理生产和生活，达到“智慧”状态，提高资源利用率和生产率水平，改善人和自然界的关系，从而提高整个社会的信息化能力。

可以说，物联网一种“万物相连的互联网”，这包含两层意思：第一，物联网的核心和基础仍然是互联网，是在互联网基础之上的延伸和扩展的网络；第二，将各种信息传感设备与互联网结合起来而形成的一个巨大网络，实现在任何时间、任何地点，人、机、物的互联互通。

与传统互联网相比，物联网呈现出不同的特性，主要包括网络化、自动化、感知化和智能化。

网络化：物联网的局部基础网络可以不同，但最终都必须与互联网相连，形成真正的物联网网络。通过将物体接入通信网络，随时随地进行可靠的信息交换和共享。

自动化：数据采集、处理都是通过数字传感设备和软件自动进行的，按照事先设定的值（例如，地点、压力、时间），数据将自动在系统的各设备之间传递，实现对物体的跟踪和监管。

感知化：物联网利用射频识别、智能传感器等感知设备获取物体的各类信息。

智能化：利用智能技术对大量的数据和信息进行自动分析、处理。利用人工智能，对物体的各个属性进行分析、对数据进行整理，做出正确的判断，并做出实时行动，实现智能化的控制和决策。

10.3.2 物联网的体系结构

体系结构可以精确地定义系统的各组成部件及其之间的关系。由于物联网在发展过程中，不同机构、组织、国家对于物联网的研究仍处于无序的阶段，所以国际上对物联网的体系结构还没有统一的标准。但是在基本物联网体系结构方面有统一的认知。物联网主要由感知层、网络层和应用层组成，如图 10-5 所示。

1. 感知层

感知层也称为数据采集层，主要用于采集物理世界中发生的物理事件和数据，包括各类物理量、身份标识、位置信息、音频、视频数据等。感知层又分为数据采集与执行控制、短距离无线通信两部分。数据采集与执行控制主要是运用智能传感器技术、身份识别以及其他信息采集技术，对物品进行基础信息采集，同时接收上层网络送来的控制信息，完成相应的动作。在这个过程中，既能向网络传递自己的各种信息，又能接收网络的控制命令。感知层需要与上层的网络进行连接，以将采集到的数据传输出去。这涉及各种短距离通信技术和协议，如蓝牙、无线传感网、射频识别（RFID）、LoRa WAN 等，用于将数据传输到网络接入层或其他云计算资源。短距离无线通信能完成小范围内的多个物品的信息集中与互通功能。

感知层是实现物联网全面感知的核心部分，是物联网中包括关键技术、标准化方面、

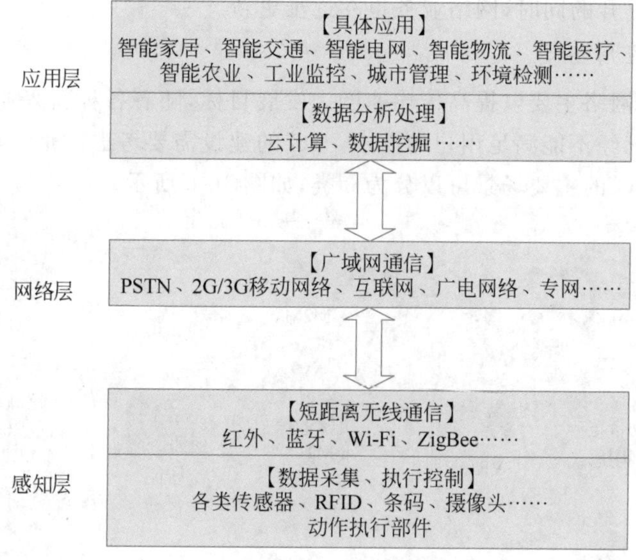

图 10-5 物联网的典型体系结构

产业化方面亟待突破的部分，目标是实现更精确、更全面的感知能力，并解决低功耗、小型化和低成本的问题，构建本地化的物与物之间的联动和终端智能化体系。

2. 网络层

网络层完成大范围的信息沟通，主要借助已有的广域网通信系统（如 4G/5G 移动网络、互联网等），把感知层采集到的信息快速、可靠、安全地传送到各个地方，使物品能够进行远距离、大范围的通信。

通信网络是实现"物联网"必不可少的基础设施，安置在动物、植物、机器等物品上的传感器所采集的数字信号可随时随地通过无处不在的通信网络传送出去。只有实现各种传感网络的互联、广域的数据交互和多方共享以及规模性的应用，才能真正建立一个有效的物联网。

3. 应用层

应用层完成物品信息的汇总、协同、共享、互通、分析、决策等功能。应用层相当于物联网的控制层、决策层，主要包含支撑平台和应用服务。物联网的根本还是为人服务，应用层完成物品与人的最终交互，前面两层将物品的信息大范围地收集起来，汇总在应用层进行统一分析、决策，用于支撑跨行业、跨应用、跨系统之间的信息协同、共享、互通，提高信息的综合利用度，最大限度地为人类服务。其具体的应用服务又回归到前面提到的各个行业应用，如智能交通、智能医疗、智能家居、智能物流、智能电网等。

10.4 5G 移动通信系统

视频

移动通信按照十年为一代的发展趋势，现今已经到了第五代移动通信的发展阶段。回顾过去几十年的发展，移动网络从开始的语音服务发展到现如今的多媒体网络服务，网络速度在不断提升的同时，网络业务也在逐步更新。

1. 5G 三大应用场景

在过去，移动网络主要以提高传输速度为发展目标，随着各种新兴业务的到来，单纯地提高传输速度已经不能满足用户的需求。5G 的建设需要考虑的是一个更加复杂的多元化服务平台。5G 的主要场景可以分为 3 类，如图 10-6 所示。

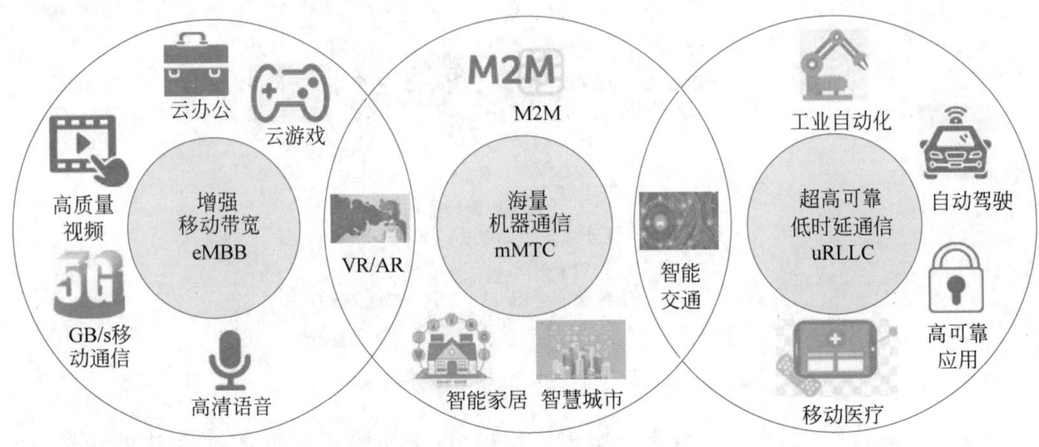

图 10-6　5G 三大应用场景

(1) eMBB(Enhanced Mobile Broadband，增强移动宽带)，是指在 4G 的基础上，进一步提升更高的传输速率。该场景主要面向人的各类应用，满足 AR/VR、超高清视频、无线宽带等大流量业务需求。

(2) uRLLC(Ultra Reliable & Low Latency Communication，超高可靠低时延通信)，涉及高可靠和低时延两大指标，一次传送 32 字节数据包的可靠性为 99.999%。该场景面向无人驾驶、工业控制、交互式远程医疗、智能电网等应用。

(3) mMTC(Massive Machine Type Communication，海量机器类通信)，针对大规模、高密度的物联网业务。该场景主要面向智慧城市、环境监测、智能农业、森林防火等以传感和数据采集为目标的应用场景，具有小数据包、低功耗、海量连接等特点。

2. 5G 能力指标

为适应 5G 新场景的需求，IMT-2020 推进组织提出了 5G 七大关键能力指标，分别为用户峰值速率、用户体验速率、流量密度、连接密度、时延、移动性、能源效率。

(1) 峰值速率：峰值速率是指用户可以获得的最大业务速率，5G 移动通信系统的峰值速率可以达到 20Gb/s。

(2) 用户体验速率：5G 时代将构建以用户为中心体验的移动生态信息系统，首次将用户体验速率作为网络性能指标。用户体验速率是指单位时间内用户获得 MAC 层用户面数据传送量。在实际的网络应用中，用户体验速率受到众多因素的影响，包括网络覆盖环境、网络负荷、用户规模和分布范围、用户位置、业务应用等因素，一般采用期望平均值和统计方法进行评估分析。5G 定义的用户体验速率为 1Gb/s。

(3) 流量密度：流量密度是单位面积内的总流量数，是衡量移动网络在一定区域范围内数据传输能力。在5G时代需要支持一定局部区域的超高数据传输，网络架构应该支持每平方千米能提供10Tb/s的流量。在实际网络中，流量密度与多个因素相关，包括网络拓扑结构、用户分布、业务模型等因素。

(4) 连接密度：在5G时代存在大量物联网应用需求，网络要求具备超千亿设备连接能力。连接数密度是指单位面积内可以支持的在线设备总和，是衡量5G移动网络对海量规模终端设备的支持能力的重要指标，5G定义的连接密度为每平方千米100万个连接。

(5) 时延：时延采用单程时延(Oneway-TripTime，OTT)或往返时延(Round-TripTime，RTT)来衡量。在4G时代，网络架构扁平化设计大大提升了系统时延性能。在5G时代，车辆通信、工业控制、增强现实等业务应用场景，对时延提出了更高的要求，最低空口时延要求达到1ms。在网络架构设计中，时延与网络拓扑结构、网络负荷、业务模型、传输资源等因素密切相关。

(6) 移动性：移动性历代移动通信系统重要的性能指标，指在满足一定系统性能要求的前提下，通信双方最大相对移动速度。5G移动通信系统需要支持高速公路、城市地铁等超高速移动场景，同时也需要支持数据采集、工业控制低速移动或非移动场景。因此，5G移动通信系统的设计需要支持更广泛的移动性，5G的设计值为500km/h。

(7) 能源效率：能源效率是指每消耗单位能量可以传送的数据量。在移动通信系统中，能源消耗主要指基站和移动终端的发送功率，以及整个移动通信系统设备所消耗的功率。在5G移动通信系统架构设计中，为了降低功率消耗，采用了一系列新型接入技术，如低功率基站、D2D技术、流量均衡技术、移动中继等。

注意，5G网络同以往的网络不一样，以前的网络都是面向人的需求设计的，只服务于人这个单一场景。5G服务于3个不同的场景，对不同的场景，其指标是不一样的，因此这些指标不是针对一类业务同时达到，而是针对不同的场景进行选择。如eMBB是服务人的场景，侧重的是用户体验速率、峰值速率、流量密度，不会要求连接密度达到每平方千米100万和时延达到1ms。因此5G网络针对不同的业务，实现不同的指标，这也是5G网络需要网络切片的原因之一。

3. 5G承载网络架构和技术

5G网络能力指标的变化对承载网络带来三大性能需求和6类组网功能需求，在关键性能方面，“更大带宽、超低时延和高精度同步”等性能指标需求非常突出，在组网及功能方面，呈现出“多层级承载网络、灵活化连接调度、层次化网络切片、智能化协同管控、4G/5G混合承载以及低成本高速组网”六大组网需求，如何满足和实现这些承载需求至关重要。

5G承载网络是为5G无线接入网和核心网提供网络连接的基础网络，不仅为这些网络连接提供灵活调度、组网保护和管理控制等功能，还要提供带宽、时延、同步和可靠性等方面的性能保障。图 10-7 为满足 5G 承载需求的 5G 承载网络总体架构，主要包括转发平面、协同管控、5G 同步网 3 部分，此架构同时支持差异化的网络切片服务能力。5G 网络切片涉及终端、无线、承载和核心网，需要实现端到端协同管控。通过转发平面的资源切片和管理控制平面的切片管控能力，可为 5G 三大类业务应用、移动内容分发网络(CDN)网络互联、政企客户专线以及家庭宽带等业务提供所需服务等级协议(SLA)保障的差异化网络切片服务能力。

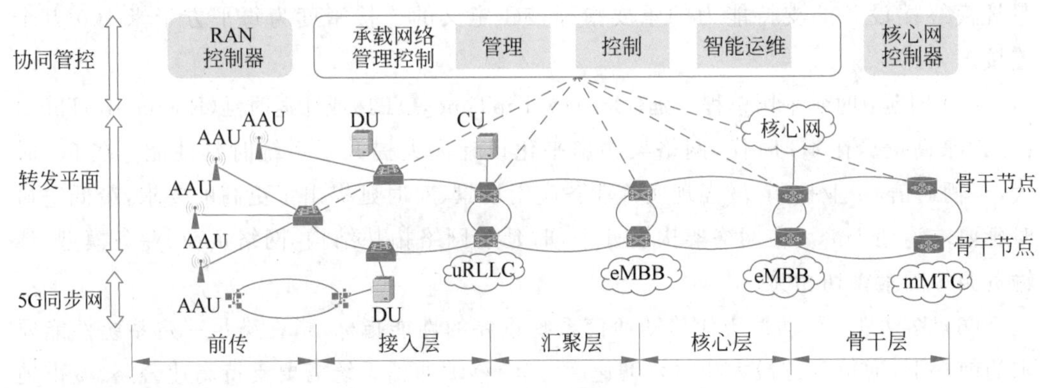

图 10-7　5G 承载网络总体架构

转发平面具备分层组网架构和多业务统一承载能力。转发平面是 5G 承载架构的关键组成，其典型的功能特性包括：

- **端到端分层组网架构**。5G 承载组网架构包括城域与省内干线两个层面，其中城域内组网包括接入、汇聚和核心三层架构。接入层通常为环形组网，汇聚和核心层根据光纤资源情况，可分为环形组网与双上联组网两种类型。
- **多业务统一承载能力**。5G 承载可以基于新技术方案进行建设，也可以基于 4G 承载网进行升级演进。除了承载 4G/5G 无线业务之外，政企专线业务、家庭宽带的 OLT 回传、移动 CDN 以及边缘数据中心之间互联等，也可统一承载，兼具 L0～L3 技术方案优势，充分发挥基础承载网络的价值。

5G 承载网络分为省干和城域两大部分。城域接入层主要为前传 Fx 接口的 CPRI/eCPRI 信号、中传 F1 接口以及回传的 N2(信令)和 N3(数据)接口提供网络连接；城域的汇聚核心层和省干层面不仅要为回传提供网络连接，还需要为部分核心网元之间的 N4、N6 以及 N9 接口提供网络连接，如图 10-8 所示。其中，N6 是 UPF 与数据网络(DN)之间的接口，将涉及通过 IP 公用网访问外部的多媒体数据中心。5G 无线接入网(RAN)在建设初期主要采用 gNB 宏站以及 CU 和 DU 合设模式；在 5G 规模建设阶段，将采用 CU 和 DU 分离模式，并实施 CU 云化和 CRAN 集中建设模式。

5G 承载网络涉及的无线接入网和核心网的部分参考点及其连接需求如表 10-2 与表 10-3 所示。

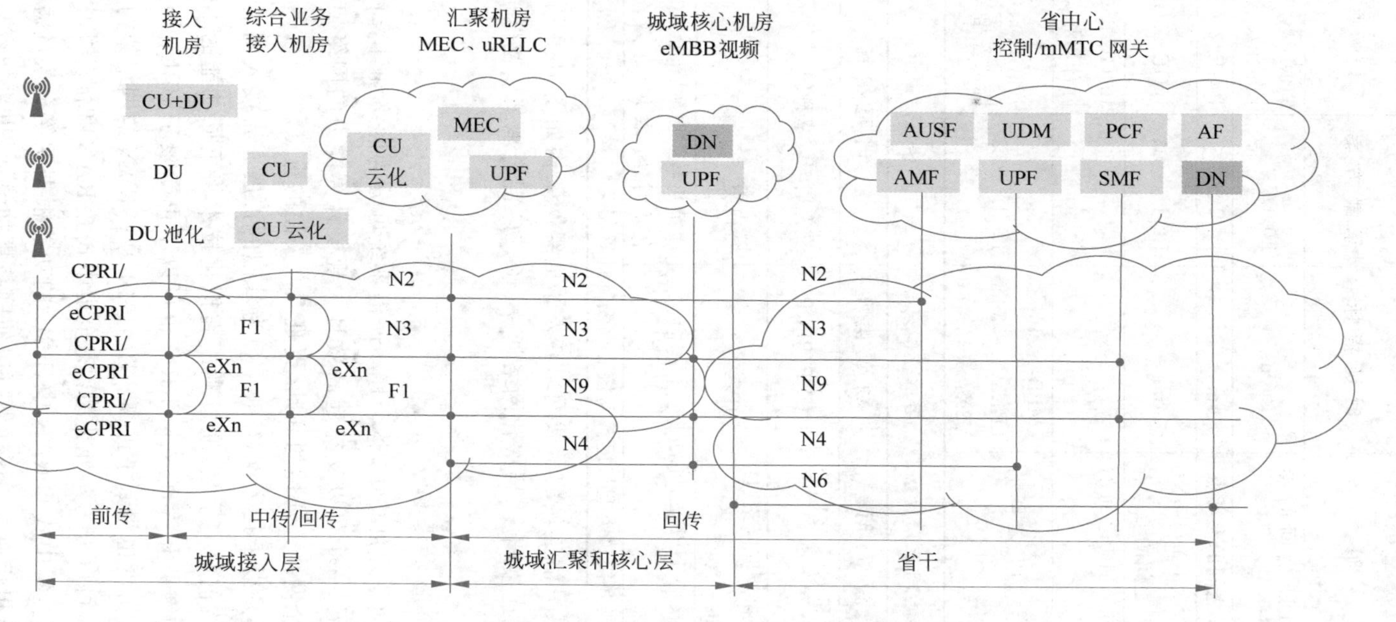

图 10-8　5G 对承载网络的连接需求和网络分层关系

表 10-2　5G 无线接入网的参考点和连接需求

RAN 逻辑参考点	说　明	时延指标	承载方案	典型接口
Fx	AAU 与 DU 之间的参考点	<100ms	L0/L1	CPRI：$N\times$10Gb/s 或 1 个 100Gb/s eCPRI：25GE 等
F1	DU 与 CU 之间的参考点	<4ms	L1/L2	10GE/25GE
Xn	gNB(DU＋CU)与 gNB(DU＋CU)之间的参考点	<4ms	L2/L2＋L3	10GE/25GE
N2	(R)AN 与 AMF 之间的参考点	<10ms	L3/L2＋L3	100GE/25GE 等(注：与实际部署相关)
N3	(R)AN 与 UPF 之间的参考点	eMBB：<10ms uRLLC：<5ms V2X：<3ms	L3/L2＋L3	100GE/25GE 等(注：与实际部署相关)

表 10-3　5G 核心网与承载相关的部分参考点和连接需求

核心网参考点	说　明	协议类型	时延指标	承载方案
N4	SMF 和 UPF 之间的参考点	UDP/PFCP	交互时延：毫秒级	L3
N6	UPF 和数据网络(DN)之间的参考点	IP	待研究	L3
N9	两个核心 UPF 之间的参考点	GTP/UDP/IP	单节点转发时延：50～100μs；传输时延：取决于距离	L3

注：核心网元之间的典型接口类型与运营商核心网实际部署相关

为 5G 网络提供灵活连接的承载网络转发平面组网架构如图 10-9 所示，以实现多层级承载网络、灵活化连接调度、层次化网络切片、4G/5G 混合承载以及低成本高速组网等关键功能特性。

4. 5G 无线接入网和架构

在漫长的移动通信发展史中，整个移动通信系统可分为网络和计算两部分。网络一直限制着计算的发展，一个足以支撑起高效且大规模计算能力的网络架构至关重要，而接入网作为保障整个网络连通性的基础，更是人们关注的重点。

5G 接入网主要是以云接入网(C-RAN)为基础的扩展。云接入网的出现，弥补了传统分布式接入网架构的一些不足，通过利用虚拟化技术将不同功能的 BBU 设备集成在一起，降低了设备的维护和管理成本，RRU 也可以不再受限于 BBU 的位置。在成本降低的同时，网络的自由度也得到了提高。图 10-10 为 C-RAN 的网络架构图。

现有的 C-RAN 可以分为两种类型：完全集中式 C-RAN 和部分集中式 C-RAN。如图 10-11 所示，在完全集中式 C-RAN 中，BBU 的功能根据网络分层的思想，也被分为三层实现，每层的功能相互独立。这样做可以使网络更加灵活，也更加容易维护，一层功能的丢失，不会影响到其他层功能的正常运转。但功能的分层也使得 BBU 池的带宽增大，占用了更多的资源。

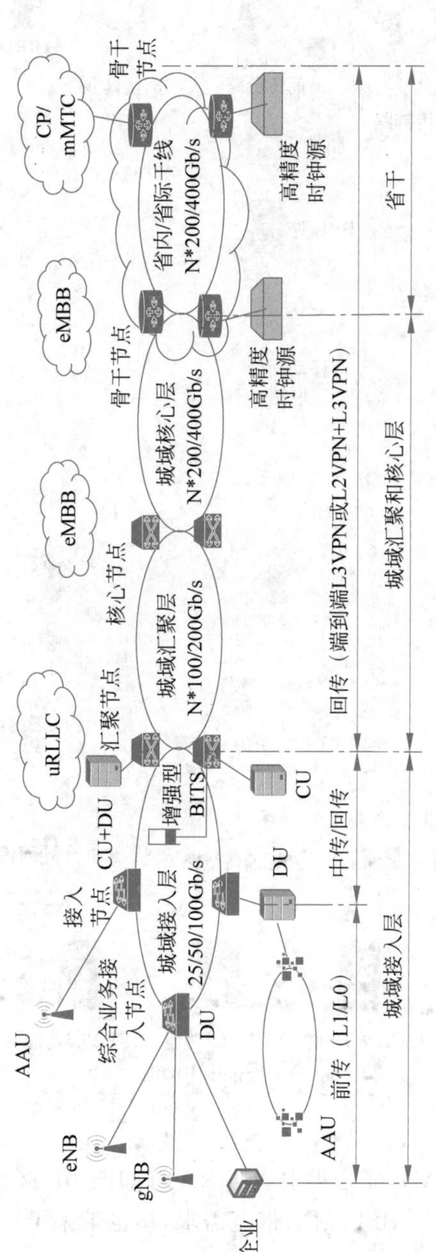

图 10-9　5G 承载网络转发平面组网架构

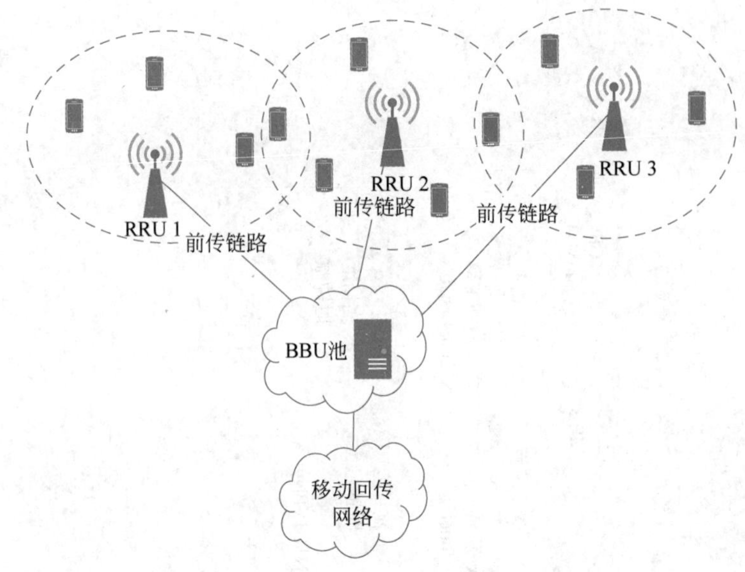

图 10-10　C-RAN 的网络架构

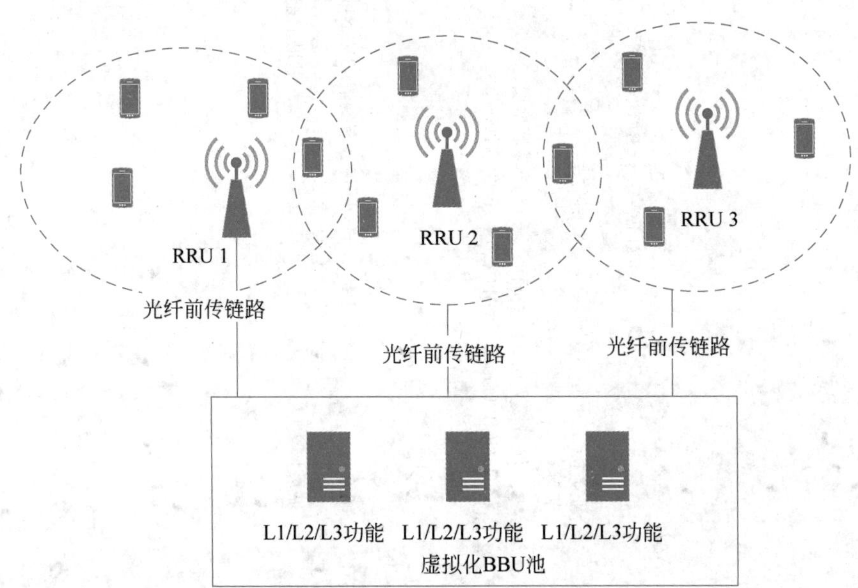

图 10-11　完全集中式 C-RAN

不同于完全集中式 C-RAN，部分集中式 C-RAN(如图 10-12 所示)将 L1 层的相关功能转移到 RRH 中实现，降低了 BBU 池的带宽需求，却也带来了一些新的问题，网络的便利性和协作性也下降了不少。

4G 时期的 C-RAN 已经具备集中化、协作化、云化和节能的特性，但不足以面对 5G 的发展需求，还是很难做到底层设备的大规模升级和网络功能的扩展。为满足 5G 的需求，BBU 设备功能需进一步划分，现阶段的处理方法是将 BBU 按照处理内容的实时性进

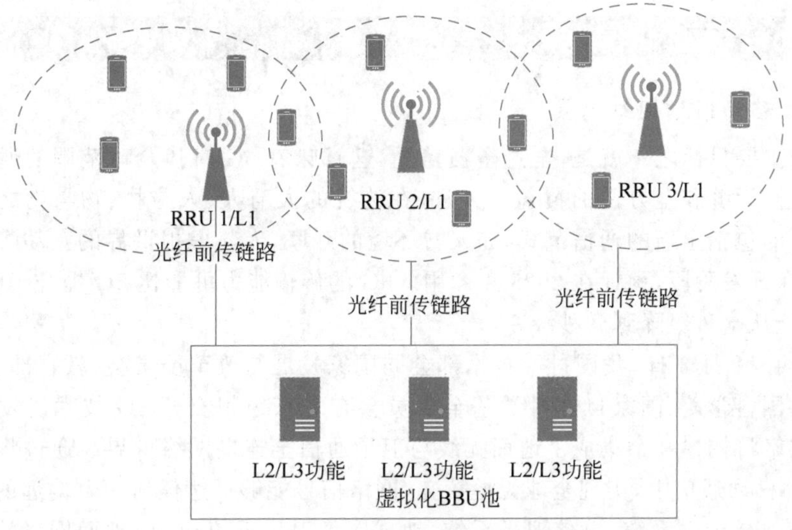

图 10-12 部分集中式 C-RAN

行划分，分为 CU 和 DU 两部分。CU 负责处理非实时的内容，而 DU 则负责其他的功能。如图 10-13 所示为 4G 与 5G 时期无线接入网架构的变化。

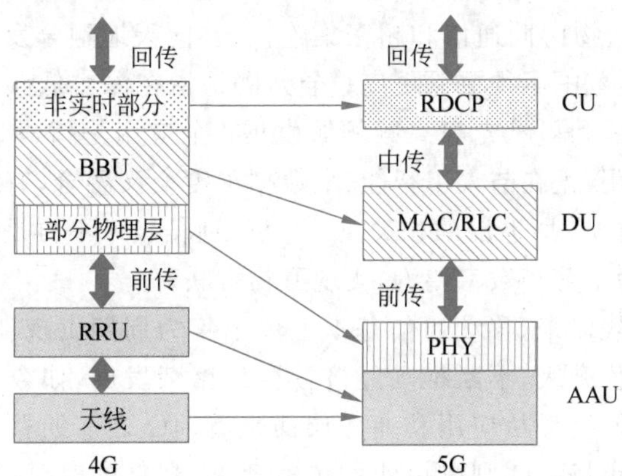

图 10-13 4G 到 5G 的接入网变化

硬件设备的不断更新换代，给 5G 应用场景的实现提供了基础。各种新兴技术的出现，也给无线接入网的发展方向提供了大量的选择。基于虚拟化技术的 V-RAN 架构与更进一层的 O-RAN 架构更是将软件从底层硬件中完全解耦出来，无线接入网的功能扩展再也不是无法解决的问题。

无线接入网底层设备的高度耦合极大地限制了服务商的发展，随着 5G 发展热潮的到来，开放式的发展模式将是未来的主流。通过虚拟化、SDN 等技术，可以使运营商彻底摆脱底层硬件的束缚，使用户面与控制面分离，达到实现服务多元化核心网的目的。

10.5 6G移动通信系统

1. 6G移动通信网络愿景

6G的主要目标之一就是“全息全覆盖”。这意味着6G时代全球范围的通信网络将实现高质量、无缝和全方位的覆盖。并且,在传统的人与人、人与物、物与物之间的通信之外,还可能包括全新的通信范式,如人与环境的互联、人与虚拟世界的互动等。截至目前,6G仍在开发阶段,预计在2028年商用。6G的传输能力可能比5G提升100倍,空口时延也可能从毫秒级降到微秒级。

2019年11月3日,我国科学技术部会同国家发展与改革委员会、教育部、工业和信息化部、中国科学院、国家自然科学基金委员会在北京组织召开6G技术研发工作启动会。6G网络将构建一个集成了地面无线与卫星通信全连接网络世界。通过将卫星通信整合到6G移动通信中,实现全球无缝覆盖,网络信号能够抵达任何一个偏远的乡村。此外,在全球卫星定位系统、电信卫星系统、地球图像卫星系统和6G地面网络的联动支持下,空天地全覆盖网络还能帮助人类预测天气、快速应对自然灾害等。

2018年提出了6G的三大类关键技术,分别涉及6G频谱、6G无线“超大容量”如何实现、6G频谱使用如何创新这三大方面。6G的特征为全覆盖、全频谱、全应用。全覆盖是指6G将实现人、机、物协同通信和超密集连接,并向天地融合发展,以实现全覆盖,应用边际持续扩大,覆盖范围亟须更深更广;全频谱是指在深耕低频段、超低频段的同时,6G将向毫米波、太赫兹和可见光等高频领域发展;全应用是指6G将面向全社会、全行业和全生态实现全应用,正在与人工智能、大数据深度交叉融合,有可能颠覆现有技术途径。6G将探索并汇集5G所遗漏的相关技术。6G通信技术不再是简单的网络容量和传输速率的突破,更是为了缩小数字鸿沟,实现万物智联。

自20世纪80年代以来,移动通信基本上以十年为周期出现新一代革命性技术,持续加快信息产业的迭代升级,不断推动经济社会的繁荣发展,如今已成为连接人类社会不可或缺的基础信息网络。从应用和业务层面来看,4G之前的移动通信主要聚焦于以人为中心的个人消费市场,5G则以更快的传输速度、超低的时延、更低功耗及海量连接实现了革命性的技术突破,消费主体将从个体消费者向垂直行业和细分领域全面辐射。特别是在5G与人工智能、大数据、边缘计算等新一代信息技术融合创新后,能够进一步赋能工业、医疗、交通、传媒等垂直行业,更好地满足物联网的海量需求以及各行业间深度融合的要求,从而实现从万物互联到万物智联的飞跃。

5G的目标是在满足个人用户信息消费需求的同时,向社会各行业和领域广泛渗透,实现移动通信网络从消费型应用向产业型应用的升级。从5G标准的规范来看,仍然在信息交互方面存在空间范围受限和性能指标难以满足某些垂直行业应用的不足。例如,从通信网络空间覆盖范围看,5G仍然是以基站为中心的发散覆盖,在基站所未覆盖的沙漠、无人区、海洋等区域内仍然是通信盲区。在5G时代,仍有80%以上的陆地区域和95%以上的海洋区域无移动网络信号。此外,5G的通信对象集中在陆地地表10km以内高度的有限空间范围,无法实现“空天海地”无缝覆盖的通信愿景。从行业应用的网络性能需求看，更大的连接数密度、更大的传输带宽、更低的端到端时延、更高的可靠性和确定性以及更智能化的网络特性，是移动通信网络与垂直行业融合应用得以快速推广和长远发展的必然需要。例如，对于智能工厂，6G能够将时延缩减至微秒级，从而能够逐步取代工厂内机器间的有线传输，实现制造业更高层级的无线化和弹性化。另外，5G网络将无法承担更多连接设备的接入，必须依赖下一代6G网络超大连接数性能的支撑。

从网络接入方式看，6G将包含多样化的接入网，如移动蜂窝、卫星通信、无人机通信、水声通信、可见光通信等多种接入方式。从网络覆盖范围看，6G将构建跨地域、跨空域、跨海域的“空天海地”一体化网络，实现真正意义上的全球无缝覆盖。从网络性能指标看，6G在传输速率、端到端时延、可靠性、连接数密度、频谱效率、网络能效等方面都会有大的提升，从而满足各种垂直行业多样化的网络需求。从网络智能化程度看，6G愿景下的网络和用户将作为统一的整体，AI在赋能6G网络的同时，更重要的是深入挖掘用户的智能需求，每个用户都将通过AI助理提升用户体验。从网络服务的边界看，6G的服务对象将从物理世界的人、机、物拓展至虚拟世界的“境”，通过物理世界和虚拟世界的连接，实现“人-机-物-境”的协作，满足人类精神和物质的全方位需求。

2. 6G网络性能指标

相较于4G、5G网络，6G网络的峰值速率、用户体验速率、流量密度、连接数密度、空口时延、移动性、频谱效率、定位能力等关键指标都有了明显的提升，具体指标对比如表10-4所示。

表10-4 6G与4G/5G关键性能指标对比

指标	6G	5G	4G
峰值速率	1Tb/s	20Gb/s	1Gb/s
用户体验速率	100Gb/s	0.1～Gb/s	100Mb/s
流量密度	100～10 000Tb/s/km^2	10Tb/s/km^2	0.1Tb/s/km^2
连接密度	每平方千米1亿	每平方千米100万	每平方千米10万
空口时延	0.1ms	1ms	10ms
移动性	大于1000km/h	500km/h	350km/h
频谱效率	200～300b/s/Hz	100b/s/Hz	30b/s/Hz
定位能力	室外1m，室内10cm	室外10m，室内几米甚至1m以下	室外几十到一百米

10.6 网络新方向

1. 通感一体网络

通感一体网络是通信感知一体化的简称，指将感知、计算和通信融合在一起的智能网络系统，具有丰富的技术内涵和应用场景，已成为当前的6G研究热点。它结合了多种感知技术与通信网络的综合性技术，旨在实现对环境、物体和人体的全方位感知和交互，实现对物理世界的全面感知和智能化，感知信息可以是声音、图像、温度、湿度等各种环境参数。该技术利用传感器、智能算法和人机交互等技术手段，将不同类型的感知融合在一起，从而实现更全面、准确的信息获取和高效的交互方式。

通感一体网络的组成包括以下几方面：

感知层：通感一体网络需要通过传感器和探测器等设备获取环境和实时数据。感知层包括各种传感器技术（如光学传感器、压力传感器、温度传感器等）、图像识别技术、语音识别技术、人脸识别技术等，用于收集和处理环境信息和用户需求。

计算层：通感一体系统需要进行大规模的实时数据处理和分析。计算层包括云计算、边缘计算、高性能计算等，用于处理感知数据，提取特征信息，进行模式识别、事件检测和决策推理等。

通信层：通感一体网络需要实现设备之间的高效通信。通信层包括无线通信技术（如 Wi-Fi、蓝牙、LoRa 等）、有线通信技术（如以太网、光纤通信等）、物联网通信技术（如 NB-IoT、LTE-M 等），以及网络协议、网络安全和 QoS 保障等。

应用层：通感一体网络需要实现智能化的应用和服务。应用层包括智能家居、智慧城市、智能交通、智能制造等，用于提供个性化的服务和满足不同行业的需求。

数据管理和存储层：通感一体网络需要有效地管理和存储海量的感知数据和计算结果。数据管理和存储层包括大数据处理和分析技术、数据库技术、分布式存储技术、数据安全和隐私保护等，用于实现数据的存储、查询、检索和共享。

智能决策和控制层：通感一体网络具备自主决策和智能控制的能力。智能决策和控制层包括机器学习、深度学习、强化学习、人工智能等，用于根据感知数据和计算结果进行决策推理、优化调度和资源管理，实现智能化的系统运行和服务提供。

通感一体技术利用通信网络将不同的感知手段和智能算法结合在一起，具有多感知融合、实时监测与反馈、个性化交互体验、数据分析与智能应用的特点，能实现全方位、多维度的感知和交互体验，为人们的生活、工作和社会发展带来了更多的便利和创新。

2. 触觉通信

触觉通信（Haptic Communication）是一种通过触觉感知传递信息、交流和沟通的技术。它利用触觉反馈装置（如触觉手套、触觉马达等）和算法，通过机械或电学方式向用户的手指、皮肤或身体其他部位传递触觉信息。触觉反馈装置可以模拟不同的触感，如压力、振动、温度等，以及复杂的触觉感受，如表面纹理、物体形状等，让人类能够通过触摸和感应来接收和传递信息。触觉通信技术的主要应用领域包括虚拟现实（Virtual Reality，VR）、增强现实（Augmented Reality，AR）、远程操作、医疗领域等。

虚拟现实和增强现实：在虚拟现实和增强现实环境中，触觉通信可以增强用户的沉浸感和真实感。通过触觉反馈装置，用户可以感受到虚拟物体的质地、形状、运动等，提供更真实的交互体验。

远程操作：在远程操作场景中，触觉通信可以帮助用户感知远程环境的触感信息，实现更精确和安全的操作。例如，在远程手术中，医生可以通过触觉反馈装置感受到手术仪器与患者组织的交互力度，避免手术误操作。

医疗领域：触觉通信在医疗领域的应用非常广泛。例如，通过触觉反馈装置，医生可以感受到患者身体部位的触感信息，帮助判断疾病和进行治疗操作。同时，在康复训练中也可以利用触觉通信技术提供精准的触觉反馈，促进康复效果。

除了主要的应用领域，触觉通信还可应用到游戏、教育、艺术创作等领域，通过触觉通信可以提供更丰富的沉浸式体验。

触觉通信面临触觉感知的复杂性、算法和设备的精度等方面的技术挑战。模拟真实触感需要考虑多个因素，如形状、质地、温度、压力等，实现高度还原的触觉感知仍然面临一些技术挑战。精确度很高的算法和高质量的触觉反馈装置也是其中的难点。

触觉通信作为一项新兴的技术，具有广阔的应用前景和发展潜力。通过模拟触觉感知，可以为人机交互提供更加自然和逼真的方式，提升用户体验，并扩展人类对数字世界的感知和交互能力。

3. 车联网

车联网(Connected Vehicle Technology)是将车辆与互联网和其他车辆进行连接，实现信息交流和智能化服务的一种网络。它利用车载传感器、通信模块、软件系统等技术手段，将车辆与外部网络进行连接，实现车辆之间、车辆与基础设施之间的数据传输和信息交互。

车联网主要包括如下组成部分。

(1) 车载传感器：车辆上安装的各类传感器，如摄像头、雷达、激光雷达、GPS、惯性传感器、气压传感器、温度传感器等，用于采集车辆各种信息，如车速、转向角、加速度、油耗、发动机状态，感知车辆周围的环境和道路条件。

(2) 车载通信模块：车辆内部的通信设备，通过无线网络(如4G、5G)、车载Wi-Fi等技术与外部互联网进行连接，实现数据传输和信息交换。车载通信模块是车联网系统的核心组成部分，它是实现车辆与互联网通信的关键。

(3) 车载计算平台：车辆内部的计算设备，包括中央处理器(CPU)、存储器等，用于处理和分析车辆感知到的数据，并进行决策和控制。它是车联网系统的数据处理中心，负责接收、存储和处理来自车载传感器和通信模块的数据。

(4) 云端平台：云端平台是车联网系统的数据存储和处理中心，负责接收、存储和处理来自车载计算平台的数据。云端平台可以提供数据分析、数据挖掘和预测模型等功能。

(5) 后台管理系统：后台管理系统用于对车联网系统进行管理和监控，包括用户管理、车辆管理、数据分析和系统配置等功能。

车联网以车辆为节点，通过互联网和其他车辆进行连接和数据交换，实现车辆智能化、安全化和便捷化。它将对交通运输领域、汽车产业和出行方式带来深远的影响，具有广泛的应用前景。

4. 网络中的AI应用

人工智能(AI)和机器学习在通信网络中的应用越来越重要。在通信网络中，AI技术的应用涵盖了多个方面，通过利用AI和机器学习算法对网络数据进行分析和优化，可以实现网络资源的动态调整、故障预测与恢复、用户行为分析等功能，提升网络性能和用户体验。

1) 智能网络管理和优化

AI技术可以应用于通信网络的管理和优化中。通过分析网络设备和用户数据，AI

可以实时监测和预测网络拓扑、流量负载和性能状况,进而智能化地调整网络资源分配、优化路由和质量保障,提供高效稳定的通信服务。

2）智能故障诊断和自愈

AI技术可以用于快速准确地诊断通信网络故障,并提供智能化的自愈措施。通过分析大量故障数据和历史案例,AI可以识别和预测故障模式,并迅速采取相应的措施来定位和修复故障,提高网络的可靠性和稳定性。

3）智能网络安全

AI技术可以在通信网络中应用于网络安全领域。通过分析网络流量、用户行为和异常情况,AI可以实时检测和识别潜在的网络攻击、入侵和异常行为,并采取相应的防御措施,提供智能化的网络安全保护,保障通信网络的安全可信。

4）智能服务和个性化推荐

AI技术可以用于提供个性化的通信服务和推荐。通过分析用户的通信行为、偏好和历史数据,AI可以智能地为用户推荐适合的通信套餐、增值业务和个性化服务,提高用户体验和满意度。

5）自然语言处理和智能助理

AI技术可以用于实现通信网络中的自然语言处理和智能助理功能。通过语音识别、语义理解和对话生成等技术,AI可以实现智能化的语音交互和文本交流,为用户提供语音呼叫、语音留言、智能客服等多种功能,提升用户沟通效率和便捷性。

6）网络性能预测和容量规划

AI技术可以用于预测网络的性能状况和进行容量规划。通过分析历史数据和趋势,AI可以预测网络的流量负载、带宽需求等关键指标,帮助网络运营商合理规划网络资源,提前做好扩容和优化准备,保证网络的可持续发展。

这些应用可以提升通信网络的效率、稳定性和安全性,同时也为用户提供更好的通信体验和个性化服务。

5. 量子信息技术

量子信息技术是研究利用量子力学原理进行信息存储、传输、处理和加密的领域。它利用量子物理中的量子比特(qubit)来替代经典计算机中的经典比特(bit),充分利用了量子叠加态和纠缠态等特性,以实现更高效的计算和通信。

当前,量子信息技术有以下几个主要的研究方向。

1）量子计算

量子计算是量子信息技术中最具突破性的研究方向之一。量子计算利用量子叠加态和纠缠态的特性,可以在很短的时间内处理大规模的计算问题。例如,利用量子位运算和量子并行处理,可以大大加快因子分解、优化问题和模拟量子系统等计算任务。

2）量子密钥通信

量子通信利用量子态传输信息,旨在保证通信的安全性和隐私性。量子通信中最重要的应用是量子密钥分发(QKD),通过量子比特的纠缠态传输,实现了无法被窃听或破解的安全通信。

3）量子仿真与模拟

量子系统在模拟其他复杂系统方面具有天然的优势。量子仿真可以帮助研究人员更好地理解和解决各种复杂问题，如分子结构、量子物质等。

4）量子算法与优化

研究如何利用量子计算来解决经典计算中的优化问题，如旅行商问题、线性方程组求解等。

当前，量子信息技术正处于快速发展阶段。一方面，许多国际科研机构和企业已经投入了大量资源进行研究和开发。另一方面，一些重要的里程碑已经实现，一些创新性的研究成果，如量子网络、量子传感等领域也引起了广泛关注。

尽管量子信息技术还面临着许多挑战和困难，如量子比特的稳定性、量子纠错和量子误差等问题，但其前景仍然被认为是非常广阔的。量子信息技术有望在安全通信、高效计算、新材料研究等领域产生革命性影响，并为未来的科学和技术发展带来巨大的机遇。

【本章小结】

NFV 是一种网络架构，旨在将传统的硬件网络功能转移到通用服务器上的虚拟机中。通过软件定义的方式，实现网络功能的灵活部署、可扩展性和管理的简化。网络功能虚拟化（NFV）的核心是虚拟网络功能，致力于改变网络运营者构建网络的方式，通过虚拟化技术让各种网络组成单元实现独立应用。

SDN 是一种网络架构范式，通过将网络控制平面与数据转发平面分离，并通过集中式的控制器来动态配置和管理网络，提供更灵活、可编程的网络控制和管理。SDN 使得网络变得更加可定制、可管理和可自动化。

物联网将各种物理设备、传感器和对象连接起来，实现设备之间的通信和数据交换。使得智能设备和系统能够实时感知、收集和分析数据，并通过云计算等技术进行处理和应用。

5G 移动通信技术具有更高的数据传输速率、更低的延迟、更大的容量和更多连接设备的能力，支持更广泛的应用场景，如高清视频传输、物联网连接、智能交通等，特别是在工业应用中具有广泛的数字化转型潜力。

6G 是目前正在研发的下一代移动通信技术。预计 6G 将进一步提高数据传输速率、降低延迟，并具备更强的安全性、更高的可靠性和更智能的网络能力。6G 将实现人、机、物协同通信和超密集连接，并向天地融合发展，以实现全覆盖，具有全覆盖、全频谱、全应用的特点。

网络技术的发展日新月异，每一次技术变革，都会给人类生活带来巨大改变。通信领域的前辈们经过多年的奋斗，为我们建立了良好的通信条件，极大地改变了人们的生活，但发展无止境，仍有很多通信新方向值得我们去探索。如 AI 技术的深度应用，也会给通信网络带来新的变化；车联网的进一步成熟，会极大地改变出行方式；触觉通信和通感一体网络将会颠覆现有通信方式。这些新的网络通信方向，都是值得去努力、去攻克的方向。

【知识对接】

1. 结合第1章网络技术指标中的传输时延和传播时延，思考5G网络1ms时延指标的具体含义，是否是指远距离端到端的时延？为了实现1ms的时延指标，需要采取哪些措施？

2. SDN的思想与IMS的思想有何异同？

3. 与面向人的通信网络相比，面向物的物联网在性能指标上有哪些不同？

4. 查资料对比2G、3G、4G、5G的网络结构变化。

【扩展阅读】

1. SDN：https://baijiahao.baidu.com/s?id=1718387409967193011

2. https://baike.baidu.com/item/软件定义网络

3. NFV：https://info.support.huawei.com/info-finder/encyclopedia/zh/NFV.html

4. IMT-2020.5G愿景与需求白皮书.
https://wenku.baidu.com/view/2fce9da9941ea76e58fa048d.html

5. 6G概念及愿景白皮书，赛迪智库无线电管理研究所，2020年3月

6. 张朝昆，崔勇，唐翯祎，等.软件定义网络(SDN)研究进展.软件学报，2015，26(1)：62-81

【思考题】

1. NFV给网络带来了哪些好处？

2. SDN给网络带来了哪些好处？

3. 5G网络的技术难点在哪里？

4. 6G网络的技术难点在哪里？

【习题】

1. 简述SDN技术原理，并对比分析其与软交换技术的异同。

2. 什么是NFV？简述其架构和技术原理，并结合身边的例子说明NFV和SDN的区别和联系。

3. 简述物联网的基本概念和特性。

4. 物联网的体系结构与互联网的体系结构有什么区别？

5. 5G的三大应用场景分别是什么？

6. 5G有哪些技术指标？各个指标的内容是什么？

参考文献

[1] 樊昌信.通信原理[M].北京：国防工业出版社，2014.
[2] 张毅，余翔，等.现代交换原理[M].北京：科学出版社，2012.
[3] Tanenbaum A S，Wetherall D J.计算机网络[M].严伟，潘爱民，译.5版.北京：清华大学出版社，2012.
[4] 谢希仁.计算机网络[M].8版.北京：电子工业出版社，2020.
[5] 王达.深入理解计算机网络[M].北京：机械工业出版社，2013.
[6] 詹姆斯·F.库罗斯.计算机网络：自顶向下方法[M].陈鸣，译.7版.北京：机械工业出版社，2018.
[7] 高军.深入浅出计算机网络[M].北京：清华大学出版社，2022.
[8] 凯文·R.福尔.TCP/IP详解 卷1：协议[M].吴英，张玉，许昱玮，译.北京：机械工业出版社，2016.
[9] 佟震亚，马巧梅.计算机网络与通信[M].北京：人民邮电出版社，2005.
[10] Stallings W.数据与计算机通信[M].王海，张娟，周慧，等译.10版.北京：电子工业出版社，2019.
[11] Comer D E.计算机网络与因特网[M].徐明伟，译.6版.北京：电子工业出版社，2017.
[12] 华为.GT800 GTSOFTX3000信令与协议技术手册[R].2007.
[13] 李建鑫.移动通信信息技术应用及其发展分析[J].数字技术与应用，2020，38(05)：20-21.
[14] 凌志浩.物联网技术综述[J].自动化博览，2010(S1)：11-14.
[15] 尹春，杨莉，杨政，等.物联网体系架构综述[J].云南电力技术，2019，47(04)：68-70.
[16] 张毅，唐红.物联网综述[J].数字通信，2010，37(04)：24-27.
[17] 张洪芳.物联网技术研究综述[J].中国新通信，2019(16).
[18] 王陆彤菲.物联网发展与研究综述[J].数字通信世界，2017(10)：55-57.
[19] 李士宁，罗国佳.工业物联网技术及应用概述[J].电信网技术，2014(03)：26-31.
[20] 余雷，许宏科，胡欣.基于物联网的远程视频监控系统设计[J].计算机技术与发展，2016，26(04)：139-143.
[21] 谷有臣，孔英，陈若辉.传感器技术的发展和趋势综述[J].物理实验，2002(12)：40-42.
[22] 竹下隆史，村山公保，荒井透.图解TCP/IP[M].乌尼日其其格，译.5版.北京：人民邮电出版社，2013.
[23] 三轮贤一.图解网络硬件[M].盛荣，译.北京：人民邮电出版社，2014.
[24] 查亚帕蒂，赛义德.网络虚拟化技术详解：NFV与SDN[M].夏俊杰，译.北京：人民邮电出版社，2019.
[25] 张朝昆，崔勇，唐翯祎，等.软件定义网络(SDN)研究进展[J].软件学报，2015，26(01)：62-81.
[26] 雷凯.信息中心网络与命名数据网络[M].北京：北京大学出版社.2015.
[27] 孙彦斌，张宇，张宏莉.信息中心网络体系结构研究综述[J].电子学报，2016，44(08)：2009-2017.
[28] 甄清岚，韦乐平.详解全光网发展的十大趋势[J].通信世界，2021(13)：40-41.
[29] 胡建村，俞一帆.移动核心网发展浅析[J].移动通信，2009，33(16)：26-30.
[30] 万芬，余蕾，况璟.5G时代的承载网[M].北京：人民邮电出版社，2019.
[31] IMT-2020 (5G)推进组.5G愿景与需求白皮书[R]，2014.
[32] IMT-2020(5G)推进组.5G无线技术架构[R]，2015.
[33] IMT-2020(5G)推进组.5G承载需求白皮书[R]，2018.
[34] IMT-2020(5G)推进组.5G承载网络架构和技术方案白皮书[R]，2018.
[35] 5G Americas White Paper，The Status of Opencsource for 5G，2019.

[36] 赫罡，苗杰，童俊杰. 5G 核心网技术演进及挑战[J/OL]. 中兴通讯技术：1-8[2020-07-18]. http://kns.cnki.net/kcms/detail/34.1228.TN.20200624.1730.08.html.

[37] 李扬志，袁家政，刘宏哲，徐成. 5G 技术及应用研究综述[C]. 中国计算机用户协会网络应用分会. 中国计算机用户协会网络应用分会 2019 年第二十三届网络新技术与应用年会论文集. 中国计算机用户协会网络应用分会：北京联合大学北京市信息服务工程重点实验室，2019：5-8.

[38] S2 微沙龙. 大话 5G：走进万物互联新时代[M]. 北京：机械工业出版社，2017.

[39] Osseiran A，Monserrat J F，Marsch P. 5G 移动无线通信技术[M]. 陈明，缪庆育，刘愔，译. 北京：人民邮电出版社，2017.

[40] 赛迪智库无线电管理研究所. 6G 概念及愿景白皮书[R]. 2020.

[41] 杜滢，朱浩，杨红梅，等. 5G 移动通信技术标准综述[J]. 电信科学，2018，34(08)：2-9.

[42] 我国 6G 研发正式启动. 人民日报，2019-11-07.

[43] MBA 智库百科. 工业物联网[EB/OL]. https://wiki.mbalib.com/wiki/工业物联网.

[44] 百度百科. 流控制传输协议[EB/OL]. https://baike.baidu.com/item/流控制传输协议.

[45] SDN 技术概述[EB/OL]. https://blog.csdn.net/JN_rainbow/article/details/84291290.

[46] 计算机网络之 TCP 中 11 种状态[EB/OL]. https://blog.csdn.net/weixin_52690231/article/details/123465679.

[47] UDP 协议解析[EB/OL]. https://www.cnblogs.com/sxiszero/p/11565108.html.

[48] 6G[EB/OL]. https://baike.baidu.com/item/6G/16839792.

[49] IPv6 地址架构[EB/OL]. https://developer.aliyun.com/article/1174429.